普通高等教育农业农村部"十三五"规划教材
全国高等农林院校"十三五"规划教材

环境质量评价

第二版

杨仁斌　主编

中国农业出版社

图书在版编目（CIP）数据

环境质量评价/杨仁斌主编．—2版．—北京：中国农业出版社，2016.8（2024.12重印）
普通高等教育农业部"十二五"规划教材　全国高等农林院校"十二五"规划教材
ISBN 978-7-109-21695-2

Ⅰ.①环… Ⅱ.①杨… Ⅲ.①环境质量评价-高等学校-教材 Ⅳ.①X82

中国版本图书馆CIP数据核字（2016）第109141号

中国农业出版社出版
（北京市朝阳区麦子店街18号楼）
（邮政编码100125）
责任编辑　李国忠　胡聪慧
文字编辑　李　晓

中农印务有限公司印刷　新华书店北京发行所发行
2006年8月第1版　2016年8月第2版
2024年12月第2版北京第3次印刷

开本：787mm×1092mm　1/16　印张：25
字数：596千字
定价：48.50元

（凡本版图书出现印刷、装订错误，请向出版社发行部调换）

第二版编写人员

主　编　杨仁斌（湖南农业大学）
副主编　吴明作（河南农业大学）
　　　　李科林（中南林业科技大学）
　　　　葛大兵（湖南农业大学）
　　　　闫　雷（东北农业大学）
　　　　徐玉新（山东农业大学）
编　者　（按姓名笔画排序）
　　　　闫　雷（东北农业大学）
　　　　李科林（中南林业科技大学）
　　　　杨仁斌（湖南农业大学）
　　　　吴明作（河南农业大学）
　　　　吴根义（湖南农业大学）
　　　　罗厚枚（广西大学）
　　　　段永蕙（山西财经大学）
　　　　徐玉新（山东农业大学）
　　　　郭掌珍（山西农业大学）
　　　　梁　睿（安徽农业大学）
　　　　葛大兵（湖南农业大学）
　　　　裴习君（长沙大学）

第一版编写人员

主　　编　杨仁斌（湖南农业大学）
副主编　　李淑芹（东北农业大学）
　　　　　吴明作（河南农业大学）
　　　　　李科林（中南林业科技大学）
　　　　　葛大兵（湖南农业大学）
编　　者　（按姓氏笔画排序）
　　　　　卢振兰（吉林农业大学）
　　　　　李　琳（江西农业大学）
　　　　　李学德（安徽农业大学）
　　　　　李科林（中南林业科技大学）
　　　　　李淑芹（东北农业大学）
　　　　　杨仁斌（湖南农业大学）
　　　　　吴明作（河南农业大学）
　　　　　罗厚枚（广西大学）
　　　　　段永蕙（云南农业大学）
　　　　　洪坚平（山西农业大学）
　　　　　葛大兵（湖南农业大学）

第二版前言

环境质量评价是高等学校环境类专业的一门重要的专业课程。本教材是全国高等农业院校教学指导委员会和中国农业出版社共同研究立项的"全国高等农业院校十五规划教材",2008年获得全国高等农业院校优秀教材奖,该书相继列入"十一五"和"十二五"规划教材。本书是根据教育部环境科学与环境工程教学指导委员会制定的环境工程专业教学基本要求,结合编者多年讲授环境评价及从事环境评价和评估的工作经验,在参考了兄弟院校讲义的基础上,为高等学校环境工程、环境科学等专业编写的一本教材。本教材以环境要素为主线,全面介绍了环境质量评价的基本理论,主要环境要素的环境质量现状评价、环境质量影响评价的理论、方法和应用;专章介绍了环境法律、法规和环境标准、工程分析和污染源评价;工程建设项目环境影响评价、区域开发环境影响评价、生态环境影响评价、环境风险评价、社会经济环境影响评价、农业生产环境质量评价和清洁生产评价的理论和方法;同时阐述了环境影响评价书的编写方法,最后附录了环境质量评价有关的案例、法律、法规和标准。其内容适应50学时左右的教学需要。本书可作为环境科学、环境工程和环境管理等环境类专业本科生的教材和研究生的参考书,也可供环境评价人员和环境科学工作者参考使用。

本教材的修编历时近两年,参加编著此教材的人员有杨仁斌(湖南农业大学教授,博导,编写第一章、附录二、案例三),吴明作(河南农业大学教授,博士,编写第九章、第四章第六节、第五章第一节、案例一、二),李科林(中南林业科技大学教授,博士,编写第十一章、第五章第五节),葛大兵(湖南农业大学教授,博导,编写第四章第一、三节、第五章第三节),闫雷(东北农业大学教授,博士,编写第三章、第四章第二节、第五章第二节),罗厚枚(广西大学教授,博士,编写第六章第一节至第五节、第四章第五节、第五章第六节、案例五),郭掌珍(山西农业大学教授,博士,编写第二章、第四章第四节、第五章第四节),段永蕙(山西财经大学教授,编写第十章),梁睿(安徽农业大学教授,博士,编写第十二章),吴根义(湖南农业大学教授,博士,编写第七章、第六章第六节、案例四),徐玉新(山东农业大学教授,编写第十三章),裴习君

（长沙大学讲师，硕士，编写第八章）。葛大兵负责第四章统稿，吴明作负责第五章统稿，杨仁斌负责全书编写大纲的制定、统稿和定稿，为全书主编，吴明作、李科林、葛大兵、闫雷和徐玉新为副主编。

　　本书的编写中参考了许多国内专家学者的著作、教材和研究成果，事先未征得同意，现将参考书目列于书后以表感谢。

　　本书的编写出版得到了中国农业出版社的全力支持，在此谨向他们表示诚挚的感谢。

　　环境质量评价是一门发展中的学科，由于编者理论水平和实践经验有限，书中尚有错误、缺陷之处，恳请读者不吝批评指正。

编　者

2015年10月1日

　　注：本教材于2017年12月被评为农业部（现名农业农村部）"十三五"规划教材〔农科（教育）函〔2017〕第379号〕。

第 一 版 前 言

环境质量评价是高等学校环境工程和环境科学专业的一门重要的专业课程。本教材是全国高等农业院校教学指导委员会和中国农业出版社共同研究立项的"全国高等农业院校十五规划教材",本书是根据教育部环境科学与环境工程教学指导委员会制定的环境工程专业教学基本要求,结合编者多年讲授环境评价和从事环境评价和评估的工作经验,在参考了大量相关资料的基础上,为高等学校环境工程、环境科学专业编写的一本教材。本书以环境要素为主线,全面介绍了环境质量评价的基本理论、环境质量现状评价、环境质量影响评价的理论、方法和应用,介绍了生态评价、环境风险评价、社会环境影响评价和清洁生产评价的理论和方法,同时阐述了环境影响评价书的编写,最后附有环境质量评价有关的案例、法律、法规和标准的目录。其内容适合 50 学时左右的教学需要。本书可作为环境科学、环境工程等相关专业本科生的教材和研究生的参考书,也可供环境评价人员和环境科学工作者参考使用。

本教材的编写历时近两年,编写此教材的人员有杨仁斌(湖南农业大学教授,博导,编写第一章、附录二和第六章部分),李淑芹(东北农业大学教授,硕导,编写第三章,第四章第一、第二节和第五章第二节),吴明作(河南农业大学副教授,博士,编写第八章、第四章第五节和第五章第一节),李科林(中南林业科技大学教授,博士,硕导,编写第十章、第六章部分),葛大兵(湖南农业大学副教授,硕导,编写第二章、第四章第三节和第五章第三节),罗厚枚(广西大学副教授,博士,编写第四章第六节和第五章第五节),卢振兰(吉林农业大学教授,编写第七章),段永蕙(云南农业大学教授,编写第九章),洪坚平(山西农业大学教授,博导,编写第四章第四节和第五章第四节),李学德(安徽农业大学副教授,硕士,编写第十一章),李琳(江西农业大学副教授,硕士,编写第十二章和附录一)。李淑芹负责第四章统稿,吴明作负责第五章统稿,杨仁斌负责全书编写大纲的制定、统稿和定稿,为全书主编,李淑芹、吴明作、李科林和葛大兵为副主编。

本教材的编写参考了许多国内专家学者的著作、教材和研究成果,已将参考书目列于书后以表感谢。

　　环境质量评价是一门发展中的学科,由于编写者理论水平和实践经验所限,书中如有不当之处,恳请读者不吝批评指正。

编　者

2005年10月1日

目 录

第二版前言
第一版前言

第一章 绪论 1
第一节 环境质量评价概述 1
一、环境质量评价的目的 1
二、环境质量评价的内容和程序 2
三、环境质量评价的类型 4
第二节 环境质量评价的发展 5
一、国外环境质量评价的发展 5
二、中国环境质量评价的发展 6
第三节 环境质量评价与可持续发展 9
复习思考题 10

第二章 环境法律、法规与环境标准 11
第一节 环境保护法律、法规体系 11
一、环境保护法律、法规体系 11
二、环境法律制度 13
第二节 环境标准体系 14
一、环境标准 15
二、制定环境标准的原则和依据 15
三、环境标准体系的组成 16
第三节 公众参与 19
一、公众参与概述 19
二、公众意见调查的内容与方法 21
复习思考题 22

第三章 工程分析与污染源评价 23
第一节 污染源调查与评价 23
一、污染源调查 23
二、污染源评价 26
第二节 工程分析概述 28

一、工程分析的概念 ·· 28
　　二、工程分析的作用 ·· 28
　　三、工程分析的原则 ·· 29
　　四、工程分析的重点与阶段划分 ·· 30
　　五、工程分析的方法 ·· 30
　第三节　污染型项目工程分析 ·· 32
　　一、工程概况 ·· 32
　　二、工艺流程及产污环节分析 ··· 34
　　三、污染物分析 ··· 34
　　四、清洁生产水平分析 ··· 40
　　五、环保措施方案分析 ··· 41
　　六、总图布置方案与外环境关系分析 ·· 41
　第四节　生态影响型项目工程分析 ··· 42
　　一、工程分析时段 ·· 42
　　二、工程分析的对象 ·· 42
　　三、生态影响型项目工程分析的主要内容 ··· 43
　　四、生态影响型工程分析技术要点 ··· 45
　复习思考题 ·· 48

第四章　环境现状评价 ··· 49
　第一节　环境现状评价概述 ··· 49
　　一、环境现状评价程序 ··· 49
　　二、环境现状评价的要点 ··· 49
　第二节　大气环境现状评价 ··· 51
　　一、调查准备 ·· 51
　　二、按照监测计划进行空气污染监测 ·· 53
　　三、空气环境现状评价 ··· 53
　第三节　水环境现状评价 ·· 60
　　一、地表水环境现状评价 ··· 60
　　二、地下水环境现状评价 ··· 68
　第四节　土壤环境现状评价 ··· 69
　　一、土壤环境背景值与土壤环境容量 ·· 70
　　二、土壤环境评价参数及标准的确定 ·· 72
　　三、土壤环境现状评价方法 ·· 73
　第五节　声环境现状评价 ·· 75
　　一、声环境评价量 ·· 75
　　二、声环境现状评价 ·· 77
　第六节　生态环境现状评价 ··· 78
　　一、生态环境现状评价概述 ·· 78

二、生态环境调查与分析 ·· 80
　　三、生态环境现状评价 ·· 82
　　四、生物多样性评价 ··· 83
　　五、风景资源评价 ·· 84
复习思考题 ··· 86

第五章　工程建设项目环境影响评价 ·· 88
第一节　工程建设项目环境影响评价概述 ···································· 88
　　一、环境影响评价的目标、性质与特点 ······································ 88
　　二、环境影响评价的程序 ·· 89
　　三、环境影响评价的方法 ·· 92
　　四、建设项目环境影响技术评估 ··· 95
第二节　大气环境影响评价 ·· 96
　　一、大气环境影响评价的工作任务与评价程序 ···························· 96
　　二、大气环境影响评价工作等级与评价范围 ······························· 98
　　三、大气环境影响预测 ··· 99
　　四、大气环境影响评价 ·· 110
第三节　水环境影响评价 ·· 112
　　一、地表水环境影响评价 ··· 112
　　二、地下水环境影响评价 ··· 118
第四节　土壤环境影响评价 ·· 122
　　一、土壤环境影响评价等级及内容 ·· 122
　　二、土壤环境影响的类型与判别 ··· 123
　　三、土壤环境影响预测 ·· 123
　　四、避免、消除和减轻负面影响的措施 ···································· 126
第五节　固体废物环境影响评价 ·· 126
　　一、固体废物环境影响评价概述 ··· 126
　　二、固体废物环境影响评价 ··· 130
　　三、案例 ··· 132
第六节　声环境影响评价 ·· 135
　　一、声环境影响评价工作程序 ·· 135
　　二、声环境影响评价工作等级 ·· 135
　　三、声环境影响评价范围 ··· 136
　　四、声环境影响预测 ··· 137
　　五、声环境影响评价 ··· 139
　　六、噪声污染防治对策 ·· 141
复习思考题 ··· 142

第六章　区域开发环境影响评价 ··· 145
第一节　区域开发环境影响评价概述 ·· 145

一、区域开发环境影响评价的概念 ………………………………………… 145
　　二、区域开发环境影响评价的特点与原则 ………………………………… 145
　　三、区域开发环境影响评价的主要类型 …………………………………… 146
　　四、区域开发环境影响评价的程序与内容 ………………………………… 146
　　五、区域开发环境影响评价的重点 ………………………………………… 148
　　六、区域开发环境影响评价的实施方案 …………………………………… 150
　　七、区域开发环境影响评价的报告书 ……………………………………… 152
　第二节　区域环境容量与污染物总量控制 …………………………………… 152
　　一、区域环境容量分析 ……………………………………………………… 152
　　二、区域环境污染物总量控制 ……………………………………………… 154
　第三节　区域开发的环境制约因素分析 ……………………………………… 156
　　一、区域环境承载力分析 …………………………………………………… 156
　　二、区域开发土地利用和生态适宜度分析 ………………………………… 157
　第四节　区域环境管理 ………………………………………………………… 159
　　一、机构设置与监控系统的建立 …………………………………………… 159
　　二、区域环境管理指标体系的建立 ………………………………………… 160
　　三、区域环境目标可达性分析 ……………………………………………… 161
　第五节　城市发展环境影响评价 ……………………………………………… 162
　　一、城市环境功能分区 ……………………………………………………… 162
　　二、城市发展环境影响分析 ………………………………………………… 163
　　三、城市环境质量管理 ……………………………………………………… 164
　　四、城市环境综合整治 ……………………………………………………… 165
　　五、绿色生态城市的建设 …………………………………………………… 166
　第六节　乡村区域开发环境影响评价 ………………………………………… 167
　　一、乡村区域开发的含义 …………………………………………………… 167
　　二、乡村区域开发环境影响评价的含义 …………………………………… 167
　　三、乡村区域开发环境影响评价的指标体系 ……………………………… 168
　　四、乡村区域开发环境影响评价的步骤和方法 …………………………… 169
　复习思考题 ……………………………………………………………………… 171

第七章　农业生产环境影响评价 …………………………………………… 172

　第一节　农业生产环境影响评价概述 ………………………………………… 172
　　一、农业生产环境影响评价的目的意义 …………………………………… 172
　　二、农业生产环境影响评价的对象与特点 ………………………………… 172
　　三、农业环境影响评价的任务和作用 ……………………………………… 174
　　四、农业环境影响评价的政策法规与标准 ………………………………… 174
　第二节　种植业生产环境影响评价 …………………………………………… 175
　　一、行业环境管理和技术政策 ……………………………………………… 175
　　二、农田灌溉工程环境影响评价 …………………………………………… 177

三、农业化学品对农田环境的影响评价 ………………………………………… 181
　　四、农作物与种植区域特征 ……………………………………………………… 181
　第三节　养殖业环境影响评价 ……………………………………………………… 183
　　一、产业政策、行业环境管理和技术规范 ……………………………………… 183
　　二、饲养场工程分析 ……………………………………………………………… 184
　　三、养殖业生产环境影响识别 …………………………………………………… 187
　　四、环境影响分析与预测 ………………………………………………………… 189
　　五、主要环保措施 ………………………………………………………………… 191
　第四节　水产业项目环境影响评价 ………………………………………………… 193
　　一、产业政策、行业环境管理、技术政策及规范 ……………………………… 193
　　二、行业环境管理和技术政策 …………………………………………………… 194
　　三、工程分析 ……………………………………………………………………… 195
　　四、环境影响识别及筛选 ………………………………………………………… 197
　　五、环境影响分析与预测 ………………………………………………………… 198
　复习思考题 …………………………………………………………………………… 199

第八章　规划环境影响评价 …………………………………………………………… 201
　第一节　规划环境影响评价概述 …………………………………………………… 201
　　一、规划环境影响评价的概念、目的及原则 …………………………………… 201
　　二、规划环境影响评价的类型与特点 …………………………………………… 202
　第二节　规划环境影响评价的工作程序与基本环节 ……………………………… 204
　　一、规划环境影响评价的工作程序 ……………………………………………… 204
　　二、规划环境影响评价的基本环节 ……………………………………………… 204
　第三节　规划环境影响预测与评价 ………………………………………………… 206
　　一、规划环境影响识别与评价指标体系构建 …………………………………… 206
　　二、规划环境影响评价的方法 …………………………………………………… 208
　　三、规划环境影响预测与评价 …………………………………………………… 210
　　四、规划环境影响评价 …………………………………………………………… 212
　　五、环境影响减缓对策和措施 …………………………………………………… 212
　复习思考题 …………………………………………………………………………… 213

第九章　生态环境影响评价 …………………………………………………………… 214
　第一节　生态环境影响评价概述 …………………………………………………… 214
　　一、生态环境影响评价的概念 …………………………………………………… 214
　　二、生态环境影响评价的基本原理与原则 ……………………………………… 215
　　三、生态环境影响评价工作分级 ………………………………………………… 216
　　四、生态环境影响评价范围的确定 ……………………………………………… 217
　　五、生态环境影响评价标准 ……………………………………………………… 218
　第二节　生态环境影响评价 ………………………………………………………… 219

一、生态环境影响识别 ··· 219
　　　二、生态环境影响预测 ··· 223
　　　三、生态环境影响评估 ··· 226
　　　四、生态环境影响评价结论 ··· 229
　　　五、风景资源开发影响评价 ··· 229
　　第三节　生态影响的防护与恢复 ··· 230
　　　一、生态影响的防护与恢复遵守的原则 ·· 231
　　　二、主要的生态环境防护与恢复措施 ··· 231
　　　三、生态环境保护措施的有效性评估 ··· 233
　　　四、生态环境监测 ·· 234
　　第四节　生态影响技术评估 ·· 235
　　　一、生态影响技术评价要点 ··· 235
　　　二、生态风险评估 ·· 237
　　复习思考题 ··· 240

第十章　社会经济环境影响评价 ··· 241
　　第一节　社会经济环境影响评价概述 ·· 241
　　　一、社会经济环境影响评价的目的和意义 ··· 241
　　　二、社会经济环境影响评价中的项目筛选 ··· 241
　　　三、社会经济环境影响评价的范围及敏感区 ····································· 242
　　　四、社会经济环境影响评价的程序 ·· 243
　　第二节　社会经济环境影响评价 ·· 244
　　　一、社会经济环境影响的识别 ·· 244
　　　二、社会经济环境影响的预测 ·· 245
　　　三、社会经济环境影响评价的方法 ·· 245
　　　四、社会经济环境影响评价 ··· 247
　　第三节　公众参与 ··· 249
　　　一、公众参与的目的 ··· 249
　　　二、公众参与的意义 ··· 249
　　　三、公众参与的原则 ··· 250
　　　四、公众参与的一般程序 ··· 250
　　　五、公众参与的方式 ··· 251
　　复习思考题 ··· 251

第十一章　清洁生产评价 ·· 252
　　第一节　清洁生产评价概述 ·· 252
　　　一、清洁生产 ·· 252
　　　二、环境影响评价与清洁生产 ·· 253
　　第二节　清洁生产评价程序和方法 ··· 255

一、清洁生产指标 ··· 255
　　二、清洁生产评价方法 ··· 257
　　三、环境影响报告书中清洁生产评价的编写 ······································· 258
第三节　工业清洁生产 ··· 259
　　一、电镀行业清洁生产 ··· 259
　　二、啤酒行业清洁生产 ··· 260
　　三、纺织印染行业清洁生产 ··· 260
　　四、化工行业清洁生产 ··· 261
　　五、饮料行业清洁生产 ··· 262
第四节　农业清洁生产 ··· 262
　　一、农业清洁生产概述 ··· 262
　　二、畜牧业清洁生产 ·· 265
　　三、种植业清洁生产 ·· 266
　　四、竹木加工业清洁生产 ·· 266
复习思考题 ·· 267

第十二章　环境风险评价与管理 ·· 268

第一节　环境风险评价与管理概述 ··· 268
　　一、环境风险评价的概念、类型与发展历程 ····································· 268
　　二、环境风险评价的研究内容与评价程序 ·· 270
第二节　环境风险预测与评价 ··· 272
　　一、环境风险影响预测 ··· 272
　　二、环境风险评价的方法与标准 ·· 274
第三节　环境健康风险评价 ·· 275
　　一、环境健康风险评价的定义 ··· 275
　　二、环境健康风险评价概述 ··· 275
　　三、我国健康风险评价现状及发展趋势 ·· 277
　　四、我国健康风险评价存在的问题 ··· 278
第四节　环境风险管理方法与措施 ··· 279
　　一、环境风险管理的概念、目的与内容 ·· 279
　　二、环境风险管理方法 ··· 279
　　三、环境风险管理措施 ··· 279
复习思考题 ·· 280

第十三章　环境评价文件的编制 ·· 281

第一节　环境评价文件的编制概述 ··· 281
　　一、环境评价文件的概念及类型 ·· 281
　　二、环境评价文件的地位与作用 ·· 282
第二节　环境质量报告书的编制 ·· 282

  一、环境质量报告书的编制要求 ·· 283
  二、环境质量报告书的编制要点 ·· 285
 第三节　环境影响评价文件的编制 ·· 288
  一、环境影响评价工作程序 ·· 288
  二、环境影响评价文件编制的总体要求 ··· 289
  三、环境影响报告书的编制 ·· 290
  四、环境影响报告表的编制 ·· 302
  五、建设项目环境保护审批登记表的编制 ··· 308
  六、环境影响登记表的编制 ·· 311
 第四节　环境质量评价图的编制 ··· 315
  一、环境质量评价图的类型 ·· 315
  二、环境评价制图的方法 ·· 315
 复习思考题 ·· 321

附录一　环境影响评价案例 ··· 322
 案例一　区域开发类：北京经济技术开发区环境影响评价 ··························· 322
 案例二　生态影响类：公路建设项目环境影响评价 ······································· 327
 案例三　工业污染类：表面活性剂生产线建设项目环境影响报告书 ··········· 337
 案例四　农业生产类：某原种猪场环境影响评价 ··· 349
 案例五　区域规划类：专项规划环境影响评价 ··· 358

附录二　相关法律、法规、技术规范及标准 ··· 370

附录三　环境质量评价常用术语中英文对照 ··· 378

主要参考文献 ·· 380

第一章 绪　　论

第一节　环境质量评价概述

环境质量评价是指对一切可能引起环境发生变化的人类社会行为，包括政策、法令在内的一切活动，从保护环境的角度进行定性和定量的评定。广义来说，是对环境的结构、状态、质量和功能的现状进行分析，对可能发生的变化进行预测，对其与社会经济发展活动的协调性进行定性或定量的评估。

环境质量评价是环境科学的一个重要分支，是一门理论与实践相结合的应用性很强的学科。它是人们认识环境的本质和进一步保护与改善环境质量的手段与工具，它为人类生态环境保护与利用、环境规划与建设、环境污染治理与环境管理提供科学依据。环境质量评价是国家环境保护的一项基础性工作，是贯彻我国"预防为主、防治结合、综合治理"环境管理原则的具体体现。在环境质量评价工作中，要开展各学科的专项研究与综合研究，进而丰富环境科学的内容，促进环境科学的发展。

一、环境质量评价的目的

环境质量评价是适应环境保护形势的需要而发展起来的，它是调控人类社会经济发展和环境保护之间矛盾的重要手段之一，它通过介入到经济建设程序中，对建设项目、规划等人类活动的经济效益与环境效益进行全面评估、协调，找出既有利于经济发展又能保护环境的办法和方案，促进经济发展方式的变革，推动经济、社会和环境的可持续发展。通过环境质量评价，主要实现以下目的。

1. 实现经济生产的合理布局　国际上的经验和我国的实践都证明，合理的经济布局是保证环境与经济持续发展的前提条件，而不合理的布局则是造成环境污染的重要原因之一。环境质量评价从经济生产项目所在区域的整体出发，全面分析、评价和预测经济生产活动的不同影响，并进行比较和取舍，选择最有利的方案，从源头上控制生态破坏和环境污染的发生。

2. 指导环境保护措施的设计，强化环境管理　一般来说，开发建设活动和人类生产活动，都要在环境中进行并会消耗一定的环境资源，给环境带来一定的干扰、污染或破坏，因此必须采取相应的环境保护措施。环境质量评价是针对开发建设活动或规划决策行为，综合考虑人类的活动特点和环境特征，通过对人类活动的技术、经济和环境论证，制订相对合理的环境保护对策和措施，把因人类活动而产生的人为干扰、环境污染或生态破坏限制在最小范围内。

3. 为区域的社会经济发展提供导向　环境质量评价可以通过对区域的自然环境条件、社会条件和经济发展状况等进行综合分析，掌握该地区的资源、环境和社会承受能力等状况，从而对该地区的发展方向、发展规模、产业结构和产业布局等作出科学的决策和规划，以指导区域活动，促进区域的可持续发展。

4. 为城市（区域）发展规划提供依据　一个城市或区域环境质量的优劣、环境自净能力和环境容量的大小制约着它的发展。通过环境质量评价，以及环境的有利条件和不利条件，以及环境的自净能力和环境容量，可以从环境保护角度提出城市（区域）的发展方向、规模、产业结构、合理布局等。通过环境质量评价研究成果的指导，可以促进制订科学合理、体现人与自然和谐关系的城市（区域）发展规划。

5. 有效控制新污染源　一个建设项目或一个开发区产生的新污染源，环境质量评价可以预估出其污染物的排放量、排放浓度，并能评价出它们是否能达到污染物排放的要求。通过对污染物环境浓度的预测，可知它们的环境影响是否符合环境质量标准的要求。通过控制污染源污染物的排放量，使它既符合污染物排放标准又符合环境质量标准的要求，从而能防止新污染的发生。

6. 优化环境保护和治理方案　建设项目可行性研究报告通常是给出污染治理方案的，环境质量评价对其污染治理方案的可行性进行研究，从可供选择的多种方案中优选出最佳方案。在环境质量评价中，充分利用自然净化能力再选择污染治理方案是环境治理一项基本原则，环境质量评价是从项目的多方面进行的，有利于优化环境保护和治理方案。

7. 为建设项目和规划活动实施环境管理提供系统资料　环境质量评价形成的相关文件提出了对建设项目和规划活动中的环保措施的可行性分析及建议，是环境保护行政主管部门执行"三同时"制度以及进行环境管理的依据。环境影响报告书也是环境保护主管部门对建设项目竣工验收的依据和资料，环境影响报告书的详细资料是环境保护主管部门实施环境管理的系统资料，也是建设单位对建设项目投产后实施环境管理的系统资料。

二、环境质量评价的内容和程序

（一）环境质量评价的内容

环境质量评价的内容概括起来包括对环境质量进行评价、对人类社会行为将对环境产生的影响进行预测，提出防治人类社会行为可能对环境产生影响的途径和措施。因此，环境质量评价是一种了解环境变化的情况与过程，进而约束人类社会行为，防止环境遭到污染和破坏的一种技术与行政管理办法。

就环境现状和环境影响评价而言，可分为规划与建设项目的评价，但两者的内容却不尽相同。规划项目环境影响评价包括的主要内容有：①实施该规划对环境可能造成的影响分析、预测和评价；②预防和减轻不良环境影响的对策和措施；③环境影响评价的结论。建设项目环境影响评价的主要内容有：①建设项目概况；②建设项目周围的环境状况；③建设项目对环境可能造成的影响分析、预测和评估；④建设项目对环境影响的经济损益分析；⑤预防和减轻不良环境影响的对策和措施；⑥环境影响评价的结论。

（二）环境质量评价的程序

根据国内外进行环境质量评价的经验，进行环境质量评价时，一般采取下列程序。

1. 划定评价的范围　环境工作者必须具有空间概念，当然也必须具有时间的概念。无论是从烟囱排出的烟气，还是从排污口流出的废水，随着气流和水流的弥散，会影响一大片。因此，根据任务和目的，首先确定评价的范围，范围最好有明确的界线。常采用自然界线（如丘陵、山地、海岸等），也可按弥散规律确定界线，有时由于工作需要，也可以行政区为界。

2. 确定评价的内容　人类环境包括自然、社会、经济等环境，内容十分复杂。进行环境质量评价时，绝不是包罗万象，而是根据任务和目的，确定其评价内容，尤其要抓准对评价目的起决定性作用的项目。例如，对水资源开发进行的环境质量评价，评价内容必须包括自然、生态、社会和经济环境。自然环境中的水和土是评价工作中的主要内容。

3. 提出评价精度的要求　环境质量评价对象不同，评价目的不同，评价的范围大小不同，所要求的评价精度也不一样。评价精度就是根据不同的评价对象和目的，所得出的评价结论与实际的环境质量之间的差异。差异越小，精度越高，差异越大，精度越低。为达到所要求的精度，可采用不同的采样、布点密度。由于城市人口集中，城市环境变化对人群健康影响较大。所以，城市一般要求的评价精度较高，而流域和海域要求的评价精度较低。当然大、中、小流域评价的精度也不一样。重点项目和重点区域的环境质量评价精度也要提高。

4. 统一评价方法和途径　环境质量评价工作包括许多方面的内容，常需多学科共同合作。在进行环境质量评价时必须统一方法，统一标准，统一途径，把握好室内、室外的质量控制，才能获得稳定的资料和数据，才能相互比较，做出符合实际的、全面的、综合的评价。国家制定并颁布的环境影响评价的技术导则是统一环境质量评价方法和途径的重要依据。

5. 资料收集、系统监测或模拟研究　环境质量的形成需经过一定的过程。除了瞬间事故（如油轮沉没和核电站爆炸与水坝决口等）引起环境质量突变外，环境质量一般由量变到质变，要经过较长的时间。历史上累积的长期而系统的有关环境的资料是相当宝贵的。从这些资料中，可以找出环境质量的形成、变化和发展规律及其环境的基本特点。这样进行评价，才有可靠的科学基础。收集、整理、分析现有的、长期的、系统的资料是环境质量评价中的一项重要工作。

在收集资料的同时，特别是资料不足时，必须进行现场监测或模拟研究。现场监测或模拟研究得到的数据，可为评价提供有用的信息。但必须清醒地认识到，这些是瞬间的、短期的、局部的资料，有较大的局限性。依此做出评价结论时，必须慎重。

6. 数据处理和建立模型　收集到的历史数据和实测（或试验）数据，首先要加以筛选，去伪存真。然后进行概率统计处理，求出必要的参数，将整理好的资料制成图表，从中找出规律性的东西。再以此为线索，建立模式，探求环境质量形成、变化和发展的规律。人类环境有共性，也有个性。对具体地区、具体项目进行环境质量评价时，必须强调其个性。我国幅员广大、各地环境千差万别，对通用的模式不能生搬硬套，必须因地制宜，必要时要进行模拟试验。污染物在大气和水体中迁移转化和生物体内富集，这些过程对环境质量有很大的影响，甚至有决定性作用。模拟这些过程，必须考虑在什么样的环境中进行、怎样进行。建立的模式必须符合当地实际情况，模式的计算可充分利用计算机技术。然后采用物理模拟（如风洞和水洞实验、示踪实验）和实测（或试验）资料验证，修正数学模式及其参数。

7. 成果分析和报告书的编制　根据《中华人民共和国环境保护法》《中华人民共和国环境影响评价法》和政府制定的环境政策、法规，以及环境质量标准和排放标准，分析和对比各种资料、数据和初步成果，做出评价结论，制定对策。最后依照编写提纲，编制环境质量评价报告书。

三、环境质量评价的类型

环境质量评价依据国家和地方制定的环境质量标准，用调查、监测分析、模拟和预测的方法，对区域环境质量进行定性定量判断，说明其与人体健康、生态系统的相关关系，并提出防止和治理污染的措施。环境质量评价的分类方法很多，目前主要按照以下方法分类。

1. 按照环境要素分类 按照环境要素分类，环境质量评价分为单要素评价和综合评价两类。单要素环境质量评价包括：大气环境质量评价、水环境质量评价（包括地面水环境质量评价、地下水环境质量评价、海洋环境质量评价）、土壤环境质量评价、声学环境质量评价、生物环境质量评价、生态环境质量评价等。如果对两个或两个以上的环境要素同时进行评价，则称为多要素评价或联合评价；如果对一个区域（地区）的各环境要素同时进行联合评价，称为区域环境质量综合评价。

2. 按照评价参数分类 按照评价参数的选择，环境质量评价可分为卫生学评价、生态学评价、污染物（化学污染物、生物学污染物）评价、物理学（声学、光学、电磁学、热力学等）评价、地质学评价、美学评价等。

3. 按照评价区域分类 按照区域类型分类，环境质量评价可分为城市环境质量评价、农村环境质量评价、工矿区环境质量评价、交通（公路、铁路等）环境质量评价、流域环境质量评价、海域环境质量评价、风景游览区环境质量评价、自然保护区环境质量评价等。也可按照行政区划进行评价，在每个评价区域内，对各个主要环境要素都要进行评价，当然，评价的重点有所不同。评价区域的大小可能不同，小到一个居民小区，大到一个国家甚至全球。

4. 按照评价时间分类 环境质量评价按照时间可分为环境回顾评价、环境现状评价和环境影响评价三种类型。

(1) **环境回顾评价** 环境回顾评价是指依据一个区域（地区）历史积累的环境资料，对这一区域（地区）过去一段时间的环境质量进行评价。据此可以回顾一个区域（地区）环境质量的发展演变过程。

(2) **环境现状评价** 环境现状评价是指根据一个区域（地区）近期的环境资料和监测数据对这一区域（地区）现在的环境质量进行评价。环境现状评价反映的是当前这个区域（地区）环境质量的状况，对当前这个区域（地区）人们的生活环境质量、社会经济和环境发展有着极其重要的意义。

(3) **环境影响评价** 环境影响评价是指对拟议中人类的重要决策（规划）和开发建设工程（活动），可能对环境产生的物理性、化学性或生物性的作用及其对人类-环境系统的影响，进行系统的分析、科学的预测和客观公正的评估，提出防止或减少环境影响的对策措施，编写环境影响报告书（表），并经有关专家审核和相关政府（环保）部门审批等工作的总称。

环境影响评价根据开发建设项目的不同，又可分为建设项目的环境影响评价（包括新建、扩建和技改项目的环境影响评价）和规划项目的环境影响评价（包括区域规划和区域开发项目环境影响评价）两类。建设项目的环境影响评价按照环境影响程度分为三类：①可能造成重大环境影响的；②可能造成轻度环境影响的；③对环境影响小的。环境影响评价的对象包括大中型工厂，大中型水利工程，矿山、港口及交通运输建设工程，大型种植、养殖和农产品加工工程，大面积开垦荒地，围海围湖的建设项目，对珍稀物种的生存和发展产生严重影响的，或对各种自然保护区和有重要科学价值的、对地区的地质地貌产生重大影响的建设项目，以及区域的开发计划和发展规划和国家的长远政策等项目。

近年来逐渐开展的环境影响后评估可以认为是环境影响评价的延续，是在开发建设活动实施后，对环境的实际影响程度进行系统地调查和评估，检查减少环境影响工作的落实程度和实施效果，验证环境影响评价结论和环保措施的有效性，对评价中未认识到的影响进行分析研究，并采取补救措施，以达到消除不利影响的作用。

第二节　环境质量评价的发展

一、国外环境质量评价的发展

环境质量评价在国外始于 20 世纪 60 年代中期，70 年代后得到蓬勃发展，成为环境科学的一个重要分支，目前许多国家十分重视环境质量评价的研究与实践。

美国最早于 20 世纪 60 年代就开始了大气和水体质量评价研究，相继提出了许多具有一定影响力的大气和水体质量指数。在水质评价方面，1965 年 R. P. Iorton 提出了质量指数 (QI)，以后 R. M. Brown 提出了水质质量指数 (WQI)，N. LNemerow 在其《河流污染的科学分析》中提出了新的计算指数，对纽约州的一些地面水的情况进行了指数计算。在大气环境质量评价方面，1966 年 Green 提出了大气污染综合指数，以后陆续提出了白考勃大气污染指数（1970）、橡树岭大气指数（1971）、污染物标准指数等，并用大气污染指数进行了环境预报。美国还是世界上第一个把环境影响评价作为制度在《国家环境政策法》中确立下来的国家，该国 1969 年制定的《国家环境政策法》中规定大型工程兴建前必须编制环境影响报告书，各州也相继建立了各种形式的有关制度。这是一项十分重要的环境管理措施，具有划时代的意义，它标志着环境保护由过去被动的污染防治转变为以预防为主的全面综合治理。

瑞典在 1969 年制定了以环境影响评价为中心的国家环境保护法，其中规定凡是产生污染的任何项目，都必须提出许可申请书，当得到许可证后才可以进行开发。开发项目的环境影响报告先由环境保护局进行技术审查，最后由批准局进行审批，做出最后的决定。

日本工业发展快，污染负荷重，从 1972 年开始，就把环境影响评价作为一项重要政策来实施。1976 年把环境影响评价制度纳入国家法规体系，相继制定了许多有关环境影响评价的法规。日本环境质量评价的一个重要特点就是把评价与污染控制紧密结合起来，先后提出浓度控制、总量控制、排放量分配控制等多种控制方式。在评价内容上不仅包括对自然环境的影响，还包括对社会经济环境的影响；在评价对象上包括对单项工程的评价及区域开发计划评价等；在环境现状评价方面，通过大量的实践，提出多种控制污染的方法，如浓度控制方式、K 值控制方式、总量控制方式等；在部分借鉴美国经验的基础上，提出了一系列环境质量评价模型，如环境管理通用系统模型和环境污染分析模型等。

东欧与苏联从 20 世纪 70 年代开展环境质量评价，采用统一的物理-化学指标进行评价，有时也考虑生物指标，主要侧重于河流和地理的评价。苏联在伏尔加河、顿河、莫斯科河建立了河流污染平衡模式。

捷克斯洛伐克在20世纪70年代中期进行了全国的环境质量评价工作，并出版了一套比例尺为1：50万的彩色环境质量图。捷克斯洛伐克、波兰还开展了旅游区的环境质量评价研究。

此外，新西兰（1973）、加拿大（1973）、澳大利亚（1974）、马来西亚（1974）、德国（1976）、菲律宾（1977）、印度（1978）、泰国（1979）、印度尼西亚（1979）、斯里兰卡（1979）等国也纷纷建立了环境影响评价制度。

进入20世纪80年代后，无论是发达国家还是发展中国家都明确提出要求，政府部门在制定对人类环境具有相当影响的方案和实行重要计划、批准开发建设项目时，必须首先编写环境影响报告。国际组织，如联合国有关组织、欧盟及世界银行等踊跃参与推动环境保护和环境影响评价制度的发展。至今已有100多个国家建立了环境影响评价制度并开展了环境影响评价工作。

20世纪90年代以来，环境质量评价出现了如下新的特点：①评价对象扩展到综合项目的累积影响评价、政府政策的影响评价、区域生态影响评价；②评价的范围发展到包括社会和经济影响在内的全面环境影响评价，出现了环境风险评价、公众健康危害评价、社会影响评价等；③评价程序不断规范形成了完整的工作程序；④环境质量评价与环境规划相结合，使环境质量评价、环境规划、环境管理融为一体；⑤环境质量评价引入了模糊数学、灰色系统、物元分析、层次分析和人工神经网络等理论与方法及电子计算机模拟技术、遥感（RS）技术、地理信息系统（GIS）技术、环境风险模拟实验等各种高新技术。

进入21世纪后，风险评价不断发展和完善，生态风险评价作为新的研究热点得到了越来越多的重视。环境质量评价更加关注跨国跨区域的全球性环境问题，围绕可持续发展战略的三个主要方面，即生态持续性、经济持续性和社会持续性，开展战略环境影响评价，加强环境评价软科学和现代技术研究。特别是战略环境影响评价被认为是贯彻可持续发展原则的较好方法，并已成为国际上研究与关注的热点。

二、中国环境质量评价的发展

我国的环境质量评价工作起步于20世纪70年代，在初期仅限于城市或小范围区域的现状评价，随后逐步发展了区域环境质量评价。我国环境质量评价制度和评价工作在实践中不断发展和完善，大体可分为四个发展阶段。

第一阶段：探索阶段（1972—1978年）

我国部分高等院校及科研院所参与开展了环境质量评价及其方法等的研究，并取得了一系列环境质量评价成果。如北京西郊环境质量评价、官厅水库环境质量评价、南京市环境质量评价、西安市环境质量评价、沈阳地区环境质量评价等。

第二阶段：发展阶段（1979—1989年）

1979年9月颁布的《中华人民共和国环境保护法（试行）》规定："一切企业、事业单位的选址、设计、建设和生产，都必须充分注意防止对环境的污染和破坏。在进行新建、改建和扩建工程时，必须提出对环境影响的报告书，经环境保护主管部门和其他有关部门审查批准后才能进行设计。"同时还指出"在老城市改造和新城市建设中，应当根据气象、地理、水文、生态等条件，对工业区、居民区、公共设施、绿化地带等做出环境影响评价，全面规划，合理布局，防治污染和其他公害，有计划地建设成为现代化的清洁城市。"它给开展环境影响评价工作提供了法律依据，确立了环境影响评价制度的法律地位。

1981年5月，由国家计划委员会、国家建设委员会、国家经济委员会和国务院环境保护领导小组联合颁布了《基本建设项目环境保护管理办法》。该管理办法规定了建设项目应遵守的环保原则和执行环境影响报告书制度的具体做法。管理办法的附件即《大中型基本建设项目环境影响报告书提要》规范了环境影响报告书的内容，提高了环境影响报告书的质量。管理办法推动了我国环境影响评价工作的进一步发展。

　　1984年国务院颁发了《关于加强乡镇、街道企业环境管理的规定》。该规定指出，所有新建、改建、扩建或转产的乡镇、街道企业，都必须填报《环境影响报告书》或"环境影响报告表"。要求在各行各业全方位地开展环境影响评价工作。1984年国家还颁布了《中华人民共和国水污染防治法》。

　　为适应"七五"国民经济发展的需要，1986年国务院环境保护委员会、国家计委、经委对《基本建设项目环境保护管理办法》进行了修改，重新颁发了《建设项目环境保护管理办法》。新的管理办法扩大了建设项目环境保护的管理范围，强化了管理内容，明确了职责。在"七五"期间，有关部委和各省、直辖市、自治区，结合本地区的实际情况，认真贯彻了《建设项目环境保护管理办法》，相应地制定了一批有关建设项目环境管理的实施办法或细则，使国家法规和地方法规有机地构成了环境影响评价制度体系。1986年6月颁布了《建设项目环境影响评价证书管理办法（试行）》，对从事环境影响评价的单位进行了资格审查。整顿了评价队伍和评价市场，使环境影响评价工作更健康地发展。1987年颁布了《中华人民共和国大气污染防治法》。

　　1988年国家环境保护局颁布了《关于建设项目环境管理问题若干意见》和《建设项目环境保护设计规定》，进一步规范了环境影响评价工作。国家环境保护局1989年5月颁布了《建设项目环境质量评价收费标准的原则方法》。1989年9月颁布了《建设项目环境影响评价证书管理办法》，并以附件的形式公布了对持有《建设项目环境影响评价证书》单位的考核规定。这些文件从组织上加强了对环境影响评价工作的管理和评价队伍的建设。

　　在这个阶段，我国颁布的各种环境保护法律、法规，不断地对环境影响评价进行规范，环境影响评价的内容、范围、程序，环境影响评价的技术方法也不断完善。环境影响评价发展很快，覆盖面越来越大，"六五"期间（1980—1985年），全国完成大中型建设项目环境影响评价445个，"七五"期间，全国共完成大中型项目环境影响评价2 592个。这10年是我国环境影响评价的形成和发展阶段。

　　第三阶段：完善阶段（1990—2001年）

　　1989年12月颁布的《中华人民共和国环境保护法》第十三条中规定："建设污染环境的项目，必须遵守国家有关建设项目环境保护管理的规定。建设项目的环境影响报告书，必须对建设项目产生的污染和对环境的影响做出评价，规定防治措施，经项目主管部门预审并依照规定的程序报环境保护行政主管部门审批。环境影响报告书经批准后，计划部门方可批准建设项目设计任务书"。该法确认和坚持了环境影响评价制度，进一步明确了批准权限，对我国的经济建设、城乡建设、环保事业产生了深远的影响。

　　1998年11月18日国务院第十次常务会议通过了《建设项目环境保护管理条例》，并以中华人民共和国国务院令第253号发布施行。使我国建设项目的环境保护管理更加明确、完善和规范，标志着我国建设项目的环境保护管理进入了一个新时期。

　　为统一我国环境影响评价技术，使环境影响报告书的编制规范化，国家环境保护总局组织力量编写了《环境影响评价技术导则》,现已发布的有《环境影响评价技术导则 总纲》(HJ/T 2.1—93)、《环境影响评价技术导则 大气环境》(HJ/T 2.2—93)、《环境影响评价技术导则 地面水环境》(HJ/T 2.3—93)、《环境影响评价技术导则 声环境》(HJ/T 2.4—1995)等,它已经成为中国环境影响评价制度中的技术保证。

这个时期,我国环境影响评价的法规体系逐步建立完善,并从开始试行到执行环境影响评价证书制度,从工业污染项目评价为主发展到区域开发评价、规划评价和生态评价,如长江三峡、京九铁路工程等环境影响评价。"八五"期间,由于加强了环境影响评价制度的执行力度,全国环境质量评价执行率达到了81%。"九五"期间,全国大中型企业环境影响评价项目执行率达98%以上。在这期间,国家加强了评价队伍的建设管理和环境影响评价技术规范的制定工作,是我国建设项目环境影响评价的强化和完善阶段。

1997年国家环境保护局根据国务院环境保护委员会第三届第十次会议的要求,开始组织全国环境保护重点城市开展空气质量周报,并于1997年4月在第一批的13个城市中进行了空气质量现状的试报,同年6月5日在当地新闻媒体和电视台正式对外发布。1998年6月实行空气质量周报(或日报)的城市总数已达46个。自2000年6月5日起,通过中央电视台等新闻媒体发布了42个重点城市的空气质量日报。全国有55个城市通过当地电视台等媒体发布本市各区域的空气质量日报。这反映了我国城市空气环境质量的状况,提高了群众的环境保护意识,并使我国的环境保护工作在与国际接轨的进程中迈出了重要一步。

第四阶段:提高完善阶段(2002年至今)

2002年10月28日,我国正式颁布《中华人民共和国环境影响评价法》,并于2003年9月1日起实施。该法在总结近30年环境保护工作经验的基础上,对环境影响评价的定义、评价范围与分类、评价原则、评价对象和内容、评价程序以及法律责任做出了全面的规范,为我国环境影响评价在新的世纪内开创新局面奠定了良好基础。《中华人民共和国环境影响评价法》的实施,从法律上系统地、有效地保证了环境影响评价工作的全面推进和落实。近10年以来,我国环境质量评价从制度上不断地完善、技术上不断提升。

我国已经建立起了一支由专家和技术人员为主力的环境质量评价队伍,初步完善了环境影响评价的法规体系。在评价方法和理论方面做了许多探讨研究,无论从广度还是深度方面均有很大的进展。主要表现在:①由环境单要素评价发展到区域环境综合评价;②由污染环境质量评价发展到自然与社会相结合的环境质量评价;③由城市环境质量评价发展到农业生态环境、海域环境、风景旅游区与自然保护区环境、工业生产区、道路交通区、高科技开发区等多领域的环境质量评价;④由以环境现状评价为主发展到以环境影响评价为主,并增加了经济损益分析、风险评价、公众参与等新内容;⑤在评价理论和方法上,已不局限于一般的指数评价,还对主客观相结合的生物学评价、卫生学评价、社会学评价、美学评价等方面进行了广泛地探索。

2013年,环境保护部发布了第73号《中华人民共和国环境保护部公告》,同时还配套印发了《建设项目环境影响评价政府信息公开指南》和《关于切实加强环境影响评价监督管理工作的通知》两个文件,旨在加大环境影响评价、政府信息公开的力度,强化环境影响评价事中、事后的监管。我国2015年1月1日开始实施的新《中华人民共和国环境保护法》,增加了"未依法进行环境影响评价的建设项目,不得开工建设"的规定。新《中华人民共和国环境保护法》将指导和引引我国制定更加完善的环境质量评价法律、法规体系,重视环境质量评价事业的发展。

目前，在我国环境影响评价的法规体系已经逐步完善的基础上，需要进一步加强国际交流活动，使我国环境影响评价法规体系更加完善并与国际接轨，评价范围要扩展到建设和规划的各个领域，要深入开展环境质量评价方法和理论研究，在环境质量评价中应用现代科学理论、方法和技术。

第三节　环境质量评价与可持续发展

1987年在世界环境与发展委员会的报告《我们共同的未来》中首次提出"可持续发展"概念以来，"可持续发展"在世界范围内得到了普遍认可，至今"可持续发展"已逐步完善为系统观念和系统理论，并上升到人类21世纪的共同发展战略。我国正在全面实施可持续发展战略，已经把可持续发展战略与科教兴国战略并列为中国跨世纪发展的两个基本战略。

环境质量评价对确定正确的经济发展方向、保护环境和生态等一系列政策、规划和重大行动的决策有十分重要意义，是协调社会经济发展和环境保护的有效手段和方法。积极有效地开展环境质量评价对促进可持续发展具有重要的作用。

（一）环境质量评价立足于实现可持续发展

人类生活的地球可持续发展的实现，要依赖于全球各个国家和地区的可持续发展。一般以区域（国家或地区）作为可持续发展实施的基本组织单元。区域最显著的特征，一方面是具有地域环境和生产要素禀赋（土地、劳动力、资本等）的差异；另一方面是社会经济发展程度和环境质量的差异。整体性是环境系统最基本的一个特性，局部的环境污染会影响整体环境质量，区域的社会环境恶化必然制约整体的可持续发展。区域的联合协作是一个世界性的历史趋势，区域协调主要是区域之间经济利益和环境利益的协调。因此，各个国家和地区、各个行业和部门在项目投资、区域开发或政策制定中，一是都要开展环境影响评价和环境影响经济评价，二是评价工作中必须要有全局观念、整体观念和全球观念，既要考虑项目所在区域的环境影响，也要考虑全球环境的影响。只有进行综合的评估和判断，才能确定这些活动能否达到可持续发展的要求，并提出相应的防治对策。

（二）要围绕可持续发展开展环境质量评价科学研究

认真地总结过去的经验，有计划地开展评价科学研究，加快改进和完善评价方法和技术，是提高环境质量评价工作质量和促进社会可持续发展的重要措施。评价科学研究是以决策研究为核心的高度综合的新的研究内容，如一些国家已经建立了战略环境影响评价制度，战略环境影响评价包括建设前、建设中、运营和退役过程的环境研究。战略环境影响评价已远远超出了通常环境影响评价的范围，性质上有实质性的变化，时间要求更早，范围更广泛，从具体的项目到抽象的政策、规划和计划，进而到人类生存发展的概念——可持续发展战略，它体现了环境质量评价的最终发展趋势。科学规范的环境质量评价理论、方法和技术，才能满足社会经济和环境可持续发展的需要。

（三）全球性环境问题在环境质量评价中应得到重视

全球性环境问题已严重地危及人类社会的可持续发展而成为人们关注的热点，所以要求在进行环境质量评价时给予充分注意。在评价拟建项目时，对于全球性环境问题，如对气候变暖的贡献、臭氧层的破坏、酸沉降的加剧、生物物种的影响和对自然资源的压力等应包括在主要问题中予以识别，尽管难以估计对全球变化贡献的绝对程度，但是，贡献的相对大小应当予以评价，可能发生的危害和变化在环境质量评价中应予以研究。

（四）广泛推广环境影响后评估

一个成功的环境影响评价，在决策过程中必须保证对建设项目相关影响的考虑是充分而完全的。有些政府部门和建设者对项目建成后的环境影响是否发生很少负责，评价者也很少为他们所推荐的防治措施负责。这方面既要加强环境质量评价工作的监督管理和强化评价单位、人员的责任，实施项目评价责任终身制，也要加强环境影响后评估；如何来验证环境影响评价的有效性，环境影响后评估就是一种很好的措施。环境影响后评估是环境影响评价的延续，是在开发建设活动实施后，对环境的实际影响程度进行系统调查和评估，检查对减少环境影响的落实程度和实施效果等，这些研究工作促进和保证了环境影响评价所提出的建议的落实，改进了环境影响评价的效能。

（五）应用高新技术提高环境质量评价的水平和质量

高新技术应用到环境质量评价的各环节中，对提高环境影响评价质量将是特别有益的。比如电子探针X射线显微镜分析法、全反射X射线荧光分析方法、中子活化分析技术、遥感与系统分析技术、卫星摄影与图片判读技术、质谱环境分析技术、地理信息系统（GIS）等，在环境分析中的作用越来越重要。计算机数值模拟技术、实验室模拟实验技术、野外实验示踪技术等，都能较好地描述污染物的迁移扩散规律。这些高新技术的应用能发展和完善评价方法和手段，提高环境质量评价的水平，为社会经济发展做出积极的贡献。

（六）可持续发展实施的关键环节

可持续发展战略是一项庞大的系统工程，涉及人类生产、生活的方方面面。它的实施包括许多环节。正如《中国21世纪议程》中指出的，可持续发展必须考虑人口因素，人口规模庞大、人口素质较低、人口结构不尽合理是中国亟待解决的三个重大问题。要使可持续发展战略得以全面而有效地实施，关键还要依赖于人们在思想深处对可持续发展的认识程度。这包括自然观的转变与环境理念的形成。环境质量评价是根据环境学、生态学和环境经济学的原理对环境状况进行诊断，对人类活动的环境效应进行评价，对人类社会、经济和环境可持续发展的途径进行探索。所以环境质量评价工作者应该按照可持续发展的思想树立自然观和环境伦理观，去严肃认真地从事环境质量评价工作，去提高人们的生态环境意识，引导人们重视环境质量评价工作，实施环境质量评价的结果，这样才能实现以环境质量评价来确保社会、经济和环境可持续发展的目标。

复习思考题

1. 何谓环境？环境的基本特征有哪些？
2. 为什么要开展环境质量评价？
3. 简述环境质量评价的程序。
4. 何谓环境影响评价？何谓环境现状评价？两者有何区别？
5. 说明统一环境质量评价方法和途径的重要依据。
6. 说明近几年我国加强和完善环境影响评价的主要措施。

第二章 环境法律、法规与环境标准

环境法律、法规与环境标准是环境质量评价的主要依据，是实施环境质量评价的重要保障，同时也是环境保护行政主管部门进行环境管理、执法监督的主要依据，它体现了一个国家或地区的环境政策，也反映了一个国家或地区的社会经济实力与科技发展水平。

第一节 环境保护法律、法规体系

环境保护法律、法规体系是指国家为保护和改善环境，防治污染与其他公害而制定的体现政策和行为准则的各种法律、法规、规章及政策性法规文件（包括标准）的有机整体框架系统，是开展环境质量评价的基本依据。我国从20世纪70年代开始环境立法以来，经过几十年的发展，已逐步建立了由法律、国务院行政法规、政府部门规章、地方性法规和地方政府规章、环境标准、环境保护国际条约组成的完整的环境保护法律法规体系。

一、环境保护法律、法规体系

（一）法律

1. 宪法 宪法是国家的根本大法，宪法中关于环境保护的规定，是环境法的基础，是制定具体的环境法律、法规和规章的总纲。我国宪法对环境保护做了根本性的规定。宪法第九条规定："矿藏、水流、森林、山岭、草原、荒地、滩涂等自然资源，都属于国家所有，即全民所有；由法律规定属于集体所有的森林和山岭、草原、荒地、滩涂除外。国家保障自然资源的合理利用，保护珍贵的动物和植物，禁止任何组织或个人用任何手段侵占或者破坏自然资源。"宪法第二十六条规定："国家保护和改善生活环境和生态环境，防治污染和其他公害。国家组织和鼓励植树造林，保护林木。"

宪法中的这些规定是环境保护立法的依据和指导原则。

2. 环境保护法律 环境保护法律包括环境保护综合法、环境保护单行法和环境保护相关法。环境保护综合法是指2014年颁布的《中华人民共和国环境保护法》，也称为环境保护基本法。该法共有7章70条。该法规定了我国环境保护的任务、对象、适用领域、基本原则以及环境监督管理体制；规定了环境标准制定的权限、程序和实施要求；环境监测的管理和状况公报的发布；环境保护规划的拟订及建设项目环境影响评价制度、现场检查制度及跨地区环境问题的解决原则；对环境保护责任制、资源保护区、自然资源开发利用、农业环境保护、海洋环境保护做了规定；规定了排污单位防治污染的基本要求、"三同时"制度、排污申报制度、排污收费制度、限期治理制度以及禁止污染转嫁和环境应急的规定；规定了违反本法有关规定的法律责任；规定了国内法与国际法的关系。修订后的环境保护法增加了"保护环境是国家的基本国策"和国家环境日的规定；突出强调政府责任、监督和法律责任，专章规定了环境信息公开和公众参与制度；加强公众对政府和排污单位的监督，规定县级以上人民政府应当每年向本级人民代表大会或者人大常务委员会报告环境状况和环境保护目标的完成情况；增加了科学确定符合我国国情的环境基准的规定；完善了环境监测制度、跨行政区污染防治制度；补充了总量控制制度等新内容。

环境保护单行法包括：①污染防治法，如《中华人民共和国水污染防治法》《中华人民共和国大气污染防治法》《中华人民共和国固体废物污染环境防治法》《中华人民共和国环境噪声污染防治法》《中华人民共和国放射性污染防治法》等。②生态保护法，如《中华人民共和国水土保持法》《中华人民共和国野生动物保护法》《中华人民共和国防沙治沙法》等。③《中华人民共和国海洋环境保护法》和《中华人民共和国环境影响评价法》等。

环境保护相关法是指一些自然资源保护和其他有关部门的法律，如《中华人民共和国森林法》《中华人民共和国草原法》《中华人民共和国渔业法》《中华人民共和国矿产资源法》《中华人民共和国水法》《中华人民共和国清洁生产促进法》等都涉及环境保护的有关要求，也属环境保护法律、法规体系的一部分。

（二）环境保护行政法规

环境保护行政法规是由国务院制定并公布或经国务院批准有关主管部门公布的环境保护规范性文件。一是根据法律授权制定的环境保护法的实施细则或条例，如《中华人民共和国水污染防治法实施细则》；二是针对环境保护的某个领域而制定的条例、规定和办法，如《建设项目环境保护管理条例》《规划环境影响评价条例》。

（三）政府部门规章

政府部门规章是指国务院环境保护行政主管部门单独发布或与国务院有关部门联合发布的环境保护规范性文件，以及政府其他有关的行政主管部门依法制定的环境保护规范性文件。政府部门规章是以环境保护法律和行政法规为依据而制定的，或者是针对某些尚未有相应法律和行政法规调整的领域做出的相应规定。

（四）环境保护地方性法规和地方性规章

环境保护地方性法规和地方性规章是享有立法权的地方权力机关和地方政府机关依据《中华人民共和国宪法》和相关法律制定的环境保护规范性文件。这些规范性文件是根据本地实际情况和特定环境问题制定的，并在当地实施，有较强的针对性和可操作性。环境保护地方性法规和地方性规章不能和法律、国务院行政规章相抵触。

（五）环境标准

环境标准是指为保护人群健康和社会物质财富，维护生态平衡，针对环境质量以及污染物的排放、环境监测方法以及其他需要的事项，按照国家规定的程序，制定和批准的各种技术与规范的总称。我国的环境标准既是国家标准体系中的一个分支，又是我国环境保护法规体系中的重要组成部分，是环境保护的各项法律、法规制度得以顺利实施的重要科学依据。

（六）国际条约与协定

《中华人民共和国环境保护法》第四十六条规定："中华人民共和国缔结或者参与的与环境保护有关的国际条约，同中华人民共和国法律有不同规定的，适用国际条约的规定，但中华人民共和国声明保留的条款除外。"我国已经参与的主要国际环境保护条约约30项，主要有：

1. 气候变化 《联合国气候变化框架公约》《联合国气候变化框架公约的京都议定书》。

2. 臭氧层保护 《保护臭氧层维也纳公约》《关于消耗臭氧层物质的蒙特利尔议定书》及该议定书的修正案。

3. 生物多样性保护 《国际植物新品种保护公约》《国际遗传工程和生物技术中心章程》《生物多样性公约》《濒危野生动植物物种国际贸易公约》等。

4. 危险废物控制 《控制危险废物越境转移及其处置的巴塞尔公约》及其修正案。

5. 海洋环境保护 《联合国海洋法公约》《国际油污损害民事责任公约》《国际油污损害民事责任公约的议定书》《国际干预公海油事故公约》等。

6. 双边协定 《中华人民共和国政府和日本国政府保护候鸟及其栖息环境协定》《中华人民共和国政府和蒙古人民共和国政府关于保护自然环境的合作协定》《中华人民共和国国家环境保护局和朝鲜民主主义人民共和国环境保护及国土管理总局合作协定》《中华人民共和国国家环境保护局与加拿大环境部环境合作备忘录》《中华人民共和国政府和印度共和国政府环境合作协定》《中华人民共和国政府和大韩民国政府环境合作协定》《中华人民共和国政府和日本国政府环境保护合作协定》《中华人民共和国国家环境保护局、蒙古国自然与环境部和俄罗斯联邦自然保护和自然资源部关于建立中、蒙、俄共同自然保护区的协定》《中华人民共和国政府和俄罗斯联邦政府环境保护合作协定》等。

二、环境法律制度

环境法律制度是指由调整特定环境社会关系的一系列环境法律规范所组成的相对完整的法规体系，它是环境管理制度的法律化，是环境规范的一个特殊组成部分。自1979年《中华人民共和国环境保护法（试行）》规定了环境影响评价制度、征收排污费制度与"三同时"制度以来，经过几十年的发展，我国的环境法律制度日益丰富和完善，并在我国环境监督管理中发挥了十分重要的作用。目前比较成熟的环境法律制度除了环境影响评价制度已经上升为《中华人民共和国环境影响评价法》外，尚有"三同时"制度、征收排污费制度、限期治理制度、排污申报登记制度、环境标准制度、环境监测制度、废物综合利用制度、环境污染与破坏事故报告制度、现场检查制度等同时实施。正在逐步完善和发展的环境法律制度有环境保护许可制度、污染物排放总量控制制度、严重污染环境的落后生产工艺和设备的限期淘汰制度、环境标志制度等。还有一些环境管理制度，虽然在环境管理实践中已经成功地推行，但还未真正法律化，如环境保护目标责任制度、城市环境综合整治定量考核制度等。这些制度目前只能称为环境行政管理制度，而不宜称为环境法律制度。

1. 环境影响评价制度 《中华人民共和国环境影响评价法》总则第二条称环境影响评价，是指对规划和建设项目实施后可能造成的环境影响进行分析、预测和评估，提出预防或者减轻不良环境影响的对策和措施，以及进行跟踪监测的方法与制度。我国的环境影响评价制度是把环境影响评价工作以法律、法规或行政规章的形式确定下来从而必须遵守的制度，它要求在工程、项目、计划和政策等的拟定与实施中，除了传统的经济和技术等因素外，还要考虑环境影响，并把这种考虑体现到决策中去。目前，我国环境影响评价制度包括环境影响评价管理制度、环境影响评价技术导则、环境影响评价标准、环境评价方法等。

2. "三同时"制度 "三同时"是指对环境影响的一切建设项目，必须依法执行环境保护设施与主体工程同时设计、同时施工和同时投产使用的制度。"三同时"制度是我国特有的环境管理制度，它与环境影响评价制度相辅相成，都是针对新污染源所采取的防患于未然的法律措施，体现了《中华人民共和国环境保护法》以预防为主的要求。二者对建设项目发生作用的阶段不同，建设项目的环境影响评价制度作用于建设项目的可行性研究阶段，"三同时"作用于建设项目立项后进入实质性的建设阶段。2013年以来国家加强了"三同时"制度的监管力度，对环境影响评价违法行为"零容忍"。

3. 征收排污费制度 征收排污费制度又叫排污收费制度，是指国家环境管理机关依照法律规定对排污者征收一定费用的一整套管理措施。它既是环境管理中的一种经济手段，又是"污染者负担"原则的具体执行方式之一。其目的是为了促进排污者加强环境管理，节约和综合利用资源，治理污染，改善环境，并为保护环境和补偿污染损害筹集资金。我国环保法规定征收的超标准排污费必须用于污染的防治，不得挪作他用。征收排污费的对象是超过国家或地方污染物排放标准排放污染物的企业、事业单位。污染物包括污水、废气、固体废物、噪声、放射性5大类。

4. 限期治理制度 限期治理制度，是指对现已存在的危害环境的污染源，由法定机关做出决定，令其在一定期限内治理并达到规定要求的一整套措施。它是减轻或消除现有污染源的污染，改善环境质量状况的一项环境法律制度，也是我国环境管理中所普遍采用的一项管理制度。限期治理的对象主要是位于特殊保护区域内的超标排污的污染源和造成严重污染的污染源。

5. 排污申报登记制度 排污申报登记制度是指由排污者向环境保护行政主管部门申报其污染物的排放和防治情况，并接受监督管理的一系列法律规范构成的规则系统。它是及时准确地掌握有关排污和污染信息的有效途径，也是环境保护部门进行其他相关管理的基础。排污申报登记制度适用于直接或间接向环境排放污染物（含工业或建筑施工噪声、固体废物）的企、事业单位。排污单位必须如实填写《排污申报登记表》，经环境保护主管部门审批后登记注册，领取《排污申报登记注册证》。申报的内容通常应包括排放污染物的种类、数量、浓度，排放地点、去向、方式，噪声源的种类、数量和噪声强度，固体废物的储存、利用或处置场所等。

6. 环境保护许可制度 环境保护许可制度是指从事危害或可能危害环境的活动之前，必须向有关管理机关提出申请，经审查批准，发给许可证后，方可进行该活动的一整套管理措施。它是环境行政许可的法律化，是环境管理机关进行环境保护监督管理的重要手段。环境保护许可证从其作用上看有三种类型：一是防止环境污染许可证，如排污许可证，危险废物收集、储存、处置许可证等；二是防止环境破坏许可证，如林木采伐许可证、渔业捕捞许可证、野生动物特许捕猎证等；三是整体环境保护许可证，如建设规划许可证等。环境保护许可制度与其他方面的许可制度一样，都要有申请、核审、颁发、中止或吊销等一整套程序和手续。

我国2015年1月1日开始实施新的《中华人民共和国环境保护法》，新的《中华人民共和国环境保护法》将指导和引引我国制定更加完善的环境质量评价法律、法规体系，加强对环境影响评价工作的督查监管，促进环境质量评价事业的发展。

第二节 环境标准体系

人类为了自身的生存、繁衍与发展，需要协调社会经济与生态环境保护的关系，制订环境规划,开展评价与进行环境管理,环境标准是环境规划制定、环境评价与环境管理的主要依据。

一、环境标准

(一) 环境标准的概念

环境标准是保护环境、控制污染与生态破坏的各种标准的总称。它是以保护人群健康、社会物质财富和促进生态良性循环为目的,针对环境结构和状态,在综合考虑自然环境特征、科学技术水平和经济条件的基础上,由国家按照法定程序制定和批准的技术规范,是国家环境政策在技术方面的具体体现,也是执行各项环境法律、法规的基本依据。环境标准是强制性的技术规范,是环境保护立法的一部分,具有法律效力。环境标准研究的对象是环境质量、污染源、监测方法等。

(二) 环境标准的作用

1. 环境标准是制定环境规划与环境计划的主要依据 在制定环境规划与环境计划时必须要有一个明确的环境目标,而环境目标就是依据环境标准提出的。有了环境标准,管理部门就可以依据它来制定规划、计划等,以便控制污染和改善环境。

2. 环境标准是环境质量评价的准绳 无论是进行环境现状评价还是环境影响评价,都需要依据环境标准做出定量化的比较与评价,正确判断环境质量的好坏,正确预测建设项目的环境影响。

3. 环境标准是环境管理的技术基础 环境管理包括立法、规划、监测与评价等。环境标准用具体数字体现了环境质量和污染物排放应控制的界限与尺度,是执法的依据,也是统一管理的基础。因此,环境标准是环境规划、环境质量评价与环境监测等环境管理过程中的技术基础。

4. 环境标准是提高环境质量的重要手段 通过颁布与实施环境标准,加强环境管理,可以促进企业进行技术改造和技术革新,提高资源与能源的利用率,有效治理环境污染,保护生态,实现可持续发展。

二、制定环境标准的原则和依据

(一) 制定环境标准的原则

《中华人民共和国环境保护法》规定,国家环境保护行政主管部门制定国家环境质量标准,并根据国家环境质量标准和国家经济、技术条件,制定国家污染物排放标准。省、自治区、直辖市人民政府对国家环境质量标准中未做规定的项目,可以制定地方环境质量标准;对国家污染物排放标准中未做规定的项目,也可以制定地方污染物排放标准;对国家污染物排放标准中已做规定的项目,可以制定严于国家污染物排放标准的地方污染物排放标准。从技术角度上讲,环境标准的制定要从污染物的环境生物学效应方面出发,环境标准是污染物对以人群为中心的社会生态系统和以生物为中心的自然生态系统,以及人与生物不受直接的或间接的危害的数量界限,即最高容许浓度(或容许范围)。制定环境标准要遵从以下原则:①以国家环境保护方针、政策、法律、法规及有关规章为依据,以保护人体健康和改善环境质量为目标,促进环境效益、经济效益、社会效益的统一;②环境标准应与国家的技术水平、社会经济承受能力相适应;③各类环境标准之间应协调配套;④标准应便于实施与监督；⑤借鉴适合我国国情的国际标准和其他国家的标准。

（二）制定环境标准的依据

1. 以环境基准为依据 在制定标准时，必须首先考虑污染物与人体、生物以及物质财富之间的剂量-效应或剂量-反应关系，关于这种相关性的系统资料就是环境基准。确切地说，环境基准是由与人体健康有关的卫生基准，与各种动植物保护有关的生物基准及与保护各种物质财富有关的物理基准综合而成的各个环境要素的基准。环境基准是制定环境标准的重要科学依据。

2. 以国家环境保护法以及有关的政策、法规作为法律依据 环境标准是国家环境保护法律制度的重要组成部分，其制定、实施和实施过程中的监督必须以国家环境保护法律、法规中的有关准则作为依据。

3. 以当前国内外各种污染物监测、评价和处理技术水平作为技术依据 为促进排污者技术改造，采用少污染、无污染的先进工艺，在标准制定时，应考虑工艺和技术的可靠性，以代表工艺改革和污染治理方向的先进的技术作为标准制定的依据。

4. 以国家的财力水平和社会承受能力作为标准制定的经济合理性和社会适应性依据 环境基准是由污染物与人或生物之间的剂量-反应或剂量-效应关系确定的，不考虑社会、经济、技术等人为因素。而环境质量标准是以环境质量基准为依据，考虑社会、经济、技术等因素而制订的，并可根据情况不断修订、补充。污染控制标准制定的焦点是如何正确处理技术先进和经济合理之间的矛盾，标准要定在最佳点上。因此，标准制定时应按照环境功能、企业类型、污染物危害程度、生产技术水平区别对待。

三、环境标准体系的组成

环境标准体系是根据环境监督管理的需要，将各种不同的环境标准，依其性质功能及其内在联系进行分级、分类，有机组织并合理构成的系统整体。各标准是相互联系的，并随着发展而不断修订。

根据《中华人民共和国环境保护标准管理办法》（1999-04-01）我国的环境标准分为国家环境标准、国家环境保护总局（环境保护部）标准（环境保护行业标准）、地方环境标准，其中国家环境标准包括国家环境质量标准、国家污染物排放标准（或控制标准）、国家环境监测方法标准、国家环境标准样品标准、国家环境基础标准5类。地方环境标准包括地方环境质量标准和地方污染物排放标准（或控制标准）。需要在全国环境保护工作范围内统一的技术要求而又没有国家环境标准时，应制定国家环境保护总局标准。目前我国制定的环境保护行业标准包括清洁生产标准、环境影响评价技术导则、环境标志产品技术要求（标准）、环境保护产品技术要求、环境保护工程技术规范等。

（一）环境质量标准

环境质量标准是指在一定时间、空间范围内，为了保护人群健康、社会物质财富和维护生态平衡而对有害物质或因素所做的限制性规定，是衡量环境是否受到污染的标尺，还是有关部门进行环境管理和制定污染物排放标准的依据。环境质量标准分为国家和地方两级。根据《中华人民共和国环境保护法》国家环境质量标准是由国务院环境保护行政主管部门按照环境要素和污染因素规定的环境质量标准，适用于全国范围。地方环境质量标准是地方政府根据本地区的实际情况，对国家环境质量标准中未规定项目的补充。国家环境质量标准还包括中央各个部门对一些特定地区，为了特定的目的和要求而制定的环境质量标准，如《生活饮用水卫生标准》《工业企业设计卫生标准》等。按照环境要素可划分为环境空气质量标准、地表水环境质量标准、声环境质量标准、土壤环境质量标准等。

1. 环境空气质量标准　《环境空气质量标准》（GB 3095—2012）是为贯彻《中华人民共和国环境保护法》和《中华人民共和国大气污染防治法》而制定的，从 2016 年 1 月 1 日起正式实施，在此之前，《环境空气质量标准》（GB 3095—2012）与《环境空气质量标准》（GB 3095—1996）在国内不同地区分别实施。《环境空气质量标准》中规定了环境空气功能区分类、标准分级、污染物项目、平均时间及浓度限值、监测方法、数据统计的有效性规定及实施与监督等内容。具体为：

(1) 环境空气质量功能区分类及质量要求

① 根据 GB 3095—2012，环境空气功能区共分为两类：一类区为自然保护区、风景名胜区和其他需要特殊保护的区域；二类区为居住区、商业交通居民混合区、文化区、工业区和农村地区。

② 根据 GB 3095—2012，环境空气质量标准分为二级，一类区适用一级浓度限值；二类区适用二级浓度限值。

(2) 污染物浓度限值、监测方法及数据统计的有效性规定　GB 3095—2012 做了环境空气污染物基本项目和空气污染物其他项目的浓度限值、监测方法和数据统计的有效性规定。空气污染物基本项目包括 SO_2、NO_2、CO、O_3、PM_{10}、$PM_{2.5}$，其他项目包括 TSP、NO_x、Pb、苯并[a]芘。

2. 地表水环境质量标准　《地表水环境质量标准》（GB 3838—2002）是为贯彻《中华人民共和国环境保护法》和《中华人民共和国水污染防治法》，防治水污染，保护地表水水质，保障人体健康，维护良好的生态系统而制定的。该标准按照地表水环境功能分类和保护目标，规定了水环境质量应控制的项目及限值，以及水质评价、水质项目的分析方法和标准的实施与监督。该标准适用于中华人民共和国领域内江河、湖泊、运河、渠道、水库等具有使用功能的地表水水域。具有特定功能的水域，应执行相应的专业用水水质标准。依据地表水水域的使用目的和保护目标，将我国地表水划分为五类：

Ⅰ类：主要适用于源头水、国家自然保护区。

Ⅱ类：主要适用于集中式生活饮用水水源地一级保护区、珍稀水生生物栖息地、鱼虾类产卵场、仔稚幼鱼的索饵场等。

Ⅲ类：主要适用于集中式生活饮用水水源地二级保护区、鱼虾类越冬场、洄游通道、水产养殖区等渔业水域及游泳区。

Ⅳ类：主要适用于一般工业用水区及人体非直接接触的娱乐用水区。

Ⅴ类：主要适用于农业用水区及一般景观要求水域。

不同功能类别分别执行相应类别的标准值，水域功能类别高的标准值严于水域功能类别低的标准值。同一水域兼有多类使用功能的，执行最高功能类别对应的标准值，不同功能的水域执行不同标准值。

3. 声环境质量标准　《声环境质量标准》（GB 3096—2008）是为贯彻《中华人民共和国环境保护法》及《中华人民共和国环境噪声污染防治法》，防治噪声污染，保障城乡居民正常生活、工作和学习的声环境质量而制定的，从 2008 年 10 月 1 日起实施。该标准规定了五类声环境功能区的环境噪声限值及测量方法。该标准适用于声环境质量评价与管理。机场周围区域受飞机通过（起飞、降落、低空飞越）噪声的影响，不适用于本标准。

0 类声环境功能区：指康复疗养区等特别需要安静的区域。

1 类声环境功能区：指以居民住宅、医疗卫生、文化教育、科研设计、行政办公为主要功能，需要保持安静的区域。

2 类声环境功能区：指以商业金融、集市贸易为主要功能，或者居住、商业、工业混杂，需要维护住宅安静的区域。

3 类声环境功能区：指以工业生产、仓储物流为主要功能，需要防止工业噪声对周围环境产生严重影响的区域。

4 类声环境功能区：指交通干线两侧一定距离之内，需要防止交通噪声对周围环境产生严重影响的区域。

该标准规定城市区域应按照《声环境功能区划分技术规范》（GB/T 15190—2014）的规定划分声环境功能区，分别执行该标准规定的 0、1、2、3、4 类声环境功能区环境噪声限值。乡村区域一般不划分声环境功能区，但县级以上人民政府环境保护行政主管部门可根据环境管理的需要，根据该标准要求确定乡村区域适用的声环境质量要求。

4. 土壤环境质量标准　《土壤环境质量标准》（GB 15618—1995）是为防止土壤环境污染，保护生态环境而制定的土壤环境中污染物的最高允许浓度指标值及相应的监测方法，适用于农田、蔬菜地、茶园、果园、牧场、林地、自然保护区等地的土壤。根据土壤应用功能和保护目标，划分为三类：

Ⅰ类主要适用于国家规定的自然保护区（原有背景重金属含量高的除外）、集中式生活饮用水源地、茶园、牧场和其他保护地区的土壤，土壤质量基本上保持自然背景水平。

Ⅱ类主要适用于一般农田、蔬菜地、茶园、果园、牧场等土壤，土壤质量基本上对植物和环境不造成危害和污染。

Ⅲ类主要适用于林地土壤及污染物容量较大的高背景值土壤和矿产附近等地的农田土壤（蔬菜地除外），土壤质量基本上对植物和环境不造成危害和污染。

标准分级：一级标准指为保护区域自然生态，维持自然背景的土壤环境质量的限制值；二级标准指为保障农业生产，维护人体健康的土壤限制值；三级标准指为保障农林生产和植物正常生长的土壤临界值。

各类土壤环境质量执行标准的级别规定如下：Ⅰ类土壤环境质量执行一级标准，Ⅱ类土壤环境质量执行二级标准，Ⅲ类土壤环境质量执行三级标准。

（二）污染物排放标准

污染物排放标准是为了实现环境质量标准的目标，依据环境保护法和各环境要素污染防治法，结合经济、技术条件和环境特点，对排入环境的有害物质和产生危害的各种因素所允许的限值或排放量（浓度）做的限制性规定。它是实现环境质量目标的重要手段，对已有污染源污染物的排放管理，以及建设项目环境影响评价、设计、环境保护设施竣工验收及投产后污染物的排放管理具有重要作用。污染物排放标准也分为国家污染物排放标准和地方污染物排放标准两级，主要有大气污染物排放标准、污水综合排放标准等。

（三）环境基础标准

环境基础标准是对环境标准中具有指导意义的有关名词术语、图形标志、指南、原则、导则、量纲等所做的统一的技术规定,在环境标准体系中处于指导地位,是制定其他环境标准的基础。如地方大气污染排放标准的技术方法、地方水污染物排放标准的技术原则和方法、环境保护图形标志、环境污染类别代码等。

(四) 环境保护方法标准

环境保护方法标准是对环境保护领域内以试验、分析、抽样、统计、计算、环境影响评价方法等为对象而制定的标准。环境保护方法标准是制定和执行环境质量标准和污染物排放标准,实现统一管理的基础。如工业废水污染物测定方法、锅炉大气污染物测试方法、《环境影响评价技术导则》(HJ 2.2—2008)等。

(五) 环境标准样品标准

环境标准样品标准是对环境标准样品必须达到的要求所做的规定。环境标准样品在评价和验证环境监测新方法、实验室质量管理、实验室能力验证、仪器校准与检测、环境监测系统量值溯源、环境污染监测仲裁分析等方面具有不可替代的作用。如《水系沉积物成分分析标准物质》(GBW 07309)、《水质 COD 标准样品》(GSBZ 500001—87)、《土壤 ESS-1 标准样品》(GSBZ 500011—87)等。

(六) 环境保护设备与仪器标准

环境保护设备与仪器标准是指对环境保护工作范围内所涉及的仪器、设备等所做的统一的技术规定。其目的是为了保证污染物监测仪器所监测的数据的可比性和可靠性,以保证污染治理设备运行的各项效率。

第三节 公众参与

公众参与是建设项目环境保护中的一个重要的组成部分和必不可少的程序。按照我国的有关规定,建设项目或规划环保工作中的公众参与主要体现在建设项目或规划环境影响评价阶段。通过公众参与可以保证环境影响评价、调查的科学性和客观公正,使建设项目生态保护和污染防治措施切实可行,从而在促进经济建设的同时,实现保护环境和生态的目标。新的环境保护法专章规定了环境信息公开和公众参与,加强公众对政府和排污单位的监督。明确公众的知情权、参与权和监督权,规定"公民、法人和其他组织依法享有获取环境信息、参与和监督环境保护的权利。"明确重点排污单位应当主动公开环境信息,完善建设项目环境影响评价的公众参与。

一、公众参与概述

(一) 公众参与的定义、目的和作用

环境影响评价中的公众参与是指建设单位,或者其委托的环境影响评价机构,以及环境保护行政主管部门同公众之间的一种双向交流,其目的是:维护公众合法的环境权益,在环境影响评价中体现以人为本的原则;更全面地了解环境背景信息,发现潜在的环境问题,提高环境影响评价的科学性和针对性;提高环保措施的合理性和有效性。

通过公众参与,可以增强公众的环境保护意识,提高环境评价的工作质量,提高项目的公众可接受性,化解公众对项目的不同意见或冲突,消除公众对政府机构执行计划的阻力,从而有助于社会的和谐。

（二）公众参与的原则

我国《环境影响评价公众参与暂行办法》（环境保护总局，2006）总则第四条规定："国家鼓励公众参与环境影响评价活动。公众参与实行公开、平等、广泛和便利的原则。"

1. 公开原则　在公众参与的全过程，应保证公众能够及时、全面并真实地了解建设项目的相关情况。

2. 平等原则　努力建立相关方之间的相互信任，不回避矛盾和冲突，平等交流，充分理解各种不同意见，避免主观和片面。

3. 广泛原则　设法使不同社会、文化背景的公众参与进来，在重点征求受建设项目直接影响的公众意见的同时，保证其他公众有发表意见的机会。

4. 便利原则　根据建设项目的性质以及所涉及区域公众的特点，选择公众易于获取的信息公开方式和便于公众参与的调查方式。

（三）公众参与的程序及内容

根据《环境影响评价公众参与暂行办法》（环境保护总局，2006）的规定，建设项目公众参与应至少进行两次信息公告。第一次信息公告应在建设单位确定了承担环境影响评价工作的环境影响评价机构后7日内，信息公告的具体内容包括建设项目名称、建设项目建设单位名称和联系方式、环境影响评价单位名称和联系方式、环境影响评价的工作程序及主要工作内容、征求公众意见的主要事项及公众提出意见的主要方式等。第二次信息公告应在建设项目环境影响评价报告的编写过程中，且在报告报送环境保护行政主管部门审批或者重新审核前。公告内容包括建设项目情况简述、环境保护对策和措施的要点、建设项目对环境可能造成影响的概述、环境影响报告书提出的环境影响评价结论的要点、公众查阅环境影响报告书简本的方式和期限、公众认为必要时向建设单位或者其委托的环境影响评价机构索取补充信息的方式和期限，以及征求公众意见的范围、主要事项、具体形式及公众提出意见的起止时间等。

根据《环境影响评价法》第八条和第十一条的规定，工业、农业、畜牧业、林业、能源、水利、交通、城市建设、旅游、自然资源开发的有关专项规划的编制机关，对可能造成不良环境影响并直接涉及公众环境权益的规划，应当在规划草案报送审批前，举行论证会、听证会，或者采取其他形式，征求有关单位、专家和公众对环境影响报告书草案的意见。

（四）公众的范围

社会学中的公众是指一个或更多的自然人或法人。世界银行对环境影响评价中公众的定义包括直接受影响的人群、受影响团体的公共代表及其他感兴趣的团体。我国环境影响评价公众参与所指的公众应包括以下几个方面：

1. 建设项目的利益相关方　指所有受建设项目影响或可以影响建设项目的单位和个人。比如直接受项目影响和生活在临近地区的人，能够从拟建项目获得效益的商人、实业家或个人；在某些领域具有全面知识，并能够针对建设项目的某些影响提出权威性参考意见的专业人员；建设项目的投资、设计、评价、行政主管及关注项目的单位或个人等。以上构成我国环境评价中广义的公众。

2. 环境影响评价的公众范围　指所有直接或间接受建设项目影响的单位或个人，但不直接参与建设项目的投资、立项、审批和建设等环节的利益相关方。具体应包括：受建设项目直接或间接影响的单位或个人、有关专家和关注建设项目的单位和个人。以上构成环境影响评价中狭义的公众。

3. 环境影响评价涉及的核心公众群 建设项目环境影响评价应重点围绕主要的利益相关方（即核心公众群）开展公众参与工作。核心公众群应包括：受建设项目直接影响的单位和个人，代表人民的、并且得到公众好评和支持的政治家及有关专家。

二、公众意见调查的内容与方法

（一）公众意见调查的内容

公众对建设项目或规划持有的各种意见是公众参与的基础，环境影响评价应重视这些看法和意见。项目开发方应将项目全面地介绍给公众，加深开发方和公众之间的联系，使公众全面介入到环境影响评价工作中。目前，我国环境影响评价公众意见调查的内容大体包括：①公众对建设项目所在地环境现状的看法；②公众对建设项目的预期；③公众对减缓不利环境影响的环保措施的意见和建议；④根据建设项目的具体情况，必要时还应针对特定的问题进行补充调查。同时，允许公众对其感兴趣的个别问题发表看法。

（二）公众意见调查的方法

国内现阶段在用的公众参与方法主要包括会议讨论、社会调查等，具体包括以下几种：

1. 问卷调查 问卷调查的方式可以是书面的，也可以是网络问卷。书面问卷适合征求核心公众或个人代表的意见；网络问卷适合广义公众意见的调查，或者作为核心公众意见调查的辅助方式。采用问卷调查的方式征求公众意见时应注意：①调查问卷的设置应简单明确、通俗易懂，避免产生歧义或误导；②对于可以用"是"或"否"回答的问题，应进一步询问答案背后的原因；③调查问卷的发放范围应与建设项目的影响范围一致；④问卷的发放数量应当根据建设项目的具体情况、项目环境影响的范围和程度、社会关注程度以及其他相关因素确定；⑤专家咨询意见可以采用书面或者其他形式。

2. 座谈会和论证会 座谈会是建设项目利益相关方之间沟通信息、交换意见的过程，其内容应与公众意见调查的主要内容一致；论证会是针对某些有争议的问题进行的讨论和（或）辩论。采用座谈会或论证会的方式征求公众意见时，应注意以下事项：①组织者应根据项目环境影响的范围和程度、受影响的环境因素和主要评价因子等情况，确定座谈会或者论证会的主题；②组织者应当在座谈会或者论证会召开 7 日前，将会议时间、地点、主要议题等，书面通知到有关单位和个人；③论证会的参加人应为相关领域的专家、关注项目的民间机构中的专业人员或具有一定知识背景的受直接影响的单位和个人代表，且人数不宜超过 15 人；④组织者应当在座谈会或者论证会结束后 5 日内，根据现场会议记录整理制作座谈会议纪要或者论证结论，并存档备查。

3. 听证会 当建设项目位于环境敏感区，且原料、产品和生产过程中涉及有毒化学物质，并存在严重污染环境、传播某种疾病的潜在风险，建设单位或环境影响评价单位认为有必要针对有关问题进一步公开与公众进行直接交流时，可以组织听证会。组织听证会时应注意：①组织者应在举行听证会的 10 日前，采用公共媒体或者其他公众可知悉的方式，公告听证会的时间、地点、主题和报名办法；②申请者应按照听证会公告的要求和方式提出申请，并同时提出所持意见的要点，新闻单位如要采访听证会也应事先提出申请；③听证会必须公开举行。

复 习 思 考 题

1. 我国环境法规体现了哪些政策？由哪几部分组成？试简单说明。
2. 我国环境法律制度主要有哪些？
3. 什么叫环境标准？我国环境标准体系有几类、几级？
4. 什么是环境质量标准和污染物排放标准？其作用分别是什么？国家环境标准与地方环境标准的区别与联系是什么？
5. 什么是环境基准？
6. 制定环境标准的依据有哪些？
7. 我国大气环境质量标准为何要分级？分为几级？各级分别适用于哪些地区？
8. 我国地面水域划分为几类？各类适用于哪些水域？
9. 什么是环境基础标准？其作用是什么？
10. 公众参与的定义、目的和作用分别是什么？
11. 我国公众参与的原则有哪些？
12. 我国公众参与的程序和内容是什么？公众的范围有哪些？
13. 公众意见调查的内容和方法有哪些？
14. 《中华人民共和国环境保护法》（2014修订）有哪些新内容？

第三章 工程分析与污染源评价

第一节 污染源调查与评价

一、污染源调查

污染源是指对环境产生污染影响的污染物发生源。通常是指向环境排放有害物质或对环境产生有害影响的场所、设备和装置。

按污染物产生的主要来源，可将污染源分为自然污染源和人为污染源。自然污染源分为生物污染源（病原体、鼠、蚊、蝇等）和非生物污染源（火山、地震、泥石流等）。人为污染源分为生产性污染源（如工业、农业、交通、科研等）和生活污染源（如住宅、宾馆、学校、医院、商业等）。

按对环境要素的影响，可将环境污染源分为：大气污染源（高架源、地面源）、水体污染源（地面水污染源、地下水污染源、海洋污染源）、土壤污染源和噪声污染源。

按污染源排放形式可分为：点源、线源和面源。

按污染源运动特性可分为：固定源和移动源。

污染源向环境中排放污染物是造成环境问题的根本原因。污染源排放污染物的种类、数量，排放方式、途径及污染源的类型和位置，直接关系到其影响的对象、范围和程度。污染源调查就是要了解、掌握上述情况及其他有关问题，通过污染源调查，找出建设项目和所在区域内现有的主要污染源和污染物，作为环境质量评价的基础。

（一）调查内容

1. 工业污染源调查内容

(1) 生产管理

① 企业概况：企业名称、位置、所有制性质、占地面积、职工总数及构成、固定资产、投产时间、产品种类、产量、产值、利润、生产水平、企业环境保护机构名称、辅助设施、配套工程、运输和储存方式等。

② 生产布局：原料和燃料堆场、水源、车间、办公室、厂区、居住区、固体废物堆放位置、污染源位置、绿化带位置等。

③ 管理状况：管理体制、人员编制、管理制度、管理水平、环保机构体制以及生产和经济指标等。

(2) 生产工艺和污染物排放

① 生产工艺：工艺原理、流程，工艺水平和设备水平。

② 污染物排放状况：废水、废气和废渣的排放部位、排放方式、规律和历史上的变化；污染物种类、数量、组分浓度、性质、年和日总排放量；污染物排放事故情况及其原因等。

③ 原材料和能源消耗：原材料和燃料的种类、产地、成分、消耗量、单耗、资源利用率（应与国家和部颁标准比较）、电耗。

④ 水耗：水源类型、取水量、供水类型、供水量、单耗、水的循环率和重复利用率等（应与国家和部颁标准比较）。

⑤ 污染防治调查：通过工艺改革、回收利用、管理措施预防污染的情况；废水、废气和固体废物处理、处置方法；方法来源、投资、运行费用、效果；管理体制及编制、改进措施；今后污染防治规划方案等。

(3) **生产发展**　发展方向、规模、布局、发展指标、预排放数量；"三同时"措施，预期的环境效益及存在的问题。

2. 农业污染源调查内容

(1) **农业种植业**

① 农药使用情况调查：农药品种、数量、使用方法、有效成分含量、施用剂量、时间、使用年限、稳定性等。

② 化肥使用情况调查：化肥的品种、数量、施用方式、使用时间、每公顷平均用量等。

③ 农业废弃物调查：农业固体废弃物（作物茎秆等）种类及数量、牲畜粪便的产量、处理和处置方式，综合利用情况，农用机油流失情况等。

(2) **畜禽和水产养殖业**

① 畜禽养殖业：畜禽种类、数量，饲养工艺，用水和排水量，畜禽粪便排放量、排放方式，其他废物排放量，粪便与废物的处理技术，处理效果，综合利用情况，处理后废水、废渣的出路等。

② 水产养殖业：养殖的品种、数量，养殖工艺，养殖池换水量、换水频率，排放的废水量与有机污染物浓度，处理设施情况，污染物去除率等。

3. 生活污染源调查内容　城镇居民生活污染源调查的内容很广。

(1) **城镇居民人口调查**　总人口、总户数、分布、密度、居住条件与居住环境。

(2) **居民供排水状况**　居民用水类型（集中供水或分散自备水源），居民生活、办公、旅馆、餐饮、医院、学校等的用水量、用水方式及污水出路。

(3) **生活垃圾**　数量、种类、收集和清运方式。

(4) **民用燃料**　燃料构成（煤、煤气、液化气等）、年使用量、使用方式、分布情况。

(5) **城市污水、垃圾的处理和处置方法**　城市污水总量、用水体制，是否有污水处理厂，污水处理厂的个数、分布，处理方法、投资、运行和维护费用，处理后的水质；城市垃圾总量、处置方式、处置点分布、处置场位置、采用的技术、投资和运行费用、是否有二次污染等。

4. 交通运输调查内容

(1) **交通噪声调查**　交通工具种类、数量、交通流量，路面级别、两侧设施和绿化情况，噪声的时空分布等。

(2) **车辆尾气调查**　交通工具种类、数量、年耗油量，燃油构成（汽油、煤油、柴油的比例）、成分，排气量和尾气净化装置，尾气成分，污染物排放量等。

(3) **车辆事故污染调查**　历史上污染事故发生次数、事故原因、事故情况和后果。

(4) **废水水质、水量调查**　对汽车场和火车车辆段洗车厂排放废水水质、水量的调查等。

在开展各种污染源调查时，应同时调查污染源周围环境的背景，包括地貌、地质、水文、水质、气象、空气质量、土壤、生物、社会经济状况等；收集由于污染源的污染所造成的人群健康影响、生态破坏和经济损失等方面的资料。

（二）调查方法

1. 调查工作的原则

① 污染源调查和评价的目的、要求不同，其方法步骤也就不同。例如，进行区域性环境污染治理规划和做项目环境影响评价的污染源调查的要求是不同的。

② 要把污染源、环境、生态和人体健康作为一个系统考虑，就是说在调查时不仅要注意污染物的排放量，还要重视污染物的物理、化学特性，进入环境的途径以及对人体健康的影响等因素。

③ 重视污染源所处的位置及周围的环境状况。

④ 必须采用同一基础、同一标准、同一尺度，以便将各种污染源所排放的污染物进行比较。

2. 调查方法

(1) 区域或流域的污染源调查 为了在污染源调查过程中做到了解一般、突出重点，可采用点面结合的方法，分为普查和详查两种。采用的基本方法是社会调查，包括印发各种调查表，召开各种类型的座谈会，收集意见和数据，或到现场调查、访问、采样和测试等。

① 普查：就是对区域或流域内所有的污染源进行全面调查。首先从有关部门查清区域或流域内的工矿、交通运输等企、事业单位名单，采用发放调查表的方法对各单位的规模、性质和排污情况做概略调查。对于农业污染源和生活污染源也可到相关主管部门收集农业、渔业和畜禽养殖业的基础资料，人口统计资料，供排水和生活垃圾排放等方面资料，通过分析和推算得出本区域或流域内污染物排放的基本情况。在普查基础上筛选出重点污染源（污染物排放种类多、排放量大、影响范围广、危害程度大的污染源），再进行详查。

② 详查：一般来说，重点污染源排放的主要污染物量占调查区域或流域内总排放量的一半以上。在详查工作中，调查人员要深入现场实地调查和开展监测，并通过计算取得翔实和完整的数据。经过详查和普查资料的综合，总结出区域或流域污染源调查的情况。

(2) 具体项目的污染源调查 具体项目的污染源调查方法应该在调查基础上进行项目剖析。其内容包括：

① 排放方式、排放规律：对废气要调查其排放高度；对废水要了解其有无排污管道，是否做到清污分流等；对固体废物要了解是直接排入河道还是堆放待处理，以及废物堆放的方式等。

此外，还要了解其排放规律（连续还是间歇排放，均匀还是不均匀排放，夜间排放还是白天排放等）。

② 污染物的物理、化学及生物特性：在重点调查中，要搞清重点污染源所排放的污染物的特性，并根据其对环境的影响和排放量的大小，提出需进行评价的主要污染物。

③ 对主要污染物进行追踪分析：对代表重点污染源特征的主要污染物进行追踪分析，以弄清其在生产工艺中流失的原因及重点发生源。

④ 污染物流失原因的分析：从生产管理、能耗、水耗、原材料消耗定额方面来分析，

根据工艺条件计算理论消耗量，调查国内、国际同类型先进工厂的消耗量，与该重点污染源的实际消耗量进行比较，找出差距，分析原因。另外还要进行设备分析（维修情况、生产能力是否平衡等）、生产工艺分析等，查找污染物流失的原因，并计算各类原因影响的比重。

二、污染源评价

（一）污染源评价的概念

污染源评价是指对污染源的潜在污染能力的鉴别和比较。潜在污染能力是指污染源可能对环境产生的最大污染效应。潜在污染能力和污染源对环境产生的实际效应是不同的。污染源对环境产生的实际效应不仅取决于污染源本身的特性，还取决于环境的性质、接受者的性质以及各种污染物之间的作用等。潜在污染能力取决于污染源本身的性质。所以用潜在污染能力评价污染源是合适的。

（二）污染源评价的目的

污染源评价的主要目的是通过分析比较，确定主要污染物和主要污染源，为环境影响评价提供基础数据。

（三）污染源评价的标准

为了统一评价标准，在 1985 年全国污染源调查中，根据工业污染源调查工作的实际水平，对工业污染源排放的废水、废气中的有害物质的评价标准做了统一规定。但是近年来，在环境影响评价的污染源调查和评价工作中常采用对应的环境质量标准或排放标准作为污染源评价标准。

（四）污染源评价的方法

根据污染源调查的结果进行污染源评价有两类方法：类别评价方法和综合评价方法。类别评价方法是根据各类污染源中某一种污染物的排放浓度和排放总量（质量或体积）、统计指标（检出率、超标率、超标倍数、标准差等指标）来评价污染物和污染源的污染程度。综合评价方法不仅考虑了污染物的种类、浓度、总排放量、排放方式，同时还考虑了排放场所的环境功能。污染源的综合评价方法可归纳为三类：污染源潜在污染能力评价方法、环境影响潜在指数法和等效体积指数法。其中污染源潜在污染能力评价法应用最广泛。

污染源的潜在污染能力主要取决于排放污染物的种类、性质、排放方式等。这些具有不同量纲的量是很难进行比较的。污染源评价的关键在于把具有不同量纲的量进行标准化处理，使其具有可比性，然后进行比较。进行标准化处理的方法不同，产生的评价方法也不同。此评价法主要有三种：等标污染负荷法、排毒系数法和等标排放量法。

1. 等标污染负荷法　这种方法是在官厅水库流域工业污染源评价中提出的。

(1) 等标污染负荷

① 污染物的等标污染负荷（P_{ij}）：

$$P_{ij}=\frac{C_{ij}}{C_{sij}}Q_{ij}=\frac{G_{ij}}{C_{sij}} \qquad (3-1)$$

式中，P_{ij} 为第 j 个污染源第 i 种污染物的等标污染负荷（m³/s）；C_{ij} 为第 j 个污染源第 i 种污染物的排放浓度 [mg/L（水）或 mg/m³（气）]；C_{sij} 为第 j 个污染源第 i 种污染物的评价标准 [mg/L（水）或 mg/m³（气）]，根据评价工作需要可取环境质量标准或排放标准；Q_{ij} 为第 j 个污染源中第 i 种污染物的介质排放流量（m³/s）；G_{ij} 为第 j 个污染源中第 i

种污染物的质量排放量（mg/s）。

② 若第 j 个污染源（工厂）共有 n 种污染物参与评价，则该污染源的总等标污染负荷（P_j）等于其所排各污染物的等标污染负荷之和。

$$P_j = \sum_{i=1}^{n} P_{ij} \qquad (3-2)$$

③ 若评价区域（或流域）共有 m 个污染源排放第 i 种污染物，则该污染物在评价区域（或流域）内的总等标污染负荷（P_i）等于该区域（或流域）内所有排放第 i 种污染物的污染源的等标污染负荷之和。

$$P_i = \sum_{j=1}^{m} P_{ij} \qquad (3-3)$$

(2) 等标污染负荷比

① 在第 j 个污染源中，第 i 种污染物的污染负荷比（K_{ij}）：

$$K_{ij} = \frac{P_{ij}}{\sum_{i=1}^{n} P_{ij}} = \frac{P_{ij}}{P_j} \qquad (3-4)$$

② 评价区域内第 j 个污染源的污染负荷比（K_j）：

$$K_j = \frac{\sum_{i=1}^{n} P_{ij}}{\sum_{j=1}^{m}\sum_{i=1}^{n} P} = \frac{P_j}{P} \qquad (3-5)$$

式中，P 为评价区域内所有污染源的等标污染负荷之和。

③ 评价区中污染物的等标污染负荷比（K_i）：

$$K_i = \frac{\sum_{j=1}^{m} P_{ij}}{\sum_{j=1}^{m}\sum_{i=1}^{n} P} = \frac{P_i}{P} \qquad (3-6)$$

式中，P 为评价区内所有污染物的等标污染负荷之和。

(3) 主要污染物的确定 按调查区域或流域各污染物等标污染负荷比（K_i）的大小排列，分别计算百分比及累计百分比，将累计百分比大于 80% 的污染物列为该区域的主要污染物。

(4) 主要污染源的确定 按调查区域或流域内各污染源的等标污染负荷比（K_j）的大小排列，分别计算百分比及累计百分比，将累计百分比大于 80% 的污染物列为该区域的主要污染源。

采用等标污染负荷法进行污染源评价时容易造成一些毒性大、在环境中易于积累的污染物不能列入主要污染物中，然而对这些污染物的排放控制又是非常必要的。所以通过计算后，还应做全面考虑和分析，最后确定出主要污染源和主要污染物。

2. 排毒系数法 在北京西郊环境质量评价中，排毒系数法首先被提出。污染物的排毒系数（F_i）为：

$$F_i = \frac{G_i}{d_i} \qquad (3-7)$$

式中，G_i 为污染物排放量（mg/d）；d_i 为能导致一个人出现毒作用反应的污染物最小摄入量（mg/人）。

这里，d_i 是根据毒理学实验所得的毒作用阈剂量值求得的。

(1) 废水中污染物 d_i 值的计算

$$d_i = 污染物毒作用阈剂量 \times 55（成年人平均体重，kg）$$

(2) 废气中污染物 d_i 值的计算

$$d_i = 污染物毒作用阈剂量 \times 10（人体每日吸入空气量，m^3）$$

排毒系数表示污染物充分、长期作用于人体时，导致出现毒作用反应的人数。各种不同性质的污染物通过这种换算，相互之间有了可比性。同时，排毒系数可以进行运算，计算公式类似于等标污染负荷法。

3. 等标排放量法 等标排放量法是在北京东南郊工业污染源评价中提出的。

等标排放量（P_i）是污染物质量排放量（G_i）与工业企业卫生标准（C_{si}）的比值。其含义可以理解为把污染物稀释到标准浓度时的污染物体积排放量。计算公式如下：

$$P_i = \frac{G_i}{C_{si}} \tag{3-8}$$

它可以用来表示某种污染物、污染源对环境的潜在污染能力，又具有加和性、可比性。计算公式类似于等标污染负荷法。

第二节 工程分析概述

一、工程分析的概念

（一）工程分析定义

建设项目环境影响评价中的工程分析，简单讲就是对建设项目的工程方案和整个工程活动进行分析，从环境保护角度分析项目性质、清洁生产水平、工程环保措施方案以及总图布置、选址选线方案等并提出要求和建议，确定项目在建设期、运行使用期以及服务期满后的主要污染源、生态影响等其他环境影响因素。

（二）工程分析分类

根据建设项目对环境影响的方式和途径不同，环境影响评价中常把建设项目分为污染型项目和生态影响型项目两大类。污染型项目主要以污染物排放对大气环境、水环境、土壤环境或声环境的影响为主，其工程分析是以对项目的工艺过程分析为重点，核心是确定工程污染源；生态影响型项目主要是以建设期、运行使用期对生态环境的影响为主，工程分析以对建设期的施工方式及运行使用期的运行方式分析为重点，核心是确定工程的主要生态影响因素。

应当注意，有些项目（如采掘、建材类等）的各阶段既有显著的污染物排放，又会有明显的生态影响，工程分析中对这类项目要全面分析，不能片面地只强调其污染影响，或仅分析其生态影响。

二、工程分析的作用

工程分析贯穿于整个评价工作的全过程，从宏观上可以掌握开发行动或建设项目与区域乃至国家环境保护全局的关系，在微观上可以为环境影响预测、评价和提出消减负面影响措施提供基础数据。工程分析的作用主要体现在以下几方面。

（一）为项目决策提供依据

工程分析是项目决策的重要依据之一。在一般情况下，工程分析从环境保护的角度对项目建设的性质、产品结构、生产规模、原料路线、工艺技术、设备选型、能源结构和排放状况、技术经济指标、总图布置方案、清洁生产水平、环保措施方案、规划方案、选址选线、施工方式、运行方式等给出分析意见，从项目与法规产业政策的符合性、污染物达标排放的可行性、清洁生产水平的可接受性、总图布置及选址选线的环境合理性等方面，在环境保护的角度上为项目的决策提供科学依据。

（二）为环境影响评价提供基础数据

这些基础数据包括各专题预测评价的基础数据。对于以污染为主的建设项目，工程分析需对各个生产工艺的产污环节进行详细分析，对各个产污环节的排污源进行仔细核算，从而为水、气、固体废物和噪声的环境影响的预测、污染防治对策的提出及污染物排放总量的控制提供可靠的基础数据。

（三）为环保设计提供优化建议

建设项目的环境保护设计需要环境影响评价作为指导，尤其是改、扩建项目，现有的工程工艺设备一般都比较落后，污染水平较高，要想使项目在改、扩建中通过"以新带老"把历史积累下来的环保"欠账"加以解决，就需要通过工程分析从环境保护的全局和环保技术方面提出具体的意见和方案。工程分析应力求对拟采用的生产工艺进行优化论证，并提出符合清洁生产要求的生产工艺建议；指出工艺设计上应该重点考虑的防污减污环节，并提出建议方案。此外，工程分析还应对拟采用的环保措施方案工艺、设备及其先进性、可靠性、实用性提出要求或建议。

（四）为项目管理提供建议指标和科学依据

工程分析筛选的主要污染因子是在项目建设期和运行使用期进行日常环境管理的对象，为保护环境核定的污染物排放总量建议指标是对项目进行环境管理的强制性指标之一。

三、工程分析的原则

（一）政策性

工程分析要体现政策性原则。在进行工程分析时，要依据国家和地方有关的政策法规，剖析拟建项目对环境产生影响的因素，指出项目存在的问题，为项目决策提出符合环境政策法规要求的建议。这是工程分析的灵魂。

（二）针对性

工程分析还要体现针对性原则。工程特征的多样性决定了影响环境因素的复杂性。必须通过全面系统地分析，并从众多的污染因素中筛选出对环境干扰强烈、影响范围大、并有致害威胁的主要因子作为评价主攻对象，尤其应明确拟建项目的特征污染因子。

（三）可靠性

工程分析必须十分慎重、仔细，体现可靠性原则。工程分析资料是各专题评价的基础。所提供的特征参数，特别是污染物最终排放量是各专题开展影响预测的基础数据。所以工程分析提出的定量数据一定要准确可靠；定性资料要力求可信；资料复用要经过精心筛选，注意时效性。如在建设项目的规划、可行性研究和设计等技术文件中记载的资料、数据等能够满足工程分析的需要和精度要求时，应通过复校校对后引用。

四、工程分析的重点与阶段划分

（一）工程分析的重点

1. 污染型项目工程分析重点　污染型项目工程分析应以工艺过程为重点，并不可忽略污染物的非正常排放。资源、能源的储运、交通运输及土地开发利用是否分析及分析的深度，应根据工程、环境的特点及评价工程的等级确定。

2. 生态影响型项目工程分析重点　生态影响型项目工程分析应以占地和施工方式、运行方式为重点。

（二）工程分析阶段划分

根据实施过程的不同阶段可将建设项目分为建设期、运行期、服务期满后三个阶段进行工程分析。

① 所有建设项目都应分析运行阶段所产生的环境影响，包括正常工况和非正常工况两种情况。

② 部分建设项目的建设周期长、影响因素复杂且影响区域广，因此需进行建设期的工程分析。

③ 个别建设项目由于运营期的长期影响、累积影响或毒害影响，会造成项目所在区域的环境发生质的变化，如核设施退役或矿山退役等，因此需要进行服务期满后的工程分析。

五、工程分析的方法

一般来讲，建设项目的工程分析都应根据项目规划、可行性研究和设计方案等技术资料进行工作。但是，有些建设项目如大规模的资源开发、水利工程建设以及国外引进项目，在可行性研究阶段所能提供的工程技术资料不能满足工程分析的需要时，可以根据具体情况选用其他适用的方法进行工程分析。目前可供选用的方法有类比法、物料衡算法和资料复用法。

（一）类比法

类比法是利用与拟建项目类型相同的现有项目的设计资料或实测数据进行工程分析的方法。采用此法时，为提高类比数据的准确性，应充分注意分析对象与类比对象之间的相似性。

1. 工程一般特征的相似性　工程一般特征的相似性是指建设项目的性质、建设规模、车间组成、产品结构、工艺路线、生产方法、原料、燃料来源与成分、用水量和设备类型等方面的相似。

2. 污染物排放特征的相似性　污染物排放特征的相似性是指污染物排放类型、浓度、强度与数量、方式与去向，以及污染方式与途径等方面的相似。

3. 环境特征的相似性　环境特征的相似性是指气象条件、地貌状况、生态特点、环境功能以及区域污染情况等方面的相似。因为在生产建设中常会遇到这种情况，即某污染物在甲地是主要污染因素，在乙地则可能是次要污染因素，甚至是可被忽略的污染因素。

采用此法时必须注意，一定要根据生产规模等工程特征和生产管理以及外部因素等实际情况进行必要地修正。

（二）物料衡算法

物料衡算法是用于计算污染物排放量的常规方法。此法的基本原则是遵守质量守恒定律，即在生产过程中投入系统的物料总量必须等于产出的产品量和物料流失量之和。其计算通式如下：

$$\sum G_{投入} = \sum G_{产品} + \sum G_{流失} + \sum G_{回收} \qquad (3-9)$$

式中，$\sum G_{投入}$ 为投入系统的物料总量；$\sum G_{产品}$ 为产出产品总量；$\sum G_{流失}$ 为物料流失总量；$\sum G_{回收}$ 为系统中回收的物料总量。

当投入的物料在生产过程中发生化学反应时，可按下列总量法或定额法的公式进行衡算。

1. 总量法公式

$$\sum G_{排放} = \sum G_{投入} - \sum G_{回收} - \sum G_{处理} - \sum G_{转化} - \sum G_{产品} \qquad (3-10)$$

式中，$\sum G_{投入}$ 为投入物料中的某物质总量；$\sum G_{产品}$ 为进入产品结构中的某物质总量；$\sum G_{回收}$ 为进入回收产品中的某物质总量；$\sum G_{处理}$ 为经净化处理掉的某物质总量；$\sum G_{转化}$ 为生产过程中被分解、转化的某物质总量；$\sum G_{排放}$ 为以污染物形式排放的某物质总量。

2. 定额法公式

$$A = AD \cdot M \qquad (3-11)$$
$$AD = BD - (aD + bD + cD + dD)$$

式中，A 为某污染物的排放总量；AD 为单位产品某污染物的排放定额；M 为产品总产量；BD 为单位产品投入或生成的某污染物量；aD 为单位产品中某污染物的含量；bD 为单位产品所生成的副产物、回收品中某污染物的含量；cD 为单位产品中被分解、转化的污染物量；dD 为单位产品被净化处理掉的污染物量。

采用物料衡算法计算污染物排放量时，必须对建设项目的生产工艺、化学反应、副反应和管理等情况进行全面了解，掌握原料、辅助材料、燃料的成分和消耗定额。但是由于此法的计算工作量较大，所得的结果偏小，所以在引用时应注意修正。

[**例 3-1**] 图 3-1 为某厂 A、B、C 三个车间的物料关系，请分别以全厂、车间 A、车间 B、车间 C、车间（B+C）为衡算系统，请分别列出每个系统的物料平衡关系。

解析：物料流 Q 是一种概括，可以设想为水、气、渣、原材料等的加工流程，是一种物质平衡体系。各系统平衡关系如下：

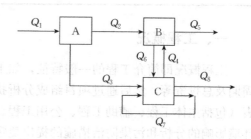

图 3-1　某厂 A、B、C 三个车间的物料关系

① 把全厂看作一个衡算系统，平衡关系为：$Q_1 = Q_5 + Q_8$。
② 把车间 A 作为一个衡算系统，平衡关系为：$Q_1 = Q_2 + Q_3$。
③ 把车间 B 作为一个衡算系统，平衡关系为：$Q_2 + Q_4 = Q_5 + Q_6$。
④ 把车间 C 作为一个衡算系统，平衡关系为：$Q_3 + Q_6 = Q_4 + Q_8$。

⑤ 把车间 B、C 作为一个衡算系统,平衡关系为:$Q_2+Q_3=Q_5+Q_8$(注意:Q_4 和 Q_6 作为 B、C 两车间之间的交换不参与系统的衡算。循环量 Q_7 会互相消去)。

(三) 资料复用法

此法是利用同类工程已有的环境影响评价资料或可行性研究报告等资料进行工程分析的方法。虽然此法较为简便,但所得数据的准确性很难保证,所以只能在评价工作等级较低的建设项目工程分析中使用。

第三节 污染型项目工程分析

对于对环境的影响是以污染为主的建设项目来说,工程分析的工作内容原则上应根据建设项目的工程特征(包括建设项目的类型、性质、规模、开发建设方式与强度、能源与资源用量),污染物排放特征以及项目所在地的环境条件来确定。其基本工作内容通常包括六部分,见表 3-1。

表 3-1 工程分析的基本工作内容

工程分析项目	工作内容
工程概况	工程一般特征简介;项目组成;物料与能源消耗定额
工艺流程及产污环节分析	工艺流程及污染物产生环节
污染物分析	污染源分布及污染物源强核算;物料平衡与水平衡;污染物排放总量建议指标;无组织排放源强统计及分析;非正常排放源强统计及分析
清洁生产水平分析	清洁生产水平分析
环保措施方案分析	分析环保措施方案及所选工艺、设备的先进水平和可靠程度;分析与处理工艺有关的技术经济参数的合理性;分析环保设施投资构成及其在总投资中占有的比例
总图布置方案分析	分析厂区与周围的保护目标之间所定防护距离的安全性;根据气象、水文等自然条件分析工厂和车间布置的合理性;分析环境敏感点(保护目标)处置措施的可行性

一、工程概况

工程概况即简介工程的一般特征,如工程名称、投资主体、建设地点、建设性质、建设周期及总投资等,然后通过项目组成分析找出项目建设存在的主要环境问题,列出项目组成表(包括主体工程、辅助工程、公用工程、环保工程、储运工程、办公及生活设施等),为环境影响的分析和污染防治措施的提出奠定了基础。根据工程组成和工艺流程,列出建设项目原、辅材料消耗表(包括原料与辅料的名称、单位产品消耗量、年总耗量和来源等)。对于含有毒、有害物质的原料、辅料还应列出其组分。对于分期建设的项目,则应按不同建设期分别说明建设规模;对于改、扩建项目应列出现有工程,说明依托关系。例如,年产 36×10^4 t 合成氨、60×10^4 t 尿素、12×10^4 t 甲醇的新建工程项目,其项目组成表见表 3-2,甲醇的物耗、能耗情况见表 3-3。

表 3-2 新建合成氨、尿素、甲醇工程项目组成表

（引自李爱贞等，2008）

工程类别	主要内容		备注
主体工程	合成氨装置	造气车间	生产能力为每年 36×10^4 t 合成氨
		脱硫车间	
		精制车间	
		压缩车间	
		合成氨车间	
	甲醇装置	醇化车间	生产能力为每年 12×10^4 t 甲醇
		甲醇精制车间	
	尿素装置	CO_2 压缩车间	生产能力为每年 60×10^4 t 尿素
		尿素合成车间	
辅助工程	氢回收系统		
	氨回收系统		
	油回收系统		
	吹风气回收系统		
	机修及机械加工车间		
	空气压缩机站		
	冷冻站		
公用工程	热电车间	锅炉房及电站	3 台 75 t/h 循环流化床锅炉，2 台 6 000 kW·h 背压发电机组
		循环冷却水系统	1 台机力冷却塔
		软水站	180 m³/h
	给水系统	自备深井	360 m³/h
	循环水系统	合成循环水系统	4 台冷水塔，虚幻水量为 20 000 m³/h
		尿素循环水系统	2 台凉水塔，循环水量为 13 000 m³/h
环保工程	造气污水处理站		10 000 m³/h
	生化污水处理站		80 m³/h
储运工程	储煤场	原料煤场	12 000 m²
		燃料煤场	6 000 m²
	液氨储罐		处理能力为 $2\times1 000$ m³
	甲醇储罐		处理能力为 $4\times1 000$ m³
	尿素成品库		
办公及生活设施	倒班宿舍、食堂、浴室等		

表 3-3 甲醇消耗和能耗指标

(引自李爱贞等，2008)

序号	名称	规格	单位	消耗定额 [以 t (产品) 计]	年消耗量
1	粗甲醇	93%	t	1.15	138 000
2	烧碱	30%	kg	2.5	300 000
3	冷却水	温度：32 ℃，压力：0.3 MPa	t	96	11 520 000
4	电		kW·h	10	1 200 000
5	蒸汽	压力：1.3 MPa，0.4 MPa	t	1.2	144 000
6	压缩空气		m³	50	6 000 000
7	氮气		m³	0.5	60 000

二、工艺流程及产污环节分析

对建设项目工艺流程的分析，是为了找出流程中全部的污染物产生环节，为进一步查清源强提供依据。

在工程分析中，首先要绘制流程框图（一般大型项目绘制装置流程图，而小型项目绘制方块流程图），按流程中的工艺单元过程逐一阐述，说明并图示主要原、辅料投加点和投加方式。工艺流程中有化学反应发生的，应列出主副化学反应方程式、主要参数、明确主要中间产物、副产品及产品生产点、污染物产生环节和污染物的种类（按废水、废气、固体废物、噪声分别编号）、物料回收或循环环节。

环境影响评价中的工艺流程图有别于工程设计中的工艺流程图，环境影响评价关心的是工艺流程中产生污染物的具体部位、污染物的种类和数量，所以绘制污染工艺流程时应包括涉及产生污染物的装置和工艺过程，不产生污染物的过程和装置可以简化。图 3-2 为用方块流程图表示的某热电厂生产工艺流程图。图中：W_1 为煤场废水，W_2 为沉煤池废水，W_3 为化学水处理装置产生废水，W_4 为含油废水，W_5 为生活污水；G_1 为二氧化硫，G_2 为氮氧化物；S_1 为锅炉渣，S_2 为锅炉灰分，S_3 为除尘器灰分，S_4 为烟囱烟灰。

三、污染物分析

(一) 污染源分布及污染物源强核算

污染源分布和污染物类型及排放量是各专题评价的基础资料，必须按建设期、运营期两个时期进行详细核算和统计。根据项目评价需要，一些项目还应对服务期满后（退役期）的影响源强进行核算。

因此，对于污染源分布应根据已经绘制的污染流程图，列表逐点统计各种污染物的排放强度、浓度及数量。对于最终进入环境的污染物，确定其是否达到排放标准，达标排放量必须以项目的最大负荷核算。比如燃煤锅炉的二氧化硫、烟尘排放量，必须要以锅炉最大产汽量时所耗的燃煤量为基础进行核算。

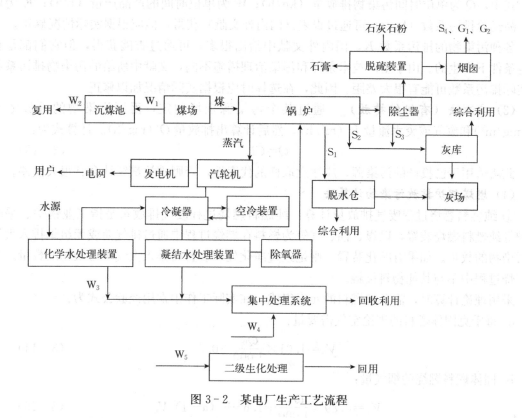

图 3-2 某电厂生产工艺流程

对于废气可按点源、线源、面源进行分析,说明源强、排放方式和排放高度及存在的有关问题。对废液和废水应说明种类、成分、浓度、排放方式、排放去向等有关问题。对废渣应说明有害成分、溶出物浓度、数量、运转方式、处置方式和储存方法。对噪声和放射性物质应列表说明源强、剂量及分布。污染物的源强统计可参照表 3-4 进行。

表 3-4 污染源强

序号	污染源	污染因子	产生量	治理措施	排放量	排放方式	排放去向	达标分析

1. 污染物排放量的确定方法

(1) **物料衡算法** 根据物质守恒定律,在生产过程中,投入的物料量应等于产品中所含这种物料的量与该物料流失量的总和。如果物料的流失量全部由烟囱或由污水排放口排放,或进入固体废弃物,则污染物排放量等于物料流失量。

在可行性研究文件提供的基础资料比较翔实或对生产工艺熟悉的条件下,应优先采用物料衡算法计算污染物排放量。

(2) **排污系数法** 排污系数法即在生产过程中,对单位产品的排污系数进行计算,求得污染物排放量的计算方法,称为排污系数法,又称经验计算法或经验系数法。计算公式为:

$$Q = KW \qquad (3-12)$$

式中，Q 为单位时间污染物排放量（kg/h）；W 为单位时间的产品产量（t/h）；K 为单位产品经验排污系数（kg/t）可通过查表（国内外文献）获得，但应根据实际情况修正。

各种污染物的排污系数 K，国内外文献中给出很多，可通过查阅获得，但它们都是在特定条件下产生的。由于生产技术条件和污染治理措施不同，文献中所给的污染物排污系数和实际排污系数可能有很大差距。因此，在选择时应根据实际情况加以修正。

(3) 实测法（有组织排放） 通过某个污染源现场测定，得到污染物的排放浓度 C（mg/m³）和废气或废水流量 L（m³/h），然后计算出排放量 Q（mg/h）。计算式为：

$$Q=CL \tag{3-13}$$

此法适用于已投产的污染源，应注意取样的代表性，否则排放量统计会有很大误差。

(4) 燃煤锅炉排放污染物计算法

① 纯燃料燃烧过程废气排放量计算：纯燃料燃烧过程废气排放量是指工业锅炉、采暖锅炉等纯燃料燃烧装置，以煤、油、气等为燃料在燃烧过程中通过排气筒或无组织排入大气中污染物的数量。如果有净化装置，则是经过净化处理装置后排入大气中污染物的数量。燃料燃烧过程中不与其他物料接触。

采用理论计算时，需了解燃料的元素组成。在实际工作中常用经验公式为：

a. 每千克固体燃料的理论空气需要量：

$$V_0 = 1.01 \times \frac{Q_{热}}{1\,000} + 0.5 \tag{3-14}$$

b. 固体燃料燃烧的烟气量：

$$V_v = 0.89 \times \frac{Q_{低}}{1\,000} + 1.65 + (\alpha - 1) V_0 \tag{3-15}$$

式中，$Q_{热}$ 为燃烧发热量（kJ/kg），$Q_{低}$ 为燃料低位发热量（kJ/kg）；α 为空气过剩系数（表 3-5）。

表 3-5 炉膛空气过剩系数参考值

炉型	手烧炉	链条炉振动炉排往复炉排	煤粉炉	沸腾炉	油炉	气炉	其他炉
α	1.4	1.3	1.2~1.25	1.05~1.1	1.15~1.2	1.05~1.2	1.3~1.7

② SO_2 排放量计算：煤中的硫包括不可燃硫和可燃硫两部分。不可燃硫主要是硫酸盐，燃烧时成为灰分；可燃硫燃烧时被氧化成为 SO_2 进入烟气。一般来说，可燃硫占煤中总硫量的 70%~90%，平均取 80%。根据化学反应得 32 g 硫可生成 64 g 的 SO_2，所以燃煤生成 SO_2 的量计算如下：

$$Q_{SO_2} = 1\,600 WS \tag{3-16}$$

式中，Q_{SO_2} 为 SO_2 排放量（kg/h）；W 为燃煤消耗量（t/h）；S 为煤中全硫分含量（%）。

[例 3-2] 某印刷厂上报的统计资料显示新鲜工业用水 0.8×10^4 t，但其水费单显示新鲜工业用水 1×10^4 t，无监测排水流量，排污系数取 0.7，问其工业废水排放量是多少万吨？

解析：新鲜工业用水如有自来水厂的数据应优先使用自来水厂的数据，如没有自来水厂的数据则用企业上报的数据。

所以，工业废水排放量=1×10^4 t×70%=0.7×10^4 t。

2. 污染物排放量的统计

（1）对于新建项目，污染物排放量统计应算清"两本账" 一本账是生产过程中的污染物产生量；另一本账是污染防治措施实施后能实现的污染物削减量。两本账之差是评价时需要的污染物最终排放量。

统计时应以车间或工段为核算单元，对于泄漏和放散量部分，原则上要求实测，实测有困难时，可以利用年均消耗定额的数据进行物料平衡推算。

（2）对于改、扩建项目和技术改造项目，污染物排放量统计应算清"三本账" 第一本账是技改、扩建前每年的污染物排放量，第二本账是技改、扩建项目每年自身污染物最终排放量，第三本账是技改、扩建工程完成后每年污染物排放量（包括"以新带老"污染物削减量）。其相互关系可表示为：技改、扩建前污染物排放量−"以新带老"污染物削减量＋技改、扩建项目自身污染物最终排放量=技改、扩建工程完成后污染物排放量。

[例3-3] 某企业进行锅炉技术改造并增容，现每年SO_2排放量是200 t（未加脱硫设施），改造后，每年SO_2产生总量为240 t，安装了脱硫设施后每年SO_2最终排放量为80 t，请问每年"以新带老"削减量为多少吨？

解析：第一本账（改扩建前排放量）：200 t

第二本账（扩建项目最终排放量）：技改后增加部分每年的为240 t−200 t=40 t，处理效率为（240 t−80 t）÷240 t×100%=66.7%，技改新增部分每年的排放量为40 t×（1−66.7%）=13.32 t

每年"以新带老"削减量：200 t×66.7%=133.4 t

第三本账（技改工程完成后每年的排放量）：80 t

（注：此题因处理效率不是整数，计算的结果与三本账平衡公式略有出入。）

（二）物料平衡与水平衡

通过物料平衡，可以核算出产品和副产品的产量，并计算出污染物的源强。物料平衡的种类很多，有以全厂物料的总进出为基准的物料衡算，也有针对具体装置或工艺进行的物料平衡。例如某生产系统在生产产品CZ和M时会产生副产品硫黄（S），针对硫进行的物料平衡，称为硫平衡，图3-3为该生产系统的硫平衡图，图中数字为每年的量，单位为t。在环境影响评价中，必须根据不同行业的具体特点，选择若干有代表性的物料，主要针对有毒有害的物料，进行物料衡算。

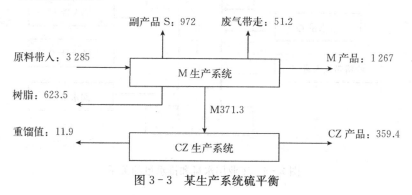

图3-3 某生产系统硫平衡

水作为工业生产中的原料和载体,在任一用水单元内都存在着水量的平衡关系,因此可以依据质量守恒定律,进行质量平衡计算,这就是水平衡。

1. 常用指标

(1) **取水量** 工业用水的取水量是指取自地表水、地下水、自来水、海水、城市污水及其他水源的总水量。对于建设项目工业取水量包括生产用水(间接冷却水、工艺用水、锅炉给水)和生活用水。

(2) **重复用水量** 建设项目内部循环使用和循序使用的总水量。即在生产过程中,不同设备之间与不同工序之间经二次或二次以上重复利用的水量或经处理后,再生回用的水量。

(3) **耗水量** 又称损失水量,指整个工程项目消耗掉的新鲜水量总和,即:

$$H = Q_1 + Q_2 + Q_3 + Q_4 + Q_5 + Q_6 \quad (3-17)$$

式中,H 为耗水量;Q_1 为产品含水量,即由产品带走的水量;Q_2 为间接冷却水系统补充水量,即循环冷却水系统补充水量;Q_3 为洗涤用水(包括装置和生产区地坪冲洗水)、直接冷却水和其他工艺用水量之和;Q_4 为锅炉运转消耗的水量;Q_5 为水处理用水量,指再生水处理装置所需的用水量;Q_6 为生活用水量。

(4) **工业水重复利用率** 工业水重复利用率=重复用水量/(重复用水量+取用新鲜水量)。

(5) **工艺水回用率** 工艺水回用率=工艺水回用量/(工艺水回用量+工艺水取水量)。

(6) **间接冷却水循环率** 间接冷却水循环率=间接冷却水循环量/(间接冷却水循环量+间接冷却水取水量)。

(7) **污水回用率** 污水回用率=污水回用量/(污水回用量+直接排入环境的污水量)。

(8) **单位产品新鲜水用量** 单位产品新鲜水用量=年新鲜水用量/年产品总量。

(9) **单位产品循环水用量** 单位产品循环水用量=年循环水用量/年产品总量。

(10) **万元产值取水量** 万元产值取水量=年取用新鲜水量/年产值。

2. 水平衡关系 根据《工业用水分类及定义》(CJ 40—1999)规定,工业用水量和排水量的关系见图 3-4,水平衡式如式 3-18 所示:

$$Q + A = H + P + L \quad (3-18)$$

式中,Q 为取水量;A 为物料带入水量;H 为耗水量;P 为排水量;L 为漏水量。

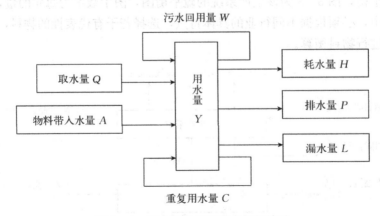

图 3-4 工业用水量和排水量的关系

[例3-4] 某企业车间的水平衡如图3-5所示（数据单位为 m^3/d），问该车间的重复水利用率、工艺水回用率、冷却水重复利用率分别是多少？

解析：重复利用水量是指在生产过程中，在不同的设备之间与不同的工序之间经2次或2次以上重复利用的水量或经处理后，再生回用的水量。本题属前一种情况。

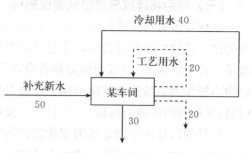

图3-5 某企业车间的水平衡

由图3-5所示，水重复利用了2次，重复利用水量为2次重复利用的和，即：40+20=60，取用新水量为50 m^3/d，所以该车间的重复水利用率=60÷(60+50)×100%=54.5%；

工艺水重复水量为20 m^3/d，该车间工艺水取水量为补充新水量（本题是问"车间"），即50 m^3/d。所以该车间的工艺水回用率=20÷(20+50)×100%=28.6%；

冷却水重复水量为40 m^3/d，车间冷却水取水量就是车间补充新水量（本题是问"车间"），即50 m^3/d。故该车间的冷却水重复利用率=40÷(40+50)×100%=44.4%。

[例3-5] 某建设项目水平衡图如图3-6所示（单位：m^3/d），问项目的工艺水回用率、工业用水重复利用率、间接冷却水循环率、污水回用率分别为多少？

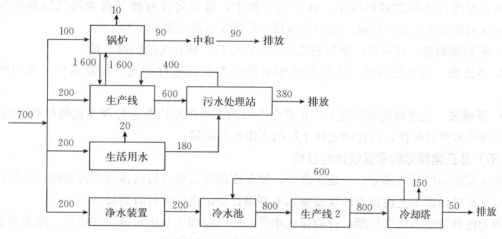

图3-6 某建设项目水平衡

解析：图3-6中有的环节不是串级重复使用水量，仅表示一个过程。

工艺水回用量为(400+600) m^3/d，工艺水取水量为(200+200) m^3/d，所以该项目的工艺水回用率=1 000÷(1 000+400)×100%=71.4%。

重复利用水量为(1600+400+600) m^3/d，取用新水量为(100+200+200+200) m^3/d，所以该项目的工业水重复利用率=2600÷(2 600+700)×100%=78.8%。

间接冷却水循环量为600 m^3/d，间接冷却水系统取水量为200 m^3/d，所以该项目的间接冷却水循环率=600÷(600+200)×100%=75.0%。

污水回用量为400 m^3/d，直接排入环境的污水量为(90+380) m^3/d，冷却塔排放的为清净下水，不计入污水量。所以该项目的污水回用率=400÷(400+470)×100%=46.0%。

（三）污染物排放总量控制建议指标

在核算污染物排放量的基础上，按国家对污染物排放总量控制指标的要求，提出工程污染物排放总量控制建议指标，应包括国家规定的指标和项目的特征污染物，一般指每年的排放量，其单位为 t。建议指标必须符合以下要求：①符合达标排放的要求，排放不达标的污染物不能作为总量控制建议指标。②符合相关的环保要求，比总量控制更严的环境保护要求（如特殊控制的区域与河段）。③技术上要可行，通过技术改造可以实现达标排放。

项目的特征污染物是指国家规定的污染物排放总量控制指标中未包括，但又是项目排放的主要污染物，如电解铝、磷化工排放的氟化物，氯碱化工排放的氯气、氯化氢等。这些污染物虽然不属于国家规定的污染物排放总量控制指标，但由于其对环境影响较大，又是项目排放的特有污染物，所以必须作为项目的污染物排放总量控制指标。

国家对主要指标（如二氧化硫，化学需氧量）实行全国总量控制，根据各省市的具体情况，将指标分解到各省市，再由省市分解到地（市）州，最终控制指标下达到县。为了更科学地实行污染物总量控制，全国组织对主要河流的水环境容量和主要城市的大气环境容量进行测算，使全国的污染物总量控制指标更加科学合理。

（四）无组织排放量的统计

无组织排放是相对于有组织排放而言的，对大多数建设项目而言，尤其是化工项目都存在废气的无组织排放，表现为生产工艺过程中产生的污染物没有进入收集和排气系统，而通过厂房天窗或直接弥散到环境中。在工程分析中，通常将没有排气筒或排气筒高度低于 15 m 的排放源定为无组织排放。无组织排放量的确定方法主要有三种：

1. 物料衡算法 通过全厂物料的投入、产出分析，核算无组织排放量。

2. 类比法 与工艺相同、使用原料相似的同类工厂进行类比，核算本厂的无组织排放量。

3. 反推法 通过对同类其他工厂正常生产时的无组织监控点进行现场监测得到的数据，利用面源扩散模式反推，以此确定该工厂的无组织排放量。

（五）非正常排污的源强统计与分析

非正常排污包括两部分：一是正常开、停车或部分设备检修时排放的污染物；二是其他非正常工况排污即工艺设备或环保设施达不到设计规定指标运行时的排污。

因为这种排污不代表长期运行的排污水平，所以应列入非正常排污评价中。此类异常排污分析应重点说明异常情况的产生原因、发生频率和处置措施。

四、清洁生产水平分析

清洁生产是一种新的污染防治战略。项目实施清洁生产，可以减轻项目末端处理的负担，提高项目建设的环境可行性。国家已经公布了部分行业的清洁生产标准，如炼油、制革、炼焦等，在建设项目的清洁生产水平分析中，应将这些基础数据与建设项目相应的指标进行比较，以此衡量建设项目的清洁生产水平。对于没有基础数据可借鉴的建设项目，要重点比较建设项目与国内外同类型项目的单位产品或万元产值的物耗、能耗、水耗和排放水平，并论述其差距。有关清洁生产分析指标的确定和工作内容见本书第十一章清洁生产评价。

五、环保措施方案分析

环保措施方案分析要对项目可行性研究报告提供的污染防治措施进行技术先进性、经济合理性及运行可靠性的分析评价;若所提出的措施不能满足环境保护要求,则需提出改进的建议,包括替代方案。分析要点如下:

(一) 分析建设项目可行性研究阶段环境保护措施方案的技术、经济可行性

根据产生污染物的特点,充分调查同类企业的现有环境保护措施方案的经济技术运行指标,分析建设项目可行性研究阶段所采用的环保设施的技术可行性,经济合理性及运行可靠性,在此基础上提出进一步改进的意见,包括替代方案。

(二) 分析项目污染处理工艺,确保排放污染物达标的可靠性

根据现有同类环境保护设施的运行的技术经济指标,结合建设项目排放污染物的基本特点,和所采用污染防治措施的合理性,分析建设项目环保设施的运行参数是否合理,有无承受冲击负荷的能力,能否稳定运行,确保污染物排放达标的可靠性,并提出进一步改进的意见。

(三) 分析环境保护设施投资构成及其在总投资中所占的比例

汇总建设项目环境保护设施的各项投资,分析其投资结构,并计算环保投资在总投资中所占的比例。对于技改、扩建项目,其中还应包括"以新带老"的环境保护投资内容。

(四) 依托设施的可行性分析

① 对于改扩建项目,原有工程的环境保护设施有相当一部分是可以利用的。如原有污水处理部门、固体废物填埋厂、焚烧炉等。原有环境保护设施是否能满足改、扩建后的要求,需要认真核实,分析依托的可行性。

② 随着经济的发展,依托公用环保设施已经成为区域环境污染防治的重要组成部分。对于将废水经过简单处理后排入城市污水处理厂的项目,一方面要对其所采用的污染防治技术的可靠性、可行性进行分析评价;另一方面还应对接纳废水的污水处理厂的工艺合理性进行分析,看其是否与项目废水的水质相容;对于可进一步利用的废气,要结合所在区域的社会经济特点,分析其收集、净化、利用的可行性;对于固体废物,则要根据项目所在地的环境、社会经济特点,分析综合利用的可行性;对于危险废物,则要分析其能否得到妥善处置。

六、总图布置方案与外环境关系分析

(一) 分析厂区与周围的保护目标之间所定卫生防护距离的可靠性

参考国家颁布的有关环境、卫生和安全防护距离规范,调查、分析厂区与周围的保护目标之间所定防护距离的可靠性,合理布置建设项目的各构筑物及生产设施,给出总图布置方案与外环境关系图。图中应标明:①保护目标与建设项目的方位关系;②保护目标与建设项目的距离;③保护目标(如学校、医院、集中居住区等)的内容与性质。

(二) 分析工厂和车间布置的合理性

在充分掌握项目建设地点的气象、水文和地质资料的条件下,认真考虑这些因素对污染物污染特性的影响,合理布置生产装置和车间,尽可能减少对环境的不良影响。

(三) 分析对周围环境敏感点处置措施的可行性

分析建设项目所产生的污染物的特点及其污染特征,结合现有的有关资料,确定建设项目对附近环境敏感点的影响程度,在此基础上提出切实可行的处置措施(如搬迁、防护等)。

第四节 生态影响型项目工程分析

一、工程分析时段

导则明确要求,工程分析时段应涵盖勘察期、施工期、运营期和退役期,即应进行全过程分析,其中以施工期和运营期为调查分析的重点。在实际工作中,针对各类生态影响型建设项目的影响性质和所处的区域环境特点的差异,其关注的工程行为和重要生态影响会有所侧重,不同阶段有不同阶段的问题需要关注和解决。

勘察设计期一般不晚于环境影响评价(以下简称环评)阶段结束,主要包括初勘、选址选线和工程可行性(预)研究报告。初勘和选址选线工作在进入环评阶段前已完成,其主要成果在工程可行性(预)研究报告中会有体现;而工程可行性(预)研究报告与环评是一个互动阶段,环评以工程可行性(预)研究报告为基础,评价过程中若发现初勘、选址选线和相关工程设计中存在环境影响问题时应提出调整或修改建议,工程可行性(预)研究报告可据此进行修改或调整,最终形成科学的工程可行性(预)研究报告与环评报告。

施工期时间跨度少则几个月,多则几年。对生态影响来说,施工期和运营期的影响同等重要且各具特点,施工期产生的直接生态影响一般属临时性质的,但在一定条件下,其产生的间接影响可能是永久性的。在实际工程中,施工期生态影响注重直接影响的同时,也不应忽略可能造成的间接影响。施工期是生态影响评价必须重点关注的时段。

运营期一般比施工期长得多,在工程可行性(预)研究报告中会有明确的期限要求。由于时间跨度长,该时期的生态和污染影响可能会造成区域性的环境问题,如水库蓄水会使周边区域地下水位抬升,进而可能造成区域土壤盐渍化甚至沼泽化,井工采矿时大量疏干排水可能导致地表沉降和地面植被生长不良甚至荒漠化。运营期是环评必须重点关注的时段。

退役期不仅包括主体工程的退役,也涉及主要设备和相关配套工程的退役。如矿井(区)闭矿、渣场封闭、设备报废更新等,也可能存在环境影响问题需要解决。

二、工程分析的对象

一方面,要求工程组成要完全,应包括临时性、永久性,勘察期、施工期、运营期、退役期的所有工程;另一方面,要求重点工程应突出,对环境影响范围大、影响时间长的工程和处于环境保护目标附近的工程应重点分析。

工程组成应有完善的项目组成表,一般按主体工程、配套工程和辅助工程分别说明工程的位置、工程规模、施工和运营设计方案、主要技术参数和服务年限等主要内容。

表 3-6 工程分析对象分类及界定依据

	分类	界定依据	备注
1	主体工程	一般指永久性工程,由项目立项文件确定工程主体	
2	配套工程	一般指永久性工程,由项目立项文件确定的主体工程外的其他相关工程	
	(1) 公用工程	除服务于本项目外,还服务于其他项目,可以是新建,也可以依托原有的工程或改、扩建原有工程	在此不包括公用的环保工程和储运工程,应分别列入环保工程和储运工程
	(2) 环保工程	根据环境保护要求,专门新建或依托,改、扩建原有工程,其主体功能是生态保护、污染防治、节能、提高资源处用效率和综合利用等	包括公用的或依托的环保工程
	(3) 储运工程	指原辅材料、产品和副产品的储存设施和运输道路	包括公用的或依托的储运工程
3	辅助工程	一般指施工期的临时性工程,项目立项文件中不一定有明确的说明,可通过工程行为分析和类比方法确定	

重点工程分析既要考虑工程本身的环境影响特点,也要考虑区域环境特点和区域敏感目标。在各评价时段内,应突出该时段存在主要环境影响的工程;区域环境特点不同,同类工程的环境影响范围和程度可能会有明显的差异;同样的环境影响强度,因与区域敏感目标相对位置关系不同,其环境影响敏感性也不同。

三、生态影响型项目工程分析的主要内容

生态影响型项目工程分析的主要内容通常也包括六部分,如表 3-7 所示。

表 3-7 工程分析的主要内容

工程分析项目	工作内容	基本要求
工程概况	一般特征简介 工程特征 项目组成 施工和营运方案 工程布置示意图	工程组成全面,突出重点工程
项目初步论证	比选方案 法律、法规、产业政策、环境政策和相关规划符合性 总图布置和选址选线合理性 清洁生产和循环经济可行性	从宏观方面进行论证,必要时提出替代或调整方案
影响源识别	工程行为识别 污染源识别 重点工程识别 原有工程识别	从工程本身的环境影响特点进行识别,确定项目环境影响的来源和强度
环境影响识别	社会环境影响识别 生态影响识别 环境污染识别	应结合项目自身环境影响特点、区域环境特点和具体环境敏感目标综合考虑

(续)

工程分析项目	工作内容	基本要求
环境保护方案分析	施工和营运方案合理性 工艺和设施的先进性和可靠性 环境保护措施的有效性 环保设施处理效率合理性和可靠性 环境保护投资合理性	从经济、环境、技术和管理方面来论证环境保护方案的可行性
其他分析	非正常工况分析 事故风险识别 防范与应急措施	可在工程分析中专门分析，也可纳入其他部分或专题进行分析

（一）工程概况

介绍工程的名称、建设地点、性质、规模，给出工程的经济技术指标；介绍工程的特征，给出工程特征表；完全交代工程项目组成，包括施工期临时工程，给出项目组成表；阐述工程施工和运营设计方案，给出施工期和运营期的工程布置示意图；有比选方案时，在上述内容中均应有介绍。

应给出地理位置图、总平面布置图、施工平面布置图、物料（含土石方）平衡图和水平衡图等工程基本图件。

（二）初步论证

主要从宏观上进行项目可行性论证，必要时提出替代或调整方案。初步论证主要包括以下三方面内容：

① 建设项目和法律、法规、产业政策、环境政策和相关规划的符合性。
② 建设项目选址选线、施工布置和总图布置的合理性。
③ 清洁生产和区域循环经济的可行性，提出替代或调整方案。

（三）影响源识别

生态影响型建设项目除了主要产生生态影响外，同样也会有不同程度的污染影响，其影响源的识别主要从工程自身的影响特点出发，识别可能带来生态影响或污染影响的来源，包括工程行为和污染源。进行影响源分析时，应尽可能给出定量或半定量数据。

进行工程行为分析时，应明确给出土地征用量、临时用地量、地表植被破坏面积、取土量、弃渣量、库区淹没面积和移民数量等。

进行污染源分析时，原则上按污染型建设项目要求进行，从废水、废气、固体废弃物、噪声与振动、电磁等方面分别考虑，明确污染源的位置、属性、产生量、处理处置量和最终排放量。

对于改扩建项目，还应分析原有工程存在的环境问题，识别原有工程影响源和源强。

（四）环境影响识别

建设项目环境影响识别一般从社会影响、生态影响和环境污染三个方面考虑，在结合项目自身环境影响特点、区域环境特点和具体环境敏感目标的基础上进行识别。

生态影响型建设项目的生态影响识别，不仅要识别工程行为造成的直接生态影响，而且要注意污染影响造成的间接生态影响，甚至要求识别工程行为和污染影响在时间或空间上的累积效应（累积影响），明确各类影响的性质（有利或不利）和属性（可逆、不可逆、临时、长期等）。

（五）环境保护方案分析

初步论证是从宏观上对项目的可行性进行论证，环境保护方案分析要求从经济、环境、技术和管理方面来论证环境保护措施和设施的可行性，必须满足达标排放、总量控制、环境规划和环境管理的要求，技术先进且与社会经济发展水平相适宜，确保环境保护目标的可达性。环境保护方案分析至少应有以下五个方面内容：

① 施工和运营方案合理性分析。
② 工艺和设施的先进性和可靠性分析。
③ 环境保护措施的有效性分析。
④ 环保设施处理效率合理性和可靠性分析。
⑤ 环境保护投资估算及合理性分析。

经过环境保护方案分析，对于不合理的环境保护措施应提出比选方案，进行比选分析后提出推荐方案或替代方案。

对于改、扩建工程，应明确"以新带老"环保措施。

（六）其他分析

包括非正常工况类型分析及源强、事故风险识别和源项分析以及防范与应急措施说明。

四、生态影响型工程分析技术要点

按建设项目环境影响评价资质的评价范围划分，生态影响型建设项目主要包括交通运输、采掘和农林水利三大类别。征租用地面积大，直接生态影响范围较大和影响程度较为严重的项目评价，多为一级或二级评价；海洋工程和输变电工程涉及征租用地面积较大时，结合考虑直接生态影响范围或直接影响程度，二级评价较为常见；而其他类建设项目征租用地范围有限，直接生态影响一般局限于征租用地范围内，直接影响范围和程度有限，一般为三级评价。

根据项目特点（线型或区域型）和影响方式不同，以下选择公路、管线、航运码头、油气开采和水电项目为代表，明确工程分析技术要求。

（一）公路项目

公路项目工程分析应涉及勘察设计期、施工期和运营期，以施工期和运营期为主，按环境生态、声环境、水环境、环境空气、固体废弃物和社会环境等要素识别影响源和影响方式，并估算影响源强。

勘察设计期工程分析的重点是选址选线和移民安置，详细说明工程与各类保护区、区域路网规划、各类建设规划和环境敏感区的相对位置关系及可能存在的影响。

施工期是公路工程产生生态破坏和水土流失的主要环节，应重点考虑工程用地、桥隧工程和辅助工程（施工期临时工程）所带来的环境影响和生态破坏。在工程用地分析中说明临时租地和永久征地的类型、数量，特别是占用基本农田的位置和数量；桥隧工程要说明位置、规模、施工方式和施工时间计划；辅助工程包括进场道路、施工便道、施工营地、作业场地、各类料场和废弃渣料场等，应说明其位置，临时用地类型和面积及恢复方案，不要忽略表土保存和利用问题。

施工期要注意主体工程行为带来的环境问题。如路基开挖工程涉及弃土或利用及运输问题、路基填筑涉及借方和运输、隧道开挖涉及弃方和爆破、桥梁基础施工涉及底泥清淤和弃渣等。

运营期主要考虑交通噪声、管理服务区"三废"、线性工程阻隔和景观等方面的影响，同时根据沿线区域环境特点和可能运输货物的种类，识别运输过程中可能产生环境污染和风险的事故。

（二）管线项目

管线项目工程分析应包括勘察设计期、施工期和运营期，一般管道工程的主要生态影响主要发生在施工期。

勘察设计期工程分析的重点是管线路由和工艺、站场的选择。

施工期工程分析对象应包括施工作业带清理（表土保存和回填）、施工便道、管沟开挖和回填、管道穿越（定向钻和隧道）工程、管道防腐和铺设工程、站场建设和监控工程。重点明确管道防腐、管道铺设、穿越方式、站场建设工程的主要内容和影响源、影响方式，对于重大穿越工程（如穿越大型河流）和处于环境敏感区的工程（如自然保护区、水源地等），应重点分析其施工方案和相应的环保措施。进行施工期工程分析时，应注意管道不同的穿越方式可造成不同影响。

大开挖方式：管沟回填后多余的土方一般就地平整，一般不产生弃方问题。

悬架穿越方式：不产生弃方和直接环境影响，但存在空间、视觉干扰问题。

定向钻穿越方式：存在施工期泥浆处理处置问题。

隧道穿越方式：除隧道工程弃渣外，还可能对隧道区域的地下水和坡面植被产生影响；若有施工爆破则会产生噪声、振动影响，甚至导致局部地质灾害。

运营期主要是污染影响和风险事故。工程分析应重点关注增压站的噪声源强、清管站的废水废渣源强、分输站超压放空的噪声源和排空废气源、站场的生活废水和生活垃圾以及相应的环保措施。风险事故根据输送物品的理化性质和毒性，一般从管道潜在的各种灾害识别源头，按自然灾害、人类活动和人为破坏三种原因造成的事故分别估算事故源强。

（三）航运码头项目

航运码头项目工程分析应涉及勘察设计期、施工期和运营期，以施工期和运营期为主，按水环境（或海洋环境）、生态环境、空气环境、声环境和固体废弃物等环境要素识别影响源和影响方式，并估算影响源强。

此项目可行性研究和初步设计期工程分析的重点是码头选址和航路选线。

施工期是航运码头工程产生生态破坏和环境污染的主要环节，应重点考虑填充造陆工程、航道疏浚工程、护岸工程和码头施工对水域环境和生态系统的影响，说明施工工艺和施工布置方案的合理性，从施工全过程识别和估算影响源强。

运营期主要考虑陆域生活污水，运营过程中产生的含油污水，船舶污染物和码头、航道的风险事故。海运船舶污染物（船舶生活污水、含油污水、压载水、垃圾等）的处理处置有相应的法律规定。同时，应特别注意从装卸货物的理化性质及装卸工艺方面进行分析，识别可能产生环境污染和风险的事故。

（四）油气开采项目

油气开采项目工程分析涉及勘察设计期、施工期、运营期和退役期四个时段，各时段影响源和主要影响对象存在一定差异。

此项目工程概况中应说明工程的开发性质、开发形式、建设内容、产能规划等，项目组成应包括主体工程（井场工程）、配套工程［各类管线、井场道路、监控中心、办公和管理中心、储油（气）设施、注水站、集输站、转运站点、环保设施、供水、供电、通讯等］和施工辅助工程，分别给出其位置、占地规模、平面布局，污染设施（设备）和使用功能等相关数据及工程总体平面图、主体工程（井位）平面布置图、重要工程平面布置图和土石方图、水平衡图等。

勘察设计时段的工程分析以探井作业、选址选线和钻井工艺、井组布设等作为重点。井场、站场、管线和道路布设的选择要尽量避开环境敏感区域，应采用定向井或丛式井等先进钻井及布局，其目的是从源头上避免或减少对环境敏感区域的影响；而探井作业是勘察设计期主要影响源，勘探期采取钻井防渗和探井科学封堵措施有利于防止地下水串层，保护地下水。

施工期，土建工程的生态保护应重点关注水土保持、表层保存和回复利用、植被恢复等措施；对钻井工程更应注意钻井泥浆的处理处置、落地油的处理处置、钻井套管防渗等措施的有效性，避免土壤、地表水和地下水受到污染。

运营期，以污染影响和事故风险分析、识别为主。按环境要素进行分析，重点分析含油废水、废弃泥浆、落地油、油泥的产生点，说明其产生量、处理处置方式和排放量、排放去向。对滚动开发项目，应按"以新带老"要求，分析原有污染源并估算源强。风险事故应考虑到因钻井套管破裂、井场和站场漏油（气）、油气罐破损和油气管线破损等而产生泄漏、爆炸和火灾的情形。

退役期，主要考虑封井作业。

(五) 水电项目

水电项目工程分析应涉及勘察设计期、施工期和运营期，以施工期和运营期为主。

勘察设计期工程分析以坝体选址选型、电站运行方案设计合理性和相关流域规划的合理性为主。移民安置也是水利工程特别是蓄水工程设计时应考虑的重点。

施工期工程分析，应在掌握施工内容、施工量、施工时序和施工方案的基础上，识别可能引发的环境问题。

运营期的影响源应包括水库淹没高程及范围、淹没区地表附属物名录和数量、耕地和植被类型与面积、机组发电用水及梯级开发联合调配方案、枢纽建筑布置等方面。

运营期进行生态影响识别时应注意，因水库、电站运行的方式不同，运营期的生态影响也有差异；

对于引水式电站，厂址间段会出现不同程度的脱水河段，其对水生生态、用水设施和景观影响较大。

对于日调节式水电站，下泄流量、下游河段河水流速和水位在日内的变化较大，对下游河道的航运和用水设施影响明显。

对于年调节电站，水库水温分层相对稳定，下泄河水温度相对较低，对下游水生生物和农灌作物影响较大。

对于抽水蓄能电站，上库区域易造成区域景观、旅游资源等影响。

水电项目的环境风险主要是水库库岸侵蚀、下泄河段河岸冲刷引发塌方，甚至诱发地震。

复习思考题

1. 某电镀车间年用铬酸4 t，生产A镀件1亿个，其中46.6%的铬沉积在镀件上，25%的铬以铬酸雾形式由镀槽上被抽风机抽走，经过铬酸雾净化回收器（回收率95%）处理后排放。约有40%的铬从废水中流失，还有10%留在废镀液中经装桶后送市内危险品处置场。设铬酸雾净化回收器回收的铬仍用于生产，采用化学法处理含铬废水和废镀液，其六价铬去除率为99%。求每年从废水和废气中排入环境的六价铬量以及单位产品的排放量。

2. 某燃煤的火电厂，每度电耗煤0.3 kg，若每吨煤的SO_2排放系数为33.4 kg，请计算一个年发电量1亿kW·h的电厂排放的SO_2量。

3. 某炼油厂全年共排放废水400万m^3，测的废水中的含油量平均为500 mg/L，酚平均为80 mg/L，COD平均为300 mg/L，求生产中全年排放的废水中污染物含量。

4. 污染源评价有哪些方法？

5. 一般建设项目的工程分析内容和方法包括哪些？

6. 简述生态影响型项目工程分析的基本内容及技术要点。

7. 某评价区污染源调查数据如下表（表中数据为每年的排放量）。用等标污染负荷法确定该区域中的主要污染源和主要污染物。

污染源	NO_x/t	SO_2/t	TSP/t
冶炼厂	186.2	586.3	653.2
水泥厂	208.6	325.2	9 065.5
造纸厂	325.4	545.6	576.4

第四章 环境现状评价

第一节 环境现状评价概述

环境质量是指在一个具体的环境内,环境的总体或环境的某些要素,对人群的生存与繁衍,以及对社会经济发展的适宜程度,而环境质量的变化是由自然力和人类行为共同引起的,但人类行为是主要的,引起的变化是快速的,所以环境质量现状主要反映了人类已进行的或当前正在进行的活动对环境的影响。开展环境质量评价主要是对环境质量的好坏进行定量描述,对环境是否适宜人类生存和发展,以及对人体健康的适宜程度进行判定,其目的在于调整人类的社会行为,使在人类社会行为的作用下环境质量可以朝着更加满足有利于人类社会生存发展需要的方向变化。

做好环境现状评价的关键是要正确、全面地认识环境,分解构成环境的因子,选择评价因子并正确获取评价因子的性状数值,选择恰当的评价标准,采用适当的模式进行归纳综合,最后将定量的数据转化为定性的语言来描述。

一、环境现状评价程序

环境现状评价是一项系统性很强的工作,首先确定评价目的、评价观点、评价区域、评价因子、评价方法、评价标准,再通过分析和运算取得评价结论。尽管评价程序因其目的、要求及评价的要素不同可能略有差异,但基本程序一般包括以下几方面:

(1) **制定大纲与计划** 按照评价目的,划定评价区域范围,制定评价工作大纲及实施计划。

(2) **收集与评价有关的背景资料** 由于评价的目的和内容不同,所收集的背景资料也要有所侧重。

(3) **环境现状监测** 在背景资料收集、整理、分析的基础上,确定主要的环境监测因子。监测因子的选择因区域环境污染的特征而异。

(4) **进行环境现状的分析** 选取适当的评价方法、标准,指出主要的污染因子、污染程度及危害程度等。

(5) **评价结论和对策** 对环境现状给出总的结论,并提出建设性意见。

一般工作程序是:调查、监测、评价、规划。

二、环境现状评价的要点

(一) 对所评价的环境进行调查、认识与分析

首先要对所评价的环境的范围、内容和功能等有全面、正确地认识,并且分析环境的成因、演化及其影响因素,分析环境的构成因子。在此基础上正确地选择评价参数、评价标准

及进行环境质量等级的划分,以保证环境现状评价的顺利进行。

(二) 选择评价因子

针对评价目的和内容的要求正确选择适当的评价因子,使之能反映环境质量的情况,是环境现状评价的关键。

评价因子的选择是在广泛深入调查研究和充分认识环境的基础上,凭借评价者丰富的知识和经验而进行的。一般来说,做综合评价工作需要选择的评价因子应尽量齐全,如大气、水、土壤的有关因子都要选。然而,如果只为了某种特殊项目进行评价时,则对评价因子应做出针对性的选择。

在环境现状评价中,无论进行哪种类型的环境现状评价,都必须根据评价目的选择评价因子。一般选择排放量大、浓度高、毒性强、难于在环境中降解、对人体健康和生态系统造成较大危害的污染物及反映环境要素基本性质的项目作为评价因子。常用的评价因子见表 4-1。

表 4-1 常用的评价因子

评价类型	评价因子	备注
大气环境现状评价	颗粒物:TSP、PM_{10}、$PM_{2.5}$ 有害气体:SO_x、CO、NO_x、碳氢化合物、臭氧等氧化剂、放射性气体 有害元素:氟、汞、铅	通常多选用 PM_{10}、SO_2、CO、NO_x(换算成 NO)、CH_4、O_3 等六种
水环境现状评价	一般水质:水温、色度、透明度、嗅和味、悬浮固体、漂浮物、电导率、pH、硬度、碱度、总矿化度、总盐度 氧平衡因子:DO、COD、BOD_5 重金属:Fe、Mn、Cu、Zn、Hg、As、Pb、Cd、Cr 有机污染物:酚、油、苯并[a]芘 无机污染物:NH_3、SO_4^{2-}、PO_4^{3-}、NO_3^-、F^- 生物因子:细菌、大肠杆菌、无脊椎动物、藻类	通常多选用水温、pH、悬浮物、DO、COD、BOD_5、氨氮、挥发酚、油、苯并[a]芘、氟化物(换算成 F)、大肠杆菌、有毒金属等
土壤环境现状评价	无机污染物:NO_3^-、SO_4^{2-}、Cl^-、F^-、HCO_3^- 重金属:Hg、Cd、Pb、As、Cu、Zn、Ni、Co、V 有机毒物:DDT、六六六、石油、酚、多环芳烃、多氯联苯 酸度	通常根据评价目的选用一些对土壤环境质量有重大影响的污染物,包括重金属无机毒物、有机毒物、土壤 pH、总磷、总氮等

(三) 环境现状评价的精度

环境现状评价的精度是指针对不同评价对象、不同评价目的所选择的布点网格的疏密程度。如果取样网格较密,那么精度相对较高,反之则精度较低。城市人口集中,城市环境的变化对人体健康影响较大。一般来说,城市要求评价精度较高,流域和海域要求评价精度较低。城市环境现状评价,一般采用 0.5 km×0.5 km 或 1.0 km×1.0 km 作为评价单元;流域或海域可选 $n$km×$n$km 的网格作为评价单元。不同区域范围的环境现状评价,各环境要素的取样密度可以根据实际情况进行选择。

(四) 因子的等标化 (标准化)

各个不同的评价因子有不同的度量单位，有的用单位面积的重量表示，如降尘；有的用单位体积的重量（mg/L，mg/m³）表示；也有的用分贝表示，如噪声等；由于度量单位的不同，使评价因子不具备可比性，无法根据它们的大小判断对环境的影响程度。为了使这些单位、数值及其意义各不相同的因子在同一基准上能够相互比较，需要将因子等标化。即将所有因子都和它们各自的环境标准进行比较，使其转化成具有相同环境意义的定量数值，这一过程称为因子的等标化或标准化。

首先对各环境要素的评价因子按环境现状评价精度要求进行布点、采样和监测，从而得到各评价因子的污染检测值 C_i，然后根据各环境要素的功能和评价目的选择确定各因子的评价标准 C_{si}，分别将 C_i 进行等标化处理，即求出各评价因子的单一指数 P_i。

(五) 确定评价因子的权系数

为了说明某一要素或整体环境现状的好坏，要将等标化之后的各个评价因子进行综合，这综合并非是将评价因子的单一指数简单的加和，而应当是它们的加权和。所以，对各因子的评价指数还需做加权处理。

我们所选的每一个评价因子对环境质量的影响以及对生物和人体健康的危害程度均不相同，根据评价因子对环境影响程度的轻重赋予它们不同的系数就是加权系数。如何确定加权系数的值也是一项复杂的工作，它需要对标志污染物在区域环境中的污染状况及对生态系统和人体健康的影响进行深入细致的分析，特别要加强多种污染物联合的毒理实验，确定各评价因子之间以及评价因子与环境影响程度之间的拮抗作用和协同作用，从而较合理地分配权系数。

第二节 大气环境现状评价

当前所进行的大气环境现状评价通常是空气环境的现状评价。空气环境现状评价工作可分为三个阶段：调查准备、环境监测和评价分析。

一、调查准备

(一) 确定评价范围

在这一阶段里，首先应根据评价任务的要求，结合本地区的具体条件，确定评价范围。对于一级、二级、三级评价的项目，空气环境影响评价范围的边长一般应分别不小于 16～20 km、10～14 km、4～6 km，平原地区取上限，复杂地形取下限。对少数等标排放量较大的项目，评价范围应适当扩大。

对于以线源为主的城市道路等项目，评价范围可设定为线源中心两侧各 200 m 的范围。

(二) 拟定评价区的主要空气污染源和主要污染物

在空气污染源调查和气象条件分析的基础上，拟定评价区的主要空气污染源和主要污染物、发生重污染的气象条件等。

(三) 制订大气环境监测计划

在上述工作基础上制订大气环境监测计划，包括监测范围、监测项目、监测点的布设、采样时间和频率、采样方法、分析方法等，并做好人员组织和器材准备。

1. 监测范围与监测项目 监测范围一般与评价范围相近。为了查清清洁对照点（背景点）的浓度，往往需要在评价区外，选择评价区或拟建项目主导风向的上风向不受当地工业和交通污染的地点进行监测。对于评价区附近的名胜古迹、游览区等特定保护对象，可以根据特殊要求设置专门的监测点。

区域空气环境现状评价一般选择排放量大、浓度高、毒性强、难于在环境中降解、对人体健康和生态系统造成较大危害的污染物及反映环境要素基本性质的项目，包括常规污染物、有国家或地方排放标准的特征污染物、或者有《工业企业设计卫生标准》（TJ 36—79）中的居住区大气中有害物质的最高容许浓度的污染物；或者没有相应环境质量标准且属于毒性较大的污染物，应按照实际情况，选取有代表性的污染物。拟建项目的环境现状评价要根据拟建项目的种类和性质，同时考虑将影响范围广、排放量大、有代表性污染物作为监测项目。

2. 监测点的布设 监测点数量和位置的布设是空气环境现状评价的关键，它对所测数据的代表性和实用性具有决定性的作用，监测点的测定值应能反映一定范围内的空气污染规律和水平。应根据项目的规模和性质，结合地形复杂性、污染源及环境空气保护目标的布局，综合考虑监测点的设置数量。

监测点数目应根据评价区的大小、工程特征、气象条件、地理环境及功能区划等具体情况而定。一级评价项目，监测点应包括评价范围内有代表性的环境空气保护目标，点位不少于 10 个；二级评价项目，监测点应包括评价范围内有代表性的环境空气保护目标，点位不少于 6 个。对于地形复杂、污染程度空间分布差异较大，环境空气保护目标较多的区域，可酌情增加监测点数目。三级评价项目，如果评价区内已有常规（例行）监测点，或评价范围内有近 3 年的监测资料，且其监测数据的有效性符合本导则有关规定，并能满足项目评价要求的，可不再进行现状监测，否则，应设置 2~4 个监测点。

为全面、客观、真实地反映评价范围内的环境空气质量，监测点按以下原则布设。

一级评价项目监测点位布设：以监测期间所处季节的主导风向为轴向，取上风向为 0°，至少在约为 0°、45°、90°、135°、180°、225°、270°、315°方向上各设置 1 个监测点，在主导风向下风向距离中心点（或主要排放源）不同距离处，加密布设 1~3 个监测点。具体监测点位可根据局部地区的地形条件、风频分布特征以及环境功能区、环境空气保护目标所在方位做适当调整。各个监测点要有代表性，环境监测值应能反映各环境空气敏感区、各环境功能区的环境质量，以及预计受项目影响的高浓度区的环境质量。各监测期环境空气敏感区的监测点的位置应重合。预计受项目影响的高浓度区的监测点位，应根据各监测期所处季节的主导风向进行调整。

二级评价项目监测点位布设：以监测期间所处季节的主导风向为轴向，取上风向为 0°，至少在约为 0°、90°、180°、270°方向上各设置 1 个监测点，主导风向的下风向应加密布点。具体监测点位根据局部地区的地形条件、风频分布特征以及环境功能区、环境空气保护目标所在的方位做适当调整。各个监测点要有代表性，环境监测值应能反映各环境空气敏感区、各环境功能区的环境质量，以及预计受项目影响的高浓度区的环境质量。如需要进行 2 期监测，应与一级评价项目相同，根据各监测期所处季节主导风向调整监测点位。

三级评价项目监测点位布设：以监测期所处季节的主导风向为轴向，取上风向为 0°，至少在约为 0°、180°方向上各设置 1 个监测点，主导风向的下风向应加密布点，也可根据局部地区的地形条件、风频分布特征以及环境功能区、环境空气保护目标所在的方位做适当调整。各个监测点要有代表性，环境监测值应能反映各环境空气敏感区、各环境功能区的环境质量，以及预计受项目影响的高浓度区的环境质量。如果评价范围内已有例行监测点可不再安排监测。

监测点位布设的常用方法有五种：网格布点法、同心圆布点法、扇形布点法、功能区布点法和配对布点法。

3. 监测时间与频率 污染物排放的周期性和不均匀变化以及空气湍流运动的周期性变化，使污染物浓度的分布出现以季节、月、周、日为周期的变化。确定时间与频率的原则如下：

(1) 确定周期与频率 如果经费、人力和物力有保证，应在一年中的1月、4月、7月、10月（分别代表冬、春、夏、秋）各进行1次监测；如果经费和时间受限制，则一级评价项目应在冬夏两季各进行一次，二级评价可取一期（季）不利季节，必要时才做两期。

(2) 监测时间与监测手段 监测时间的安排和采用的监测手段，应能同时满足环境空气质量现状调查、污染源资料验证及预测模式的需要。监测时应使用空气自动监测设备，在不具备自动连续监测条件时，1 h质量浓度监测值应遵循下列原则：一级评价项目每天的监测时段，应至少选取当地时间2、5、8、11、14、17、20、23时8个小时的质量浓度值，二级和三级评价项目每天的监测时段，至少选取当地时间2、8、14、20时4个小时的质量浓度值。日平均质量浓度监测值应符合《环境空气质量标准》（GB 3095—2012）对数据有效性的规定。

对于部分无法进行连续监测的特殊污染物，可监测其中一次质量浓度值，监测时间需满足所用评价标准值的取值时间要求。

现状监测应与污染气象观测同步进行。对不需要进行气象观测的评价项目，应收集附近有代表性的气象台（站）在对应时间内发布的地面风速、风向、气温、气压、云量、日照等资料。

4. 采样与分析方法 对于空气环境现状监测，采样和分析方法应尽量选择国家标准方法。

二、按照监测计划进行空气污染监测

空气污染监测应按年度分季节定区、定点、定时进行。视评价等级有时需进行同步气象观测，以便为建立空气评价模式积累基础资料。为了分析评价空气污染的生态效应，为空气污染分级提供依据，最好在空气污染监测的同时进行空气污染生物学监测和环境卫生学监测，以便从不同角度来评价空气环境质量，使评价结果更科学、更合理。

三、空气环境现状评价

空气环境现状评价就是运用空气质量指数对大气污染程度进行描述，分析空气环境质量随着时空变化而发生的变化，探讨其原因，并根据空气污染的生物监测和空气污染环境卫生学监测进行空气污染的分级。最后，分析说明空气污染的原因、主要空气污染因子、重污染发生的条件、空气污染对人和动植物的影响等。目前，空气环境现状评价方法主要有指数法和生物学法。

(一) 指数法

空气环境现状评价指数法是指用空气环境质量监测结果和空气环境质量标准之间所定义的一种数量尺度，并以此作为依据来评定现实的空气环境质量对人类社会发展需要的满足程度。空气环境现状评价指数法是目前进行空气环境现状评价的主要方法。主要包括单项评价指数法和综合评价指数法。

1. 单项评价指数法

$$P_i = \frac{C_i}{C_{si}} \qquad (4-1)$$

式中，P_i 为环境污染物（评价因子）i 的评价指数；C_i 为标准状态下环境污染物（评价因子）i 的实测浓度（mg/m³）；C_{si} 为标准状态下污染物（评价因子）i 的环境质量标准（mg/m³）。

由式 4-1 可见，单项环境现状评价指数是无量纲的，它表示某种污染物（评价因子）在环境中的浓度超过评价标准的程度，亦称超标倍数。P_i 数值越大，表示第 i 个评价因子的单项环境质量越差；$P_i=1$ 时的环境质量处在临界状态。单因子评价指数是其他各种评价方法的基础。

环境现状评价指数是相对于某一评价标准而定的，当评价标准变化时，即使污染物在环境中的实际浓度不变，P_i 的实际数值仍会变化。因此，在对环境现状评价指数进行横向比较时，要注意它们是否具有相同的评价标准。如果一个地区某一环境要素中的污染物是单一的或某一污染物占明显优势时，由式 4-1 求得的环境现状评价指数则大体可以反映出环境质量现状。

2. 综合评价指数法 当参与评价的因子数大于 1 时，就要使用多因子环境现状评价指数；当参与评价的环境要素数大于 1 时，就要使用综合环境现状评价指数。环境现状综合评价是指对多个环境要素进行总体的评价。区域的环境质量恶化常常是由于多种因子在相互关联的情况下导致的。因此，要准确掌握环境被污染的情况，除了掌握单一污染因子状况与影响的同时，还必须掌握多种污染因子综合作用对环境的影响，进行环境现状的综合评价。

(1) 代数叠加型多因子环境现状评价指数 若某一环境要素中有多种污染物且相互之间没有明显的激发或抑制作用，可近似认为它们各自独立发挥作用，则环境现状评价指数的计算公式为：

$$P = \sum_{i=1}^{n} P_i \qquad (4-2)$$

式中，P 为多因子环境现状评价指数；P_i 为环境污染物（评价因子）i 的评价指数；n 为参加评价的因子数目。

(2) 计权型多因子环境现状评价指数 若各种因子对环境质量影响的相对重要性不同（即不等权），则应分别计入各种因子影响的比例系数 W_i（即权重）此时成为计权型多因子环境现状评价指数。

计权型多因子环境现状评价指数的计算公式为：

$$P = \sum_{i=1}^{n} W_i P_i \qquad (4-3)$$

式中，P 为计权型多因子环境现状评价指数；W_i 为第 i 个评价因子的权系数；P_i 为第 i

个评价因子的评价指数；n 为评价因子数目。

计算计权型环境现状评价指数的关键是科学、合理地确定各个环境质量评价因子的权系数的值。即要寻求与评价项目有关的"相对社会价值"（权系数）。可遵照严格的程序采用对各阶层有代表性的人士进行调查，收集他们对各种环境影响的反应倾向等的方法来确定权系数。

(3) 几何均值型多因子环境现状评价指数 这是一种突出最大值型的现状评价指数，也称上海型空气污染指数，其计算公式为：

$$P = \sqrt{\max(P_{ij}) \cdot \text{ave}(P_{ij})} \tag{4-4}$$

式中，$\max(P_{ij})$ 为参与评价的最大的单因子指数；$\text{ave}(P_{ij})$ 为参与评价的单因子指数的均值。

该指数形式简单，计算方便，是比较实用的空气污染指数。既考虑了主要污染因素，又避免了确定权系数的主观影响，是我国目前空气环境现状评价中应用较多的一种多因子环境现状评价指数。沈阳环境保护研究所的研究参照美国污染物标准指数（PSI）浓度分级和人体健康的关系，对上述 P 值进行了空气污染分级，见表 4-2。

表 4-2 上海空气污染指数分级标准

分级	清洁	轻度污染	中度污染	重污染	极重污染
P	<0.6	0.6~1.0	1.0~1.9	1.9~2.8	>2.8
空气污染水平	清洁	空气质量标准	警戒水平	警报水平	紧急水平

当然各地区按不同特点和要求所设计的环境现状评价指数公式的形式可能有所不同，但计算的基本思路都符合以下三点：第一，公式中通常以污染物实际浓度与相应的评价标准比值为基本结构，有的则在各比值前乘以不同的系数，使影响环境质量的主要因子能得以考虑；第二，某一环境质量是各种污染物影响的综合结果，所以公式中参数数目等于污染物种类数目；第三，选择标准值是运用环境现状评价指数公式的关键。根据环境现状评价的不同目的，标准值可有不同的选择。

(4) 格林空气污染综合指数 美国的格林于 1966 年最早提出来空气环境质量评价指数，以 SO_2 和烟尘浓度［用间接反映空气中颗粒物含量的烟雾系数（COH）表示］为参数建立了 SO_2 污染指数（P_1）、烟雾污染指数（P_2）和污染综合指数（P）：

$$P_1 = 84.0 S^{0.431} \tag{4-5}$$

$$P_2 = 26.6 C^{0.576} \tag{4-6}$$

$$P = \frac{1}{2}(P_1 + P_2) = 42.0 S^{0.431} + 13.3 C^{0.576} \tag{4-7}$$

式中，S 为 SO_2 实测日均浓度（×10 mg/m³）；C 为实测日均烟雾系数（COH 单位/305 m）。

烟雾系数（COH）与空气中颗粒物浓度有函数关系，粗略地讲，1COH≈0.125 mg/m³ TSP（美国）。这种指数适用于以煤烟型污染为主的大气环境。格林总结了污染事件和污染综合数据的关系，提出了 SO_2 和烟雾系数日平均浓度标准（表 4-3）。当测得的污染综合指数 $P<25$ 时，说明空气清洁而安全；当 $P>50$ 时，说明空气有潜在危险性；当 $P=68$ 时，相当于煤烟型大气污染事件的水平。当指数达 50、60、68 时，建议发出一级、二级、三级警报，采取减轻污染的措施。这种空气污染指数适用于我国北方冬季或以燃煤为主要污染源的场合。由于我国反映烟尘污染水平的因子一般取 PM_{10}，当 PM_{10} 的单位是 mg/m^3 时，烟雾系数约为它的 10 倍，换算后可计算格林空气污染综合指数。

表 4-3 格林的 SO_2 和烟雾系数日平均浓度标准

污染物	希望水平	警戒水平	极限水平
$SO_2/(cm^3/m^3)$	0.06	0.3	1.5
烟雾系数/(COH 单位/305 m)	0.9	3	10
污染指数 P	25	50	100

(5) 美国污染物标准指数 (PSI) 1976 年美国公布的 PSI 选用 SO_2、CO、NO_x、O_3、颗粒物及 SO_2 与颗粒物的乘积六个因子，利用历史资料建立 PSI 与各因子之间的分段线性函数：

$$PSI = AC_i + B \qquad (4-8)$$

式中，A、B 为待定系数。

PSI 是在全面比较六个因子后，选择污染最重的分指数来报告空气质量的，突出了单一因子的作用，使用方便，结果简明。PSI 值分级与健康状况对照明确，分级的原则和依据可供其他指数分级时参考。但在 PSI 表中只有六个因子，可参照 PSI 制订分段线性函数的方法，以确定其他污染物的 PSI 值与浓度之间的分段线性函数关系，用于其他污染物的 PSI 值的预报。

美国环境保护局 1979 年公布全国各城市都必须采用 PSI 指数作为统一评价空气环境质量的标准。根据 PSI 的数值可将空气质量分为五级，见表 4-4。

表 4-4 根据 PSI 值的空气质量分级

PSI 值	0~50	51~100	101~200	201~300	301~500
质量级别	良好	中等	对健康有轻微影响	对健康有较大影响	对健康有危险性影响

(6) 我国城市空气污染指数 (API) 我国城市空气质量公报是根据国家环保总局提出的空气污染指数 API (air pollution index) 的标准进行的。API 是根据我国空气污染特点和污染防治，按我国现行的《城市空气质量日报技术规定》重点确定了 SO_2、NO_2、PM_{10} 三项为评价因子，在监测条件较好的城市还有其他污染项目做评价因子，如北京的空气质量日报中有 SO_2、CO、O_3、NO_2 和 PM_{10} 五项评价因子。空气污染指数 API 应选取日均浓度值或小时均值作为计算参数。污染物 i 的分指数 P_i 按下式计算：

$$P_i = \frac{C_i - C_{i,j}}{C_{i,j+1} - C_{i,j}} (P_{i,j+1} - P_{i,j}) + P_{i,j} \qquad (4-9)$$

式中，P_i 为第 i 污染物的污染分指数；C_i 为第 i 污染物的监测浓度值；$P_{i,j}$ 为第 i 污染物第 j 转折点的污染分指数值；$P_{i,j+1}$ 为第 i 污染物第 $j+1$ 转折点的污染分指数值；$C_{i,j}$ 为第 i 污染物第 j 转折点上污染物的（对应于 $P_{i,j}$）浓度限值；$C_{i,j+1}$ 为第 i 污染物第 $j+1$ 转折点上污染物的（对应于 $P_{i,j+1}$）浓度限值。

污染指数的计算结果只保留整数，小数点后的数值全部进位。

对于第 i 污染物的第 j 个转折点的分指数值（$P_{i,j}$）和相应浓度值（$C_{i,j}$），可由表 4-5 确定。

表 4-5　空气污染指数对应的污染物浓度限值

（引自郑铭，《环境影响评价导论》，2003）

空气污染指数（API）	污染物浓度/(mg/m³)							
	SO_2（日均值）	NO_2（日均值）	PM_{10}（日均值）	TSP（日均值）	SO_2（小时均值）	NO_2（小时均值）	CO（小时均值）	O_3（小时均值）
50	0.050	0.080	0.050	0.120	0.25	0.12	5	0.120
100	0.150	0.120	0.150	0.300	0.50	0.24	10	0.200
200	0.800	0.280	0.350	0.500	1.60	1.13	60	0.400
300	1.600	0.565	0.420	0.625	2.40	2.26	90	0.800
400	2.100	0.750	0.500	0.875	3.20	3.00	120	1.000
500	2.620	0.940	0.600	1.000	4.00	3.75	150	1.200

各种污染物的污染分指数都计算出来以后，取最大者作为该区域的空气污染指数 API，而该项污染物即为该区域空气中的首要污染物。

$$API = \max(P_1, P_2, \cdots, P_i, \cdots, P_n) \quad (4-10)$$

式中，P_i 为污染物 X 的分指数；n 为污染物的项目数。

根据计算结果，对照表 4-6 即可判别相应的空气质量级别。表 4-6 列出了空气污染指数（API）及相应的空气质量级别。

表 4-6　空气污染指数（API）及相应的空气质量级别

（引自刘天齐，《环境保护》，2002）

空气污染指数（API）	空气质量级别	空气质量描述	对应空气质量的适用范围
0～50	I	优	自然保护区、风景名胜区和其他需要特殊保护的地区
51～100	II	良	居住区、商业交通居民混合区、文化区、一般工业区和农村地区
101～200	III	轻度污染	特定工业区
201～300	IV	中度污染	
≥300	V	重度污染	

[例 4-1]　假定某地区某日的空气质量指标分别为：PM_{10} 为 0.228 mg/m³、NO_2 为 0.086 mg/m³、SO_2 为 0.040 mg/m³。试根据空气污染指数分极限值，求出上述三类污染物的污染指数 API，并确定空气质量的级别为多少？

解：按照表 4-5 所示，PM_{10} 实测浓度 0.228 mg/m³，介于 0.150 mg/m³ 和 0.350 mg/m³ 之间，此处浓度限值 $C_{1,2} = 0.150$ mg/m³，$C_{1,3} = 0.350$ mg/m³，相应分指数为 $P_{1,2} = 100$；

$P_{1,3}=200$,则 PM_{10} 的污染分指数为:

$$P_1 = \frac{C_1 - C_{1,2}}{C_{1,3} - C_{1,2}} (P_{1,3} - P_{1,2}) + P_{1,2}$$

$$= \frac{0.228 - 0.150}{0.350 - 0.150} (200 - 100) + 100$$

$$= 139$$

故,PM_{10} 的分指数为 139。

同理,可以分别求出 NO_2 的分指数为 57.5,SO_2 的分指数 <50,则总体上用污染指数最大者报告该地区的空气污染指数:$API = \max(139, 57.5, <50) = 139$。

所以,该地区空气质量为三级,轻度污染;首要污染物为可吸入颗粒物 PM_{10}。

(7) 美国橡树岭空气质量指数（ORAQI） 此指数是美国橡树岭国家实验室 1971 年提出的,规定了五项评价因子:SO_2、CO、NO_2、飘尘和氧化剂。

$$ORAQI = \left[5.7 \sum C_i / C_{si} \right]^{1.37} \qquad (4-11)$$

式中,$ORAQI$ 为橡树岭空气环境质量指数;C_i 为污染物 i 24 h 实测平均浓度;C_{si} 为污染物 i 的空气环境标准。

当各污染物的浓度相当于未受污染的背景浓度时,令 $ORAQI=10$;当各污染物的浓度均达到二级标准时,即 $C_i = C_{si}$ 时,令 $ORAQI=100$。按 $ORAQI$ 值的大小将空气质量分为六级,见表 4-7。

表 4-7 按 ORAQI 值的空气质量分级

ORAQI 值	<20	$20\sim39$	$40\sim59$	$60\sim79$	$80\sim99$	$\geqslant 100$
空气质量分级	优良	较好	尚可	较差	坏	有危险性

该法所选因子较多,可以综合反映空气环境质量。在应用时如果参数少于 5 个,则可以参照上述 $ORAQI$ 确定系数的方法加以修正。

(二) 生物学法

生物总是与非生物环境相互关联的,非生物环境影响着生物的分布与生长,非生物环境中任何一个因子的改变,都会引起生物的相应变化,这一切变化,都可作为了解环境状况、评价环境质量的依据。因此,生物学评价法在环境现状评价中有其特殊的意义。首先,生物所表现的症状是对环境条件综合影响的反应;其次,由于任何一种生物都有一定的生活周期,所以,它所指示的是一段时间内的环境质量,是对污染状况的连续性、积累性的反映,更具有代表性和准确性,也是其他评价方法所不能取代的。生物学评价法的不足之处是易受污染以外各种因素的影响,有时不能像物理、化学指标那样能提供准确的数量概念。

空气环境生物评价法一般包括植物生长势评价法、植物体内污染物含量评价法和空气细菌菌落数评价法。下面分别对各方法进行简述。

1. 植物生长势评价法 根据植物生长状况（即生长势）进行环境质量的综合评价,这需要对每个调查点各种长势的植物数量、分布情况进行统计,便能大致了解调查区的环境质量现状,并做出评价。

植物对空气污染十分敏感,对毒物的反应各具特点,某些植物对某种污染物反应特别敏感。因此，植物是空气污染程度及某种污染物在空气中浓度大小的良好指示物。不过，植物对空气污染的反应决定于植物生长时特有的环境条件，又由于植物也受病虫害和其他不良环境条件的影响，出现的症状与空气污染毒害产生的情况相似。同一植物对污染物的反应，在不同时间甚至不同变种期间都很不一样。所以用植物作为空气污染的指示物时必须注意结合当时、当地的具体情况。

目前，以植物对空气污染造成的植物外部形态、生理生化和生长发育状态上的反应作为指标，来分析空气中主要存在哪种污染物质，污染程度怎样。

植物叶片是对空气污染最敏感的器官。叶片上表现的症状随污染物不同而不同。对SO_2的反应表现在"功能叶"上，对氟化物的反应则以幼芽、幼叶为主。光化学反应产生的氧化剂，受害的也以幼叶为主，在叶片中部出现斑点。空气中污染物的浓度不同，反应也不一样。例如，当大气中O_3含量超过$(0.08 \sim 0.09) \times 10^{-6}$ mg/m³，烟草上普遍出现斑点；达0.11×10^{-6} mg/m³时，100%发病；当达0.165×10^{-6} mg/m³时，烟草受害严重。

2. 植物体内污染物含量评价法　因为植物体内的污染物含量常常与环境空气中的污染物含量有密切关系，植物体内污染物含量变化能反映出空气污染状况。故可根据植物体内的污染物含量进行空气环境现状评价。此方法分为单因子污染指数生物评价法和综合污染指数生物评价法。

(1) 单因子污染指数生物评价法

$$P_i = \frac{C_{mi}}{C_{bi}} \qquad (4-12)$$

式中，P_i为第i污染物的单因子污染指数；C_{mi}为取样点m上植物叶中第i污染物的实测含量统计均值；C_{bi}为清洁区内同种植物叶中第i污染物的实测含量统计均值。

(2) 综合污染指数生物评价法　由于空气中的诸多污染物会同时作用于植物，而植物对各种污染物的吸收积累能力是不同的，并且某种污染物在植物体内的含量较高，并不等于对植物的危害最大。因此，还必须采用综合污染指数评价法进行评价。

$$P = \sum_{i=1}^{n} W_i \cdot P_i \ (i=1, 2, \cdots, n; \ \sum_{i=1}^{n} W_i = 1) \qquad (4-13)$$

式中，W_i为第i污染物的权重值；P_i为第i污染物的污染指数。

这里W_i是根据各污染物对生物毒性的大小进行定值的。毒性越大，权重值越大。然后，求得加权的综合污染指数P。

根据P值将空气环境质量分为五个等级，见表4-8。

表4-8　空气环境质量分级

P值	0~1.0	1.01~1.50	1.51~2.00	2.01~4.00	>4.00
质量级别	未污染	轻污染	中污染	重污染	严重污染

由于各种植物体内各种污染物的含量无统一标准，故采用清洁区同种植物的含量作为标准。如只需进行单项污染物的评价，其分级方法与上列方法相同，也可以分为五级。

3. 空气细菌菌落数评价法　空气细菌菌落数评价法是利用菌落数和空气清洁度的关系评价空气环境质量。经验菌落数和空气清洁度的关系见表4-9。

表 4-9 菌落数和空气清洁度的关系

空气清洁程度	菌落数
最清洁的空气（用空调装置）	1～2
清洁空气	3～30
普通空气	31～75
阈值	76～150
轻度污染的空气	151～300
严重污染的空气	≥301

第三节 水环境现状评价

水环境是河流、湖泊、海洋、地下水等各种水体的总称。水体包括水中的悬浮物、溶解物质、底泥和水生生物等整个水生生态系统，水质是指水体的质量状况，包括水的质量、底质的质量与水生生物的质量。

水环境是重要的环境要素之一，水环境现状评价是我国环境现状评价中工作开展最早的。自 20 世纪 60 年代以来，人们开始用水质指数法或水污染指数法进行水污染综合评价，经过几十年的发展，不论从技术上，还是从方法上我国水环境现状评价取得了巨大进展。

一、地表水环境现状评价

地表水环境现状评价有很多方法，下面介绍主要的几种方法。

（一）一般型水环境质量评价指数法

1. 叠加型指数法

$$P = \sum P_i = \sum \frac{C_i}{C_{si}} \qquad (4-14)$$

式中，P 为水环境质量指数；P_i 为第 i 种污染物污染分指数；C_i 为第 i 种污染物的实测浓度（mg/L）；C_{si} 为第 i 种污染物的地表水环境质量标准（mg/L）。

此方法在北京西郊河流污染评价中使用，选用评价因子为 Hg、As、Cr、CN^- 和挥发酚。根据北京西郊河流的具体污染状况，用 P 值将地表水分为七个等级，见表 4-10。

表 4-10 叠加型水质指数污染等级划分表

P 值	<0.2	0.2～0.5	0.6～1.0	1.1～5.0	5.1～10	11～100	>100
水质级别	清洁	微污染	轻污染	中污染	较重污染	严重污染	极严重污染

2. 加权均值型指数法 1977 年在南京地区水质综合评价中提出了加权均值型指数法，又称南京水域质量综合指标法，其计算公式为：

$$P = \frac{1}{N}\sum_{i=1}^{N} W_i P_i = \frac{1}{N}\sum_{i=1}^{N} W_i \frac{C_i}{C_{si}} \qquad (4-15)$$

式中，P 为加权均值型指数；P_i 为第 i 种污染物指数；W_i 为第 i 种污染物的加权值；N

为污染物的种类个数。

评价因子有 As、Hg、Cr^{6+}、CN^- 和挥发酚，根据南京地区河流的具体污染状况，用 P 值将地表水环境质量分为六个等级，见表 4-11。

表 4-11 加权均值型指数地表水环境质量分级表

P 值	<0.2	0.21~0.4	0.41~0.7	0.71~1.0	1.1~2.0	>2.0
级别	清洁	尚清洁	轻污染	中污染	重污染	严重污染

3. 均值型指数法 1977 年在我国的图们江水水质调查与评价时采用了均值型指数法，计算公式为：

$$P = \frac{1}{n}\sum_{i=1}^{n} P_i = \frac{1}{n}\sum_{i=1}^{n} \frac{C_i}{C_{si}} \qquad (4-16)$$

根据图们江水的污染状况，用 P 值将地表水环境质量分为六个等级，见表 4-12。

表 4-12 均值型指数分级表

P 值	<0.2	0.2~0.4	0.41~0.7	0.71~1.0	1.1~2.0	>2.0
分级	清洁	尚清洁	轻污染	中污染	重污染	严重污染

4. 综合污染指数（K 值）法 1974 年由北京大学关伯仁提出。在选取水质污染物时要优先考虑造成水质污染的主要有害物质，选用了五种污染物：挥发酚、CN^-、As、Hg 和 Cr^{6+}，K 值计算公式为：

$$K = \sum_{i=1}^{n} \frac{C_k}{C_{si}} \cdot C_i \qquad (4-17)$$

式中，C_k 为根据具体条件规定的地表水中污染物的统一最高评价标准，简称为统一标准；C_{si} 为第 i 种污染物地表水最高允许标准。C_i 为第 i 种污染物实测浓度。

其中，C_k/C_{si} 表明第 i 种污染物地表水最高允许标准转化为同一标准的换算系数，也称为等标系数；$C_k C_i/C_{si}$ 表明第 i 种污染物的污染程度。

在 1974 年和 1975 年的水质评价中设定 $C_k=0.1$。当 $K<0.1$ 时，表明水中各种污染物浓度总和未超过统一的地表水最高允许标准。这种水体称为一般水体或未污染水体。当 $K>0.1$ 时，表明水中各种污染物的总和已超过统一的地表水最高允许标准。官厅水库水质评价及广东水质评价均采用此方法，见表 4-13。

表 4-13 中山大学广东水质评价分级

K 值	<0.1	0.1~0.2	0.21~0.5	0.51~1.0	1.1~5.0	>5.0
分级	未污染	微污染	轻污染	中污染	重污染	严重污染

K 值表示水中污染物综合污染程度，如果要求各污染物的污染比重则可用污染负荷比 α_i 表示，计算公式为：

$$\alpha_i = \frac{C_k}{C_{si}} \cdot \frac{C_i}{K} \times 100\% \qquad (4-18)$$

根据上述计算公式，假如几种污染物的实测浓度大小一致，但由于评价标准不一样，对水体的污染程度也不一样。

(二) 分级型水环境质量评价指数法

1. W 值水质评价法 W 值水质评价法的评价程序是先赋予各项参数监测值以评分数，并将评分数转换为数学模式，并对水质进行污染分级，最后计算水体的综合污染指数。

(1) **监测项目** 原则上所有监测项目都要监测，但在实际工作中选 DO、BOD_5、高锰酸盐指数、挥发酚、CN^-、Cu、As、Hg、Cd、Cr^{6+}、NH_3-N、阴离子表面活性剂（LAS）、石油类 13 项必测项目。

(2) **分级标准** 地表水水质单一项目的分级评分标准，见表 4-14。

表 4-14 地表水水质单一项目的分级评分标准

分级实测值 评分项目	I		II		III		IV		V	
	浓度/ (mg/L)	评分	浓度/ (mg/L)	评分	浓度/ (mg/L)	评分	浓度/ (mg/L)	评分	浓度/ (mg/L)	评分
DO	≥5	10	≥5	10	≥4	8	≥3	4	<3	2
BOD_5	≤2	10	≤3	8	≤4	6	≤10	4	>10	2
高锰酸盐指数	≤5	10	≤8	8	≤10	6	≤25	4	>25	2
酚	≤0.002	10	≤0.01	8	≤0.01	8	≤1	4	>1	2
CN^-	≤0.01	10	≤0.02	8	≤0.05	6	≤0.5	4	>0.5	2
Cu	≤0.01	10	≤0.01	10	≤0.1	8	≤1.0	4	>1.0	2
As	≤0.02	10	≤0.03	8	≤0.04	6	≤0.1	4	>0.1	2
Hg	≤0.001	10	≤0.001	10	≤0.001	10	≤0.005	4	>0.005	2
Cd	≤0.01	10	≤0.01	10	≤0.01	10	≤0.1	4	>0.1	2
Cr^{6+}	≤0.05	10	≤0.05	10	≤0.05	10	≤0.1	4	>0.1	2
石油类	未检出	10	≤0.05	10	≤0.3	6	≤10	4	>10	2
NH_3-N	≤0.2	10	≤0.5	8	≤1.0	6	≤30	4	>30	2
LAS	≤0.3	10	≤0.4	8	≤0.5	6	≤5	4	>5	2

(3) **评价方式** 为了概括地表水环境质量监测的总项数和各级别的项数可采用数学模式 $SN_{10}^n SN_8^n SN_6^n SN_4^n SN_2^n$，$S$ 为监测项目总数，N_{10}^n、N_8^n、N_6^n、N_4^n、N_2^n 分别为监测值得分 10、8、6、4、2 分的项数，其中 N_4^n、N_2^n 为超过地表水标准的项数。

(4) **污染分级** 从分级表可以看出，地表水环境质量综合评价分为五级，水质的分级标准由污染最重的两项来确定，用两个最小的评分值之和除以 2，商为奇数则进为偶数，用该偶数所属于的级别来评价水质。

(5) **污染表达式** 为了清楚地表示监测项数、污染级别和超标项数，采用污染 SW_j-C 表达式表示，式中，S 代表监测总项数；W_j 代表污染级别；C 代表超标项数。

(6) **河流（河段或水域）污染程度的对比** 在利用 W 值水质评价法对河流或河段（水

域）水质进行评价的基础上，运用评价结果 W_j 级别来对不同河流的污染程度进行对比评价时，采用综合污染指数 P 来进行对比，计算公式为：

$$P = \sum_{j=1}^{n} b_j W_j \quad (4-19)$$

式中，P 为河流的综合污染指数；n 为监测点数；b_j 为监测点 j 所控制的河段长度（或水域面积）占河流长度（或整个水域面积）的比例；W_j 为监测点 j 的污染级别。

P 值从 1 到 5，数值越大，污染越严重，见表 4-15。

表 4-15 地表水质的综合分级表

W 值	W_1	W_2	W_3	W_4	W_5
级别	第一级 优秀级 10 分级	第二级 良好级 8 分级	第三级 标准级（地表级） 6 分级	第四级 污染级 4 分级	第五级 重污染级 2 分级
分数标准	凡两项最低评分值之和为 18 分和 20 分的均属 W_1 级，如：①只有一项最低评分值为 8 分，其余均为 10 分；②所有项目均为 10 分	凡两项最低评分值之和为 14 分和 16 分的均属 W_2 级，如：①只有一项最低评分值为 4 分，其余项目均为 10 分；②只有一项最低评分值 6 分，另一项为 8 分；③只有一项最低评分值为 6 分，其余均 10 分；④有两个最低评分值为 8 分的项目	凡两项最低评分值之和为 10 分和 12 分的均属 W_3 级，如：①只有一项评分值为 2 分，而无 4 分、6 分的项目，有一项为 8 分；②只有一项为 2 分，而无 4、6、8 分的项目，其余均为 10 分；③只有一项最低评分值 4 分，另一项为 6 分；④只有一项最低评分值 4 分，而无 6 分的项目，另一项为 8 分；⑤有两个最低评分值为 6 分的项目	凡两项最低评分值之和为 6 分、8 分的均属 W_4 级，如：①只有一个 2 分的项目，另一个为 4 分；②只有一项为 2 分，而无 4 分的项目，另一项为 6 分；③有两个最低评分值为 4 分的项目	至少有两项的评分值为 2 分

为了表示 P 值的可信程度，可将河流的总长度 L（km）或水域的总面积 A（km²）和监测点总数写在 P 前面，表示方法为：$\frac{n}{L(A)} P_i$，可见，若 P_i、$L(A)$ 相同，n 越大可信度越大。

2. 尼梅罗水质指数法 美国叙拉古大学的尼梅罗在《河流污染科学分析》中提出了该水质指数法，该方法在我国水质评价中得到广泛的应用，其特点是不仅考虑影响水质的各种因素的平均值，而且考虑其中某因素的突出影响。

(1) 尼梅罗水质指数公式 指数公式为：

$$P_{ij} = \sqrt{\frac{1}{2}\left[\left(\max \frac{C_i}{C_{sij}}\right)^2 + \left(\frac{1}{n}\sum_{i=1}^{n}\frac{C_i}{C_{sij}}\right)^2\right]} \quad (4-20)$$

式中，P_{ij} 为水作为第 j 种用途时的水质指数；C_i 为 i 污染物的实测浓度；C_{sij} 为 i 污染物在水的用途为 j 时的评价标准。

(2) 评价因子 选择温度、色度、浑浊度、pH、大肠杆菌群数、溶解固体总量、SS、TN、碱度、硬度、Cl^-、$Fe+Mn$、SO_4^{2-} 和 DO 共 14 项评价因子。

(3) 评价标准 把水的用途分为三类：①直接接触用水（P_{i1}），包括饮用水、游泳用水、制造饮料用水等；②间接接触用水（P_{i2}），包括养鱼用水、食品加工用水和农业用水等；③非接触用水（P_{i3}），包括工业冷却用水，公共娱乐和航运用水等。分别规定了三种类型用水的水质标准，见表4-16。

表4-16 尼梅罗各类水的允许浓度

因 子	第一类（P_{i1}）	第二类（P_{i2}）	第三类（P_{i3}）
温度（C_1）/℃	29	13（渔业）	37
色度（C_2）	13	5（果树、蔬菜）	—
浑浊度（C_3）	5	18	—
pH（C_4）	6.5~8.3	6.2~8.1	6.1~9.1
每100 mL中的大肠杆菌（C_5）/个	103	2 000	
可溶固体总量（C_6）/mg/L	500	500	510
SS（C_7）/mg/L	—	60	90
TN（C_8）/mg/L	45	28	
碱度（C_9）/mg/L	85	250	274
硬度（C_{10}）/mg/L	—	250（果树、蔬菜）	17.1
Cl⁻（C_{11}）/mg/L	250	250（果树、蔬菜）	195
Fe+Mn（C_{12}）/mg/L	0.35	0.70	5.60
SO_4^{2-}（C_{13}）/mg/L	250	250	
DO（C_{14}）/mg/L	4.0	3.0（灌溉用水）	2.0

根据这些水质标准进行评价，计算公式为：

$$P_{ij} = W_1 P_{i1} + W_2 P_{i2} + W_3 P_{i3} \tag{4-21}$$

式中，P_{i1}、P_{i2}、P_{i3} 为一类、二类、三类不同用途水的水质指数；

W_1、W_2、W_3为一类、二类、三类水的加权值，取值按各类用水量占总用水量的百分比，$W_1 + W_2 + W_3 = 1$。

DO污染指数计算公式为：

$$P_{DO} = \frac{C_f - C}{C_f - C_s} \tag{4-22}$$

式中，P_{DO}为溶解氧指数；C_f为某一温度时DO饱和浓度；C为溶解氧实测浓度；C_s为溶解氧标准浓度。

pH污染指数计算公式为：

$$p_{pH} = \frac{C - \overline{C_s}}{C_{smax} - \overline{C_s}} \tag{4-23}$$

式中，P_{PH}为pH污染指数；C为pH实测值；$\overline{C_s}$为pH允许标准界限算术平均值（$\overline{C_s} = $

$\frac{C_{smax}+C_{smin}}{2}$ ）；C_{smax} 为 pH 允许标准最大值；C_{smin} 为 pH 允许标准最小值。

3. 有机物污染综合评价法 上海地区水系（黄浦江）水质调查时有人提出用有机物综合评价值（也称黄浦江水质指数）评价水质有机物污染程度。其计算公式为：

$$P = \frac{C_{BOD}}{C_{sBOD}} + \frac{C_{COD}}{C_{sCOD}} + \frac{C_{NH_3-N}}{C_{sNH_3-N}} + \frac{C_{DO}}{C_{sDO}} \quad (4-24)$$

水质评价分级见表 4-17。

表 4-17 有机物污染综合评价水质分级

P 值	<1.0	1.1~2	2.1~3	3.1~4	>4
级别	良	一般	开始污染	中等污染	严重污染

（三）地表水环境标准评价方法

（1）根据《地表水环境质量标准》（GB 3838—2002）中规定的单因子评价方法，其评价公式为：

$$P_i = \frac{C_i - C_{si}}{C_{si}} \quad (4-25)$$

式中，P_i 为第 i 种污染物的污染指数；C_i 为第 i 种污染物实测浓度；C_{si} 为第 i 种污染物地表水最高允许标准。

此公式用于评价地表水单因子的超标率，表示超标倍数、最大超标倍数等。

（2）分丰水期、平水期和枯水期三个时段进行评价。

（3）所监测项目有 DO、COD、酚、NH_4^+、CN^-、Hg、As、Pb、Cr^{6+} 和 Cd 10 项指标必须 100%达标，其他项目枯水期达到≥80%。

（四）水体底质现状评价

水体底质现状评价是水环境现状评价中的一个重要内容。其评价方法大致与水质评价方法相似，可以用指数法或其他方法进行评价。实际在进行水体底质评价时通常采用指数法进行评价。由于水体底质评价标准目前没有统一的规定，故采用评价区域内土壤环境中有害物质的自然含量（土壤环境背景值）作为水体底质的评价标准，计算水体底质的污染分指数公式为：

$$P_i = \frac{C_i}{C_{si}} \quad (4-26)$$

式中，C_i 为底质中的污染物 i 实测浓度（mg/kg）；C_{si} 为底质中污染物 i 的评价标准（土壤环境背景值）（mg/kg）；P_i 为污染物 i 的底质指数。

另外，底质的综合污染指数可以采用均值型、加权型、尼梅罗指数公式等进行计算，这里不做详细阐述。

（五）地表水环境现状综合评价

水体环境质量是水质、底质和生物质量的综合，反映水体综合质量的指标称为水体环境质量综合指数。水体环境质量综合指数的计算方法为分别计算水质、底质和生物学质量的各项参数的分指数（P_i），然后再计算水质综合指数（$P_水$）、生物综合指数（$P_生$）、底质综合指数（$P_底$），最后再计算水体环境质量综合指数（$P_{水体}$）。水体环境质量综合指数的计

算公式为:

$$P_{水体} = \sum_{m=1}^{3} W_m P_m \qquad (4-27)$$

$$P_m = \sum_{i=1}^{n} W_i P_i$$

$$P_i = \frac{C_i}{C_{si}}$$

式中，P_i 为单因子 i 评价指数；W_i 为评价因子 i 的权重；n 为评价因子数；P_m 为代表 $P_水$、$P_生$ 或 $P_底$；W_m 为 $P_水$、$P_生$ 或 $P_底$ 的权重。

(六) 水环境现状生物学评价方法

1. 描述法 描述水体中水生生物的区系组成、种类、数量、分布，与未受污染的、清洁的同类水体或同一水体的历史资料比较分析，对水体做出环境质量评价，是一种简单、常见而实用的方法，由于是感官评价，可比性较差，很难做到标准化。

2. 指示生物法 根据对水体中特定污染物敏感的或有较高耐量的生物种类的存在或缺失的调查，来指示水体中有机物或某种特定有机物的多少与污染程度，这种方法称为指示生物法。由于不同种的生物对污染的敏感和耐受能力不同，可用生物种群作为评价指标，将水体分为如下几类：

(1) 强污类 大量高分子有机物存在，BOD 高，溶解氧为零，强烈硫化氢和硫醇恶臭，水中细菌最多，每毫升在 100×10^4 个以上，主要的是浮游球衣细菌和贝氏硫细菌等。动物以原生动物占绝对优势，以细菌为食，以变形虫、鞭毛虫、纤毛虫类居多，没有太阳虫、双鞭毛虫和吸管虫类，没有硅藻、绿藻和高等植物，也没有水螅、淡水海绵、小型甲壳类、贝氏类、鱼类。

(2) 强中污类 有机质分解产生胺酸，BOD 仍高，溶解氧增多，硫化氢恶臭减弱，水中细菌较多，每毫升在 10×10^4 个以上。动物仍以摄食细菌者为主，肉食动物增多，原生物中出现太阳虫和吸管虫类，没有发现双鞭毛虫，藻类大量出现，并出现了绿藻、接合藻和硅藻，未发现淡水海绵，已有贝类、甲壳类和昆虫。鱼类中鲤、鲋、鲶鱼等在此生息。

(3) 中污类 有机质氨化作用强烈，水中脂肪酸和胺类化合物多，BOD 较低，溶解氧增多，无恶臭。水中细菌减少，每毫升在 10×10^4 个以下。双鞭毛虫类出现，硅藻、绿藻、接合藻属有多种出现，鼓藻类有主要分布区。淡水海绵、水螅、贝类、小型甲壳类和多种昆虫出现，两栖动物和鱼类出现的种类增多。

(4) 轻污类 有机物彻底分解，BOD 低，溶解氧很多，无恶臭，水中细菌大大减少，每毫升在 100 个以下，水生藻类减少，底生藻类增多，动物多种多样，鞭毛虫大大减少，每毫升在 100 个以下，鞭毛虫和纤毛虫类少，昆虫的幼虫多。

3. 生物指数法 根据生物种类的敏感性或种类组成情况来评价环境质量的指数法称为生物指数法，目前有几种不同生物指数进行综合评价。

(1) 生物学污染指数 (BIP) 法 1942 年 Horasawa 提出的生物学污染指数 (BIP) 计算公式为：

$$BIP = \frac{B}{A+B} \times 100\% \qquad (4-28)$$

式中，A 为生产者（藻类）数量；B 为消费者（原生动物）数量。

根据生物学污染指数（BIP）值将地表水体环境质量分为四个等级，见表 4-18。

表 4-18　生物学污染指数（BIP）水体环境质量分级

BIP 值	0~8	9~20	21~60	61~100
分级	清洁	轻污染	中污染	强污染

(2) 贝克（Beck）指数（BI）法　贝克（Beck）指数（BI）是根据生物对有机物的耐性，把从采样点采到的底栖大型无脊椎动物分成两大类：A 类是对有机物污染缺乏耐性的种类，B 类是对有机物污染有中等程度耐性的种类，利用它们来评价水体污染。贝克指数公式如下：

$$BI = 2(nA + mB) \quad (4-29)$$

式中，BI 为生物指数；A 为生活于无明显污染水中的大型无脊椎动物种数；B 为能忍受中等污染但完全缺氧条件下的大型无脊椎动物种数；n 为 A 种的数量；m 为 B 种的数量。

当 $BI=0$ 时，表示水质严重污染，1~6 为中度污染，7~9 为轻度污染，10~40 为水质清洁。

(3) 多样性生物指数法　多样性生物指数为生物群中种数与个数的比值。一群落中种的多样性，是群落生态水平的独特的生物学特征，环境污染后，会导致被污染水体生物群落内总的生物种类下降，而耐污染种类的个体数却增加。因此，种的多样性指数可以用来评价水质，下面介绍几种计算多样性指数的公式。

① 马尔加列夫公式：

$$D = \frac{S}{\ln N} \quad (4-30)$$

式中，D 为多样性生物指数；S 为种群；N 为个体总数。

② 布里洛因公式：

$$d = \sum (n_i/N)\ln(n_i/N) \quad (4-31)$$

式中，N 为样品中出现的总个体数；n_i 为样品中等 i 种个数。

(4) 生物残留量指数法　因为生物体内的污染物残留量常常与水环境中污染物含量有密切关系，生物体内污染物残留量的变化能反映水体污染状况，故可根据生物体内污染物残留指数 P_i 进行水环境现状评价，其公式如下：

$$P_i = \frac{C_i}{C_{si}} \quad (4-32)$$

式中，C_i 为生物个体或种群体内某种化合物或元素的实测残留量（mg/L）；C_{si} 为水体环境中 i 化合物或元素的本底浓度值（mg/L）。

当残留指数小于 1 时表明未污染，大于 1 时表明污染，并可按不同指数划分污染程度。残留量指数法的评价参数一般选用汞、镉、铬、铜、铅、锌、农药等容易积累的物质。评价标准可采用卫生部门颁布的食品卫生标准及其他有关标准。

水的生物学评价方法与其他水质评价方法相比具有独到的优点，如：评价结果具有综合性、连续性和积累性，无需太复杂的分析仪器和设备。而这些优点正是污染指数法所缺乏的。如果将水环境的生物学评价法与污染指数法相结合，将得到更合理、更可靠的结论。

二、地下水环境现状评价

由于地表水资源的分布不合理,水污染日趋严重,人口增加以及社会经济快速发展对水资源的需求大量增加等原因,造成地表水资源的相对短缺,因而很多地方纷纷对地下水资源进行开发与利用。地下水环境现状评价为对地下水资源的开发与利用提供了科学依据。

(一)评价原则

地下水环境现状评价遵循资料搜集与现场调查相结合、项目所在地调查与类比考察相结合、现状监测与长期动态资料分析相结合的原则。

(二)评价范围

评级等级为一级评价项目时,调查与评价范围$\geqslant 50 \text{ km}^2$;二级评价项目:调查与评价范围为$20 \sim 50 \text{ km}^2$;三级评价项目:调查与评价范围$\leqslant 20 \text{ km}^2$。

(三)评价因子的选择

在进行地下水环境影响评价时,应根据拟建工程排放污水中的主要污染物,地表水中的主要污染物和土壤中的主要有害组分选择评价因子。

(四)评价标准的选择

地下水环境现状评价应选择《地下水质量标准》(GB/T 14848—93)、《供水水文地质勘察规范》(GB 50027—2001)、《环境影响评价技术导则总纲》(HJ/T 2.1—93)、《环境影响评价技术导则非污染生态影响》(HJ/T 19—1997)、《地下水环境监测技术规范》(HJ/T 164—2004)、《饮水水源保护区划分技术规范》(HJ/T 338—2007)、《生活饮用水卫生标准》(GB 5749—2006)作为评价标准。当把地下水用作锅炉用水、冷却用水、工业生产用水时,应选择相应的水质标准作为评价标准。

(五)地下水环境现状监测

地下水环境现状监测主要是通过对地下水水位、水质的动态监测,了解与查明地下水流和地下水化学组分的空间分布现状和发展趋势,对于Ⅰ类建设项目应同时监测地下水位和水质,对于Ⅱ类建设项目应监测地下水位,可能造成土壤盐渍化的Ⅱ类建设项目应同时监测地下水水质。

地下水环境现状监测点的布设要求:一级评价项目的含水层的水质监测点不少于7个/层,评价区面积大于100 km^2,每增加15 km^{2}水质监测点应至少增加1个/层。二级评价项目的含水层的水质监测点不少于5个/层,评价区面积大于100 km^2,每增加25 km^{2}水质监测点应至少增加1个/层。三级评价项目的含水层的水质监测点不少于3个/层。

地下水环境现状监测点取样深度的要求:对于一级评价的Ⅰ类和Ⅲ类建设项目,地下水监测井中水深小于20 m时,取2个水质样品,取样点深度分别为井水位以下1.0 m之内和井水位以下井水深度约3/4处;地下水监测井中水深大于20 m时,取3个水质样品,取样点深度分别为井水位以下1.0 m之内,井水位以下井水深度约1/2处和井水位以下井水深度约3/4处;当评价级别为二级、三级时的Ⅰ类和Ⅲ类建设项目,和所有评价级别的Ⅱ类建设项目,地下水监测井中水深小于20 m时,只取1个水质样品,取样点深度分别为井水位以下1.0 m之内。

地下水环境监测项目要求:应根据建设项目排放的污水特征、评价等级、存在或可能引发的环境水文地质问题进行选取,评价等级高、环境水文地质条件复杂的地区可适当多取,反之可适当减少。

现状监测频率要求:评价等级为一级的建设项目,应在评价期内至少分别对一个连续水文年的枯、平、丰水期的地下水水位、水质,各监测一次。评价等级为二级的建设项目,对于新建项目,若有近3年内至少一个连续水文年的枯、丰水期监测资料,在评价期内应至少监测一次地下水水位、水质。对于改扩建项目,若掌握现有工程建成后近3年内至少一个连续水文年的枯、丰水期监测资料,应在评价期内至少进行一次地下水水位、水质监测。若无上述监测资料,应在评价期内分别对一个连续水文年的枯、丰水期的地下水水位、水质各监测一次。

应在评价期内至少分别对一个连续水文年的枯、平、丰水期的地下水水位、水质,各监测一次。

地下水样品采样应采用自动式采样泵或人工活塞闭合式与敞口式定深采样器进行采集。

(六)评价方法

1. 单因子评价法 根据《地表水环境质量标准》(GB 3838—2002)中规定的单因子评价方法评价地下水。即将某污染物的监测值与标准进行比较,计算地下水的超标率、超标倍数与最大超标倍数。此方法适用于环境水文地质条件简单、污染物质单一的地区。

① 对于评价标准为定值的水质因子,其评价方法采用以下公式:

$$P_i = \frac{C_i - S_i}{S_i} \tag{4-33}$$

② 对于评价标准为区间值的水质因子,其评价方法采用以下公式:

关于 DO 污染指数计算:

$$P_{DO} = \frac{最大浓度 - 实测浓度}{最大浓度 - 标准浓度} \tag{4-34}$$

关于 pH 污染指数计算:

$$P_{pH} = \frac{实测值 - 允许值界限间平均值}{最大允许值 - 允许值界限间平均值} \tag{4-35}$$

2. 综合污染指数评价法 综合污染指数评价法是我国地下水水质评价的主要方法,它选择多项评价参数进行水质的综合评价。主要有尼梅罗污染指数法与有机污染物综合评价法,基本公式见地表水水质评价部分。

根据尼梅罗污染指数 P_{ij} 值,对照《地下水质量标准》(GB/T 14848—93),划分地下水环境质量等级,见表4-19。

表4-19 地下水质量等级划分

P_{ij}值	<0.80	0.80~2.49	2.50~4.24	4.25~7.19	≥7.20
级别	优良	良好	较好	较差	极差

第四节 土壤环境现状评价

土壤环境是一个开放系统,土壤和外界环境要素以及土壤内部系统之间都不断进行着物质与能量的交换。土壤具有生产植物产品的功能,这些植物产品的数量和质量主要由土壤环境质量来决定,而土壤环境质量通过植物又会影响人们的生活与身体健康。

土壤环境质量是指土壤环境(或土壤生态系统)的组成、环境结构和功能特性及其所处状态。土壤环境现状评价是在研究土壤环境质量变化规律的基础上,对土壤环境质量的高低与优劣的定性、定量评价。

一、土壤环境背景值与土壤环境容量

(一) 土壤环境背景值

1. 土壤环境背景值的概念　土壤环境背景值是指未受或少受人类活动(特别是人为污染)影响的土壤本身的化学元素组成及其含量。土壤环境背景值是相对意义上的数值,并非确定不变的数值。

2. 土壤环境背景值的应用

(1) **利用土壤环境背景值确定土壤环境质量标准**　土壤环境质量标准是以土壤环境质量基准为依据,并考虑社会、经济和技术等因素,经过综合分析制定的,由国家管理机关颁布,一般具有法律的强制性。原则上土壤环境质量标准规定的是污染物允许剂量或浓度小于或等于相应的基准值。

土壤环境质量基准是指土壤污染物对生物与环境不产生不良或有害影响的最大剂量或浓度。土壤环境质量基准是由污染物与特定对象之间的剂量—反应关系确定的。土壤环境质量基准与土壤环境质量标准是两个密切联系而又不同的概念。

(2) **利用土壤环境背景值确定土壤环境质量基准值**　19 世纪 70 年代我国有的学者就用土壤背景值加减 2 倍标准差 ($\bar{X} \pm 2S$) 代替基准值。荷兰土壤技术委员会的学者提出用没有污染的土壤元素含量加 2 倍标准差作为相应元素的上界,并以此值作为该元素的基准值,并用这个基准值来判断土壤是否发生了某种元素的污染。

(3) **以高背景值区土壤元素平均值作为基准值**　把高背景值区土壤元素含量的平均值作为该元素的最大允许浓度。我国有关学者提出把我国土壤环境标准水平分为 4 个级别,见表 4-20,其中一级水平标准的特点是化学元素组成与含量处于地球化学过程的自然范围内,基本未受人为污染影响。

表 4-20　我国土壤环境标准推荐分级表

级别	水平	标准值	对生态影响	应用意义
一级	理想水平	背景值	环境功能正常	可用于饮水水源区
二级	可接受水平	基准值	基本无影响	用于判断土壤污染
三级	可忍受水平	警戒值	开始产生不良影响	应跟踪监测限制排污
四级	超标水平	临界值	影响较重到严重	应采取防治措施

(4) **以土壤背景值作为土壤环境质量评价标准**　把土壤环境背景值作为土壤环境质量评价标准,将土壤分为 5 个级别,见表 4-21。

表 4-21　我国土壤背景值为标准推荐分级表

级别	水平	标准值	对生态影响
一级	清洁土壤	低于或等于区域背景值均值	环境功能一切正常
二级	尚清洁土壤	上述均值加（或乘）1倍标准差	环境功能一切正常
三级	污染土壤	上述均值加（或乘）3倍标准差	开始产生不良影响
四级	显著污染土壤	累积但没超过食品卫生标准	污染物明显累积
五级	严重污染土壤	累积超过了食品卫生标准	作物生长受阻

(5) **利用土壤元素活性可推算出土壤中有效元素的数量**　土壤元素应有的全量等于应有有效态含量/活性比率。把土壤元素应有的全量计算值与实测的土壤背景值比较，可以看出土壤元素储量丰、缺与否。

(6) **土壤背景值与人类健康**　人类的健康与环境状况存在着密切关系。有关研究结果表明，人体内60多种化学元素的含量与地壳中这些元素的平均含量相近。通过对土壤化学元素背景值的分析，可以找出土壤常量和微量元素的种类、数量以及与人类健康的关系。

近20年来的研究证实，人类的地方性克山病、大骨节病以及动物的白肌病都发生在低硒背景环境中。在土壤低碘背景区，如果食盐、饮水中也缺少碘，会引起食用当地食品的人体内缺碘，成为地方性甲状腺肿的致病原因，并影响人的智力。

目前有关因土壤元素背景超高，导致人体元素中毒的研究及报道不多。已见到的报道有亚美尼亚共和国土壤含钼量高，居民食用当地出产的富钼粮食、蔬菜，钼的日摄入量达到 10～15 mg，人群的痛风病发病率高。

(二) 土壤环境容量

1. 土壤环境容量的概念

土壤环境容量指一定的土壤环境单元在一定的限时内，遵循环境质量标准既能维持生态系统的正常结构与功能，保证生物学产量与质量，也能使生态系统不受污染时的土壤环境所容许承纳的污染物质的最大数量或负荷量。由定义可知，土壤环境容量实际上是土壤污染的起始值和最大负荷。

2. 土壤环境容量的应用

(1) **制定土壤环境标准**　土壤环境标准是进行土壤环境质量评价的重要依据，迄今在国内外研究中仅对少数重金属元素比较明确地提出了土壤环境标准[如日本提出以生产出镉米（>1 mg/kg）的土壤含镉量 2 mg/kg 作为水稻土的土壤环境标准]。可以土壤生态系统为基础，提出污染物（重金属元素）的土壤基准值作为制定区域土壤环境质量标准的依据，见表 4-22。

表 4-22　我国土壤 Cd、Pb、Cu、As 的环境标准
（引自夏增禄，《中国土壤环境容量》，1992）

单位：mg/kg

土壤	Cd	Pb	Cu	As
酸性土壤	0.5	200	50	40
中、碱性土壤	1	300	100	20

注：此表各环境标准为建议标准。

(2) **制定农田灌溉用水水质和水量标准** 我国土壤环境容量的最新研究成果为修订我国于1979年颁布的农田灌溉用水水质试行标准提供了理论基础和实用方法。

当获得土壤临界含量或土壤基准后,求一定年限内的灌溉水质标准 C 的公式如下:

$$C=\frac{C_0}{YQ_w} \tag{4-36}$$

式中,C 为灌溉水质标准(g/m^3);C_0 为土壤临界含量(g/hm^2);Y 为年限(年);Q_w 为年灌溉水量 $[m^3/(hm^2 \cdot 年)]$。

考虑到实际上除灌溉外,大气降尘、降水、施肥等输入项,用允许污灌水带入农田的量减去这些正常的量值,得到允许农田灌溉的水质浓度或水质标准为:

$$C=\frac{Q-r-f}{Q_w} \tag{4-37}$$

式中,Q 为土壤某元素的动容量 $[g/(hm^2 \cdot 年)]$;r 为降水、降尘带入的某元素量 $[g/(hm^2 \cdot 年)]$;f 为施肥带入某元素的量 $[g/(hm^2 \cdot 年)]$。

据式4-37求得各土壤的农田灌溉水质基准(g/m^3)以及建议的农田灌溉水质标准(g/m^3)。由此可说明土壤环境容量是个重要的参数。

(3) **制定污泥施用量标准** 一般说污泥中的污染物含量决定着污泥允许施入农田的量,其允许每年施用的量决定于每年每公顷容许输入农田的污染物的最大量,即土壤动容量或年容许输入量。可由下式求得不同施污泥量下的污泥标准:

$$C=\frac{Q-r-f-W}{Q_s} \tag{4-38}$$

式中,C 为污泥标准(mg/kg);Q 为土壤动容量 $[g/(hm^2 \cdot 年)]$;Q_s 为污泥施用量 $[t/(hm^2 \cdot 年)]$;W 为灌溉水带入量。

表4-23是根据土壤动容量计算的不同污泥施用量下的污泥施用标准。

表4-23 建议的污泥农田施用标准

(引自夏增禄,《中国土壤环境容量》,1992)

单位:mg/kg

施用年限/年	土壤	建议标准				国家标准			
		Cd	Pb	Cu	As	Cd	Pb	Cu	As
20	酸性土	25	800	150	150	5	300	250	75
	中碱性土		1 000	300	50	20	1 000	500	75
50	酸性土	12	300	50	50				
	中碱性土		400	100	20				

(4) **污染物总量控制上的应用** 土壤环境容量充分体现了区域环境特征,是实现污染物总量控制的重要基础,在此基础上可以经济、合理地制定污染物总量控制规划,也可以充分利用土壤环境的纳污能力。

二、土壤环境评价参数及标准的确定

1. 参数选择 根据污染源的主要污染物和评价目的的要求选择评价参数,一般可供选取的基本参数有以下几种。

① 重金属、有毒非金属物质，如汞、镉、铅、铜、铬、镍、砷、氟等。

② 有机毒物和致病菌，主要有化学农药包括有机氯、有机磷，另外有洗涤剂、酚、石油、大肠杆菌等。

③ 酸碱度、全氮、全磷等。

此外，对土壤污染物质积累、迁移和转化影响较大的土壤理化性质指标也应选取，供研究土壤污染的运动规律，但不一定参与评价。附加参数主要包括有机质、石灰反应、易溶性盐、氧化还原电位、不同价态重金属的含量等。土壤监测项目的确定，主要考虑土壤污染物的来源，一般把主要污染物、由成土因素决定的异常元素都列为监测项目。

2. 评价标准 根据土壤评价的目的和要求来确定评价标准。由于土壤受外界干扰的因素很多，不能制定统一的评价标准，可结合实际情况选用如下的各类标准。

(1) 以《土壤环境质量标准》（GB 15618—2008）为基本标准 该标准中未规定者按下列标准。

(2) 以区域土壤背景值为评价标准 区域土壤背景值是指一定区域内，远离工矿、城镇和道路（公路和铁路），无明显工业"三废"污染影响的土壤中有毒物质的平均含量。

(3) 以区域性土壤自然含量为评价标准 区域性土壤自然含量是指在清水灌区内，采用与污水灌区的自然条件、耕作栽培措施大致相同、同一类型的土壤中污染物的平均含量。

(4) 以土壤对照点含量为评价标准 土壤对照点含量是针对未污染的地区内，选择与污染地区的自然条件、土壤类型和利用方式大致相同的土壤做对照点，以一个对照点（或几个对照点的平均值）的污染物含量作为对照点含量。

(5) 以土壤和作物中污染物质积累的相关数量作为评价标准 以作物积累污染物而遭受不同污染程度时土壤中相应污染物的含量，作为标准评价土壤质量等级。

三、土壤环境现状评价方法

土壤环境现状评价包括土壤环境现状调查、参数选择、评价标准确定、选取土壤质量指数、土壤质量分级和土壤环境现状评价等。

(一) 单因子污染指数法

本法用于确定单个土壤质量参数的污染情况，通过评价，可以确定出主要的污染物质及污染程度，同时也是多因子综合评价的基础。一般用污染指数来表示。

1. 以污染物实测值和评价标准相除来计算污染指数

$$P_i = \frac{C_i}{C_{si}} \tag{4-39}$$

式中，P_i 为土壤中污染物 i 的污染指数；C_i 为土壤中污染物 i 的实测浓度的统计平均值；C_{si} 为污染物 i 的评价标准。

2. 根据土壤和作物中污染物积累的相关数量来计算污染指数

(1) 确定污染等级划分的起始值

① 土壤显著受污染的起始值：此起始值指土壤中某污染物的评价标准值，以 X_a 表示。

② 土壤轻度污染的起始值：此起始值指土壤污染物超过一定限度，使作物体内污染物相应增加，以致作物开始遭受污染（即作物中污染物的含量超过其背景值），此时土壤中污染物的含量，即为轻度污染的起始值，以 X_c 表示。

③ 土壤重度污染的起始值：此起始值指土壤污染物继续积累，作物受害加深，作物中污染物含量达到食品卫生标准允许的残留限量值，以 X_p 表示。

(2) 根据上述 X_a、X_c、X_p 确定污染等级和污染指数范围

① 非污染：土壤中某污染物实测值 $C_i \leqslant X_a$，污染指数 $P_i = \dfrac{C_i}{X_a}$，$P_i \leqslant 1$。

② 轻度污染：土壤中某污染物实测值满足 $X_a < C_i < X_c$，此时污染指数 $P_i = 1 + \dfrac{C_i - X_a}{X_c - X_a}$，$1 \leqslant P_i < 2$。

③ 中度污染：土壤中某污染物实测值 $C_i > X_c$，但小于或等于 X_p，即 $X_c < C_i \leqslant X_p$，此时该污染物的污染指数 $P_i = 2 + \dfrac{C_i - X_c}{X_p - X_c}$，$2 \leqslant P_i < 3$。

④ 重度污染：土壤中某污染物实测值的污染指数 $P_i = 3 + \dfrac{C_i - X_p}{X_p - X_c}$，$P_i \geqslant 3$。

(二) 综合污染指数法

单因子污染指数，只能分别反映各个污染物的污染程度，不能全面、综合地反映土壤的污染状况。故进行土壤评价时，需将单因子污染指数按一定方法综合，较全面地反映土壤的环境质量，由于污染指数 P_i 消除了量纲，为综合指数的获取提供了方便。常见的方法如下。

1. 叠加法确定综合指数　将各污染物指数直接叠加，求得综合指数：

$$P = \sum_{i=1}^{n} P_i = \sum_{i=1}^{n} \frac{C_i}{C_{si}} \qquad (4-40)$$

式中，P_i 为 i 污染物指数；n 为评价参数的个数。

此方法是将各污染物污染指数平等对待，较大的污染指数常被较小的指数拉平，以致综合指数的等级可能比实际情况小。另外，它视各个 P_i 对综合污染状况的贡献是同样的，但实际情况是具有同等数值 P_i 的污染后果不同。如对于镉 $P_1 = 2$（超标1倍）要比对于铜 $P_2 = 2$ 的危害后果大得多。

此算法适合于各个分污染指数相差不大，对综合指数贡献大致相同的简单情况。如北京西郊的土壤综合评价即采用上式，其优点是计算简便。

2. 根据尼梅罗污染指数计算土壤污染综合指数　在地面水评价方法中介绍过此指数，它兼顾了单因子污染指数的平均值和最大值，可以突出污染较重的污染物的作用。计算式为：

$$P = \sqrt{\frac{\left(\dfrac{C_i}{C_{si}}\right)^2_{\text{ave}} + \left(\dfrac{C_i}{C_{si}}\right)^2_{\text{max}}}{2}} \qquad (4-41)$$

此方法强调了最大污染指数，与其他方法相比，其综合指数常常偏高。

3. 权重法确定综合指数　此方法以土壤各污染物的污染指数和权重大小求算综合指数，它可全面反映各污染物的不同作用。计算式为：

$$P = \sum_{i=1}^{n} W_i P_i \qquad (4-42)$$

式中，W_i 为 i 污染物的权重。

由于土壤中不同污染物对土壤质量的影响程度不同，为了更准确地反映污染物在土壤中的相对关系及综合作用，应确定或计算不同污染物的权值，以求更真实地反映土壤环境质量状况。权值可以根据主观概率、专家调查等方法求得。如上海市宝山吴淞地区土壤质量综合评价，为了表示各污染物对土壤环境质量作用的不同，就采用了上述公式进行评价。其中权重 W_i 用因子分析法，求得结果见表 4-24。

表 4-24 土壤 P_i 因子的权重

污染物	Hg	Cd	As	Zn	Cr	Mn	F
权重	0.26	0.082	0.12	0.12	0.074	0.22	0.124

（三）土壤环境质量分级

用指数法对土壤环境质量进行评价的结果是得出一些定量的综合质量指数，为了给这些数字赋予环境质量状况的实际含义，必须进行土壤环境质量的分级，一般采用如下分级方法。

1. 根据综合质量指数 P 值划分质量等级 一般 $P \leqslant 1$ 为未污染；$P>1$ 为已污染；P 值越大，土壤污染越重。可根据 P 值的变幅，结合作物的受害程度和污染物累积状况，再划分轻度污染、中度污染和重度污染等级。

2. 根据土壤和作物中污染物累积的相关数量划分质量等级 这种分级只能表示土壤中各个污染物的不同污染程度，还不能表示土壤总的质量状况。

3. 根据系统分级法划分质量等级 首先对土壤中各污染物的浓度进行分级，这种分级是根据土壤污染物的含量和作物生长的相关关系以及作物中污染物的累积与超标情况划分的。然后将土壤污染物浓度转换为污染指数，将各污染指数加权综合为土壤质量指数，据此也就得到了土壤环境质量的等级。

第五节 声环境现状评价

一、声环境评价量

（一）声压和声压级

声压是衡量声音大小的尺度，其单位为 N/m^2 或 Pa。人耳对 1 000 Hz 的听阈声压为 $2 \times 10^{-5} N/m^2$，痛阈声压为 $20 N/m^2$。从听阈到痛阈，声压的绝对值相差 10^6 倍。显然，用声压的绝对值表示声音的大小是不方便的。为便于应用，人们引出一个对数量来表示声音的大小，这就是声压级。所谓声压级就是声压的平方与一个基准的声压平方比值的对数值，即：

$$L_p = 10 \lg \frac{p^2}{p_0^2} = 20 \lg \frac{p}{p_0} \qquad (4-43)$$

式中，L_p 为对应声压 p 的声压级（dB）；p 为声压（N/m^2）；p_0 为基准声压，取 $2 \times 10^{-5} N/m^2$，它是 1 000 Hz 的听阈声压。

正常的人耳听到的声音的声压级为 0~120 dB。表 4-25 所示为典型声源或环境的声压级。

存在多个噪声源时，需计算综合噪声值，此时要进行噪声的叠加。由于声压级（dB）是一个对数单位，所以进行叠加时遵守对数运算法则。分贝（dB）可以进行相加、相减、取平均等运算。具体的运算方法请查阅有关参考书。

表 4-25 典型声源或环境的声压级

(引自陆书玉等,《环境影响评价》, 2001)

典型环境	声压/(0.1 N/m²)	声压级/dB
喷气式飞机的喷气口附近	6 300	150
喷气式飞机附近	2 000	140
锻锤、铆钉操作位置	630	130
大型球磨机旁	200	120
8-18 型鼓风机附近	63	110
纺织车间	20	100
4-72 型风机附近	6.3	90
公共汽车内	2	80
繁华街道上	0.63	70
普通说话	0.2	60
微电机附近	0.063	50
安静房间	0.02	40
轻声耳语	0.006 3	30
树叶落下的沙沙声	0.002	20
农村静夜	0.000 63	10
人耳刚能听到	0.000 2	0

(二) A 声级、等效 A 声级和昼夜等效声级

1. 声级 为了模拟人耳对声音的反应,在噪声测量仪器中安装一个滤波器。这个滤波器是按照计权网络设计的。当声音进入网络时,中、低频的声音就按比例衰减通过,而 1 000 Hz 以上的高频声音则无衰减地通过。由于计权网络是把可听声频按 A、B、C、D 等种类特定频率进行计权的,所以就把被 A 网络计权的声压级称为 A 声级;被 B 网络计权的称为 B 声级,依次为 C 声级、D 声级等。单位分别记为 dB (A)、dB (B)、dB (C)、dB (D)。

实践证明,A 声级与人耳对噪声强度和频率的感觉最相近,因此 A 声级是应用最广的评价量。D 声级在飞机噪声影响评价中仍常使用,但 B 声级现在已基本不再使用。

2. 等效连续 A 声级 A 声级适用于评价一个连续稳态的噪声,但是如果在某一受声点观测到的 A 声级是随时间变化的,例如,交通噪声随车流量和种类变化,又如一台间歇工作的机器,即某段时间内的 A 声级有时高有时低,在这种情况下,用某一瞬时的 A 声级去评价一段时间内的 A 声级是不确切的。因此,人们便引入了等效连续 A 声级作为评价量,即考虑了某一段时间内的噪声随时间变化的特性,用能量平均的方法并以一个 A 声级值去表示该段时间内的噪声大小。其表达式为:

$$L_{eq} = 10 \lg\left(\frac{1}{T}\int_0^T 10^{0.1L_t} dt\right) \tag{4-44}$$

式中,L_{eq} 为在 T 段时间内的等效连续 A 声级 (dB);L_t 为 t 时刻的瞬时 A 声级 (dB);T 为连续取样的总时间。

由于 A 声级的测量实际上是采取间隔取样的,所以上式可以变化为:

$$L_{eq}=10\lg\left(\frac{1}{T}\sum_{i=1}^{N}10^{0.1L_i}\right) \tag{4-45}$$

式中，L_i 为第 i 次读取的 A 声级（dB）；N 为取样总数。

如果 $N=100$，则 $L_{eq}=10\lg\left(\sum_{i=1}^{100}10^{0.1L_i}\right)-20$；

如果 $N=200$，则 $L_{eq}=10\lg\left(\sum_{i=1}^{200}10^{0.1L_i}\right)-23$。

等效连续 A 声级的应用领域较广，我国在评价工业噪声、交通噪声以及施工噪声时多用此评价量。

3. 昼夜等效声级 昼夜等效声级是考虑了噪声在夜间对人影响更为严重的特点，将夜间噪声进行增加 10 dB 加权处理后，用能量平均的方法得出的 24 h A 声级的平均值（L_{dn}），单位为 dB。其表达式为：

$$L_{dn}=10\lg\left\{\frac{1}{24}\left[\sum_{i=1}^{16}10^{0.1L_i}+\sum_{j=1}^{8}10^{0.1(L_j+10)}\right]\right\} \tag{4-46}$$

式中，L_i 为昼间 16 h 中第 i 小时的等效声级；L_j 为夜间 8 h 中第 j 小时的等效声级。

（三）统计噪声级

这是指某点噪声级有较大波动时，用于描述该点噪声变化状况的统计物理量，一般以 L_{10}、L_{50}、L_{90} 表示。

L_{10} 表示在取样时间内 10% 的时间超过的噪声级，相当于噪声的峰值。

L_{50} 表示在取样时间内 50% 的时间超过的噪声级，相当于噪声的平均值。

L_{90} 表示在取样时间内 90% 的时间超过的噪声级，相当于噪声的背景值。

美国常用 L_{10} 作为公路噪声的评价量，日本则用 L_{50}。

英国等欧洲国家对于公路交通噪声常用交通噪声指数（TNI）和噪声污染级（PNL）作为评价量：

$$TNI=4L_{10}-3L_{90}-3 \tag{4-47}$$

$$PNL=L_{50}+d+\frac{d^2}{60} \tag{4-48}$$

式中，$d=L_{10}-L_{90}$。

二、声环境现状评价

（一）现状调查

声环境现状调查包括噪声源种类、数量及相应的噪声级、噪声特性、超标状况、主要噪声源分析、声源位置等。确定评价范围内现有噪声敏感区、调查受噪声影响的人口分布、保护目标的分布情况、噪声功能区的划分情况等。

（二）现状监测

对于工矿企业的改扩建项目可监测现有车间和厂区的噪声现状；新建项目则只调查厂界及评价区的噪声水平。

1. 厂区噪声水平监测

（1）测点布置 一般采用网格法，每隔 10～50 m（大厂每隔 50～100 m）画正方网格。每个网格的交点即为监测点。如遇障碍物，可适当易位监测。声源附近的测点应加密。

(2) 监测时段 应选择在生产正常阶段和无雨无雪天气的 8:00～12:00、14:00～18:00、22:00～6:00。

(3) 监测方法 首先应把传声器放在离地面 1.5 m 高处。如监测时风力超过三级，应加防风罩。监测时，将声级计置于慢挡，每个测点读取 5 个 A 声级值，取算术平均值作为测定值。在监测中如发现两个测点间声级差大于 5 dB（A）时，应在其间增补测点。读数时应避免汽车喇叭等偶发噪声。所测数据标注在地图方格网交点的右上角。

2. 厂界噪声水平监测 在厂界外布点，也是采用网格法。测点间距，中小项目取 50～100 m；大型项目取 100～300 m。厂外的噪声敏感点应作为重点。如厂界围墙紧靠厂内建筑物，则测点位置应选在墙外 3.5 m 处；厂界外有绿化带时，则测点位置应选在墙外 3.5 m 处。如果厂界靠近交通干线或其他工厂，则应在厂界外 2 m 处增设若干个测点。靠近交通干线的测点读数应达到 200 个；靠近其他工厂的读数应等于或多于 100 个。然后统计 L_{10}、L_{50}、L_{90} 和等效声级 L_{eq}（以此作为厂界噪声参考数据）。

监测时段和监测方法与厂内监测要求相同。

3. 居住区噪声水平监测 以 250 m×250 m 划分网格。若生活区受交通噪声影响，应在主要交通干线两侧和靠近交通要道处的居住建筑物外 1 m 处增设若干测点，同时记录车流量（辆/h）。监测方法同上。如果居住区中有噪声敏感小区（如疗养院、重要办公楼）应昼夜连续测量，测点可在该小区和交通干线上各选一点，每隔 5 s 读取一个 A 声级瞬时值，连续 24 h，然后统计每半小时或 1 h 的 L_{10}、L_{50}、L_{90} 和 L_{eq}，再画出 24 h 内噪声水平变化曲线。

如果声源周围有高层建筑，测点布设应反映噪声对其中居民的影响。

（三）现状评价方法

1. 建设项目的厂界（边界）噪声评价 目前，评价方法一般采取厂界噪声的等效声级与《工业企业厂界环境噪声排放标准》（GB 12348—2008）中的标准值进行对比评价。

2. 建设项目内部区域环境噪声评价 目前，评价方法一般采取监测值与评价标准值直接比较法。评价标准采用《声环境质量标准》（GB 3096—2008）。区域环境噪声现状可用网格图或等声级线图表示。

第六节 生态环境现状评价

在人类引起环境质量改变的过程中，包括了所引起的生态环境质量及其价值的改变，因此，在进行环境质量评价时，必须同时进行生态环境评价，这也是生态环境评价发展较为迅速的原因之一。

一、生态环境现状评价概述

（一）生态环境评价的概念

生态环境是由生命系统、环境系统等亚系统所组成的自然生态系统，一种更广义的理解是指一个由自然、经济、社会三个亚系统所组成的复合生态系统，但鉴于其复杂性，在进行生态环境评价时存在很大的困难，故通常是指自然环境。

生态环境系统具有一定的结构、生态过程、稳定性与服务功能等，其外在表现形式是系统的特定状态，这种状态是生态环境系统的一种本质属性，是可以用定性和定量的方法加以描述的，这种特性与状态就是生态环境质量。这种意义上的质量也包括在人类生产生活活动的作用下所发生的好与坏的变化程度及总的变化状态，也包括这种质量对人类需要的满足程度。

生态环境评价是指对生态环境系统的质量优劣及其价值大小进行定量或定性表征的技术与过程，包括现状评价与影响评价两个方面，其评价与关注的重点有所不同。生态环境评价可以根据选定的指标体系进行，由于生态环境系统的复杂性，所选取的指标应注意其全面性与综合性，着重利用其最综合、最本质的属性特征来进行。因此，生态环境评价存在很大的难度。

(二) 生态环境现状评价的内容

由于生态环境系统可以划分为不同的层次，因此，其评价内容也可以从不同层次上来考虑，一般可以从以下几个方面进行。

1. 生态因子现状评价 生态因子是生物生存与生态系统支持的重要条件，在进行生态环境评价中是不可缺少的部分，这些因子由于人力难以控制，故一般作为生物及生态系统的存在条件加以定量或定性描述，也可以采用列清单的方法进行描述。

陆地生态系统的生态因子评价可以从如下几个方面进行。

(1) **气候因子评价** 主要采用光照时数、有效辐射大小、降水、蒸发等有关的气候因子参数，用以说明生物及生态系统所处条件的优劣。

(2) **水资源因子评价** 包括地面水与地下水两部分，多数以地面水资源的评价为主，其评价内容应包含水质与水量两个方面。可以采用水资源的总量、有效可用量、供需平衡、地下水储量等指标。由于在地表水环境质量评价中已有有关水质的评价内容，故此处不对水质进行详细的评价。

(3) **土壤因子评价** 主要阐明区域内的土壤类型、理化性质、土壤肥力状况、土壤成土母质与形成过程、保水蓄水性能、主要土壤类型的生产能力、土壤受到水力和风力侵蚀以及污染等外环境影响的程度与范围。

2. 生物资源的现状评价 生物资源是受人类活动影响的主要承受者，故在生态环境现状评价中要作为主要内容之一而给予重要地位。生物资源的现状评价可从物种与生物群落两个层次上进行评价，物种层次上可采用列清单的方法进行，生物群落层次上应以植被分布现状图表达，并辅以列清单描述的方法。

(1) **植物资源** 应阐明评价区域范围内的主要种类组成、分布特点与生境现状，区域性的优势种类，有无珍稀濒危植物及其分布与存在的问题等。

(2) **动物资源** 应着重阐明野生动物的种类及其数量、区域分布及其栖息地现状，有无珍稀濒危种类及其分布等。

由于目前生物资源受人类活动的影响很大，故在评价中一般也将人类影响下的生物资源包括在内，进行简要的评价。

(3) **生物群落** 应结合植被分布现状图，应用文字阐明评价区域范围内的主要群落类型与区域分布状况，生物群落受到人类影响的情况，主要植被类型中的主要种类组成及其优势种类，植被的主要生态环境服务功能等。

3. 生态系统的现状评价 生态系统的现状评价可借助生态制图、景观生态学，以及文字定性描述等方法进行。在此层次上的评价，应从生态系统的不同类型及其景观异质性、主要生态系统类型的结构与功能稳定性、生物生产力、生态过程与生态服务功能、生态完整性，以及受人类活动干扰的类型、影响程度与变化趋势等方面进行。

生态系统的结构与功能是可以定量或半定量地评价的。例如营养结构、生物量、生物生产力、各营养级的能量转化率与能量积累等。还可以运用层次分析方法，综合地评价生态系统的整体结构和功能。

在某些情况下，水生生态系统状况的评价是必要的，这类评价除可按上述相同的要求进行外，还需要注意底泥的评价。水生生态系统及其底泥的评价目前有较为成熟的方法。

4. 区域生态环境问题评价　区域生态环境问题包括两个方面，一个是环境污染引起的环境问题，一个是指水土流失、沙漠化、自然灾害等引起生态问题。前者多在各环境要素的评价中进行，一般生态环境评价所指为后者。这类问题可以采用各种指标进行定量或半定量的评价，常用的评价指标如面积比例、模数、损失量、危害程度与范围、对主要生态系统类型的结构与功能的影响大小、发展趋势等，如水土流失量、侵蚀模数、水土流失与治理面积，流动沙丘、半固定沙丘和固定沙丘的相对比例，土地沙漠化程度等。

5. 区域资源的可持续性评价　主要是用可持续性发展的观点对区域自然资源的现状、发展趋势以及抵抗人类干扰的能力进行评价，分析区域性的优势资源和限制性资源，以及影响或限制区域可持续发展的关键性资源。对这类资源的评价可采用总量、有效供给量、人均占有量或保有量、利用率、承载力等指标来进行；对水土资源及动植物资源，也可采用相应的经济学评价指标进行。例如土地资源的适宜性与限制性，开发利用潜力；草原的产草量和可利用性等。

（三）生态环境评价的程序

由于其复杂性与区域性，以及评价目的与深度的不同，生态环境现状评价的具体步骤亦有所不同，但其基本环节与主要程序是一致的。

(1) **编制评价大纲**　根据评价目的与要求的不同，考虑具体区域的自然生态环境条件，确定评价范围、评价深度、评价因子，编制评价大纲，制订实施计划。

(2) **收集有关背景资料**　背景资料的收集应侧重于自然环境与资源状况。

(3) **生态环境现状调查**　背景资料的收集并不能完全满足评价与分析的需要，故现场调查是非常必要的。现场调查可以根据生态学的要求对不同的层次分别采用不同的方法进行，并且需要根据不同的调查对象采用不同的方法。对植物与动物、种群与生态系统、资源等的调查均有相对成熟的不同的方法。

(4) **评价背景值的确定**　生态环境质量在无人为干扰时可以认为是较好的本底或背景值，并具有正常的生态系统的发育与发展过程，可称之为"生态质量"以区别于生态环境质量，但这种生态环境在目前情况下几乎没有，因此，在进行评价时如何确定合适的背景值作为评价标准，是一个不可缺少的环节。

(5) **生态环境现状分析**　在资料收集与现场调查的基础上，对所得到的资料进行生态学分析，采用适当的方法，分析其生态因子的作用规律与方式，生态系统的结构与功能，区域自然资源的优势与限制性、生态相关性等，从而找出主导因素、限制因素、关键因素等。

(6) **评价结论及对策**　给出总的评价结论，并提出建设性的建议。

二、生态环境调查与分析

不同地域生态环境系统的结构、生态过程、功能、生态因子间的耦合、资源的配置特点等各个方面均表现出很大的差异，因此，在生态环境现状评价过程中，生态参数的现场调查往往是必要的。

（一）生态参数的来源

生态环境现状评价需要通过一定的指标即评价因子或评价参数来表示，这些因子或参数即是生态参数。生态参数一般可通过以下途径获得：

① 野外调查。
② 室内化验分析。
③ 定位或半定位观测。
④ 从地图、航片、卫片上提取信息。
⑤ 从有关部门收集、统计和咨询。

其中野外调查和收集咨询是一般常用的方法，室内化验分析方法在多数情况下是一种辅助手段，其他几种方法由于各种实际条件的限制往往难以实现。

（二）生态环境系统调查

在生态环境现场调查的同时也可以了解其历史变迁情况。

1. 基本要求

① 调查的主要内容和指标应能满足生态环境分析的要求，一般应包括主要的生态系统类型、资源状况、生态因子。
② 能准确识别主要的生态环境问题及其主要的限制因素与影响因素。
③ 能分析区域自然资源优势和资源利用情况。
④ 要对敏感的生态保护目标或特别保护对象进行专项调查。
⑤ 应尽可能地了解其历史变迁情况。

2. 主要内容 根据《环境影响评价技术导则 非污染生态影响》（HJ/T 19—1997），生态环境现状调查的主要内容如下。

(1) 自然环境基本特征调查 气象、气候因素；水资源；土壤资源；动、植物资源；珍稀濒危动、植物的分布和生理生态习性；历史演化情况及发展趋势；人类干扰方式和强度；自然灾害及其对生境的干扰情况；生态环境演变的基本特征；植被类型及其特征的调查等。

(2) 特别保护目标调查 敏感区、脆弱生态系统、历史遗迹和人文景点。

(3) 区域生态环境问题调查 水土流失、沙漠化以及环境污染的生态影响。

(4) 各类资源调查 农业资源、水土资源、动植物资源、海洋资源以及矿产资源等的质和量，如资源状况、总量、人均量等。

(5) 社会经济状况调查 区域经济发展、产业结构、自然资源利用方式、人口状况、人民生活和人群健康状况、社会文化状况等。

(6) 移民问题调查 迁移规模、迁移方式、潜在生态问题和敏感因素分析等。

(7) 环境质量现状调查 进行生态环境单项评价时，有时还需进行环境质量现状调查。

在生态系统调查中，陆地或水生生物群落的调查始终是一个重点。调查中还要注意收集已有图件：①地形图（评价区及其界外区的地形图一般为 1∶10 000～1∶500 000）；②基础图件：包括土地利用现状图、植被图、土壤侵蚀图等。

（三）生态分析

在资料收集与生态调查获得足够信息的基础上，就可以运用生态学以及相关的原理进行生态分析，其主要内容如下。

1. 生态系统分析 生态系统分析的主要内容是认识系统类型、生态过程及其特点与规律、结构的整体性、生态过程与环境功能的稳定性、区域的优势资源、生态系统的现实功能和区域可持续发展对生态环境功能的需求，等。

生态系统结构的整体性分析主要包括：地域分布的连续性、组成层次的结构完整性、组成因子的匹配与协调性、食物链（网）的完整性等。生态过程分析主要是对生态系统的能量流动特征、物质循环特点、系统之间物质和能量的交换途径与特点、有毒有害物质在生态系统中的迁移转化途径与规律进行分析。环境功能分析主要是认识不同的生态系统类型在区域环境中的作用与对区域可持续发展的支持能力。

2. 相关性与约束条件分析 相关性分析可从两个层次上进行：①区域主要生态因子的相互作用，找出主导因子、限制因子与关键因子；②区域主要生态系统间相互联系、相互依存，找出优势生态系统类型，及其变动对其他生态系统的影响。

在此基础上，可以进行生态约束条件分析，主要是对主导生态系统"安全"的主要因子或主要障碍因素进行分析。如对陆地生态系统，下列约束条件应予以重点分析：①水分约束。②土地与土壤约束。这两种约束均包括数量和质量两方面。③气候条件约束。包括各因子的总量与时空分布及其变异程度。④地理地质条件约束。主要是生态系统脆弱性与敏感性。⑤生物条件约束。

在实际的相关性分析工作中，可采用矩阵表达的方法进行两两比较；对于复杂的生态系统或分析的精度要求较高时，还可借助一些数学方法来进行分析。

在生态分析过程中，对于区域内的特殊生态系统、脆弱生态系统、敏感生态系统与生态环境保护目标等需要给予特别关注。

三、生态环境现状评价

（一）生态环境现状评价的要求

在生态环境现状评价中应达到如下要求：

① 要在生态制图的基础上进行。应根据评价因子的需要编制正规的生态基础图件，至少应配有土地利用现状图等基本图件；对关键因子应给出评价成果图，包括动植物资源分布图、自然灾害程度和分布图，生境质量现状图等。

② 应选用植被覆盖率、频率、密度、生物量、土壤侵蚀程度、荒漠化面积、物种数量等测算值、统计值来支持评价结果。同时要论证原有自然系统或次生系统的生产能力状况并用调查数据予以证明。

生态环境现状评价是将生态分析得到的重要信息进行量化，定量或比较精细地描述生态环境的质量状况和存在的问题。由于生态环境结构的层次性特点，其现状评价一般可按两个层次进行：一是生态系统层次上的整体质量评价；二是生态因子层次上的因子状况评价。两个层次上的评价都是由若干指标来表征的。

（二）生态环境现状评价的方法

生态环境现状评价要有大量数据支持评价结果，但许多评价方法尚处于研究与探索阶段，一般应用定性与定量相结合的方法进行，而且许多定量方法仍由于不同程度地参与了人为的主观因素而增加了评价的不确定性。

生态环境现状评价的主要方法有图形叠置法、类比法、生态机理分析法、生产力评价法、系统分析法、数学评价法、景观生态学法等。由于生态系统层次的不同，在具体方法的使用上可以有所变化，或采用不同的适宜的方法。

（三）生态环境现状评价的结论

按照《环境影响评价技术导则 非污染生态影响》（HJ/T 19—1997）中的规定，生态环境现状评价要回答主要的环境问题，其中包括：

① 从生态完整性的角度评价环境质量，即注意区域环境的功能与稳定状况。
② 用可持续发展观点评价自然资源现状、发展趋势和承受干扰的能力。
③ 植被破坏、荒漠化、珍稀濒危动植物物种消失、自然灾害、土地生产能力下降等类重大资源环境问题及其产生的历史、现状和发展趋势。

一般而言，生态环境现状评价需要阐明生态系统的主要类型及有区域优势的生态系统、结构特点及其环境功能；区域内自然资源的总量、利用状况，以及优势资源；在景观层次上各生态系统间的相互关系，以及在生态系统层次上各生态因子间的相互关系特别是食物链关系；限制生态系统的主要约束条件与关键的限制因子；区域内有无珍稀濒危物种、特殊的生态系统类型、敏感的生态系统及环境保护目标；生态系统受到的主要干扰类型及强度，以及区域内的主要生态环境问题。

四、生物多样性评价

生物多样性是生态环境及区域可持续发展的基础，由于生物资源的丧失问题越来越严重，生物多样性的保护与评价逐渐受到人们的关注与重视，生物多样性评价也是生态环境评价的内容之一。

（一）生物多样性的调查

对生物多样性进行评价时，首先要取得有关数据。生物多样性调查主要针对物种种类及其数量，以实地调查为主，可采用一般的生态学方法进行。由于要调查一个群落中所有类别的生物种类与数量是不可能的，故在调查中往往只关注动物和植物的种类，而且是采用抽样的方法。

植物种类的抽样调查是在样方中进行的，其样方大小根据种—面积曲线来确定，或者按照群落的最小面积进行。动物种类的调查可采用线路踏察的方法。水生生态系统的生物多样性调查可按照湖泊水库水生生物调查规范比照进行。

（二）生物多样性价值的评价

对生物多样性价值进行评估的方法很多，目前主要有如下三类方法：

1. 评价自然产品的价值　这些产品不经过市场流通而直接被消费，即消费使用价值，如薪柴、饲料等。

2. 评价商业性收获的产品价值　这些产品经过市场流通而确定价值，即生产使用价值，如木材、药用植物等。

3. 评价生态系统功能的间接价值　从生物多样性所提供的众多服务功能、环境功能等方面出发来评价其价值。如流域保护、光合作用、气候调节和土壤肥力等非消费性使用价值；使未来选择成为可能的选择价值；仅仅使人类了解某个物种存在的存在价值。

上述方法中以第二类价值较为直接，第一类价值的计算往往难以进行，而第三类价值的确定更为复杂。

(三) 物种多样性的定量评价

一般在生物多样性评价中,对物种多样性的定量评价是指 α 多样性,其定量评价的方法也较为成熟。α 多样性的定量评价指标可分为如下四类:①物种丰富度指数;②物种相对多度模型;③物种丰富度与相对多度综合形成的指数,即物种多样性指数或生态多样性指数;④物种均匀度指数。

物种多样性的定量评价指标主要是物种丰富度指数、物种多样性指数和物种均匀度指数,最常用的计算方法如下。

1. 丰富度指数 常用的有 Gleason (1922) 指数和 Margalef (1958) 指数。

Gleason (1922) 指数:
$$D = (S-1)/\ln A \tag{4-49}$$

式中,A 为单位面积;S 为群落中物种数目。

Margalef (1958) 指数:
$$D = (S-1)/\ln N \tag{4-50}$$

式中,S 为群落中的总种数;N 为观察到的个体总数(随样本大小而增减)。

由于群落中物种的总数与样本含量有关,所以这类指数应限定为可比较的。

2. 多样性指数 常用的多样性指数有两种,其计算如下。

辛普森 (Simpson) 多样性指数:
$$D = 1 - \sum P_i^2 = 1 - \sum (n_i/N)^2 \tag{4-51}$$

式中,$P_i = n_i/N$,n_i 为第 i 物种在样本中出现的个体数,$N = \sum n_i$。

香农-威纳 (Shannon-Weiner) 多样性指数:
$$H = -\sum (P_i \cdot \lg P_i) \tag{4-52}$$

其一般计算式如下,并可按科、属、种或层次分别计算:
$$H = 3.3219 (\lg N - \sum n_i \lg n_i)/N \tag{4-53}$$

式中各符号意义同前。对数的底可取 2、e 或 10,其单位分别为 nit、bit 和 dit。

3. 均匀度指数 在多样性指数计算的基础上,可分别按相应的公式计算物种均匀度指数,公式如下:
$$E = H/H_{max} \quad 或 \quad E = D/D_{max} \tag{4-54}$$

式中,H_{max}、D_{max} 分别为两种多样性指数的最大值。

国际自然保护协会 (The Nature Conservancy,TNC) 近年来发展了一套有关生物多样性数据收集和分析的快速生态学评估的方法,主要用于一些没有调查过的、或是地形复杂难以调查的,以及调查费用很高的地区,其主要手段是利用各种有关地图及 3S 技术进行数据化处理,从而快速地划出具有高度生物保护价值以及处于潜在危机中的地区。

五、风景资源评价

风景是指可供观赏的风光、景观,包括自然景观如山水、自然现象、树木、花草,也包括人文景观如某些建筑物、历史遗迹、人工景区等。在生态环境评价中,主要指各种自然景观,尤其是用于开展旅游的各种风景区、森林公园等,其中以森林风景资源的评价方法较为成熟,故本书主要介绍森林风景资源的评价。森林风景资源是指具备景观价值的,人们正在或尚未利用的森林景观资源。

（一）风景资源评价的目的

在开发建设一个风景旅游区时，应对所开发利用的风景资源有所了解，以便较好地发挥区域资源优势，更好地开发和利用区域资源，因此，应对其风景资源进行评价。近几年来，生态旅游业的发展十分迅速，尤其是利用森林风景资源所开展的旅游活动遍地开花。由于对资源保护的认识不足、对景观理解的偏差、对旅游发展规划的不完善，以及游客的意识与素质等方面的原因，使风景资源的开发建设出现掠夺式经营而导致资源枯竭，旅游带来的污染和生态破坏已影响到风景资源的可持续利用；或者设施建筑的布局不合理而使景观不协调，以及建设质量参差不齐，降低了森林风景资源的质量。但同时，也有一些外在深闺中人们未识的风景未能充分挖掘。因此，开展对风景资源质量及开发的建设评价，有利于正确评价风景资源的本身价值及开发价值，为风景资源的开发利用和合理布局做出科学合理的规划，以发挥风景资源的最大效益。

（二）评价标准与评价指标

由林业部组织起草的《中国森林风景资源质量及开发建设评价标准（草案）》采用了定性与定量相结合的百分制评价方法，评价的指标体系包括风景资源质量和开发建设条件两大部分，其权重为 7∶3，每个部分由若干个项目指标组成，每个子项目依据美感度、奇特度及功能因素的重要程度、保护科研价值、可览度、开发条件等进行评分。风景资源整体评价共分为三级：一级 76～100 分，为国家级；二级 51～75 分，为省级；三级 50 分以下，为市、县级。其主要评价指标体系如下：

(1) 风景资源质量评价指标体系 由林景（森林覆盖率、林相、森林景观格局等）、山景（态势、造型等）、天象、人文、景点、物种、环境质量等几个部分组成。

(2) 开发建设条件评价指标体系 由地理位置、交通条件、服务设施、环境管理措施、游人规模、知名度等部分组成。

国家环境保护局在《山岳型风景资源开发环境影响评价指标体系》（HJ/T 6—94）中，采用定性与定量相结合的分级评分法，对其中开发建设的活动做了限制性规定，所采用的指标包括规划指标、景观指标、生态指标、环境质量指标、环境感应指标和人为自然灾害预测指标等几部分。

上述指标体系是一个基本框架。由于目前对风景资源的评价处于起步阶段，评价所采用的指标体系并不完全一致，在进行风景资源开发建设的具体评价中，也可根据具体情况设立其他的一些指标。

（三）评价实例

本实例介绍的是河南某一山区森林旅游开发区中的森林风景资源评价，由于与开发规划紧密相关，故在实际评价中，对前述的评价指标体系做了部分修改。主要评价要素和指标包括以下几个方面：①景观因素；②环境气氛因素；③经济地理因素；④人文因素；⑤经济因素；⑥服务因素。这些方面可包括在三个大的方面中，即景观价值、生态环境水平、开发利用条件，其权重分别为 0.45、0.20、0.35，具体的评价指标体系及其定量分级见表 4-26。

根据实地考察、资料分析及发展规划分析，将旅游资源逐级分解，逐项打分并记入表中，按相应的方法计算并得总分，最后得到综合评价指数。评价得分采用专家打分法，10 分制。评价结果见表 4-26。

表 4-26 某一旅游度假区旅游资源评价

评价项目	评价因子	权重	评价等级记分					记分	加权得分	项目得分	项目加权/%	综合评价指数
			1 10~8	2 8~6	3 6~4	4 4~2	5 2~0					
景观价值	旅游要素种类	0.15	非常全	比较全	比较多	还多	不全	8	1.2	6.2	45	
	优美度	0.25	非常优美	很美	比较美	一般	不良	7	1.75			
	特殊度	0.15	罕见	少见	较广	较普遍	很普遍	7	1.05			
	规模度	0.10	宏大	很大	较大	较小	很小	6	0.6			
	历史文化科学价值	0.25	极高	很高	较高	一般	不高	4	1			
	景点组合	0.10	极佳	很好	较好	一般	不好	6	0.6			
生态环境水平	环境容量	0.40	很大	大	较大	较小	小	9	3.6	7.8	20	6.485
	森林覆盖率/%	0.10	>80	80~60	60~50	50~40	<40	10	1			
	森林郁闭度	0.10	>0.9	0.9~0.7	0.7~0.6	0.5~0.4	<0.4	8	0.8			
	舒适度	0.20	极佳	优良	中等	较差	极差	6	1.2			
	安全稳定性	0.10	很好	好	较好			6	0.6			
	卫生健康状况	0.10	优	很高	较好	较差	很差	6	0.6			
开发利用条件	市场区位	0.30	极优	优良	中等	较差	很差	6	1.8	6.1	35	
	产业经济基础	0.20	雄厚	好	中等	较差	很差	5	1			
	可进入交通条件	0.20	枢纽（很方便）	直快干（方便）	支线（中等）	靠近支线（不方便）	交通线（能入）	6	1.2			
	基础设施条件	0.15	优良	良好	中等	较差	很差	6	0.9			
	景点距离/km	0.15	<1	1~3	3~5	5~10	>10	8	1.2			

由综合评价值可知，该旅游度假区具有一定的开发利用价值，主要特点突出表现在：较多的要素种类、特殊的温泉资源、良好的景象组合、高绿化覆盖率、较小的景点离散度等，该旅游度假区将会更好地带动旅游开发，吸引较多的游客。

复习思考题

1. 常用的环境现状评价因子有哪些？
2. 试述环境现状评价的程序和要点。
3. 空气环境现状评价指数法有哪几种？分别阐述之。
4. 空气环境现状评价生物学法有哪几种？分别阐述之。
5. 已知某市某日的空气质量指标分别为：PM_{10} 为 0.080 mg/m³、NO_2 为 0.090 mg/m³、SO_2 为 0.085 mg/m³。试根据空气污染指数分级浓度限值，求出上述三类污染物的空气污染指数（API），并确定空气质量级别。
6. 有哪些常用的水污染指数评价方法？请比较其优劣。
7. 对你所在地区的主要河流或饮用水源地的水环境质量现状进行评价。

8. 某河段 DO 浓度为 4 mg/L，BOD_5 浓度为 5 mg/L，挥发酚浓度为 0.007 mg/L，CN^- 浓度为 0.06 mg/L，试用均值型和加权型质量指数评价水环境质量（评价标准 DO 6 mg/L，饱和 DO 9.2 mg/L，BOD_5 3 mg/L，挥发酚 0.005 mg/L，CN^- 0.05 mg/L）。

9. 某水体监测点监测数据如下，请用单污染指数法对其进行评价，标准采用 GB 3838—2002 中 Ⅱ 类水质标准。

某水体监测点监测数据

单位：mg/L

BOD_5	高锰酸盐指数	DO	Cd	Cr^{6+}	Cu	As	石油	酚
15	10	9	0.004	0.05	0.6	0.05	0.04	0.01

10. 某河段 pH 为 8，石油类浓度为 0.08 mg/L，挥发酚浓度为 0.007 mg/L，CN^- 浓度为 0.06 mg/L，试用均值型和加权型质量指数评价水环境质量（评价标准 pH6～8，石油类 0.05 mg/L，挥发酚 0.005 mg/L，CN^- 0.05 mg/L）。

11. 何谓土壤背景值和土壤环境容量？
12. 试述土壤环境现状评价的概念及方法。
13. 开展声环境现状评价时主要选用哪些评价量？
14. 简述厂区噪声现状的监测方法。
15. 试述生态环境现状评价的内容。
16. 试述生态环境现状评价的程序。
17. 生态环境现状评价的结论一般包括哪些内容？
18. 试述生态环境现状调查的主要内容。

第五章 工程建设项目环境影响评价

第一节 工程建设项目环境影响评价概述

环境影响评价是对未来产生的环境影响进行预测分析，用以识别和预测人类活动对环境产生的影响，解释和传播信息，制定减轻不利影响的对策措施，从而使人类行为与环境之间协调发展的一项技术，其成果是各种形式的环境影响评价文件（报告书、报告表）。

一、环境影响评价的目标、性质与特点

（一）环境影响评价的目标

工程建设项目环境影响评价是为项目的选址、布局、确定发展规模、提出环保措施等服务的，应达到如下目标：①保证所有需要考虑工程影响因素与受影响的环境要素都能被识别。②对将要受到影响的环境状态做出预测。③解释和传播信息，求得社会各层次、不同角度的认识和理解。④提出积极的具有建设性的避免、减缓环境质量退化或提高环境质量的措施。⑤向决策部门或公众提供总结形式的报告或资料。

（二）环境影响评价的性质与特点

环境影响评价是针对某一尚未开发建设的项目进行的，具有如下性质与特点：

1. 特定的对象 强调某一具体活动本身的特点及其对环境的影响。

2. 预测性 是针对项目对环境的影响进行预测的一项技术，不是回顾性工作和科研工作，是日常环境管理工作。

3. 方法的特殊性 主要工作方法是搜集已有资料及相应的模式计算、影响分析，只做必要的现场监测与探测工作；在方法精度上，可采用叙述、定性、半定量、定量（计算）等方法。

4. 论述的明确性 结论必须明确，不应模棱两可。

5. 时间性 影响评价实际上是从环境影响的角度进行的工程可行性研究，应在工程前期工作阶段介入并完成。

6. 简捷性 直接说明评价结论的内容应编入评价报告；不直接说明评价结论的内容应纳入附件中。

（三）环境影响评价的原则

在进行环境影响评价中，一般应遵循以下原则：

1. 必须依法开展评价 评价过程中应贯彻执行我国环境保护相关的法律、法规、标准、政策，因此，应及时关注相关的最新动向，分析建设项目与有关政策和规划的相符性。

2. 评价应在早期介入 评价工作一般应尽早介入到工程可行性或预可行性研究等工程

的前期工作中，重点关注选址（或选线）、工艺路线（或施工方案）的环境可行性，及时为工程建设提供环境是否可行的信息。

3. 评价应具有完整性　不仅在工程对环境影响的方面进行内容、时段、影响与作用因子等全方位的分析，还要注意开发行动对单个自然、文化和社会环境要素与过程的影响，以及对各要素与过程间的相互联系和作用的影响。

4. 评价应具有客观性　必须按相关要求来确定环境影响评价工作的内容和深度，客观地、实事求是地对开发行动造成的环境影响及其对策进行预测。

5. 评价应具有广泛参与性　环境影响评价应广泛吸收相关学科和行业的专家、有关单位和个人及当地环境保护管理部门的意见。

二、环境影响评价的程序

（一）环境影响评价工作程序

环境影响评价程序是指按一定的顺序或步骤指导完成环境影响评价工作的过程。包括管理程序与技术工作程序，前者主要是指导环境影响评价工作的监督与管理（图 5-1），后者主要是指导环境影响评价工作的具体实施（图 5-2）。

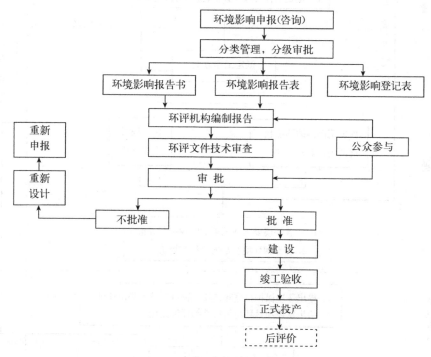

图 5-1　环境影响评价管理程序

（引自李淑芹，孟宪林，2011）

1. 环境影响评价管理程序　根据我国环境影响评价制度，建设项目环境影响评价的管理程序主要有：

（1）申报与委托　建设单位应在委托设计单位进行可行性研究的同时或之前，向环境保护管理部门进行环境影响评价申报，环境保护管理部门根据分类管理、分级审批（筛选）的

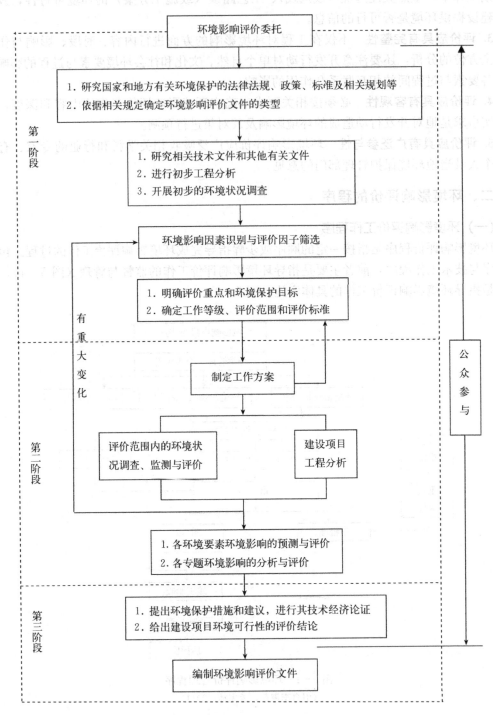

图 5-2 环境影响评价技术工作程序
[引自《环境影响评价技术导则》(HJ 2.1—2011)]

原则提出咨询意见，明确审批部门，建设单位根据意见委托具有相应资质的环境影响评价单位开展环境影响评价工作。

(2) **环境影响评价文件的编制与审批** 评价单位在接受委托后编制环境影响评价文件,此阶段应执行环境影响评价技术工作程序;环境影响评价文件完成后,由建设单位上报主管部门和环境保护相关部门进行技术审查和审批。

(3) **竣工验收与后评价** 项目批准通过后,建设单位可以开始施工建设、试生产(运行),达到竣工验收要求后,向原审批环境影响评价文件的环境保护主管部门提出竣工验收申请,完成竣工验收监测(调查)报告,通过竣工验收后才能正式投产;必要时,还应进行环境影响的后评价。

2. 环境影响评价技术工作程序 环境影响评价的技术工作程序主要分为三个阶段:

(1) **准备阶段** 评价单位接受委托后,应收集各种基础资料,研读国家有关政策,进行初步的工程分析与现场调查,识别环境影响因素,筛选评价因子,确定评价重点、重点环境保护目标、评价工作等级与范围等。

(2) **正式工作阶段** 根据第一阶段的分析结果制定具体的工作方案,正式开展环境影响评价工作,主要包括进行详细的工程分析,对环境现状进行调查、监测与评价,进行各环境要素的影响预测和评估(包括专题分析与评价)。

(3) **评价文件编制阶段** 主要工作是将第二阶段的各部分评价结果进行综合分析,提出环境保护措施与建议并进行技术经济论证,给出建设项目环境可行性的评价结论,完成环境影响评价文件的编制。

在这三个工作阶段中,应注意公众参与调查、不同阶段的内容公示等。

(二)环境影响评价证书及其管理

环境影响评价证书(certificate of environmental impact assessment)是由国家环境保护部颁发的,确认环境影响评价单位可以从事环境影响评价工作的证明文件。证书分为甲级和乙级两个等级,并根据持证单位的专业特长和工作能力,划定业务范围;资质证书有效期为4年。在资质证书规定的评价范围之内,持有甲级证书的单位可以承担各级环境保护行政主管部门负责审批的建设项目环境影响报告书和环境影响报告表的编制工作;持有乙级证书的单位,可以承担省级以下环境保护行政主管部门负责审批的环境影响报告书或环境影响报告表的编制工作。持证单位须履行规定的职责,对评价结论负责,并接受环境保护部门定期与不定期的考核。环境影响评价证书需按《建设项目环境影响评价资质管理办法》规定的条件和程序申领,其中,对不同级别的资质证书要求有相应数量的登记于该评价机构的环境影响评价工程师,其他人员应当取得环境影响评价岗位证书。

(三)环境影响评价文件的审批

环境影响评价文件的审批是环境影响评价管理的一个环节。各级主管部门和环境保护部门在审批环境影响评价文件时应贯彻下述原则:①该项目是否符合经济效益、社会效益和环境效益相统一的原则。②该项目是否贯彻了"预防为主"、"谁污染谁治理、谁开发谁保护、谁利用谁补偿"的原则。③该项目是否符合城市环境功能区划和城市总体发展规划。④该项目的技术政策与装备政策是否符合国家规定。⑤该项目在环评过程中是否贯彻了"在污染控制上从单一深度控制逐步过渡到问题控制""在污染治理时从单纯的末端治理逐步过渡到对生产全过程的管理""在城市污染防治上,要把单一污染源治理与集中治理或综合整治结合起来"的原则。

环境影响评价文件的审查以技术审查为基础,审查方式是专家评审会还是其他形式,由负责审批的环境保护行政主管部门根据具体情况而定。

(四) 环境影响评价的基本环节

1. 环境影响的识别　　环境影响的识别就是回答开发行动的哪些活动或建设项目的哪些子项会对哪些环境要素的质量参数（环境因子）产生影响，影响的特征如何。

在环境影响识别中，应从建设工程方面识别施工过程、生产运行、服务期满后等不同阶段的所有影响因素的影响性质、影响范围与影响程度等；从环境受体方面识别其受影响的环境要素、条件与生态系统等。环境影响识别要能确定和识别出所有直接和潜在的环境影响；从时间要素上区分出长期和短期影响；从生态学的角度区分出可逆和不可逆影响。识别过程中应特别注意环境条件脆弱、环境影响最敏感地区的那些环境因子的变化及其后果。

对识别出的所有影响必须通过筛选，识别出重大的或主要的环境影响，作为重点进行细致而准确的预测和评价。

2. 环境影响的预测　　环境影响预测的任务主要是事先测算由拟议开发行动或建设项目所产生的环境因子变化的量和空间范围以及环境因子变化在不同时间阶段发生的可能性。

预测重点是已识别出的重大环境影响。近十几年来已发展了各种各样的预测手段和模型，其中气质和水质预测模型的定量性能也比较成熟，而预测土壤和生态环境影响的定量性较差；文化和景观环境影响主要是采用专家经验判断的方法，大部分社会经济方面的预测主要是依据专家的经验和历史趋势外推；风险分析方法能较好地预测和评价风险性大的环境影响发生的可能性及其后果。

3. 环境影响的评价　　环境影响的评价通常包括以下主要环节：

① 将影响预测的结果与环境质量现状进行比较，确定发生显著影响的时间和期限、影响的范围和时间跨度，还要区分影响是可逆的还是不可逆的。

② 把单项环境要素影响评价的结果综合起来进行总的评价。影响的综合涉及要用共同的单位来表示不同性质的影响，另外还要确定各个影响的权重。

③ 判断拟议开发行动或建设项目产生的环境影响是否能被接受。

④ 提出拟议行动的环境保护对策与建议。

三、环境影响评价的方法

(一) 评价方法的选择原则

环境影响评价的方法多种多样，选用一个理想的方法，除了受时间、经费和人力的限制外，还应考虑以下几个原则：

① 方法的综合性：应考虑到所有重要参数及其组合以及各种影响。

② 方法的选择性：应能把注意力集中于主要的因素。

③ 方法的独立性：要保证每种影响指标辨识的专一性。

④ 预测结果的可信程度。

⑤ 方法的客观性。

⑥ 相互作用的预测性：应能判别因素间相互作用及其量值变动的大小。

(二) 环境影响的识别方法

环境影响评价工作首先就是对环境影响进行识别，以确定主要影响，明确受影响的环境要素，做到事半功倍。目前常用的识别方法有核查表法和矩阵法。

1. 核查表法 核查表法又称为列表清单法,是 Little 等人于 1971 年提出的一种定性分析方法,是环境影响识别的基本方法之一。其基本做法是将实施的开发活动和可能受影响的环境因子分别列于同一张表格的列与行中,在表格中以正负符号、数字、其他符号表示影响的性质、强度等,由此分析开发建设活动的环境影响。

该方法使用方便,简单明了,针对性强;不需要对建设项目活动建立因果关系;有助于评价时全面考虑建设项目活动的可能影响。其缺点是可能使人们忽略未列于表中的因素,局限考虑问题的范围;且不能对环境影响程度进行定量评价。核查表可以分为四类:

(1) 简单型核查表 简单型核查表仅是一个参数表,不能说明如何度量和判别环境参数。

(2) 描述型核查表 描述型核查表包含环境参数识别,并说明环境参数的度量准则。

(3) 分级型核查表 在描述型核查表的基础上增加了环境参数主观分级的判据。

(4) 分级-加权型核查表 在分级型核查表的基础上增加了对各参数值的等级和重要程度的说明。

前两种方法能识别潜在的影响,但不能评估这些影响的相对强度。后两种方法还可以评估这些影响的相对强度。

表 5-1 给出了泰国 Huosai-Thale Noi 公路工程所做的简单核查表,由表可以看出,公路建设项目中可能受影响的环境因子与可能产生影响的性质均清楚地列在一张表上,从而可以对该项目的影响进行识别。

表 5-1 Huosai-Thale Noi 公路工程建设环境影响的简单型核查表

(引自叶文虎,1994)

可能受影响的环境因子	不利影响						有利影响			
	ST	LT	R	LR	L	W	ST	LT	SI	N
水生生态系统		×		×	×					
渔业		×		×	×					
森林		×		×	×					
陆生野生生物	×	×			×					
珍稀濒危物种	×	×			×					
陆地水文		×	×		×					
地表水质量										
地下水	*	*	*	*	*	*	*	*	*	
土壤										
空气质量	×				×					
航运		×								
陆地运输								×	×	
农业					×					×
社会经济								×	×	
美学		×			×					

注:ST. 短期影响,LT. 长期影响,R. 可逆影响,IR. 不可逆影响,L. 局部影响,W. 大范围影响,SI. 显著影响,N. 正常影响; *. 可忽略的影响。

2. 矩阵法 矩阵法是核查表的延伸，在辨别特定活动与环境要素之间的相互关系时优于核查表法，既有助于思维的进一步扩展，又不影响快速评价。该方法是把人类活动项目和可能受到影响的环境指标（参数）组成一个矩阵，可以在有限的范围内建立他们之间的因果关系，定量或半定量地说明人类活动对环境的影响。矩阵法可分为简单相互作用矩阵和等级定量矩阵等。

简单相互作用矩阵是一种简单的二维表，工程活动列于表的纵轴，环境参数列于表的横轴。对任一环境组分可能产生影响的参数，可通过在他们相对应要素交叉的格子里标上记号来辨别。这种判断是根据经验做出的。

定量等级矩阵是在简单矩阵的基础上，把经验判断进一步扩展为等级系统，用它来表示受影响程度的"大小"和相对"重要程度"。Leopold 矩阵就是其中的一种，该矩阵由 Leopold 等人设计，其横轴含有 100 种工程活动要素，纵轴含 88 种环境的"特性"与"条件"。最早用于资源开发工程的环境影响评价，此后被作为很多矩阵法的基础，形成了一些各具特色的矩阵法，如迭代矩阵法、关联矩阵法、最优通道矩阵法以及交叉影响矩阵法等。

在识别环境影响的方法中，还有一种网络法，由于这种方法引进了"原因-条件-结果"的网络而发展了矩阵法的概念。网络法可识别累积或间接的影响，而由"原因-结果"关系所表明的矩阵不能适用于这些影响。

(三) 环境影响预测方法

1. 根据分析手段分类 环境影响预测方法是在识别可能是重大的环境影响之后，预测环境价值的变化量、空间的变化范围、时间的变化阶段等，根据分析手段可分为两类：

(1) **定性预测技术-定性分析** 可为定量分析进行准备工作；在缺乏定量数据时直接用于预测；对定量预测结果进行评价；与定量方法结合可提高预测的可信度。

(2) **定量预测技术-因果分析** 研究受影响的环境因素与预测目标间的因果关系及其影响程度，往往采用数学模拟法和物理模拟法。如模拟大气环境质量变化的高斯公式、水质量变化的 S-P 模型等；在物理模拟方面有风洞、水洞等技术。

2. 具体预测方法分类 具体的预测方法可分为如下四类：

(1) **数学模式法** 优先考虑，因能定量。注意模式应用条件，条件不符时需要订正。数学模式法可分为统计模式和理论分析方法。其主要误差来源有：模式推导过程中的假设条件与实际问题的差异；模式参数确定量的误差；所获得原始数据的质量误差。因此，数学模型的预测结果总是有一定的误差与不确定性，要求严格时应对此有一定的讨论，作为决策时应考虑的一个因素。

(2) **物理模型法** 无法用数学模式法预测而又要求定量精度较高时可选用此法。要求合适的试验条件和必要的基础数据，且制作复杂的环境模型需要较多的人力、物力和时间。物理模型需要考虑模拟时的相似性，如几何相似、运动相似、热力相似与动力相似等。

(3) **类比调查法** 前两种无法使用时用此法。选择好类比的对象是进行类比分析或预测评价的基础，也是该法成败的关键，其选择条件是：工程性质、工艺和规模基本相当，环境条件基本相似，并且项目建成已运行了一定的年限，所产生的影响已基本全部显现并且趋于稳定。

类比分析可分成整体类比和单项类比。由于自然条件千差万别，在影响评价时很难找到完全相似的两个项目，因此，单项类比或部分类比可能更实用些。

(4) **专业判断法** 定性结果，难定量或没有足够时间时采用此法。如水质的感官性状，有毒物质在底泥中的累积和释放以及 pH 的沿程恢复过程等,目前尚无实用的定量预测方法,当没有条件进行类比调查时,可以采用专业判断法。评价等级为三级且建设项目的某些环境影响不大而预测又费时费力时也可以采用此法预测。

上述讨论的主要是单因素评价时所用的方法,在环境影响评价中,有时需要对各环境要素的评价结果进行综合,这时就需要采用一定的综合评价方法。常用的综合评价方法有指数法、图形叠置法、系统分析法、类比分析法等。由于各环境要素之间关系的复杂性以及环境影响的多样性,综合评价是一个十分复杂的问题,已提出的方法各有其局限性与优缺点,也没有一个通用的方法,在实际应用时应具体问题具体分析。

四、建设项目环境影响技术评估

环境保护部于 2011 年发布了《建设项目环境影响技术评估导则》(HJ 616—2011),规定了对建设项目环境影响评价文件进行技术评估的一般原则、程序、方法、基本内容、要点和要求(除核设施及其他可能产生放射性污染、输变电工程及其他产生电磁环境影响的建设项目外)。依据导则,所谓环境影响技术评估是指"根据国家及地方环境保护法律、法规、部门规章以及标准、技术规范的规定及要求,环境影响技术评估机构综合分析建设项目实施后可能造成的环境影响,对建设项目实施的环境可行性及环境影响评价文件进行客观、公开、公正的技术评估,为环境保护行政主管部门决策提供科学依据而进行的活动。"根据该定义,环境影响技术评估包括了两大部分内容的评估:建设项目的环境可行性、环境影响评价文件。其工作程序见图 5-3。

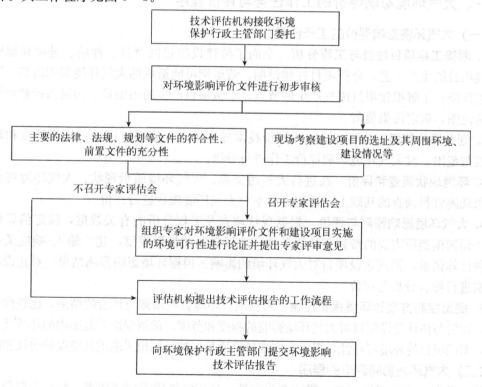

图 5-3 环境影响技术评估工作程序

[引自《建设项目环境影响技术评估导则》(HJ 616—2011)]

在对建设项目的环境影响及其环境可行性方面，评估主要关注的内容如下：

(1) **相符性评估** 与法律、法规和政策、相关规划等是否相符。

(2) **循环经济与清洁生产水平。**

(3) **环境保护措施与达标排放** 评估建设项目各个阶段的各项环境保护措施的技术、经济可行性，是否做到稳定达标排放与相关要求的符合性，等等。

(4) **环境风险** 环境风险是否可以接受，防范措施与应急方案是否可靠、合理。

(5) **环境影响预测** 建设项目实施后，环境影响程度与范围是否可以接受。

(6) **污染物排放总量控制** 与国家总体的发展目标是否一致，与地方政府的要求是否符合，采取的控制措施是否可行。

(7) **公众参与** 公众对项目建设的意见及其采纳或未采纳的情况。

对环境影响评价文件的评估，主要是对其内容、基础数据、编制的规范性进行评估。对于评价文件的内容，要求环境现状调查具有客观性、准确性，环境影响预测具有科学性、可信性，环境保护措施具有可行性、可靠性。对于基础数据，主要对所使用的工程数据与环境数据的来源、时效性和可靠性进行评估。对于评价文件的规范性，要求与相应的技术导则相符，使用的术语、格式、图件、表格应规范。

第二节 大气环境影响评价

一、大气环境影响评价的工作任务与评价程序

(一) 大气环境影响评价的工作任务

1. 明确工程项目性质与工程分析 全面了解建设项目的背景、性质、进度和规模，调查拟建项目的生产工艺，分析项目在建设期、营运期可能造成的大气环境影响因素，明确环境影响性质；了解拟建项目废气产生的节点，弄清项目产生的污染量、污染指标和可能造成污染的范围，确定污染负荷。

2. 划分评价等级 按照环境影响评价技术导则要求，依据建设项目排污特点和环境影响程度与范围，对大气环境影响评价工作进行分级。

3. 环境现状调查和评价 在进行大气污染源、大气环境质量现状、大气环境现状监测和气象观测资料调查的基础上，运用占标率对大气环境现状进行评价。

4. 大气环境影响预测与评价 根据现状调查及工程分析的有关数据，确定估算模型或进一步预测模型所需要的参数和计算条件，选择合适的扩散模型，建立输入-响应关系，设计各种计算情景，预测建设项目对大气环境的影响。根据环境影响预测结果，对建设项目环境影响进行综合分析与评价。

5. 提出控制方案和环境保护措施 根据项目环境影响预测与评价的结果，比较优化建设方案，评定与估计建设项目对大气环境影响的程度和范围，预测受影响范围内的环境质量和达标率，明确项目的环境可行性，提出为实现环境质量保护目标拟采取的环境保护建议和措施。

(二) 大气环境影响评价的程序

第一阶段的主要工作包括：研究有关文件、环境空气质量现状调查、初步工程分析、环境空气敏感区调查、评价因子筛选、评价标准确定、气象特征调查、地形特征调查、编制工

作方案、确定评价工作等级和评价范围等。

第二阶段的主要工作包括：污染源的调查与核实、环境空气质量现状监测、气象观测资料调查与分析、地形数据收集和大气环境影响预测与评价等。

第三阶段的主要工作包括：给出大气环境影响的评价结论、大气环境质量保护的措施与建议，完成环境影响评价文件的编写等。

大气环境影响评价的一般工作程序见图5-4。

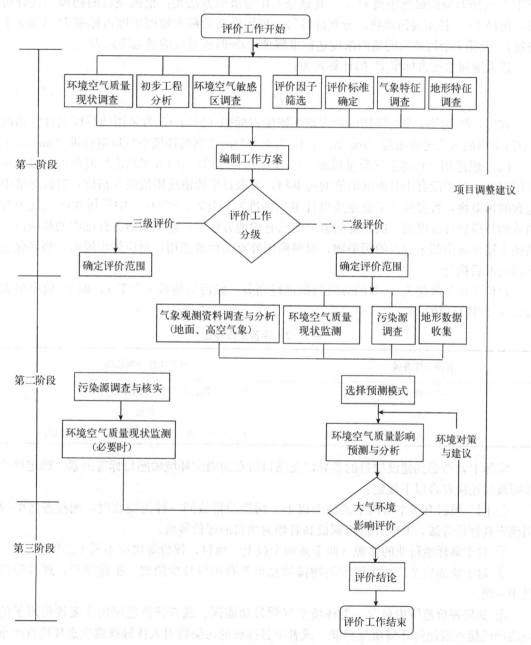

图5-4　环境影响评价技术工作程序
[引自《环境影响评价技术导则》(HJ 2.1—2011)]

二、大气环境影响评价工作等级与评价范围

(一) 评价工作等级及划分依据

大气环境评价工作等级的确定主要依据《环境影响评价技术导则》中规定的方法进行。《环境影响评价技术导则　大气环境》(HJ/T 2.2—2008) 确定大气环境影响评价工作等级的主要指标为最大地面浓度占标率 P_i（第 i 个污染物）与第 i 个污染物的地面浓度达标准限值 10% 时所对应的最远距离 $D_{10\%}$。其划分工作等级的方法是：根据项目的初步工程分析结果，选择 1~3 种主要污染物，分别计算每一种污染物的最大地面浓度占标率 P_i（第 i 个污染物），及第 i 个污染物的地面浓度达标准限值 10% 时所对应的最远距离 $D_{10\%}$。

最大地面浓度占标率 P_i 的计算式为：

$$P_i = \frac{C_i}{C_{si}} \times 100\% \tag{5-1}$$

式中，P_i 为第 i 个污染物的最大地面浓度占标率（%）；C_i 为采用估算模式计算出的第 i 个污染物的最大地面浓度（mg/m³）；C_{si} 为第 i 个污染物的环境空气质量标准（mg/m³）。

C_{si} 一般选用《环境空气质量标准》(GB 3095—2012) 中 1 h 平均取样时间的二级标准的浓度限值；对于没有小时浓度限值的污染物，可取日平均浓度限值的 3 倍值；对该标准中未包含的污染物，可参照《工业企业设计卫生标准》(GBZ 1—2010) 中的居住区大气中有害物质的最高容许浓度的一次浓度限值。如已有的地方标准，应选用地方标准中的相应值。对某些上述标准中都未包含的污染物，可参照国外有关标准选用，但应做出说明，报环保主管部门批准后执行。

评价工作等级按表 5-2 的分级判据进行划分。如污染物数 i 大于 1，取 P_i 值中最大者 (P_{max}) 和其对应的 $D_{10\%}$。

表 5-2　评价工作等级

评价工作等级	评价工作分级依据
一级	$P_{max} \geq 80\%$，且 $D_{10\%} \geq 5$ km
二级	其他
三级	$P_{max} < 10\%$ 或 $D_{10\%} <$ 污染源距厂界最近距离

实际上，考虑到建设项目的差异以及项目所在地周围环境敏感目标等因素，确定评价工作等级时还应符合以下规定：

① 同一项目有多个（两个或两个以上）污染源排放同一种污染物时，则按各污染源分别确定其评价等级，并取评价级别最高者作为项目的评价等级。

② 对于高耗能行业的多源（两个或两个以上）项目，评价等级应不低于二级。

③ 对于建成后全厂的主要污染物排放总量都有明显减少的改、扩建项目，评价等级可低于一级。

④ 如果评价范围内包含一类环境空气质量功能区、或者评价范围内主要评价因子的环境质量已接近或超过环境质量标准、或者项目排放的污染物对人体健康或生态环境有严重危害的特殊项目，评价等级一般不低于二级。

⑤ 对于以城市快速路、主干路等城市道路为主的新建、扩建项目，应考虑交通线源对

道路两侧环境保护目标的影响,评价等级应不低于二级。

⑥ 对于公路、铁路等项目,应分别按项目沿线主要集中式排放源(如服务区、车站等大气污染源)排放的污染物计算其评价等级。

⑦ 一、二级评价应选择技术导则推荐模式清单中的进一步预测模式进行大气环境影响预测工作。三级评价可不进行大气环境影响预测工作,直接以估算模式的计算结果作为预测与分析依据。

(二)评价范围

根据项目排放污染物的最远影响范围确定项目的大气环境影响评价范围,即以排放源为中心点,以 $D_{10\%}$ 为半径的圆或 $2\times D_{10\%}$ 为边长的矩形作为大气环境影响评价范围;评价范围的直径或边长一般不应小于 5 km。当最远距离超过 25 km 时,确定评价范围为半径为 25 km 的圆形区域,或边长为 50 km 矩形区域。

对于以线源为主的城市道路等项目,评价范围可设定为线源中心两侧各 200 m 的范围。

三、大气环境影响预测

大气环境影响预测常利用数学模型和必要的模拟试验,计算或估计评价项目的污染因子在评价区域内对大气环境质量的影响。预测的内容、方法和要求与评价级别相关联。

大气环境影响预测的步骤一般为:确定预测因子;确定预测范围;确定计算点;确定污染源计算清单;确定气象条件;确定地形数据;确定预测内容和设定预测情景;选择预测模式;确定模式中的相关参数;进行大气环境影响预测。

(一)预测因子、预测范围和计算点

1. 预测因子 预测因子应根据评价因子而定,选取有环境空气质量标准的评价因子作为预测因子;对于项目排放的特征污染物也应该选择有代表性的作为预测因子。预测因子应结合工程分析的污染源分析,区别正常排放、非正常排放下的污染因子;尤其在非正常排放的情况下,应充分考虑项目的特征污染物对环境的影响。此外,对于评价区域污染物浓度已经超标的物质,如果拟建项目也排放此类污染物,即使排放量比较小,也应该在预测因子中考虑此类污染物。

2. 预测范围和计算点 预测受体即为计算点,一般可分为预测网格点及预测关心点。对于需要计算网格浓度的区域,网格点的分布应具有足够的分辨率以尽可能精确地预测污染源对评价区的最大影响,预测网格可以根据具体情况采用直角坐标网格或极坐标网格,其计算点网格应覆盖整个评价区域,预测网格点的设置方法见表 5-3。而预测关心点的选择则应该包括评价范围内所有的环境空气质量敏感点(区)和环境质量现状监测点。需要注意的是,环境空气质量敏感区是指在评价范围内按《环境空气质量标准》(GB 3095—2012)规定划分为一类功能区的自然保护区、风景名胜区和其他需要特殊保护的地区,二类功能区中的居民区、文化区等人群较集中的环境空气保护目标,以及对项目排放大气污染物敏感的区域,包括对排放的污染物敏感的农作物的集中种植区域、文物古迹建筑等。

预测范围应至少包括整个评价范围,并覆盖所有关心的敏感点,同时还应考虑污染源的排放高度、评价范围的主导风向、地形和周围环境敏感区的位置等进行适当调整。计算污染源对评价范围的影响时,一般取东西向为 X 坐标轴、南北向为 Y 坐标轴,项目位于预测范围的中心区域。在使用 AERMOD 及 CALPUFF(详见本节"大气扩散预测基本模型")时,

应注意保证预测范围要略大于评价范围，以避免在地形预处理或气象预处理时产生边界效应而引起的浓度偏差。在使用 CALPUFF 时，计算网格的范围应在模拟气象场网格的内部，不能超出模拟气象场网格的边界，而且要离模拟气象场网格边界有一缓冲距离，以减少模拟气象场网格的边界影响效应。

区域最大地面浓度点的预测网格设置，应依据计算出的网格点浓度分布而定，在高浓度分布区，计算点的间距应不大于 50 m。

对于临近污染源的高层住宅楼，应适当考虑不同代表高度上的预测受体。

表 5-3 预测网格点的设置方法

预测网格方法		直角坐标网格	极坐标网格
布点原则		网格等间距或近密远疏法	径向等间距或距源中心近密远疏法
预测网格点	距离源中心≤1 000 m	50~100 m	50~100 m
	距离源中心>1 000 m	100~500 m	100~500 m

（二）污染源计算清单

大气污染源按预测模式的模拟形式分为点源、面源、线源、体源四种类别。颗粒状污染物还应按不同粒径的分布计算出相应的沉降速度。如果符合建筑物下洗的情况，还应调查建筑物下洗参数，建筑物下洗参数应根据所选预测模式的需要，按相应的要求内容进行调查。

1. 点源源强计算清单　点源是指通过某种装置集中排放的固定点状源，如烟囱、集气筒等。点源源强计算清单中包含了排气筒底部中心坐标、排气筒底部的海拔高度（m）、排气筒几何高度（m）、排气筒出口内径（m）、烟气出口速度（m/s）、排气筒出口处烟气温度（K）、各主要污染物正常排放量（g/s）、毒性较大物质的非正常排放量（g/s）等。

2. 面源源强计算清单　面源是指在一定区域范围内，以低矮密集的方式自地面或近地面的高度排放污染物的源，如工艺过程中的无组织排放、储存堆、渣场等排放源。面源源强计算清单按矩形面源、多边形面源和近圆形面源进行分类，其内容包括面源起始点坐标、面源所在位置的海拔高度（m）、面源初始排放高度（m）、各主要污染物正常排放量 [g/(s·m^2)]、排放工况、年排放小时数（h）等。

3. 线源源强计算清单　线源是指污染物呈线状排放或者由移动源构成线状排放的源，如城市道路的机动车排放源等。线源源强计算清单包括线源几何尺寸（分段坐标）、线源距地面高度（m）、道路宽度（m）、街道街谷高度（m）、各种车型的污染物排放速率 [g/(km·s)]、平均车速（km/h）、各时段车流量（辆/h）、车型比例等。

4. 体源源强计算清单　体源是指由于源本身或附近建筑物的空气动力学作用使污染物呈一定体积向大气排放的源，如焦炉炉体、屋顶天窗等。体源源强计算清单包括中心点坐标、体源所在位置的海拔高度（m）、体源高度（m）、体源排放速率（g/s）、排放工况、年排放小时数（h）、体源的边长（m）、初始横向扩散参数（m）、初始垂直扩散参数（m）等。

（三）气象条件和地形数据

1. 气象条件　大气中污染物的扩散和当地气象条件密切相关，大气预测所采用的气象参数能否代表评价项目所在区域的气象特征，是影响预测结果是否准确的一个重要因素。对于不同的评价等级，所需的长期气象条件（达到一定时限及观测频次要求的气象条件）不同，其中评价等级为一级的需要近 5 年内的至少连续 3 年的逐日、逐次的气象数据；评价等级为二级的需要近 3 年内的至少连续 1 年的逐日、逐次的气象数据。不同的预测模式所需的气象参数也略有不同。

计算小时平均、日平均浓度需采用长期气象条件，进行逐时或逐次计算、逐日平均计算。选择污染最严重的小时、日气象条件和对各大气环境保护目标影响最大的若干个小时、日气象条件（可视对各大气环境敏感区的影响程度而定）作为典型的小时、日气象条件。

2. 地形数据　在非平坦的评价范围内，地形的起伏对污染物的传输、扩散会有一定的影响。对于复杂地形［即距污染源中心 5 km 内的地形高度（不含建筑物）等于或超过排气筒的高度，反之低于排气筒高度时为简单地形］下的污染物扩散模拟需要输入地形数据。地形数据的来源应予以说明，地形数据的精度应结合评价范围及预测网格点的设置进行合理选择。

(四) 确定预测内容和设定预测情景

1. 预测内容

(1) 一级评价项目预测内容一般包括以下几点：

① 全年逐时或逐次小时气象条件下，大气环境保护目标、网格点处的地面浓度和评价范围内的最大地面小时浓度。

② 全年逐日气象条件下，大气环境保护目标、网格点处的地面浓度和评价范围内的最大地面日平均浓度。

③ 长期气象条件下，大气环境保护目标、网格点处的地面浓度和评价范围内的最大地面年平均浓度。

④ 对于非正常排放情况，全年逐时或逐次小时气象条件下，大气环境保护目标的最大地面小时浓度和评价范围内的最大地面小时浓度。

⑤ 对于施工期超过一年的项目，并且施工期排放的污染物影响较大时，还应预测施工期间的大气环境质量。

(2) 二级评价项目预测内容为 (1) 中的①、②、③、④项内容。

(3) 三级评价项目可不进行上述预测。

2. 预测情景的设定　一般考虑五个方面：污染源类别、排放方案、预测因子、气象条件、计算点。

污染源类别分新增加污染源、削减污染源和被取代污染源及其他在建、拟建项目的相关污染源。新增污染源分为正常排放和非正常排放两种情况。

排放方案分工程设计或可行性研究报告中现有排放方案和环评报告所提出的推荐排放方案，排放方案的内容根据项目选址、污染源的排放方式以及污染控制措施等进行选择。

常规预测情景组合见表 5-4。

表 5-4　常规预测情景组合一览表

污染源类别	排放方案	预测因子	计算点	常规预测内容
新增污染源 （正常排放）	现有方案/ 推荐方案	所有预测因子	大气环境保护目标、网格点、 区域最大地面浓度点	小时浓度 日平均浓度 年均浓度

(续)

污染源类别	排放方案	预测因子	计算点	常规预测内容
新增污染源（非正常排放）	现有方案/推荐方案	主要预测因子	大气环境保护目标、区域最大地面浓度点	小时浓度
削减污染源（若有）	现有方案/推荐方案	主要预测因子	大气环境保护目标	日平均浓度 年均浓度
被取代污染源（若有）	现有方案/推荐方案	主要预测因子	大气环境保护目标	日平均浓度 年均浓度
其他在建、拟建项目相关污染源（若有）		主要预测因子	大气环境保护目标	日平均浓度 年均浓度

3. 大气环境防护距离 对无组织排放源需要设置大气环境防护距离。通过计算模式计算出的距离是以污染源中心点为起点的控制距离，并结合厂区平面布置图，确定控制距离范围，超出厂界以外的范围，即为项目大气环境防护区域。

当无组织源排放多种污染物时，应分别计算，并按计算结果的最大值确定其大气环境防护距离。对于属于同一生产单元（生产区、车间或工段）的无组织排放源，应合并为单一面源计算并确定其大气环境防护距离。

有场界排放浓度标准的，大气环境影响预测结果应首先满足场界排放标准。如预测结果在场界监控点处（以标准规定为准）出现超标情况时，应要求削减排放源强。计算大气环境防护距离的污染物排放源强应采用削减达标后的源强。

（五）预测模式

1. 环境影响评价中大气扩散模式的发展历程 1973 年，我国应用国外 20 世纪 40～50 年代发展起来的单烟囱的烟流萨顿模型计算推导出不同排放高度的允许排放量和允许排放浓度，同时利用霍兰德抬升公式确定了烟囱高度、源强和最大落地浓度以及大气环境质量标准之间的关系，并根据实践经验给予适当修正，制定了我国第一个国家排放标准《工业"三废"排放试行标准》（GBJ 4—73）中的废气排放标准；该标准对我国的大气环境保护工作的标准化起到了开端作用。该时期工业项目的环境影响评价是以单源萨顿模型和现场逆温层等大气边界层探测、大气扩散试验数据为基础来进行的。

随着工业化进程的加快和工厂规模的扩大，单源模式已经不能完全满足需要了。1983 年原国家环境保护局发布了《制订地方大气污染物排放标准的技术原则和方法》（GB 3840—83），其中使用了点源控制的 P 值法，利用 P 值的规定以控制多源的影响和不同气候区的差异。该标准使用了国际上在 20 世纪 70 年代发展起来的帕斯奎尔大气扩散稳定度分类方法以及布里格斯的烟气抬升公式，并按中国的气候和气象条件对其做了一定的修正，以适应需要。这期间工业项目的大气环境影响评价是以帕斯奎尔大气扩散分类的单源高斯烟流和烟团模型，结合大气边界层探测和较大型的远距离扩散试验为特征的，这些工作为后来大气环境影响评价导则的制定打下了基础。

20 世纪 80～90 年代，我国的工业化进程加快，工业区的概念建立起来，需要对工业区或整个城市大气质量的控制制定标准。1991 年原国家环境保护局和国家技术监督局联合颁布了《制定地方大气污染物排放标准的技术方法》（GB/T 3840—91）。该标准利用国际上新发展起来的边界层理论和大气扩散研究的成果，建立了 A－P 值方法，以控制区域性大气污染物的排放总量。直到目前，该标准仍在环境大气容量的确定中起到重要的作用。

1993 年，根据各种建设项目大气环境影响评价的实践经验，制定了《大气环境影响评价导则》（HJ/T 2.2—93）。该导则也是建立在帕斯奎尔稳定度分类的烟流和烟团高斯模型的基础上，利用布里格斯的烟气抬升公式，还使用了当时的边界层理论公式，可以进行多源模拟并且考虑到地形修正，对海陆界面也有一定的考虑。这些内容基本上和 20 世纪 90 年代前的大气扩散和大气边界层理论的发展相一致。

20 世纪 90 年代以来，我国的工业化进程发展比较迅猛，城市发展和工业区建设开始集团化、密集化，原有的环境影响评价导则已经不能满足实践的需要，同时大气边界层以及大气扩散的理论、实验研究也有了长足的进步。

2008 年 12 月 1 日国家环境保护部发布了大气环境影响评价导则《环境影响评价技术导则　大气环境》（HJ 2.2—2008）。该导则根据时代发展的要求，进一步规范了大气环境影响评价的操作过程和一些技术方法，同时还推荐了最具有时代特征的大气环境影响评价模型——美国 EPA 颁布的稳态烟流模型 AERMOD 和动态烟团模型 CALPUFF。这些模型汇聚了 20 世纪 90 年代以来几乎所有的大气边界层、地气界面过程、大气扩散以及部分大气化学过程方面的研究成果，是一个可选的既能应用于活性气体污染物又能应用于惰性气体污染物的完整的模型系统。

2. 大气扩散预测基本模式

(1) 高斯模型　在大气环境影响评价的实际工作中最普遍应用的是高斯模型（即正态扩散模式）。高斯模型的前提是假定均匀、定常的湍流大气中污染物在空间的概率密度是正态分布的，概率密度的标准差（亦即扩散参数）通常用"统计理论"的方法或其他经验方法确定。高斯模型之所以一直被广泛应用，主要原因有：物理上比较直观，其最基本的数学表达式可从普通的概率统计教科书或常用的数学手册中查到；模式直接以初等数学形式表达，便于分析各物理量之间的关系和数学推演，易于掌握和计算；对于平原地区，下风距离在 10 km 以内，低架源的预测结果和实测值结果比较一致；对于其他复杂问题（例如高架源、复杂地形、沉积、化学反应等问题），对模式进行适当修正后许多结果仍可应用。

在应用时应当注意，常用的正态烟羽扩散模式实质上已假定气流场是稳定的，不随时间变化，同时在空间中是均匀的。均匀意味着：平均风速、扩散参数随下风距离的变化而不变，在空间中是常值。而实际上大气不满足均匀定常条件，因此，一般的正态扩散模式应用于下垫面均匀平坦、气流稳定的小尺度扩散问题中更为有效。

由于污染物种类、排放高度和方式的不同以及所处的地理环境和气象条件的不同，对周围环境的影响范围和影响程度也存在差别，这就需要选用不同条件下的高斯模式进行预测计算。

① 点源扩散模式：

a. 瞬时单烟团正态扩散模式：该模型是一切正态扩散模式的基础。假定单位容积粒子比值（C/Q）在空间的概率密度为正态分布，则计算式如下。

$$\frac{C(x, y, z, t)}{Q(x_0, y_0, z_0, t_0)} = \frac{1}{(2\pi)^{3/2}\sigma_x\sigma_y\sigma_z} \cdot$$

$$\exp\left\{-\frac{1}{2}\left[\left(\frac{x-x_0-x'}{\sigma_x}\right)^2+\left(\frac{y-y_0-y'}{\sigma_y}\right)^2+\left(\frac{z-z_0-z'}{\sigma_z}\right)^2\right]\right\} \quad (5-2)$$

式中，x，y，z，t 为预测点的空间坐标和预测时的时间；x_0，y_0，z_0，t_0 为烟团初始空间坐标和初始时间；x'，y'，z' 为烟团中心在 t_0-t 期间的迁移距离，$x'=\int udt$，$y'=\int vdt$，$z'=\int wdt$，其中 u，v，w 为烟团中心在 x，y，z 方向的速度分量；C 为预测点的烟团瞬时浓度；Q 为烟团的瞬时排放量；σ_x，σ_y，σ_z 为 x，y，z 方向的标准差（扩散参数），是扩散时间 T 的函数，$T=t-t_0$。

b. 连续点源烟羽扩散模式：

（a）无界空间假设下的连续点源正态分布。对于连续稳定点源的污染物扩散的平均状况，其浓度分布符合正态分布规律并采用的假设条件为：污染物浓度在 y、z 轴上为正态分布；大气只在一个方向上做稳定的水平运动，即水平风速为常数；在 x 轴方向上做准水平运动，其平流传输作用远远大于扩散作用；污染物在扩散中没有衰减和增生，且平流输送作用远远大于扩散作用；浓度分布不随时间改变；地表面足够平坦，污染源与坐标原点重合，即污染源的坐标为 (0，0，0)。

考虑无界空间（无地面影响）的情况，由上述假设可知大气流场在水平和垂直方向上是均匀的，因此，在 y，z 方向上的分布是相互独立的，从而可以推导出无界情况下的连续点源最基本的正态扩散模式（烟羽扩散模式）：

$$C(x, y, z)=\frac{Q}{2\pi u\sigma_y\sigma_z}\exp\left(-\frac{y^2}{2\sigma_y^2}-\frac{z^2}{2\sigma_z^2}\right) \quad (5-3)$$

式中，C 为污染物浓度（mg/m^3）；Q 为单位时间的排放量（即排放率或源强）（mg/s）；σ_y 为 y 轴水平方向扩散参数（m）；σ_z 为 z 轴垂直方向上的扩散参数（m）；u 为平均风速（m/s）。

值得注意的是 σ_y，σ_z 都是 x 的函数。通常表示成如下形式：$\sigma_y=\gamma_1 x^{\alpha_1}$，$\sigma_z=\gamma_2 x^{\alpha_2}$，$\gamma_1$、$\gamma_2$、$\alpha_1$、$\alpha_2$ 与大气稳定度有关。

这意味着至少在预测点一带的烟羽在 y 和 z 方向上的尺度变化不能太大，即烟羽的扩张角应当比较小，因此要求风速比较大（$u_{10} \geqslant 1.5$ m/s）；其次说明对于烟羽扩张角较大的大气不稳定状态，可能带来一定的误差。

式 (5-3) 并未考虑边界对烟羽的限制。实际应用时，常需要对式 (5-3) 进行地面及混合层顶反射的边界修正。

（b）有界空间假设下的点源扩散模式。污染物在大气中的扩散必须考虑地面对扩散的影响，假设地面像镜面一样，对污染物起全反射作用。按像源法原理，假设地平线为一镜面，在其下方有一与真实源完全对称的虚源，则这两个源按式 (5-4) 叠加后的效果和真实源考虑到地面反射的结果是等价的。

以烟囱地面位置的中心点为坐标原点，实源 (0，0，H_e) 和虚源 (0，0，$-H_e$) 共同作用于空间中某一点 $P(x, y, z)$ 的污染物浓度 $C(x, y, z)$ 可由式 (5-4) 得出。

$$C(x, y, z, H_e)=\frac{Q}{2\pi\sigma_y\sigma_z u}\cdot\exp\left(-\frac{y^2}{2\sigma_y^2}\right)\cdot$$
$$\left\{\exp\left[-\frac{(z-H_e)^2}{2\sigma_z^2}\right]+\exp\left[-\frac{(z+H_e)^2}{2\sigma_z^2}\right]\right\} \quad (5-4)$$

式中，u 为平均风速，一般取烟囱出口处的平均风速；H_e 为烟囱有效高度，$H_e=H+$

ΔH,H 和 ΔH 分别是烟囱的几何高度和抬升高度;其他符号意义同前。

ΔH 可选用《制定地方大气污染物排放标准的技术方法》(GB/T 3840—91)推荐的相关烟气抬升的公式进行计算。

式(5-4)即为有界空间假设下的连续点源扩散模式。通过该模式可以计算下风向任一点的污染物浓度。

(a)地面浓度:在大气环境影响预测中人们往往更关心污染物排放对近地面的影响。在式(5-4)中,令 $z=0$ 得到高架点源的地面浓度计算式(5-5)。

$$C(x,y,0,H_e)=\frac{Q}{\pi u \sigma_y \sigma_z} \cdot \exp\left(-\frac{y^2}{2\sigma_y^2}-\frac{H_e^2}{2\sigma_z^2}\right) \qquad (5-5)$$

在污染源附近,地面浓度接近于零,然后逐渐增高,在某个距离上达到最大值,再缓慢减小;在 y 轴方向上,浓度按正态分布规律向两边减小。

(b)地面 x 轴线浓度:下风向 x 轴线上($y=0$,$z=0$)地面浓度 $C(x,0,0,H_e)$ 可由式(5-6)计算得出。

$$C(x,0,0,H_e)=\frac{Q}{\pi u \sigma_y \sigma_z} \cdot \exp\left(-\frac{H_e^2}{2\sigma_z^2}\right) \qquad (5-6)$$

(c)地面源:若污染源位于近地面,则将 $H_e=0$ 代入连续点源扩散模式的计算公式(5-4)中,得到地面源式(5-7)。

$$C(x,y,z,0)=\frac{Q}{\pi u \sigma_y \sigma_z} \cdot \exp\left(-\frac{y^2}{2\sigma_y^2}-\frac{z^2}{2\sigma_z^2}\right) \qquad (5-7)$$

令 $z=0$,可以得到地面源的地面浓度式(5-8)。

$$C(x,y,0,0)=\frac{Q}{\pi u \sigma_y \sigma_z} \cdot \exp\left(-\frac{y^2}{2\sigma_y^2}\right) \qquad (5-8)$$

令 $y=0$,$z=0$,可以得到地面源的地面 x 轴线浓度式(5-9)。

$$C(x,0,0,0)=\frac{Q}{\pi u \sigma_y \sigma_z} \qquad (5-9)$$

以上各式中,符号意义同式(5-4)。

② 特殊气象条件下的扩散模式:

a. 混合层顶多次反射模式:大气边界层常常出现这样的垂直温度分布,即当低层是中性层结或者不稳定层结时,离地面几百到上千米的高度上存在有一个稳定的逆温层,也就是上部逆温,它使污染物在垂直方向上的扩散受到抑制,逆温层的反射作用使得污染物在逆温层下的混合层内扩散。观测表明,逆温层底上下两侧的浓度通常相差5~10倍,污染物的扩散实际上被限制在地面和逆温层底之间。上部逆温层或稳定层底的高度称为混合层高度(或厚度),用 h 表示。

设地面及混合层全反射,连续点源的烟流扩散模式如下:

(a)当 $\sigma_z < 1.6h$ 时,污染源下风向任一点小于24 h取样时间的污染物地面浓度可表示为:

$$C(x,y,z,H_e)=\frac{QF}{2\pi u \sigma_y \sigma_z} \cdot \exp\left(-\frac{y^2}{2\sigma_y^2}\right) \qquad (5-10)$$

$$F=\sum_{n=-k}^{k}\left\{\exp\left[-\frac{(z-H_e+nh)^2}{2\sigma_z^2}\right]+\exp\left[-\frac{(z+H_e+nh)^2}{2\sigma_z^2}\right]\right\} \qquad (5-11)$$

式中，h 为混合层高度；n 为反射次数，一、二级项目 k 可取 3 或 4。对于三级评价 k 取 0，即不考虑逆温层的反射作用；其他符号意义同前。

令 $z=0$，得到地面浓度式（5-12）：

$$C(x,y,0,H_e)=\frac{Q}{\pi u\sigma_y\sigma_z}\cdot\exp\left(-\frac{y^2}{2\sigma_y^2}\right)\sum_{n=-k}^{n=k}\exp\left[-\frac{(H_e-2nh)^2}{2\sigma_z^2}\right] \quad (5-12)$$

令 $y=0$，$z=0$，得到地面 x 轴线浓度式（5-13）：

$$C(x,0,0,H_e)=\frac{Q}{\pi u\sigma_y\sigma_z}\cdot\sum_{n=-k}^{n=k}\exp\left[-\frac{(H_e-2nh)^2}{2\sigma_z^2}\right] \quad (5-13)$$

(b) 当 $\sigma_z\geqslant 1.6h$ 时，浓度在垂直方向已接近均匀分布，可按下式计算：

$$C(x,y)=\frac{Q}{\sqrt{2\pi}u\sigma_y h}\cdot\exp\left(-\frac{y^2}{2\sigma_y^2}\right) \quad (5-14)$$

b. 熏烟模式：当夜间产生贴地逆温时，日出后将逐渐自下而上地消失，形成一个不断增厚的混合层。原来在逆温层中处于稳定状态的烟羽进入混合层之后，由于本身的下沉和垂直方向上的强扩散作用，污染物浓度在这一方向上将接近于均匀分布，出现所谓熏烟现象。熏烟属于常见的不利气象条件之一，虽然其持续时间为 30 min 至 1 h，但其最大浓度可高达一般最大地面浓度的几倍。

假定熏烟发生后，污染物浓度在垂直方向为均匀分布，将式（5-4）对 z 从 $-\infty$ 到 ∞ 积分，并除以混合层高度，则熏烟条件下的地面浓度 C_f 为：

$$C_f(x,y,H_e)=\frac{Q}{\sqrt{2\pi}uh_f\sigma_{yf}}\cdot\exp\left(-\frac{y^2}{2\sigma_{yf}^2}\right)\Phi(p) \quad (5-15)$$

$$p=\frac{h_f-H_e}{\sigma_z} \quad (5-16)$$

$$\sigma_{yf}=\sigma_y+\frac{H_e}{8} \quad (5-17)$$

$$\Phi(p)=\frac{1}{\sqrt{2\pi}}\int_{-\infty}^{p}\exp\left(-\frac{p^2}{2}\right)\mathrm{d}p \quad (5-18)$$

式中，C_f 为熏烟时的污染物浓度（mg/m^3）；Q 为单位时间排放量（mg/s）；u 为烟囱出口处平均风速（m/s）；h_f 为熏烟时的混合层高度（m）；σ_{yf} 为熏烟时烟羽进入混合层之前处于稳定状态的横向和垂直向的扩散参数（m）；H_e 为烟囱的有效高度（m）；x、y 为接受点坐标；$\Phi(p)$ 为原稳定状态下的烟羽进入混合层中的份额的多少。

通常认为 $p=-2.15$ 时为烟羽的下边界，$\Phi\approx 0$，烟羽未进入混合层；$p=2.15$ 时为烟羽的上边界，$\Phi\approx 1$，烟羽全部进入混合层。

h_f、σ_y、σ_z 为下风向距离 x 的函数，当给定 x 值时，h_f 由下列公式确定：

$$h_f=H+\Delta h_f \quad (5-19)$$

$$x=A(\Delta h_f^2+2H\Delta h_f) \quad (5-20)$$

$$A=\frac{\rho_a c_p u}{4K_c} \quad (5-21)$$

$$\Delta h_f=\Delta H+p\sigma_z \quad (5-22)$$

$$K_c=4.186\cdot\exp\left[-0.99\left(\frac{\mathrm{d}\theta}{\mathrm{d}z}\right)+3.22\right]\times 10^3 \quad (5-23)$$

式中，ρ_a 为大气密度（g/m^3）；c_p 为大气定压比热容 $[J/(g \cdot k)]$；$\dfrac{d\theta}{dz}$ 为位温梯度（K/m）；$\dfrac{d\theta}{dz} \approx \dfrac{dT_a}{dz} + 0.0098$，$T_a$ 为大气温度，如无实测值，可在 $0.005 \sim 0.015$ K/m 中选取，弱稳定（D~E）可取下限，强稳定（F）可取上限。

当稳定气层退到烟流顶高度 h_f 时，全部扩散物质已经向下混合，地面浓度计算式为（5-24）：

$$C_f(x, y, 0, H_e) = \dfrac{Q}{\sqrt{2\pi} u \sigma_{yf} h_f} \cdot \exp\left(-\dfrac{y^2}{2\sigma_{yf}^2}\right) \quad (5-24)$$

$$h_f = H_e + 2.15\sigma_z \quad (5-25)$$

熏烟过程中产生的地面高浓度的距离为：

$$x_f = \dfrac{u\rho_a c_p}{2k_h}(h_f^2 - H_e^2) \quad (5-26)$$

式中，k_h 为湍流热导系数。

c. 小风（$1.5 \text{ m/s} > u_{10} \geqslant 0.5 \text{ m/s}$）和静风（$u_{10} < 0.5 \text{ m/s}$）的扩散模式：连续点源的小风和静风的扩散模式，可以直接通过式（5-26）从 $t_0 = -\infty$ 到 $t_0 = t$ 积分后求得。当风速较小时（$u_{10} < 1.5$ m/s），可假设 $\sigma_x = \sigma_y = \gamma_{01} T$，$\sigma_z = \gamma_{02} T$；再假设 $Q =$ 常值，$u =$ 常值，$u = w = 0$，以烟囱地面位置的中心点为坐标原点，下风向为 x 轴，并将对 t_0 的积分变换为对 T 的积分，则可得小风和静风扩散模式的解析式。污染物地面浓度 $C(x, y, 0, H_e)$ 的计算式如下。

$$C(x, y, 0, H_e) = \dfrac{2Q}{(2\pi)^{3/2} \gamma_{02} \eta^2} \cdot G \quad (5-27)$$

$$\eta^2 = x^2 + y^2 + \dfrac{\gamma_{01}^2}{\gamma_{02}^2} \cdot H_e^2 \quad (5-28)$$

$$G = e^{-u^2/2\gamma_{01}^2}\left[1 + \sqrt{2\pi} \cdot se^{s^2/2} \cdot \Phi(s)\right] \quad (5-29)$$

$$\Phi(s) = \dfrac{1}{\sqrt{2\pi}} \int_{-\infty}^{s} e^{-\frac{t^2}{2}} dt \quad (5-30)$$

$$s = \dfrac{ux}{\gamma_{01} \eta} \quad (5-31)$$

式中，γ_{01}、γ_{02} 分别是小风和静风条件下横向和垂直方向扩散参数的回归系数；T 为小风和静风气象条件的扩散时间（s）。

实验结果表明，小风和静风时的扩散参数基本上符合上述随 T 的变化关系。

静风时，令 $u = 0$，式（5-31）中 $G = 1$。

d. 连续线源模式：主要用于预测流动源以及其他线状污染源对大气环境质量的影响。连续线源是指连续排放扩散物质的线状污染源，其源强处处相等且不随时间变化。通常把繁忙的公路车流当作连续线源。在高斯模式中，连续线源等于连续点源在线源长度上的积分，得到连续线源浓度的公式如下。

$$C(x, y, z) = \dfrac{Q_l}{u} \int_0^L f dl \quad (5-32)$$

式中，Q_l 为线源源强，单位时间单位长度排放量；f 为表示连续点源浓度函数，可根据源高及有无混合层反射等情况选择适当的表达式。

对直线型线源等简单的情形，可求出连续线源的解析式。

(a) 线源与风向垂直。取 x 轴与风向一致，以坐标原点为线源中点，线源在 y 轴上的长度为 $2y_0$。地面全反射的浓度式 (5-33)：

$$C(x, y, z, H_e) = \frac{Q_l}{2\sqrt{2\pi} u\sigma_z} \left\{ \exp\left[-\frac{(z+H_e)^2}{2\sigma_z^2}\right] + \exp\left[-\frac{(z-H_e)^2}{2\sigma_z^2}\right] \right\}$$

$$\left[\operatorname{erf}\left(\frac{y+y_0}{\sqrt{2}\sigma_y}\right) - \operatorname{erf}\left(\frac{y-y_0}{\sqrt{2}\sigma_y}\right)\right] \tag{5-33}$$

$$\operatorname{erf}(\theta) = \frac{2}{\sqrt{\pi}} \int_0^\theta e^{-t^2} dt \tag{5-34}$$

式中，erf 为误差函数，也称高斯误差函数。

假设平行于 y 轴的线源是由无穷多个点源排列而成的，将式 (5-26) 对 y 从 $-\infty$ 到 ∞ 积分，可得风向与线源垂直时无限长线源任一接受点 (x, z) 的浓度为：

$$C(x, z, H_e) = \frac{Q_l}{\sqrt{2\pi} u\sigma_z} \left\{ \exp\left[-\frac{(z+H_e)^2}{2\sigma_z^2}\right] + \exp\left[-\frac{(z-H_e)^2}{2\sigma_z^2}\right] \right\} \tag{5-35}$$

(b) 线源与风向平行。线源在 x 轴上，长度为 $2x_0$，中点与坐标原点重合。在近距离可做假定 $\sigma_y = ax$，$\sigma_z/\sigma_y = b$ (a, b 为常数)，线源的地面浓度为：

$$C(x, y, 0, H_e) = \frac{Q_l}{\sqrt{2\pi} u\sigma_z(r)} \cdot \left\{ \operatorname{erf}\left[\frac{r}{\sqrt{2}\sigma_y(x-x_0)}\right] - \operatorname{erf}\left[\frac{r}{\sqrt{2}\sigma_y(x+x_0)}\right] \right\} \tag{5-36}$$

式中，$r^2 = y^2 + \dfrac{H_e^2}{b^2}$。

无限长线源的地面浓度式为：

$$C(y, z) = \frac{Q_l}{\sqrt{2\pi} u\sigma_z(r)} \tag{5-37}$$

(c) 线源与风向成任意交角。风向与线源夹角为 φ ($\varphi \leqslant 90°$) 时的浓度式为：

$$C(\varphi) = C_{垂直} \sin^2\varphi + C_{平行} \cos^2\varphi \tag{5-38}$$

③ 多点源和面源：

a. 多点源模式：计算时将各个源对接受点浓度的贡献进行叠加。在评价区内选一原点，以平均风向为 x 轴，各个源对评价区内任一地面点 (x, y) 的浓度总贡献 C_n 的计算式如下。

$$C_n(x, y, 0) = \sum_r C_r(x - x_r, y - y_r) \tag{5-39}$$

式中，C_n 为总浓度 (mg/m³)；C_r 为第 r 个点源对点 $(x, y, 0)$ 的浓度贡献 (mg/m³)，可根据不同条件选用有关的点源模式，但应注意坐标变换，将 $(x, y, 0)$ 代以 $(x-x_r, y-y_r, 0)$。

b. 面源模式：如果面源或无组织源的面积 $S \leqslant 1 \text{ km}^2$，面源外的 C_s 可按点源扩散模式计算，但需附加一个初始扰动，使烟羽在 $x=0$ 处有一个和面源横向宽度相等的横向尺度，以及和面源高度相等的垂直向尺度。注意到烟羽的半宽度等于 $2.15\sigma_y$ 或 $2.15\sigma_z$，此扩散模式又称虚拟点源模式,它在点源公式中增加了一个初始的扩散参数,相当于将面源排放的污染物集中在面源中心,再向上风向后退一个距离,变成虚点源。

④ 日均浓度模式:在《环境空气质量标准》(GB 3095—2012)中规定的日均浓度标准为任何一日的平均浓度不允许超过的限值。在建设项目的大气环境影响评价中,计算出污染物排放引起的日均浓度贡献值与环境本底值或现状值叠加后作为日均浓度,再与环境标准比较是否超过标准限值。

日均浓度的计算有三种方法:典型日法、保证率法和换算法。典型日法是目前国内较为常用的方法,是在某一期间(常取 5~7 d)中选择典型日的气象条件(一般是恶劣天气条件)计算出污染物排放造成的平均浓度贡献值作为日均浓度贡献值。但实际上很难保证这 5~7 d 中的日均最大浓度为最大日均浓度,即难以说明任一日的日均浓度是否超过环境标准。严格的做法是采用式(5-40)计算。

$$C_d(x,y,0) = \frac{1}{n}\sum_{i=1}^{n}C_{hi}(x,y,0) \qquad (5-40)$$

式中,$C_d(x,y,0)$ 为接受点的日均地面浓度(mg/m^3);$C_{hi}(x,y,0)$ 为接受点每天中第 i 小时的小时平均浓度(mg/m^3);n 为一天中计算的次数。

保证率法是国际上比较通用的,是采用接受点较近的一年逐时气象资料,用式(5-40)计算接受点(敏感目标)逐日日均浓度贡献值,然后将其值按大小顺序排列,确定某一累积频率如 95% 或 98%,则对应的日均浓度为该接受点的日均浓度贡献值。若累积频率定为 95%,则意味着一年中该接受点有 95% 的日子日均浓度在该值以下。

换算法是指由年或季的长期平均浓度按一定比例换算为日均浓度。

(2) ADMS 城市大气污染物扩散模型　ADMS 城市大气污染物扩散模型是基于三维高斯扩散模型的多源模型,模拟城市区域来自工业、民用和道路交通污染源产生的污染物在大气中的扩散。该模型在中国部分城市得到应用,实践证明只要选择合适的参数,模型计算结果的准确度较高。

ADMS 可模拟点源、面源、线源和体源等排放出的污染物在短期(小时平均、日平均)、长期(年平均)的浓度分布,还包括一个街道窄谷模型,适用于农村或城市地区、简单或复杂的地形。模式考虑了建筑物下洗、湿沉降、重力沉降和干沉降以及化学反应等。化学反应模块包括计算 NO、NO_2 和 O_3 等之间的反应。ADMS 有气象预处理程序,可以用地面的常规观测资料、地表状况以及太阳辐射等参数模拟基本气象参数的廓线值。在简单地形条件下,使用该模型模拟计算时,可以不调查探空观测资料。

(3) AERMOD 模式系统　AERMOD 是一个稳态烟羽扩散模式,可基于大气边界层数据特征模拟点源、面源、体源等排放出的污染物在短期(小时平均、日平均)、长期(年平均)的浓度分布,适用于农村或城市地区、简单或复杂的地形。AERMOD 考虑了建筑物尾流的影响,即烟羽下洗。模式使用每小时连续预处理气象数据模拟 ≥1 h 平均时间的浓度分布。AERMOD 系统包括 AERMOD 扩散模型、AERMET 气象预处理和 AERMAP 地形预处理模式。作为新一代法规性质的大气扩散模式,AERMOD 具有下述特点:①按空气湍流结构和尺度的概念,湍流扩散由参数化方程给出,稳定度用连续参数表示;②中等浮力通量对流条件采用非正态的 PDF 模式;③考虑了对流条件下浮力烟羽和混合层顶的相互作用;④考虑了高尺度对流场结构及湍动能的影响;⑤AERMOD 模式系统可以处理:地面源和高架源、平坦和复杂地形及城市边界层。

(4) **CALPUFF烟团扩散模型系统** CALPUFF是一个烟团扩散模型系统，可模拟三维流场随时间和空间发生变化时污染物的输送、转化和清除的过程。CALPUFF适用于从50 km到几百千米范围内的模拟尺度，包括了近距离模拟的计算功能，如建筑物下洗、烟羽抬升、排气筒雨帽效应、部分烟羽穿透、次层网格尺度的地形和海陆的相互影响、地形的影响；还包括长距离模拟的计算功能，如干、湿沉降的污染物清除、化学转化、垂直风切变效应、跨越水面的传输、熏烟效应，以及颗粒物浓度对能见度的影响。适合于特殊情况，如稳定状态下的持续静风、风向逆转、在传输和扩散过程中气象场时空发生变化下的模拟。

3. 大气环境影响预测模式的选择 采用《大气环境影响评价技术导则》(HJ 2.2—2008)附录A推荐模式清单中的模式进行预测，并说明选择模式的理由。选择模式时，应结合模式的适用范围和对参数的要求进行合理选择。

(1) **估算模式** 估算模式是一种单源预测模式，可计算点源、面源和体源等污染源的最大地面浓度，以及建筑物下洗和熏烟等特殊条件下的最大地面浓度，估算模式中嵌入了多种预设的气象组合条件，包括一些最不利的气象条件，此类气象条件在某个地区有可能发生，也有可能不发生。经估算模式计算出的最大地面浓度大于进一步预测模式的计算结果。

对于<1 h的短期非正常的排放，可采用估算模式进行预测。估算模式适用于评价等级及评价范围的确定。

(2) **进一步预测模式** AERMOD、ADMS - EIA版适用于评价范围≤50 km的一级、二级评价项目；CALPUFF适用于评价范围>50 km的一级评价项目，以及复杂风场下的一级、二级评价项目。

(3) **大气环境防护距离计算模式** 基于估算模式开发的计算模式，主要用于确定无组织排放源的大气环境防护距离。大气环境防护距离一般不超过2 000 m，如计算无组织排放源的超标距离大于2 000 m时，则应建议削减源强后重新计算大气环境防护距离。

4. 模式中的相关参数 在进行大气环境影响预测时，应说明预测模式中的有关参数。

在计算1 h平均浓度时，可不考虑SO_2的转化；在计算日平均或更长时间的平均浓度时，应考虑化学转化。SO_2转化可取半衰期为4 h。

对于一般的燃烧设备，在计算小时或日平均浓度时，可以假定$NO_2/NO_x=0.9$；在计算年平均浓度时，可以假定$NO_2/NO_x=0.75$；在计算机动车排放NO_2和NO_x的比例时，应根据不同车型的实际情况而定。

在计算颗粒物浓度时，应考虑重力沉降的影响。

大气环境防护距离计算模式主要输入的参数包括面源有效高度、面源宽度、面源长度、污染物排放速率和小时评价标准。

四、大气环境影响评价

(一) 大气环境影响预测结果评价

按设计的各种预测情景分别进行模拟计算，对预测结果进行评价。

1. 对大气环境敏感区的环境影响分析 应考虑其预测值和同点位处的现状背景值的最

大值的叠加影响；对最大地面浓度点的环境影响分析可考虑预测值和所有现状背景值的平均值的叠加影响。

2. 叠加现状背景值，分析项目建成后最终的区域环境质量状况 计算式为：新增污染源预测值＋现状监测值－削减污染源计算值（如果有）－被取代污染源计算值（如果有）＝项目建成后最终的环境影响。若评价范围内还有其他在建项目、已批复环境影响评价文件的拟建项目，也应考虑其建成后对评价范围的共同影响。

3. 分析典型小时气象条件下，项目对大气环境敏感区和评价范围的最大环境影响 分析是否超标、超标程度、超标位置，分析小时浓度超标概率和最大持续发生时间，并绘制评价范围内出现区域小时平均浓度最大值时所对应的浓度等值线分布图。

4. 分析典型日气象条件下，项目对大气环境敏感区和评价范围的最大环境影响 分析是否超标、超标程度、超标位置，分析日平均浓度超标概率和最大持续发生时间，并绘制评价范围内出现区域日平均浓度最大值时所对应的浓度等值线分布图。

5. 分析长期气象条件下，项目对大气环境敏感区和评价范围的环境影响 分析是否超标、超标程度、超标范围及位置，并绘制预测范围内的浓度等值线分布图。

6. 分析评价不同排放方案对环境的影响 从项目的选址、污染源的排放强度与排放方式、污染控制措施等方面评价排放方案的优劣，并针对存在的问题（如果有）提出解决方案。对解决方案进行进一步的预测和评价，并给出最终的推荐方案。

（二）大气环境影响可行性结论

评价结论的提出应在充分论证以下内容的基础上给出大气环境影响的可行性结论。

1. 项目选址及总图布置的合理性和可行性 根据大气环境影响预测结果及大气环境防护距离计算结果，评价项目选址及总图布置的合理性和可行性，并给出优化调整的建议及方案。

2. 污染源的排放强度与排放方式 根据大气环境影响预测结果，比较污染源的不同排放强度和排放方式（包括排气筒高度）对区域环境的影响，并给出优化调整的建议。

3. 大气污染控制措施 大气污染控制措施必须保证污染源的排放符合排放标准的有关规定，同时最终环境影响也应符合环境功能区划要求。根据大气环境影响预测结果评价大气污染防治措施的可行性，并提出对项目实施环境监测的建议，给出大气污染控制措施优化调整的建议及方案。

4. 大气环境防护距离设置 根据大气环境防护距离的计算结果，结合厂区平面布置图，确定项目大气环境防护区域。若大气环境防护区域内存在长期居住的人群，应给出相应的搬迁建议或优化调整项目布局的建议。

5. 污染物排放总量控制指标的落实情况 评价项目完成后污染物排放总量控制指标能否满足环境管理的要求，并明确总量控制指标的来源。

6. 大气环境影响评价结论 结合项目选址、污染源的排放强度与排放方式、大气污染控制措施以及总量控制等方面综合进行评价，明确给出大气环境影响的可行性结论。

（三）避免、消除和减轻负面大气环境影响的对策

1. 建设阶段的对策

（1）**防止施工场地扬尘宜采取的措施** ①场地上适当喷水保持湿润；②及时在裸土上覆盖植被或沙、石；③移种树木或设人工围栏以减小风速；④必要时采用化学稳定剂对土壤固

化，但应充分估计化学稳定剂的次级影响（对土壤和地下水污染及施工结束后土地的正常利用等）。

(2) 对施工中使用的无铺砌道路的扬尘也可采用上述方法进行控制。

(3) 对施工机械和车辆的废气应采取相应的消减措施。

2. 运行阶段的对策

(1) **污染物排放量控制** 根据污染浓度预测结果和污染物排放量的分析，提出预防和削减污染物排放的对策，如开展清洁生产的途径。

(2) **污染治理技术** 对现有工程、改扩建工程大气污染治理技术存在的问题以及需要改进的意见，尤其是对无组织排放的污染源，要精心加以研究，制订出治理及管理措施。

(3) **能源利用的合理化建议** 一个拟建工程能源利用是否合理，直接关系到大气污染的程度。因此，应提出合理利用能源、利用余热、节约能耗的建议。

3. 环境管理的建议

(1) **评价区污染控制规划** 如果拟建项目所在地的背景浓度很高，甚至出现超标时，则应从削减该地的排放总量方面提出建议，作为区域总体决策的依据之一。

(2) **加强环境管理** 对于一个拟建项目，应就如下方面提出建议：拟建项目环境管理机构设置，污染控制设备的运行、维护和检修，监测机构的设置及监测项目、频率、布点等的要求，绿化规划（种植树种、绿化面积和分布）以及事后评价等。

(3) 提出厂址及总图布置的合理化建议。

(4) 根据当地污染现状和环境容量，对拟建工程提出合理的发展规模。

(5) 提出项目投产后的大气环境监测规划。

第三节 水环境影响评价

水环境影响评价从环保目标出发，采用适当的评价手段，确定拟议开发行动或建设项目排放的主要污染物对水环境可能带来的影响范围和程度，提出避免、消除和减轻负面影响的对策，为开发行动或建设项目方案的优化提供依据。

一、地表水环境影响评价

(一) 地表水环境影响评价概述

1. 评价技术工作程序 地表水环境影响评价技术的工作程序见图 5-5。

2. 评价等级划分 依据《环境影响评价技术导则 地面水环境》（HJ/T 2.3—93），地表水环境影响评价的等级划分一般根据拟建项目排放的废水量、废水组分复杂程度，废水中污染物迁移、转化和衰减变化特点以及受纳污水的规模、类别和对水质的要求，对地表水体的规模、河流河口按建设项目排污口附近河段多年平均流量或平水期平均流量划分，湖泊和水库按枯水期的平均水深以及水面面积划分，将地表水环境影响评价分为三级。不同级别的评价工作要求不同，一级评价项目要求最高，二级次之，三级较低。

3. 影响评价范围确定 地表水环境影响评价范围可根据不同污水排水量来确定，河流与湖泊（水库）的基本评价范围见表 5-5。

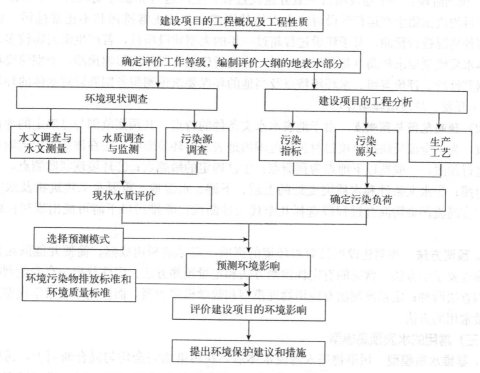

图 5-5 地表水环境影响评价工作程序

表 5-5 不同污水排水量时河流、湖泊的环境影响评价范围

污水排放量/(m³/d)	河流/km			湖泊（水库）/km、km²	
	大河	中河	小河	评价半径	评价面积
>50 000	15～30	20～40	30～50	4～7	25～80
50 000～20 000	10～20	15～30	25～40	2.5～4	10～25
20 000～10 000	5～10	10～20	15～30	1.5～2.5	3.5～10
10 000～5 000	2～5	5～10	10～25	1～1.5	2～3.5
<5 000	<3	<5	5～15	<1	<2

（二）水环境影响预测

1. 预测时段与范围

（1）预测时段

① 预测时期：地表水环境影响预测应考虑水体不同时期的自净能力。通常将水体自净能力分为最小、一般、最大三个等级；水文期分为丰水、平水和枯水三个时期。通常情况下，枯水期河流自净能力最小，平水期居中，丰水期自净能力最大，但个别水域因面源污染严重可使丰水期的水质不如枯、平水期。冰封期是北方河流的特有情况，此时期的自净能力最小。因此，对一、二级评价项目应预测自净能力最小和一般两个时期的环境影响；对于冰封期较长的水域，当其功能为生活饮用水、食品工业用水水或渔业用水时，还应预测冰封期的环境影响。三级评价或评价时间较短的二级评价可只预测自净能力最小时期的环境影响。

② 预测阶段：一个建设项目一般分建设过程、生产运行和服务期满后三个阶段。所有拟建项目均应预测生产运行阶段对地表水体的影响，并按正常排污和不正常排污（包括事故）两种情况进行预测。对于建设过程超过一年的大型建设项目，若产生流失物较多、且受纳水体水质级别要求较高（Ⅲ类以上）时，应进行建设阶段环境影响预测。个别建设项目还应根据其性质、评价等级、水环境特点及当地的环保要求预测服务期满后对水体的环境影响（如矿山开发、垃圾填埋场等）。

(2) 预测范围与预测点 由于地表水水文条件的特点，其预测范围与已确定的评价范围相一致。为了全面反映拟建项目对预测范围内地表水的环境影响，应在该范围内选取若干预测点进行预测，一般选以下地点为预测点：①已确定的敏感点；②环境现状监测点，以利于进行对照；③水文条件和水质突变处的上游、下游、水源地，重要水工建筑物及水文站附近；④在河流污染物混合过程段选择几个代表性断面；⑤排污口下游可能出现超标的点位附近。

2. 预测方法 预测建设项目对水环境的影响，应尽量利用成熟、简便并能满足评价精度和深度要求的方法。常见的有定性预测方法和定量预测方法。定性分析法有专业判断法和类比调查法两种；定量预测法有应用物理模型和数学模型预测，而应用水质数学模型进行预测是最常用的方法。

(三) 常用的水质预测模型

1. 零维水质模型 污染物进入河流水体后，在污染物完全均匀混合断面上，污染物的浓度值均可按节点平衡原理来推算。对河流，最常见的零维模型就是河流稀释模型；对湖泊、水库，零维模型主要是盒模型。

(1) 应用条件 符合下列两个条件之一的环境问题可以采用零维模型：一是河水流量与污水流量之比大于10~20；二是不需要考虑污水进入水体的混合距离。

(2) 完全混合模型 废水排入河流后，符合以下条件：①河流是稳态的，定常排污，指河床截面积、流速、流量以及污染物的输入量不随时间变化；②污染物在整个河段内均匀混合，即河段各点污染物浓度相等；③废水的污染物为持久性污染物，不降解也不沉淀；④河流无支流和其他排污口废水进入。在这种情况下，废水排入河流后污染物的浓度预测可采用完全混合模型。

$$C=\frac{C_p Q_p + C_k Q_k}{Q_p + Q_k} \tag{5-41}$$

式中，C 为完全混合的水质浓度（mg/L）；C_p 为废水中污染物排放浓度（mg/L）；Q_p 为废水排放量（m³/s）；C_k 为河流上游污染物浓度（mg/L）；Q_k 为河流流量（m³/s）。

(3) 湖泊水库的盒模型 把湖泊、水库当成一个反应器且只有反应过程，符合一级反应动力学，并且是衰减反应；反应器处于稳定状态时，水中污染物浓度预测可采用以下模型：

$$C=\frac{C_0}{1+kt}, \quad t=\frac{V}{Q} \tag{5-42}$$

式中，C 为湖泊、水库水中污染物浓度（mg/L）；C_0 为初始断面污染物浓度（mg/L），由式 (5-41) 获得；k 为一级反应速率常数又称为衰减系数（1/d）；t 为水力停留时间（s）；V 为湖泊中水的体积（m³）；Q 为平衡时流入与流出湖泊的流量（m³）。

2. 一维水质模型

(1) 应用条件　若污染物进入水域后,在一定范围内经过平流输移、纵向离散和横向混合后达到充分混合,或根据水质管理的精度要求允许不考虑混合过程而假定在排污口断面瞬时完成均匀混合,即假定水体内某一断面处或某一区域外实现均匀混合,则不论水体属于江、河、湖、库的任一类,均可用一维模型预测水中污染物浓度。

(2) 一维稳态水质模型　稳态是指在均匀河段上的定常排污条件下,河段横截面、流速、流量、污染物的输入量和离散系数都不随时间变化,如污染物按一级化学反应,河段不考虑源和汇,那么水中污染物浓度预测采用以下模型:

$$C = C_0 \cdot \exp\left[\frac{U}{2E_x}\left(1 - \sqrt{1 + \frac{4kE_x}{U^2}}\right)x\right] \qquad (5-43)$$

式中,C 为排污口下游任一预测点污染物浓度 (mg/L);C_0 为初始断面污染物浓度 (mg/L);k 为一级反应速率常数又称为衰减系数 (1/d);U 为河水流速 (m/s);E_x 为离散系数 (m^2/s);x 为离排污口下游任一点的距离 (m)。

(3) 忽略离散作用的一维稳态水质模型　在上述条件下,如果河流较小,流速不大,离散系数小,近似地认为 $E_x = 0$,那么水中污染物浓度预测采用以下模型:

$$C = C_0 \cdot \exp\left(-k_1 \frac{x}{86\,400u}\right) \qquad (5-44)$$

式中,C 为排污口下游任一预测断面污染物浓度 (mg/L);C_0 为初始断面污染物浓度 (mg/L);k_1 为一级反应速率常数又称为衰减系数 (1/d);u 为 x 方向水的流速 (m/s);x 为预测点到初始断面的距离 (m)。

(4) 斯特里特-费尔普斯 (S-P) 模型　斯特里特-费尔普斯模型又称为 BOD-DO 模型,是 1925 年由斯特里特-费尔普斯 (Streeter-Pheleps) 在一维、稳态、均匀、无扩散的假定下导出的模型:

$$D = \frac{k_1 C_0}{k_2 - k_1}\left[\exp\left(-k_1 \frac{x}{86\,400u}\right) - \exp\left(-k_2 \frac{x}{86\,400u}\right)\right]$$
$$+ D_0 \cdot \exp\left(-k_2 \frac{x}{86\,400u}\right) \quad D_0 = \frac{D_h Q_h + D_p Q_p}{Q_h + Q_p} \qquad (5-45)$$

式中,D 为亏氧量,即饱和溶解氧浓度与溶解氧浓度之差 (mg/L);D_0 为计算初始断面亏氧量 (mg/L);D_h 为污水中溶解氧亏值 (mg/L);D_p 为上游来水中溶解氧亏值 (mg/L);k_1 为耗氧系数 (1/d);k_2 为复氧系数 (1/d);其他符号同前。

3. 二维水质模型

(1) 应用条件　当污水排入河流中时,常常需要知道污染物的影响范围和影响区域内的浓度分布情况。对一般河流来说,其水流的流动基本上是恒定的,污水进入水体后在垂向的扩散是瞬时完成的,但在短距离内不能达到全断面浓度的均匀混合。在这种条件及恒定排污情况下,河流的污染物浓度预测均应采用二维水质模型;在实际应用中,水面平均宽度超过 200 m 的河流均应采用二维水质模型。

(2) 岸边排放
① 无边界的连续点源排放:
a. 对于持久性污染物采用如下模型:

$$C(x,y) = \frac{Q_A}{U_x h \sqrt{4\pi E_y x/U}} \cdot \exp\left(-\frac{U_x y^2}{4E_y x}\right) \quad (5-46)$$

式中，$C(x,y)$ 为距离排污口下游 x，距离岸边 y 处的污染物浓度（mg/L）；Q_A 为单位时间内排放的污染物的量（mg/s）；U_x 为 x 方向水的流速（m/s）；h 为平均水深（m）；E_y 为横向混合系数（m²/s）；x 为预测断面离排污口的距离（m）；y 为预测断面上任一点距岸边距离（m）。

b. 对于非持久性污染物采用如下模型：

$$C(x,y) = \frac{Q_A}{U_x h \sqrt{4\pi E_y x/U}} \cdot \exp\left(-\frac{U_x y^2}{4E_y x}\right) \cdot \exp\left(-\frac{kx}{U_x}\right) \quad (5-47)$$

式中，k 为一级反应速率常数又称为衰减系数（1/d）；其他符号同前。

② 污染源在岸边向一边无限宽度空间排放：

a. 对于持久性污染物采用如下模型：

$$C(x,y) = \frac{2Q_A}{U_x h \sqrt{4\pi E_y x/U}} \cdot \exp\left(-\frac{U_x y^2}{4E_y x}\right) \quad (5-48)$$

b. 对于非持久性污染物采用如下模型：

$$C(x,y) = \frac{2Q_A}{U_x h \sqrt{4\pi E_y x/U}} \cdot \exp\left(-\frac{U_x y^2}{4E_y x}\right) \cdot \exp\left(-\frac{kx}{U_x}\right) \quad (5-49)$$

③ 有边界的岸边排放：

a. 对于持久性污染物采用如下模型：

$$C(x,y) = \frac{Q_A}{U_x h \sqrt{4\pi E_y x/U}} \left\{ \exp\left(-\frac{U_x y^2}{4E_y x}\right) + \sum_{n=1}^{p} \exp\left[-\frac{U_x (2nB - y)^2}{4E_y x}\right] \right. $$
$$\left. + \sum_{n=1}^{p} \exp\left[-\frac{U_x (2nB + y)^2}{4E_y x}\right] \right\} \quad (5-50)$$

式中，n 为反射次数，n 值为 1、2、3、4，n 为 4 时即 $p=4$；B 为河流宽度（m）；其他符号同上。

b. 对于非持久性污染物采用如下模型：

$$C(x,y) = \frac{Q_A}{U_x h \sqrt{4\pi E_y x/U}} \left\{ \exp\left(-\frac{U_x y^2}{4E_y x}\right) + \sum_{n=1}^{p} \exp\left[-\frac{U_x (2nB - y)^2}{4E_y x}\right] \right.$$
$$\left. + \sum_{n=1}^{p} \exp\left[-\frac{U_x (2nB + y)^2}{4E_y x}\right] \right\} \cdot \exp\left(-\frac{kx}{U_x}\right) \quad (5-51)$$

(3) 有边界的非岸边排放

① 对于持久性污染物采用如下模型：

$$C(x,y) = \frac{Q_A}{U_x h \sqrt{4\pi E_y x/U}} \left\{ \exp\left(-\frac{U_x y^2}{4E_y x}\right) + \sum_{n=1}^{p} \exp\left[-\frac{U_x (nB - na - y)^2}{4E_y x}\right] \right.$$
$$\left. + \sum_{n=1}^{p} \exp\left[-\frac{U_x (na + y)^2}{4E_y x}\right] \right\} \quad (5-52)$$

式中，a 为排放口离岸边的距离（m）；其他符号同上。

② 对于非持久性污染物采用如下模型：

$$C(x,y) = \frac{Q_A}{U_x h \sqrt{4\pi E_y x/U}} \left\{ \exp\left(-\frac{U_x y^2}{4E_y x}\right) + \sum_{n=1}^{p} \exp\left[-\frac{U_x (nB - na - y)^2}{4E_y x}\right] \right.$$

$$+ \sum_{n=1}^{p} \exp\left[-\frac{U_x(na+y)^2}{4E_y x}\right]\right\} \cdot \exp\left(-\frac{kx}{U_x}\right) \quad (5-53)$$

(四) 评价地表水环境影响

水环境影响评价是在工程分析、现状调查监测和影响预测的基础上，以法规、标准为依据预测拟建项目引起水环境变化，同时判别环境敏感点对污染物排放的反应；对拟建项目的生产工艺、水污染防治与废水排放方案等提出意见；提出避免、消除和减少水环境影响的措施和对策建议；最后提出评价结论。建设项目和区域或流域开发行动在其建设期、运行期和服务期满都会有不同性质和程度的影响。这里主要是对于建设项目的水环境影响进行评价。

1. 建设期环境影响评价

① 施工队伍大批进入现场，排放的生活污水和垃圾的污染。

② 施工机械运作、清洗、漏油等排放的含油和悬浮物废水的污染。

③ 基坑开挖和降低地下水位等操作排放含泥沙废水的污染。

④ 施工场地清理和开辟施工机械通行道路常大片破坏地面植被造成裸土，在降雨（特别是暴雨）时造成土壤侵蚀，使地表水中泥沙含量陡增，严重时造成河道阻塞。如果地表受过污染，则污染物随雨水进入河道。

2. 运行期环境影响评价

(1) 判断影响重大性的方法

① 规划中有几个建设项目在一定时期（如 5 年）内兴建并且向同一地表水环境中排污的情况可以采用自净利用指数法进行单项评价。

对位于地表水环境中 j 点的污染物 i 来说，其自净利用指数 P_{ij} 见式（5-54）。

$$P_{ij} = (\rho_{ij} - \rho_{hij})/\lambda(\rho_{si} - \rho_{hij}) \quad (5-54)$$

式中，ρ_{ij}、ρ_{hij}、ρ_{si} 分别为 j 点污染物的浓度，j 点上游 i 的浓度和 i 的水质标准；λ 为系数。

自净能力允许利用率 λ 应根据当地水环境自净能力的大小、现在和将来的排污状况以及建设项目的重要性等因素决定，并应征得主管部门和有关单位的同意。

当 $P_{ij} \leq 1$ 时说明污染物 i 在 j 点利用的自净能力没有超过允许的比例；否则说明超过允许利用的比例，这时的 P_{ij} 值即为超过允许利用的倍数，表明影响是重大的。

② 当水环境现状已经超标，可以采用指数单元法和（或）综合指数法进行评价。其方法是将有拟建项目时预测数据计算得到的指数单元或综合评价指数值与现状值（基线值）求得的指数单元或综合指数值进行比较。根据比值大小，采用专家咨询法和征求公众与管理部门意见法确定影响的重大性。

(2) 评价重点和依据的基本资料

① 所有预测点和所有预测的水质参数均应进行各建设、运行和服务期满生产阶段不同情况的环境影响重大性的评价，但应抓重点。空间方面，水文要素和水质急剧变化处、水域功能改变处、取水口附近等应作为重点；水质方面，影响较大的水质参数应作为重点。多项水质参数综合评价的评价方法和评价的水质参数应与环境现状综合评价相同。

② 进行评价的水质参数浓度 ρ_i 应是其预测的浓度 ρ_{ipre} 与基线浓度 ρ_{ib} 之和，即 $\rho_i = \rho_{ipre} + \rho_{ib}$。

③ 了解水域的功能，包括现状功能和规划功能。

④ 评价建设项目的地面水环境影响所采用的水质标准应与环境现状评价相同。河道断

流时应符合环境保护部门的相关规定,并据以选择标准,进行评价。

⑤ 向已超标的水体排污时,应结合环境规划酌情处理或由环境保护部门事先规定排污要求。

(3) 对拟建项目选址、生产工艺和废水排放方案的评价 项目选址、采用的生产工艺和废水排放方案对水环境有重要影响,有时甚至起到关键作用。当拟建项目有多个选址、生产工艺和废水排放方案时,应分别给出不同种方案的预测结果,再结合环境、经济、社会等因素,从水环境保护的角度推荐优选方案。多方案比较常可利用专家咨询和数学规划的方法探求优化方案。

生产工艺主要是通过工程分析发现问题,如有条件,就采用清洁生产审计进行评价。如有多种工艺方案,应分别预测其影响,然后推荐优选方案。

(4) 消除和减轻负面影响的对策

① 一般原则:环保措施与建议包括污染消减措施和环境管理措施两部分。

a. 消减措施的建议应尽量做到具体、可行,以便对建设项目的环境工程设计起指导作用。对消减措施应主要评述其环境效益(应说明排放物的达标情况),也可以做些简单的技术经济分析。

b. 环境管理措施建议中包括环境监测(含监测点、监测项目和监测次数)的建议、水土保持措施的建议、防止泄漏等事故发生的措施与建议、环境管理机构调协的建议等。

② 常用的消减措施:

a. 对拟建项目实施清洁生产、预防污染和生态破坏是最根本的措施;其次是对项目内部和受纳水体的污染控制方案的改进提出有效建议。

b. 推行节约用水和废水再利用的措施,减少新鲜水用量;结合项目特点,对排放的废水采用适宜的处理措施。

c. 在项目建设期因清理场地和基坑开挖、堆土造成的裸土层应就地建雨水拦蓄池和种植速生植被,减少沉积物进入地表水体。

d. 施用化学品项目,可通过安排好化学品施用时间、施用率、施用范围和流失到水体的途径等方面提出措施,将土壤侵蚀和进入水体的化学品减至最少。

e. 应采取生物、化学、管理、文化和机械手段一体化的综合方法。

f. 在有条件的地区可以利用人工湿地控制非点源污染(包括营养物、农药和沉积物污染等)。人工湿地必须精心设计,污染负荷与处理能力应匹配。

g. 在地表水污染负荷总量控制的流域,通过排污交易保持排污总量不增长。

③ 提出拟建项目和投入运行后的环境监测的规划方案与管理措施。

(5) 提出评价结论 在环境影响识别、水环境影响预测和采取对策、措施的基础上,得出拟建项目对地表水环境的影响是否能够承受的结论。

二、地下水环境影响评价

地下水水质污染预测和评价是一个非常复杂的问题,它不仅涉及水文地质学、水文地球化学,还涉及地下水动力学、数理统计学和电子计算技术等方面的问题,而且投资昂贵,资料缺乏。近年来,我国由于地表水资源的相对短缺,使地下水资源的开发与利用成为必然,如何有效地保护地下水资源,合理地开发与利用地下水资源,地下水环境影响评价成为关键。我国一些省市开展了水文地质调查和评价工作,有许多城市对地下水水质进行了预测工作,取得了可喜的成果,推动了地下水资源的保护工作。

(一)地下水环境影响评价的目的与任务

预测和评价建设项目实施过程中对地下水环境可能造成的直接影响和间接危害,并对这种影响和危害提出防治对策,预防和控制地下水环境恶化,保护地下水资源,为建设项目的选址、工程设计和环境管理提供科学依据。具体包括:

① 分析评价拟建项目或活动的排污特征,包括地下水直接或间接的污染途径、污染范围、污染程度及持续时间,确定主要污染物与主要污染源。

② 分析评价拟建项目或活动所在地的环境特征,以及地下水的补给关系。

③ 预测污染物在地下水环境中的迁移、转化规律。

④ 确定地下水污染治理目标与原则,提出切实可行的防治方案与措施。

⑤ 评价拟建项目或活动对地下水的影响,以及地下水的变化对拟建项目或活动的影响,为项目的选址、工程设计和环境管理提供科学依据。

(二)地下水环境影响评价工作程序

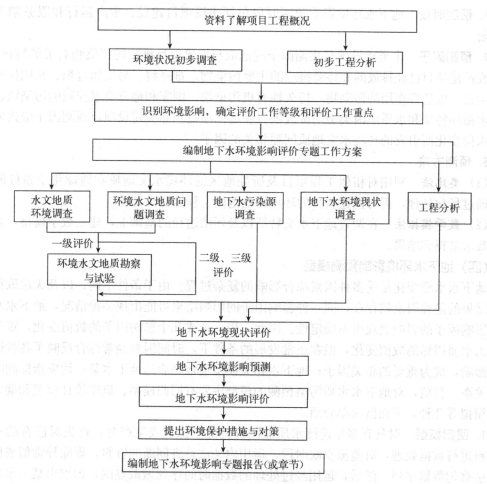

图 5-6 地下水环境影响评价工作程序

(三) 地下水环境影响预测

1. 预测原则

① 遵循《环境影响评价技术导则 地下水环境》(HJ 610—2011) 和环境安全原则。

② 预测范围、时段、内容和方法应根据工作等级、工程特征和环境特征，结合当地环境功能与环保要求确定。

③ 多方案预测的原则，对Ⅰ类建设项目，要根据科研报告提出的选址方案或多个排污方案进行预测。

④ Ⅱ类项目遵循保护地下水资源和环境的原则。

⑤ Ⅲ类项目遵循 (1) 和 (2) 的原则。

2. 预测范围与重点 地下水环境影响预测的范围可与环境现状评价范围相同，但应保护环境目标和环境敏感区域，必要时扩展至完整的地质水文单元，以及可能与建设项目所在的水文地质单位存在直接补排关系的区域。

预测重点包括：已有、在建或拟建的地下水供水水源区；主要污水排放口和固体废物堆放处的地下水下游区域；地下水环境影响的敏感区域；可能出现环境水文地质问题的主要区域以及其他需要重点保护的区域。

3. 预测时段 地下水环境影响预测时段包括建设项目建设、生产运行和服务期满后三个阶段。

4. 预测因子 Ⅰ类建设项目预测因子应选取与拟建项目排放的污染物有关的特征因子，包括改扩建项目已经排放的和将要排放的主要污染物，难降解、易生物蓄积、长期接触对人体和生物产生危害作用的污染物，持久性有机污染物。国家和地方要求控制的污染物、反应地下水循环特征和水质成因类型的常规项目和超标项目。Ⅱ类建设项目预测因子应选取与水位及水位变化所引发的环境水文地质问题相关的因子。

5. 预测方法

(1) 类比法 利用对相似工程项目及所处地区的环境水文地质和地球化学条件的基础上，通过量化处理，再对拟建项目的环境影响范围、程度做出评价。

(2) 数学模拟法 在调查地下水文特征以及污染途径的基础上，建立数学模型，获取计算参数求解得到结果。

(四) 地下水环境影响预测模型

地下水水质变化是受多种因素综合影响的复杂过程。由于条件不同，以及无法取得精确测量结果的隐性因素的存在，同一种影响因子的影响结果可能出现多种情况，地下水水质对多种影响因子的影响表现出不确定性。因此，用一个或几个影响因子的数值变化，难于精确地求出水质指标的数值变化，但在正常发展的条件下，时间因素经常综合反映了各种因素的复杂影响，成为重要的相关因子；地下水相关模型通常是表达地下水某一污染指标随时间的变化关系。目前，对地下水水质污染预测的模型主要有回归模型、概率统计模型和确定性的水质模拟等几种，下面做简单介绍。

1. 回归模型 对具有多年连续水质监测资料的水源地或生产井，首先对已有的水质监测资料进行数据处理，对监测空缺时段，运用内插法补齐间断的资料，剔除异常值或用滑动平均法修匀数据序列。然后，运用经过处理的数据时间序列做散点图，识别出某一水质指标时间序列的回归模型，用数理统计方法建立回归模型，再通过相关系数或 F 检验，确定最佳模型，供预测使用。常见的回归模型有：直线模型、幂函数曲线模型、指数曲线模型、对数曲线模型等。

全国已有 23 个城市应用回归模型对地下水进行了预测。沈阳曾根据 12 个水源井历年的矿化度、总硬度、氯离子和硫酸根的监测数据，回归出下列直线方程式：

$$C = C_0 + at \tag{5-55}$$

式中，C 为某水质指标在 t 年时的预测浓度（mg/L）；C_0 为某水质指标在起始年的浓度（mg/L）；a 为每年水质指标增量系数［mg/(L·年)］；t 为时间增量（年）。

2. 概率统计模型　首先对地下水的历年水质资料进行 χ^2 检验，确定他们是否服从对数正态分布。对于服从对数正态分布的组分，分别求各年各组分的特征数量在预测区出现的概率。然后，再运用适当的回归方程拟合所求得的概率数据序列，并通过 F 检验得到最佳的分布参数演变关系式，用它可预测水质指标随时间的演变趋势。北京、哈尔滨、桂林都曾使用过此方法。

3. 确定性的水质模拟　确定性的水质模拟是在大量多年的地下水污染监测资料的基础上，运用数学解析的方法，探讨地下水污染在空间、时间上的变化规律，预测地下水污染发展趋势和范围。在没有多年地下水污染监测资料情况下，应进行现场的水文地质实验，以确定必要的水文地质参数。该模拟的基础是弥散理论，该理论是对可溶性流体在孔隙介质中的相互运移性能进行定性描述和定量计算，通过弥散方程、连续方程、达西方程和混合物的状态方程来描述地下水污染物质运动、迁移、弥散规律的。在确定的边界条件和初始条件下，在有多年、大量的观测资料的情况下，运用反推法解析出弥散系数，从而建立起某一地区的实用的地下水污染物弥散方程，可用来预测地下水污染物未来的浓度和影响范围。这种模型计算工作的难度和量都很大，即使是在电子计算技术发达的今天，虽然使计算工作成为可能，但难度和工作量仍然较大，同时地下水水质预测的研究工作耗资很大，限制了其研究工作的进展。

（五）地下水环境影响评价

1. 评价原则

① 评价应以地下水环境现状评价和地下水环境预测结果为依据，对建设项目不同的选址（选线）方案，各实施阶段不同的排污方案和不同的防渗措施下的地下水环境影响进行评价。并通过评价结果的对比，推荐地下水环境影响最小的方案。

② 地下水环境影响预测结果值并没有包括地下水环境现状值，应叠加环境现状值后再评价。

③ Ⅰ类建设项目应重点评价建设项目污染源对地下水环境保护目标（包括已经建成的在用、备用、应急的水源地，在建和规划的水源地，生态地下水环境脆弱区域及其他水环境敏感区域）的影响，评价因子同影响预测因子。

Ⅱ类建设项目评价应重点依据地下水流场的变化，评价地下水水位（龙头）降低或升高诱发的环境水文地质问题的影响程度和范围。

2. 评价范围　地下水环境影响评价范围同环境影响预测范围。

3. 评价方法　Ⅰ类建设项目的地下水水质变化可采用标准指数法进行评价。

Ⅱ类建设项目评价在导致的环境水文地质问题时，可采用预测水位与现状调查水位的方法进行评价。

第四节 土壤环境影响评价

土壤污染是指人类活动产生的污染物质进入土壤并积累到一定程度，引起土壤质量恶化的现象。引起土壤质量恶化的污染物质主要是一些与人类活动有关的各种对人体或生物体有害的物质，如重金属、农药、放射性物质、多环芳烃、持久性有机污染物及病原菌等。

一、土壤环境影响评价等级及内容

（一）土壤环境影响等级划分

我国目前还没有针对土壤环境影响评价的行业导则，但可以根据其他环境要素评价等级划分的原则确定土壤环境影响评价的等级。在确定评价等级时应考虑以下内容：

① 项目用地面积、占地类型、可能破坏的植被类型、数量、面积等。
② 项目排放污染物的种类、数量、对动植物的危害或毒性、降解的难易程度。
③ 项目所在地土壤环境容量、当地生态环境的脆弱程度以及土壤环境功能区划的要求。

（二）评价内容

土壤环境影响评价的基本内容如下：

① 研究相关法律法规、收集和分析土壤环境现状背景资料。主要包括有关土壤环境保护的法律法规、标准，土壤利用类型，拟建项目工程分析的成果及与土壤侵蚀和污染有关的地表水、地下水、大气和生物等专题评价资料。
② 现状调查与监测，具体应该包括项目所在地的土壤类型、土壤中污染物的背景值和基线值、植物产量、生长情况及体内污染物的基线值、评价区现有污染源的排污情况、现有土壤侵蚀和污染状况等。如果受时间或其他方面的限制，不可能详尽地收集到以上资料，可采用类比调查的方法，必要时可利用盆栽、小区乃至田间开展模拟试验，以确定各种系数值。
③ 根据污染物进入土壤的种类、数量、方式，区域环境特点，土壤理化性质、净化能力及污染物在土壤中的迁移、转化和累积规律，运用土壤侵蚀和沉积模型，分析污染物的积累趋势和拟建项目可能造成的侵蚀和沉积，预测土壤环境质量的变化和发展。
④ 评价拟建项目对土壤环境影响的重大性，并提出避免、消除和减轻负面影响的对策和措施。

（三）评价范围

土壤环境影响评价的范围一般要比建设项目占地面积要大，评价范围的确定应考虑以下因素：

① 项目整个生命周期内可能破坏的植被和地貌的范围。
② 可能受项目排放的废水影响的区域。
③ 项目排放到大气中的气态和颗粒态污染物由于干湿沉降而导致较重污染的区域。
④ 项目排放的固体废物，特别是危险性废物的堆放场和填埋场周边的区域。

（四）评价程序

土壤环境影响评价的程序应与大气、地表水等专题的评价程序一致，即分为三个阶段：准备阶段、正式工作阶段和总结阶段。

二、土壤环境影响的类型与判别

(一) 土壤环境影响的类型

1. 土壤污染型影响 土壤污染型影响是指由外界进入土壤中的污染物,对土壤环境产生化学性、物理性或生物性的污染危害,导致土壤肥力下降,土壤生态破坏等不良影响。其特征是有外界污染物加入到土壤中,且土壤污染是可逆的。土壤中化学农药和化肥污染、土壤酸化等都属于此类型,但重金属污染由于恢复费用较高,技术难度大,所以可以认为其是不可逆的。

2. 土壤退化型影响 土壤退化型影响是指由于人类活动导致的土壤中各组分之间,或土壤与其他环境要素之间的正常自然物质、能量循环过程遭到破坏,而引起土壤肥力、土壤质量和承载力下降的影响。其特征是在外界环境条件或水肥条件改变的前提下,土壤内部,以及土壤与外界环境的物质循环、能量流动出现反常而引起土壤质量下降。如干旱、洪涝、狂风、暴雨、火山或地震等自然灾害爆发的情况下,纯粹由自然因素引起的土壤沙化、盐渍化、沼泽化和土壤侵蚀;农业生产中,大量使用化肥和农药,导致土壤肥力下降,致使土壤退化;草原地区土壤,由于过度放牧导致牧草被破坏,引起土壤沙化;平原地区为了追求高产,盲目发展灌溉,引起地下水位升高,导致土壤沼泽化,甚至土壤次生盐渍化;丘陵、山地土壤垦殖过度,林木破坏,导致土壤侵蚀。

3. 土壤资源破坏型影响 土壤资源破坏型影响是指由于人类活动或由其引起的泥石流、洪崩等自然活动,导致土壤被占用、淹没和破坏,以及由于土壤过度侵蚀或严重污染而使土壤完全丧失原有功能被废弃的情况。其特点是土壤资源被不可逆地彻底破坏。

(二) 建设项目土壤环境影响类型的判别

不同的建设项目由于工程特点、污染物特点等项目本身的特性,以及项目所处的地理位置等,对土壤环境的影响性质不同。对建设项目土壤环境的影响评价,首先要尽可能全面地识别其对土壤的环境影响,然后根据具体情况选择主要的影响环节进行评价。需要注意的是,一般的污染型建设项目对土壤环境的影响类型以土壤污染型为主。如建设项目为有色金属冶炼项目,会向土壤环境排放以重金属和酸性物质为主要污染物的废水和废渣;而以煤为能源的火电厂,主要污染物为粉煤灰等固体废弃物。生态破坏型建设项目对土壤环境的影响则既包括污染型影响,也包括退化、破坏型影响。如水利工程、矿业工程、交通工程、陆地油田开采工程等。这些建设项目除向土壤环境排放含有毒物质的废弃物外,还在施工期和运行期占用大量土地资源,包括各种施工机械的停放、建材的堆场、开挖土石的安置、施工队伍的生活区等,这部分被占用的土地在项目建成后可能会得到部分恢复,但大量土地资源会永久损失。

三、土壤环境影响预测

土壤环境影响预测是指根据土壤污染现状和污染物在土壤中的迁移转化规律,选用合适的数学模型,计算未来污染物在土壤中的累积和残留量,预测其污染状况、程度和变化趋势,为提出控制和减缓污染的措施提供基础依据。

(一) 预测污染物在土壤中的累积和污染趋势的方法和步骤

1. 计算污染物的输入量 土壤污染物的量,应等于调查评价区已有的土壤污染物量和建设项目新增的污染物量之和。因此，污染物的输入量计算，应首先调查土壤污染现状，然后根据项目工程分析中大气、地表水等专题评价资料核算建设项目输入土壤的污染物量。

2. 计算土壤污染物的输出量 土壤污染物的输出量主要包括土壤侵蚀的输出量、作物吸收的输出量、降水淋溶流失的输出量、在土壤中降解和转化的输出量。

3. 计算土壤污染物的残留量 土壤污染物的输出途径复杂，直接通过输入-输出计算土壤污染物的残留量比较困难。一般的计算方法是通过与评价区污染物输出相似的地块模拟试验，求得污染物输出后的残留量。

4. 预测土壤污染趋势 预测土壤污染趋势可根据污染物的输入量与输出量相比，或根据输入量和残留率的乘积，或根据输入量和土壤环境容量的比较来说明污染状况、污染程度、污染积蓄及趋势。

（二）土壤污染物预测

1. 农药残留预测 农药进入土壤后，会在物理、化学、生物等作用下发生转化和降解，其最终残留量可通过以下公式计算：

$$R = Ce^{-kt} \tag{5-56}$$

式中，R 为农药残留量（mg/kg）；C 为农药施用量（g/L）；K 为常数；t 为时间（d）。

从式（5-56）可以看出，连续使用农药，土壤中农药的累积量会有所增加，但达到一定值后会趋于平衡。例如，一次施用农药时，土壤中农药的浓度为（C_0），一年后的残留量为（C），则农药残留率（f）可以用下式计算：

$$f = \frac{C}{C_0} \tag{5-57}$$

如果每年均采用相同的频率施用农药，则农药在土壤中数年后的残留量为：

$$R_n = (1 + f + f^2 + f^3 + \cdots + f^{n-1}) \cdot C_0 \tag{5-58}$$

式中，R_n 为残留总量；f 为残留率（%）；C_0 为一次施用农药在土壤中的平均量；n 为农药施用年数。

当 $n \to \infty$ 时，则农药在土壤中达到平衡时的残留量 R_a 为：

$$R_a = \frac{C_0}{1-f} \tag{5-59}$$

2. 土壤重金属累积量预测 通过各种途径进入土壤的重金属，绝大多数都会被土壤通过各种作用阻留，累积在土壤中。如区域土壤中重金属的背景浓度为 B（mg/kg），重金属的年输入量为 E（mg/kg），在土壤中的年残留率为 K，则重金属一年后的累积量 W 为：

$$W = K(B+E) \tag{5-60}$$

n 年后的累积量 W_n 为：

$$\begin{aligned} W_n &= K_n \{ K_{n-1} \langle \cdots K_2 [K_1(B+E_1) + E_2] + \cdots + E_{n-1} \rangle + E_n \} \\ &= BK_1 K_2 \cdots K_n + EK_1 K_2 \cdots K_n + E_2 K_2 K_3 \cdots K_n + \cdots + E_n K_n \end{aligned} \tag{5-61}$$

当 $K_1 = K_2 = \cdots = K_n = K$，$E_1 = E_2 = \cdots = E_n = E$，则：

$$W_n = BK^n + EK^n + EK^{n-1} + EK^{n-2} + \cdots + EK$$
$$= BK^n + EK \frac{1-K^n}{1-K} \qquad (5-62)$$

当 $n \to \infty$ 时，则

$$W_n = \frac{EK}{1-K} \qquad (5-63)$$

从式（5-60）到式（5-63）可见，K 值对计算结果的影响较大，土壤类型不同，K 值也不同。因此，对不同地区、不同土壤类型的条件下，应根据小区盆栽试验，求出准确的 K 值。

3. 土壤侵蚀预测 建设项目一般是通过施工开挖造成土壤裸露和植被条件的改变，改变了地面径流条件从而造成土壤侵蚀。目前，国内外提出的土壤侵蚀模型很多，但较为常用的是美国通用的土壤流失方程（universal soil loss equation，USLE），该方程是美国研制的用于定量预报农地或草地坡面多年平均年土壤流失量的一个经验性模型。自模型研制以来，已在水土保持规划和土地资源管理方面得到了广泛应用。对该方法的改进土壤侵蚀力方面有 Onstad-Foster (1975)、土壤可蚀性方面有 Elwll (1981)、土地经营措施方面有 Laflen (1985) 等。此外，一种新的 WEPP（water erosion prediction project）模型正在发展并替代 USLE，该模型采用模拟降水装置，可估计水滴和剪切力对土壤的分离作用，并采用专用显微照片技术处理细沟系数和体积。这里主要介绍我国土壤侵蚀分类分级标准中推荐使用的年平均水蚀模数法，该法是对 USLE 方法的改进，具体计算方法如下：

$$M = R \cdot K \cdot L \cdot S \cdot B \cdot E \cdot T \qquad (5-64)$$

式中，M 为年平均土壤水蚀模数 [t/(km² · 年)]；R 为多年平均年降水侵蚀力；K 为土壤可蚀性，为单位降水侵蚀力造成的单位面积上的土壤流失量 [t · h/(MJ · mm)]；L 为坡长因子，无量纲，其中坡长最大取值为 300 m，若无坡长数据取值 1。S 为坡度因子，无量纲；B 为生物措施因子，无量纲；E 为工程措施因子，无量纲，若无资料取值 1；T 为耕作措施因子，无量纲，横坡耕作取值 0.5，顺坡耕作取值 1。

R 的标准计算方法是降水动能 E 与最大 30 min 水强 I_{30} 的乘积，(MJ/km² · 年)(mm/h)，具体计算时可以根据降水过程资料直接计算，或根据等值线图内插，或利用简易公式根据当地年平均降水量计算。K 值可通过标准小区观测获得，也可根据诺模图计算获得，若无资料，则取平均值 0.0434 t · h/(MJ · mm)。

4. 污水灌溉的土壤影响预测 当采用污水灌溉时，污水中的污染物会被土壤吸附，被微生物矿化或被植物吸收，同时还有可能发生化学转化；此外，地表径流和渗透也可能使之迁移。土壤灌溉多年后，污染物在土壤中的累积残留量（W）为：

$$W = N_w \cdot X + W_0 \qquad (5-65)$$
$$X = \frac{W_0 - B}{N_0} \qquad (5-66)$$
$$N_w = \frac{C_R - W_0}{X} \qquad (5-67)$$

式中，W 为预计年限内的土壤污染物累积量（mg/kg）；N_w 为预计污水灌溉年限（年）；W_0 为土壤中污染物当年累积量（mg/kg）；X 为土壤中污染物的平均年增值（mg/kg）；B 为土壤环境背景值（mg/kg）；N_0 为土壤已污染年限（年）；C_R 为土壤环境标

准值（mg/kg）。

四、避免、消除和减轻负面影响的措施

（一）环境管理措施

1. 加强土壤资源法制管理　经常进行土壤资源法制管理的宣传和教育，提高全民土壤保护法制管理意识。

2. 加强建设项目的环境管理　严格执行有关土壤保护的法律、法规，严格执行建设项目"三同时"管理制度；重视建设项目的选址；加强清洁生产意识；设置专门的监测机构，完善监测制度，并开展土壤环境质量变化的跟进工作。

3. 加强土壤保护的科学技术研究　加强土壤污染修复技术、土壤退化防治技术，土壤资源调查、规划以及土地复垦等方面的研究，并及时推广试验研究成果。

（二）技术措施

1. 控制土壤污染源的技术措施　具体的措施包括：①工业建设项目应首先采用无污染或少污染的清洁生产工艺，减少或消除废水、废气、废渣的排放量。其次是采取终端治理方法，控制废气、废水、废渣中污染物的浓度，保证不造成污染物在土壤中的累积；②危险废物填埋场或垃圾填埋场，应按有关技术要求，严格地选址、设计、施工、运行和管理，防止污染土壤和地下水。

2. 防止和控制土壤侵蚀的技术措施　具体的措施包括：①对于在施工期植被遭到破坏、造成裸土的地块应及时覆盖沙、石和种植速生植被并进行经常性的管理，以减少侵蚀。开挖出的弃土应堆放在安全的场地上，防止侵蚀和流失。如果弃土中含有污染物，应防止污染河流、下层土壤或地下水。工程完工后，弃土应尽量返回原地。②对于农副业建设项目，应通过休耕、轮作等措施来减少侵蚀；对于牧业，应减少过度放牧。

第五节　固体废物环境影响评价

一、固体废物环境影响评价概述

固体废物是指在生产建设、日常生活和其他活动中产生的固态、半固态的废弃物质。固体废物不适当地堆置，除会影响环境美观外，还产生有毒有害气体，影响大气质量，而且经雨水淋溶或浸泡后，固体废物中的有毒有害物质将随淋滤液的迁移，进入周边水体中或渗入土壤，进而造成水体污染和土壤污染，由此可见，固体废物是相当重要的环境污染源。由于固体废物对环境的污染最终往往以水污染、大气污染和土壤污染的形式出现，因此，固体废物的环境影响评价不容忽视。

（一）固体废物分类

固体废物分类的方法很多，按固体废物的化学性质，可分为有机废物和无机废物；按其危害状况，可分为有害废物和一般废物；按其形状，可分为固体的（颗粒状废物、粉状废物、块状废物）和泥状的（污泥）废物；为便于管理，通常按来源，分为矿业固体废物、工业固体废物、城市垃圾、农业废弃物和放射性固体废物五类。

矿业固体废物、工业固体废物、放射性固体废物也分别简称为矿业废物、工业废物、放

射性废物。矿业废物来自矿物开采和矿物选洗过程，工业废物来自冶金、煤炭、电力、化工、交通、食品、轻工、石油等工业的生产和加工过程，放射性废物主要来自核工业生产、放射性医疗和科学研究等。城市垃圾主要来自居民的消费、市政建设和维护、商业活动。农业废弃物主要来自农业生产和禽畜饲养。

1. 有毒有害物的浸出与计算　在进行固体废物的影响评价之前，首先要求鉴别固体废物是有毒有害物还是无毒无害物，然后再根据鉴别结果，确定固体废物的评价工作等级和深度。通常采用六种方法鉴别有毒有害固体废物：急性毒性、易燃性、腐蚀性、反应性、放射性、浸出毒性。浸出毒性的鉴别标准值见表 5-6。

含有有毒有害物的固体废物由于直接倾入水体或不适当堆置而受到雨水淋溶或地下水的浸泡，使固体废物中的有毒有害成分浸出而引起水体污染，因此在评价时应进行有毒有害物的浸出计算。

表 5-6　浸出毒性鉴别标准值（GB 5085.3—2007）

项　　目	浸出液最高允许浓度/(mg/L)	项　　目	浸出液最高允许浓度/(mg/L)
有机汞	不得检出	锌及其化合物（以总锌计）	50
汞及其化合物（以总汞计）	0.05	铍及其化合物（以总铍计）	0.1
铅（以总铅计）	3	钡及其化合物（以总钡计）	100
镉（以总镉计）	0.3	镍及其化合物（以总镍计）	10
总铬	10	砷及其化合物（以总砷计）	1.5
六价铬	1.5	无机氟化物（不包括氟化钙）	50
铜及其化合物（以总铜计）	50	氰化物（以 CN-计）	1.0

淋滤液的产生量一般可用下式进行估算：

$$L = W_{SR} + W_P + W_{GW} + W_D - \Delta S - E \quad (5-68)$$

式中，W_{SR} 为地面水径流量，$W_{SR} = W_P \times C$；W_P 为降水量，可参照堆置场所在地区的气象资料；C 为径流常数，坡度为 2%～7%时，沙质土 $C=0.10\sim0.15$，黏质土 $C=0.18\sim0.22$；W_{GW} 为地下水径流量，$W_{GW} = K \times A \times dh/dL$，其中，$K$ 为堆场底部土壤渗透率，A 为堆场被地下水浸渍的面积，dh/dL 为地下水的水压梯度，一般可用类比法进行实测。W_D 为固体废物原有的含水量；ΔS 为固体废物在堆置过程中的失水量；E 为蒸发量。

若年淋滤液以 m^3 表示，则 W_P 和 E 可以采用气象站公布的数据，年均降水量（mm×10^{-3}）乘以堆置场面积（m^2）得地面水径流量 W_{SR}（m^3）；地下水径流量也以年均流量（m^3）表示；W_D 和 ΔS 都应折算成体积（m^3）。淋滤液和浸出液的成分和浓度可以通过现场实测，也可以采用动态淋滤或静态浸出模拟试验来求得。

2. 有毒有害气体的释放与计算　固体废物除一部分本身有异味或恶臭外，极大部分是在堆置过程中，遇水引起化学反应或发生自燃的情况下释放出大量有毒有害气体；或在生物和细菌的作用下因有机物腐烂变质或厌氧分解产生恶臭的气体污染环境。

(1) 煤矸石山释放源强估算　煤矸石山自燃污染物的释放取决于矸石种类、含碳量、硫量、供氧量、水分以及矸石粒度的大小、堆置方式、防火灭火方式等多种因素，矸石山的自燃又是一个不均匀的大面积近地污染源，对于这样一个复杂污染源要较准确地估算它的源强或污染物的释放量尚属一个需要探索的课题。在我国阳泉三矿改扩建环评中采用了"等效点源法"进行计算,根据大气扩散规律和实测数据与模拟自燃实验两种方法估算污染源强,两种方法估算的结果基本吻合。

(2) 恶臭气体的散发速率估算　恶臭气体的散发速率,有关资料推荐用下列公式进行计算:

$$E_r = 2CW \times \sqrt{\frac{DLV}{\pi F}} \times \frac{m}{M} \tag{5-69}$$

式中,E_r 为散发速率(cm^3/s);C 为化学气体的蒸气压(101.325 kPa);W 为堆场或填埋场宽度(cm);D 为扩散率(cm^2/s);L 为堆场或填埋场的长度(cm);V 为风速(cm/s);F 为蒸气压校正系数;m 为土壤中挥发性化合物的重量(kg);M 为土壤与化合物的总重量(kg)。

如果有条件时,最好是通过现场实验求得实际参数为宜。

(二) 固体废物管理

根据我国现行的固体废物管理法规要求,对固体废物的处理和处置有明确的管理规定。固体废物的管理应遵循以下几点原则。

1. 实行"三化"原则　对固体废物实行减量化、资源化和无公害化是防治固体废物污染环境的重要原则,国家对固体废物污染环境的防治,实行减少固体废物的产生量和危害性、充分合理利用固体废物和无害化处置固体废物的原则,促进清洁生产和循环经济的发展。

2. 全过程管理的原则　此原则指对固体废物从产生、收集、储存、运输、利用直到最终处置的全部过程实行一体化的管理。这也通常被人们形象地比喻为"从摇篮到坟墓"的管理。

3. 分类管理的原则　鉴于固体废物的成分、性质和危险性存在较大差异,因此,在管理上必须采取分别、分类管理的方法,针对不同的固体废物制定不同的对策和措施。

4. 污染者负责的原则　产品的生产者、销售者、进口者和使用者对其产生的固体废物依法承担污染防治责任。

(三) 固体废物对环境的影响

固体废物污染环境的途径多、形式复杂,可直接或间接污染环境,既有即时性污染、又有潜伏性和长期性污染,因此,固体废物具有数量大、种类多、性质复杂、产生源分布广泛等特点。固体废物对环境的危害主要表现在以下几方面。

1. 对大气的影响　固体废物(如粉煤灰、尾矿、含铁泥、赤泥等)中的某些微细颗粒物在长期堆存时,因表面干燥会随风引起扬尘,对周围大气环境造成尘害。如粉煤灰场、尾矿库,遇到 4 级以上的风力时,能剥离 1~1.5 cm,其灰尘可飞扬至 20~50 m 甚至更远的地带。同时,固体废物在堆放过程中,其中的有害物质常因风吹雨淋而散发出有毒有害气体,如城市垃圾等堆放时因有机废物发酵而散发臭气;垃圾焚烧的过程中会产生大量烟尘,未经有效处理排放于大气中,其中含有酸性气体、粉尘、二噁英等;垃圾在填埋处置后产生甲烷、硫化氢等有害气体在无收集设施时会排放到空气中。

2. 对水体的影响　固体废物对水体的污染有直接和间接两种途径:向水体中直接倾倒废物导致水体的直接污染;在堆积过程中经雨水浸淋形成的淋溶液和自身分解产生的渗出液流入江河、湖泊和渗入地下,导致地表水和地下水的间接污染。水体被污染后会直接危害水生生物的生存和影响水资源的利用，对环境和人类的健康造成威胁。未经无害化处理的畜禽粪便排入河流，其携带的有害病源菌还会对水体造成生物污染，威胁人类健康和鱼类生存。过去有不少国家直接将固体废物倾倒入海洋中，导致大面积的水体污染；一些燃煤电厂向河道排放灰渣甚至延伸到航道的中心，造成河床淤塞、水面减少、水体污染，影响通航，对水利工程设施造成威胁。

3. 对土壤的影响 固体废物及其渗出液所含的有害物质会污染土壤，包括改变土壤的物理结构和化学性质，影响植物营养吸收；影响土壤中微生物活动，破坏土壤内部的生态平衡；影响植物生长，严重时甚至导致植物死亡，同时还会被植物吸收转移到子实体内，通过食物链影响动物生长和人体健康；固体废物携带的病菌还会传播疾病，对环境形成生物污染。例如，我国包头市某处堆积的尾矿达1 500万t，造成下游土地大面积污染，居民被迫搬迁；我国西南某地因农田长期堆存垃圾，导致土壤中有害物质积累，土壤中汞的浓度超过本底值8倍，对作物生长造成严重危害。

4. 对生态和人体健康的危害 大量工矿业固体废物如果堆置不当，在突发性大强度降水等不利的情况下，可能引发泥石流、塌方和滑坡，冲毁附近村镇，造成人身伤亡。而固体废物的随意堆放可能占用大量土地，城市近郊区域往往也是城市生活垃圾的堆放场所，进一步加剧了人多地少的矛盾。

固体废物，特别是有害固体废物，在堆存、处理处置和利用过程中，一些有害成分会通过水、大气、食物等多种途径被人类吸收而危害人体健康。如工矿业废物中所含的化学成分可污染饮用水，生活垃圾携带的有害病源菌可传染疾病等。垃圾焚烧过程中产生的粉尘会影响人类呼吸系统，产生的二噁英有剧毒，若不处理或处理未达标而过量排放，可直接导致人的死亡。

5. 影响市容与环境卫生 我国工业固体废物的综合利用率较低，城市垃圾的清运能力也不高，相当一部分未经处理的工业废渣、垃圾露天堆放在厂区、城市街区角落等处，除了直接污染环境外，还严重影响了厂区、城市的容貌和景观，形成"视觉污染"。其中"白色垃圾"对环境和市容的污染是最明显的例子。

6. 影响经济发展 据调查，我国70%的垃圾存在利用价值，如果全部回收利用，每年可获利160亿元，对于经济发展和增加就业岗位极为有利。反之，则会造成资源更大的浪费，资源紧张和生态失调局面会日趋加重。最终，势必将影响与阻碍经济的顺利发展。

（四）固体废物治理

固体废物处理技术涉及物理学、化学、生物学、机械工程等多种学科，主要处理技术有如下几方面。

1. 预处理 在对固体废物进行综合利用和最终处理之前，往往需要实行预处理，以便于进行下一步处理。预处理主要包括破碎、筛分、粉磨、压缩等工序。

2. 物理法处理 利用固体废物的物理和化学性质，从中分选或分离出有用有害物质。根据固体废物的特性可分别采用重力分选、磁力分选、电力分选、光电分选、弹道分选、摩擦分选和浮选等分选方法。

3. 化学法处理 通过固体废物发生化学转换回收有用物质和能源。煅烧、焙烧、烧结、焚烧、热分解、电力辐射、溶剂浸出等都属于化学处理方法。

4. 生物法处理 利用微生物的作用处理固体废物。其基本原理是利用微生物的生物化学作用,将复杂的有机物分解为简单物质,将有毒物质转化为无毒物质。沼气发酵和堆肥即属于生物处理法。生物处理技术是利用微生物对有机固体废物的分解作用使其无害化。这种技术可以使有机固体废物转化为能源、食品、饲料和肥料,还可以用来从废品和废渣中提取金属,是固体废物资源化的有效的技术方法。目前应用比较广泛的有:堆肥化、沼气化、废纤维素糖化、废纤维饲料化、生物浸出等。

5. 最终处理 那些因技术原因或其他原因还无法利用或处理的固态废弃物,是终态固体废物。终态固体废物的处置,是控制固体废物污染的末端环节,是解决固体废物的归宿问题。处置的目的和技术要求是,使固体废物在环境中最大限度地与生物圈隔离,避免或减少其中的污染组成对环境的污染与危害。最终处理的方法有焚烧法、填埋法、海洋投弃法等。

焚烧法是固体废物高温分解和深度氧化的综合处理过程。好处是把大量有害的废料分解而变成无害的物质。由于固体废物中可燃物的比例逐渐增加,所以可采用焚烧方法处理固体废物,利用其热能已成为必然的发展趋势。以此种方法处理固体废物,占地少、处理量大,在保护环境、提供能源等方面可取得良好的效果。欧洲国家较早采用焚烧方法处理固体废物,焚烧厂多设在10万人口以上的大城市,并设有能量回收系统。日本由于土地紧张,采用焚烧法逐渐增多。焚烧过程获得的热能可以用于发电。利用焚烧炉发生的热量,可以供居民取暖,用于维持温室室温等。目前日本及瑞士每年将超过65%的都市废料进行焚烧而使能源再生。但是焚烧法也有缺点,例如,投资较大,焚烧过程排烟造成二次污染,设备锈蚀现象严重等。

固体废物治理应注重以下几个方面:①降低原料、能源等消耗。要求生产过程各环节采取控制措施,重点控制生产工艺的污染源,采用循环经济的理念,提高废物循环使用效率,推行清洁生产工艺,减少末端污染物治理,使固体废物生产减量化,大幅度地降低固体废物的排放量;②对无法利用的固体废物,应结合建设项目所在区域的环境规划和相关的污染物总量控制要求,提出符合客观实际的综合利用方法或无害化处理措施;③突出强化固体废物的监督管理措施。治理措施的制定应根据建设项目污染物的排放和处置方式,对固体废物处理过程的各环节提出针对性的监控措施,由当地环境保护部门定期检查,确保治理措施的有效实施,使治理措施落实到实处,突出强化监督管理,并将该内容纳入建设项目区环境管理体系。

二、固体废物环境影响评价

(一) 固体废物环境影响评价的任务

① 查清拟建项目在开发建设、生产和服务期满后固体废物的种类和数量。
② 鉴别不能利用而需要堆置的固体废物的性质。
③ 优化固体废物堆置场所选址,探明固体废物长期堆置对土壤、水体、大气质量和景观环境等可能造成不利影响的途径、程度和范围。
④ 寻求固体废物综合利用的途径和防治固体废物造成环境污染的对策,为项目决策提供科学依据。

(二) 固体废物环境影响评价的范围、法律与标准

固体废物的环境影响评价范围受处置方式与影响途径的制约,应按受到影响的具体对象

而定。对于因受雨水浸淋而产生的渗出液或沥滤液对地表水和地下水可能造成污染时,其评价范围可参照地表水和地下水评价专题相应的划分方法确定;对于因焚烧而引起的气型污染或受风力作用而引起的扬尘污染,则应按大气评价专题相应的划分方法确定其评价范围。

相关的主要法律有《中华人民共和国环境保护法》和《中华人民共和国固体废物污染环境防治法》。后者简称《固废法》,全文共分总则、固体废物污染环境防治的监督管理、固体废物污染环境的防治、危险废物污染环境防治的特别规定、法律责任和附则等6章。该法提出了我国固体废物污染防治的主要原则,即对固体废物实行全过程管理,实行减量化、资源化、无害化,对危险废物实行严格控制和重点防治等。其他的相关法规有《城市市容和环境卫生管理条例》《城市生活垃圾管理办法》《防止船舶垃圾和沿岸固体废弃物污染长江水域管理规定》《关于维护旅客列车、车站及铁路沿线环境卫生的规定》《关于加强重点交通干线、流域及旅游景区塑料包装废物管理的若干意见》等管理法规。

固体废弃物的相关标准主要有:

(1) 固体废物分类标准 如《国家危险废物名录》(GB 5085.1—1996)和《危险废物鉴别标准》(GB 5085.1—3—2007)等。

(2) 固体废物监测标准 如《固体废物浸出毒性测定方法》(GB/T 15555.1—11—1995)、《固体废物浸出毒性浸出方法》(GB 5086—1997)、《危险废物鉴别标准急性毒性初筛》(GB 5085.2—1996)、《工业固体废物采样制样技术规范》(HJ/T 20—1998)等。

(3) 固体废物污染控制标准 如《农用污泥中污染物控制标准》(GB 4284—84)、《农药安全使用标准》(GB 4285—84)、《农用粉煤灰中污染物控制标准》(GB 8173—87)、《城镇垃圾农用控制标准》(GB 8172—87)、《建材工业废渣放射性限制标准》(GB 6763—86)等。

(4) 城市生活垃圾处理处置技术标准 如《城镇垃圾农用控制标准》(GB 8172—87)、《粪便无害化卫生标准》(GB 7959—87)、《城市生活垃圾好氧静态堆肥处理技术规程》(CJJ/T 52—93)、《生活垃圾填埋污染控制标准》(GB 16889—1997)、《城市生活垃圾卫生填埋技术标准》(CJJ 17—88)、《生活垃圾填埋场环境监测技术标准》(CJ/T 3037—95)、《医疗垃圾焚烧环境卫生标准》(CJ 3036—95)等。

另外,对固体废物的综合利用也出台了一些指导性的意见和指南。

(三) 固体废物环境影响评价的方法

建设项目固体废物对环境的影响,与废水和废气的影响不同,固体废物对环境的影响更具广泛性。废水和废气对水环境和大气环境具有直接性影响,而固体废物对环境具有间接的、潜在的和长期的综合性影响特征。固体废物往往是各种污染物的集合体,通常含有多种污染成分。水、气污染物在一定程度上可以在相应的环境中得到稀释和降解,而固体废物的处置在大多数情况下都是直接堆存于地表,通过不断大量地堆置,占用了大量的土地资源,不经过处理,在自然环境中不可能自然消失或分解。而且,自然条件下,一些有害成分会转入大气、水体和土壤,参与生态系统的物质循环,可对生态环境产生长期的、潜在的危害。如开采煤矿产生的煤矸石自燃放出大量的SO_2,电厂产生的粉煤灰和炉渣都会引起大气污染。固体废物通常在自然条件作用下经化学反应,会产生一些有毒有害物质,如重金属和农药会通过土壤渗透、累积并迁移到植物和农作物中,导致土地质量下降,破坏土壤系统的生态平衡,污染地表水和地下水水源。特别是工业垃圾、生活垃圾和医疗垃圾对人体健康、生态景观、社会环境等方面都会产生一定的影响。

不同的建设项目，所产生和排放的固体废物及其成分差异很大。环境标准中对于不同的水和大气污染物指标有明确规定，而固体废物则需要对具体的建设项目进行环境影响（污染因子）识别和分析。同时，由于固体废物在排放和处置过程中，易产生二次污染，因此，应强化其针对性分析。

三、案例

（一）危险废物填埋场建设项目评价要点

1. 场址选择

（1）填埋场场址的选择应符合国家及地方城乡建设总体规划的要求，场址应处于一个相对稳定的区域中，不会因自然或人为的因素而受到破坏。

（2）填埋场的场址不应选在城市工农业发展规划区、农业保护区、自然保护区、风景名胜区、文物（考古）保护区、生活饮用水源保护区、供水远景规划区、矿产资源储备区和其他需要特别保护的区域内。

（3）填埋场距飞机场、军事基地的距离应在 3 000 m 以外。

（4）填埋场场界应位于居民区 800 m 以外，并保证在当地气象条件下对附近居民区的大气环境不产生影响。

（5）填埋场场址必须位于百年一遇的洪水标高线以上，并在长远规划中的水库等人工蓄水设施淹没区和保护区之外。

（6）填埋场场址距地表水域的距离不应小于 150 m。

（7）填埋场场址的地质条件应符合下列要求：

① 能充分满足填埋场基础层的要求。

② 现场或其附近有充足的黏土资源以满足构筑防渗层的需要，否则，必须提高防渗设计标准并进行环境影响评价，并取得主管部门同意。

③ 天然地层岩性相对均匀、渗透率低。

④ 地质结构相对简单、稳定，没有断层。

（8）填埋场场址选择应避开下列区域 破坏性地震及活动构造区；海啸及涌浪影响区；湿地和低洼汇水处；地应力高度集中，地面抬升或沉降速率快的地区；石灰溶洞发育带；废弃矿区和塌陷区；崩塌、岩堆、滑坡区；山洪、泥石流地区；活动沙丘区；尚未稳定的冲积扇及冲沟地区；高压缩性淤泥、泥炭及软土层以及其他可能危及填埋场安全的地区。

（9）填埋场场址必须有足够大的可使用面积以保证填埋场建成后具有 10 年或更长的使用期，在使用期内能充分接纳所产生的危险废物。

（10）填埋场场址应选在交通方便、运输距离较短、建造和运行费用低、能保证填埋场正常运行的地区。

2. 填埋场设计与施工的环境保护和运行管理要求

① 填埋场应设预处理站，预处理站包括废物临时堆放、分拣破碎、减容减量处理、稳定化养护等设施。

② 填埋场必须设置渗滤液集排水系统，雨水集排水系统和集排气系统。

③ 填埋场周围应设绿化隔离带，其宽度不应小于 10 m。

④ 填埋场天然基础层的饱和渗透系数不应大于 1.0×10^{-5} cm/s，且其厚度不应小于 2 m。

⑤ 应根据天然基础层的地质情况分别采用天然材料衬层、复合衬层或双人工衬层做防渗层。（关于渗透系数的要求各有不同）

⑥ 危险废物安全填埋场的运行不能在露天进行，必须有遮雨设备，以防止雨水与未进行最终覆盖的废物接触。

3. 评价监测因子　评价监测因子有：控制项目＋当地环保要求。

危险废物填埋场污染物控制项目有渗滤液、排出气体、噪声。

① 严禁将集排水系统收集的渗滤液直接排放，必须对其进行处理并达到《污水综合排放标准》（GB 8978—1996）中第一类污染物和第二类污染物最高允许排放浓度要求后方可排放。若有地方标准，应执行地方的水污染物排放标准。

② 危险废物填埋场废物渗滤液第二类污染物排放控制项目：pH、SS、BOD_5、COD_{Cr}、氨氮、磷酸盐（以 P 计）。

③ 地下水监测因子常规测定项目　浊度、pH、可溶性固体、氯化物、硝酸盐（以 N 计）、亚硝酸盐（以 N 计）、氨氮、大肠杆菌总数。

④ 填埋场排出的气体应按照《大气污染物综合排放标准》（GB 16297—1996）中无组织排放的规定执行。

⑤ 填埋场在作业期间，噪声控制应按照《工业企业厂界环境噪声排放标准》（GB 12348—2008）的规定执行。

4. 环境影响评价的主要内容　一般建设项目的环境影响都包括：水、大气、噪声、生态（包括水土流失）和景观等几个方面。填埋场评价和预测的主要内容包括以下几点：

(1) 水环境　包括地表水和地下水，主要预测填埋场垃圾渗滤液、预处理车间产生的废水以及生活区污水对水环境的影响。分析垃圾渗滤液的环境影响时，还应考虑非正常情况下如防渗层破裂对地下水污染的分析。

(2) 大气环境　施工扬尘、填埋机械和运输车辆尾气、填埋场废气对填埋场周围环境和沿线环境空气的影响。

(3) 噪声　施工机械、作业机械和运输车辆噪声对周围环境的影响。

(4) 水土流失　项目选址区若位于低山丘陵区，则建设期对植被的破坏会造成一定程度的水土流失，一定要采取防护措施。

(5) 生态环境和景观影响　建设填埋场会在一定程度上破坏植被、占用土地、引起水土流失，弃土堆放等也会给选址区及其周围生态环境和景观带来一定的影响。

(二) 危险废物储存设施建设项目分析要点

主要参照《危险废物贮存污染控制标准》（GB 18597—2001）。

1. 适用范围　本标准适用于所有危险废物（尾矿除外）储存的污染控制及监督管理，适用于危险废物的产生者、经营者和管理者（尾矿库坝不属于危险废物储存设施）。

2. 项目组成　储存设施设计原则：必须有泄漏液体收集装置、气体导出口及气体净化装置。

3. 一般要求　对于常温常压下易爆、易燃及排出有毒气体的危险废物必须进行预处理，使之稳定后储存；否则，按易爆、易燃危险品储存。

医院产生的临床废物，必须当日消毒，消毒后装入容器。常温下储存期不得超过 1 d，于 5 ℃以下冷藏的，不得超过 3 d。除常温常压下不水解、不挥发的固体危险废物可在储存设施内分别堆放外，必须将危险废物装入容器内。

4. 选址要求

① 结构稳定，地震烈度不超过 7 度的区域内。

② 设施底部必须高于地下水最高水位。

③ 场界应位于居民区 800 m 以外，地表水域 150 m 以外。

④ 应避免建在溶洞区或易遭受严重自然灾害如洪水、滑坡、泥石流、潮汐等影响的地区。

⑤ 应在易燃、易爆等危险品仓库及高压输电线路防护区域以外。

⑥ 应位于居民中心区常年最大风频的下风向。

⑦ 集中储存的废物堆选址除满足以上要求外，还应满足如下要求：基础必须防渗，防渗层为至少 1 m 厚的黏土层（渗透系数$\leqslant 10^{-7}$ cm/s），或 2 mm 厚的高密度聚乙烯，或至少 2 mm 厚的其他人工材料，渗透系数$\leqslant 10^{-10}$ cm/s。

（三）生活垃圾填埋场建设项目分析要点

1. 场址合理性论证　生活垃圾填埋场场址选择的原则主要是符合当地城乡建设总体规划要求，避开不允许建设的区域。场址选择是环评中的关键所在，场址选择得合理，环评工作存在的问题就较易解决，因此要根据所选场址的场地自然条件，按照国家标准逐项进行评判。有条件的地方可以选择多个备选场址，根据制约性条件和参考性条件，淘汰部分场址，并对优化出的场址进一步做比选。考虑到生活垃圾填埋渗滤液是最重要的污染源，因此在选址过程中，特别要关注场址的水文地质条件、工程地质条件、土壤自净能力等。

2. 环境质量现状调查　在选择场址的基础上，通过历史资料调查和现场监测对拟选场址及其周围的空气、地表水、地下水、噪声等环境质量现状进行评价，其评价结果既是生活垃圾填埋场建设前的本底值，也是评价环境现状是否容许建设生活垃圾填埋场的评判条件。

3. 工程污染因素分析　对生活垃圾填埋场不仅要考虑在建设过程中产生的污染源和污染物。而且重要的是要考虑在营运期，从收集、运输、储存、预处理直至填埋全过程产生的污染源和污染物，并给出它们产生的种类、数量和排放方式等。

在建设期主要是施工场地内排放生活污水，各类施工机械产生的机械噪声、振动及二次扬尘对周围地区产生的环境影响。

生活垃圾填埋场在营运期，主要的污染物有渗滤液、释放有害气体、恶臭、噪声。

4. 大气环境影响预测与评价　主要是预测垃圾在填埋过程中产生的释放有害气体和臭气对环境的影响。首先是预测和评价填埋释放气体被利用的可能性，当释放气体未被利用时，应采取的处置手段及其对环境的影响。另外，在垃圾运输和填埋过程中及封场后产生的恶臭可能对环境的影响，同时要根据不同时段及垃圾的不同组成，预测臭气产生的部位、种类、浓度及其影响范围和影响程度。

5. 水环境影响预测与评价　根据《生活垃圾填埋污染控制标准》（GB 16889—2008）的规定，对应不同的受纳水体，对渗滤液的处理要求达到的级别不同。预测出渗滤液经过收集、处理，正常的达标排放对水体产生的影响和影响程度。预测防渗层损坏后，渗滤液对地下水的影响与危害程度。

第六节 声环境影响评价

一、声环境影响评价工作程序

《环境影响评价技术导则 声环境》(HJ 2.4—2009) 中规定的技术工作程序见图 5-7。

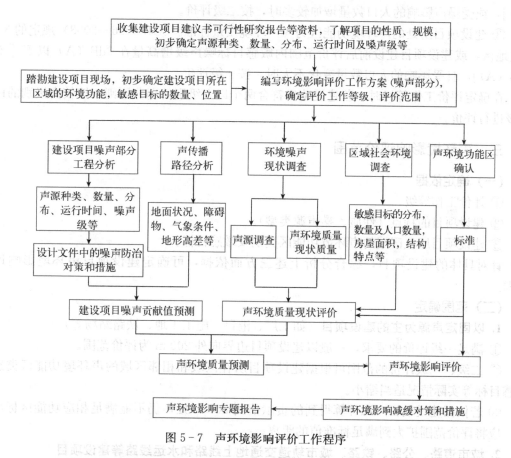

图 5-7 声环境影响评价工作程序

二、声环境影响评价工作等级

(一) 划分依据

① 建设项目所在区域的声环境功能区类别。
② 建设项目建设前后所在区域的声环境质量变化程度。
③ 受建设项目影响的人口数量。

针对具体建设项目,综合分析上述三方面的划分依据,可确定建设项目声环境影响评价工作等级。

(二) 等级划分

声环境影响评价工作等级一般分为三级,一级为详细评价,二级为一般性评价,三级为简要评价。各工作等级的划分遵循下列基本原则:

① 评价范围内有适用于《声环境质量标准》(GB 3096—2008)规定的 0 类声环境功能区域,以及对噪声有特别限制要求的保护区等敏感目标,或建设项目建设前后评价范围内敏感目标噪声级增高量达 5dB(A)以上[不含 5dB(A)],或受影响的人口数量显著增多时,按一级评价。

② 建设项目所处的声环境功能区为《声环境质量标准》(GB 3096—2008)规定的 1 类、2 类地区,或建设项目建设前后评价范围内敏感目标噪声级增高量达 3～5dB(A)[含 5dB(A)],或受噪声影响的人口数量增加较多时,按二级评价。

③ 建设项目所处的声环境功能区为《声环境质量标准》(GB 3096—2008)规定的 3 类、4 类地区,或建设项目建设前后评价范围内敏感目标噪声级增高量在 3dB(A)以下[不含 3dB(A)],且受影响的人口数量变化不大时,按三级评价。

在确定评价工作等级时,若建设项目符合两个以上级别的划分原则,按较高级别的评价等级进行评价。

三、声环境影响评价范围

(一)确定依据

① 评价工作等级。
② 建设项目的特点(性质、噪声源类型)。
③ 建设项目所在区域的声环境功能区类别及敏感目标。

针对具体的建设项目,综合分析上述三方面依据,可确定建设项目声环境影响评价范围。

(二)范围确定

1. 以固定声源为主的建设项目(如工厂、港口、施工工地、铁路站场等)

① 满足一级评价的要求,一般以建设项目边界向外 200 m 为评价范围。
② 二级、三级评价的范围可根据建设项目所在区域和相邻区域的声环境功能区类别及敏感目标等实际情况适当缩小。
③ 若依据建设项目声源计算得到的贡献值到 200 m 处,仍不能满足相应功能区标准值时,应将评价范围扩大到满足标准值的距离。

2. 城市道路、公路、铁路、城市轨道交通地上线路和水运线路等建设项目

① 满足一级评价的要求,一般以道路中心线外两侧 200 m 以内为评价范围。
② 二级、三级评价的范围可根据建设项目所在区域和相邻区域的声环境功能区类别及敏感目标等实际情况适当缩小。
③ 若依据建设项目声源计算得到的贡献值到 200 m 处,仍不能满足相应功能区标准值时,应将评价范围扩大到满足标准值的距离。

3. 机场周围飞机噪声评价范围

① 应根据飞行量计算到 L_{WECPN} 为 70 dB 的区域。
② 满足一级评价的要求,一般以主要航迹离跑道两端各 6～12 km,侧向各 1～2 km 的范围为评价范围。
③ 二级、三级评价的范围可根据建设项目所处区域的声环境功能区类别及敏感目标等实际情况适当缩小。

四、声环境影响预测

(一) 预测准备工作

1. 预测范围和预测点的确定　预测范围一般与所确定的噪声评价范围相同，也可稍大于评价范围。

在预测范围内布置预测点，确定预测点的原则是：建设项目厂界（或场界、边界）和评价范围内的敏感目标应作为预测点。

2. 基础资料的获取

(1) **建设项目的声源资料**　建设项目的声源资料主要包括：声源种类、数量、空间位置、噪声级、频率特性、发声持续时间和对敏感目标的作用时间段等。

(2) **影响声波传播的各类参量**　影响声波传播的各类参量应通过资料收集和现场调查取得，各类参量如下：

① 建设项目所处区域的年平均风速和主导风向，年平均气温，年平均相对湿度。
② 声源和预测点间的地形、高差。
③ 声源和预测点间的障碍物（如建筑物、围墙等；若声源位于室内，还包括门、窗等）的位置及长、宽、高等数据。
④ 声源和预测点间树林、灌木等的分布情况，地面覆盖情况（如草地、水面、水泥地面、土质地面等）。

3. 声源源强数据的获取

(1) **噪声源噪声级数据**　噪声源噪声级数据主要是指声压级（包括倍频带声压级）、A声级（包括最大A声级）、A声功率级、倍频带声功率级以及有效连续感觉噪声级。

(2) **获得噪声源数据有两个途径**　类比测量法或引用已有的数据。

(3) **在引用已有的数据时要注意**　①引用类似的噪声源噪声级数据，必须是公开发表的、经过专家鉴定并且是按有关标准测量得到的数据；②报告书应当指明被引用数据的来源。

4. 户外声传播声级衰减的主要因素　户外声源声波在空气中传播引起声级衰减的主要因素有：

① 几何发散引起的衰减（包括反射体引起的修正）。
② 屏障引起的衰减。
③ 地面效应引起的衰减。
④ 空气吸收引起的衰减。
⑤ 绿化林带以及气象条件引起的附加衰减等。

(二) 预测步骤与方法

1. 建立坐标系，简化声源　选择坐标系，确定各声源坐标和预测点坐标，并根据声源性质以及预测点与声源之间的距离等情况，把声源简化成点声源、线声源或面声源。声源简化的条件和方法如下。

(1) **点声源确定原则**　当声波波长比声源尺寸大得多或是预测点离开声源的距离 d 比声源本身尺寸大得多（$d>2$ 倍声源最大尺寸）时，声源可作为点声源处理，等效点声源的位置在声源本身的中心。如各种机械设备、单辆汽车、单架飞机等可简化为点声源。

(2) 线声源确定原则 当许多点声源连续分布在一条直线上时，可认为该声源是线状声源。如公路上的汽车流、铁路列车均可作为线状声源处理。对于一长度为 L_0 的有限长线声源，在线声源垂直平分线上距线声源的距离为 r，如 $r > L_0$，该有限长线声源可近似为点声源；如 $r < L_0/3$，该有限长线声源可近似为无限长线声源。

(3) 面声源状况的考虑 对于一长方形的有限大面声源（长度为 b，高度为 a，并 $a > b$），在该声源中心轴线上距声源中心距离为 r：如 $r < a/\pi$ 时，该声源可近似为面声源；当 $a/\pi < r < b/\pi$，该声源可近似为线声源；当 $r > b/\pi$ 时，该声源可近似为点声源。

2. 选择预测模式，预测各声源单独作用于预测点时产生的声级

选择恰当的预测模式，各类声源的预测模式见《环境影响评价技术导则 声环境》（HJ 2.4—2009）及其有关附录。

根据已获得的声源源强的数据和各声源到预测点的声波传播条件资料，计算出噪声从各声源传播到预测点的声衰减量，由此计算出各声源单独作用在预测点时产生的 A 声级（L_{Ai}）或有效感觉噪声级（L_{EPN}）。

3. 计算在预测时段内于预测点产生的等效连续声级

(1) 建设项目声源在预测点产生的等效声级贡献值（L_{eqg}）计算公式

$$L_{eqg} = 10 \lg \left(\frac{1}{T} \sum_{i=1}^{n} t_i 10^{0.1 L_{Ai}} \right) \tag{5-70}$$

式中，L_{eqg} 为建设项目声源在预测点的等效声级贡献值 [dB (A)]；L_{Ai} 为 i 声源在预测点产生的 A 声级 [dB (A)]；T 为预测计算的时间段 (s)；t_i 为 i 声源在 T 时段内的运行时间 (s)。

(2) 预测点的预测等效声级（L_{eq}）计算公式

$$L_{eq} = 10 \lg (10^{0.1 L_{eqg}} + 10^{0.1 L_{eqb}}) \tag{5-71}$$

式中，L_{eqg} 为建设项目声源在预测点的等效声级贡献值 [dB (A)]；L_{eqb} 为预测点的背景值 [dB (A)]。

(3) 机场飞机噪声计权等效连续感觉噪声级（L_{WECPN}）计算公式

$$L_{WECPN} = \overline{L_{EPN}} + 10 \lg (N_1 + 3N_2 + 10N_3) - 39.4 \tag{5-72}$$

式中，N_1 为 7:00～19:00 对某个预测点声环境产生噪声影响的飞行架次；N_2 为 19:00～22:00 对某个预测点声环境产生噪声影响的飞行架次；N_3 为 22:00～7:00 对某个预测点声环境产生噪声影响的飞行架次；$\overline{L_{EPN}}$ 为 N 次飞行有效感觉噪声级能量平均值（$N = N_1 + N_2 + N_3$）(dB)。

$\overline{L_{EPN}}$ 计算公式：

$$\overline{L_{EPN}} = 10 \lg \left(\frac{1}{N_1 + N_2 + N_3} \sum_{i=1}^{n} \sum_{j=1}^{m} 10^{0.1 L_{EPN_{ij}}} \right) \tag{5-73}$$

式中，$L_{EPN_{ij}}$ 为 j 航路，第 i 架次飞机在预测点产生的有效感觉噪声级 (dB)。

在声环境影响评价中，由于声源较多，预测点数量也比较大，因此常用电脑完成计算工作。目前国内外已有不少成熟、定型的预测模式软件可以应用。

4. 按工作等级要求绘制等声级线图 计算出各网格点上的噪声级如 L_{eq}、L_{WECPN} 后，再采用数学方法（如双三次拟合法、按距离加权平均法、按距离加权最小二乘法）计算并绘制出等声级线。

等声级线的间隔不大于 5 dB（一般选 5 dB）。①对于 L_{eq}，等声级线最低值应与相应功能夜间标准值一致，最高值可为 75 dB；②对于 L_{WECPN}，一般应有 70 dB、75 dB、80 dB、85 dB、90 dB 的等声级线。

等声级线图直观地表明了项目的噪声级分布，对分析功能区噪声超标状况提供了方便，同时为城市规划、城市环境噪声管理提供了依据。

（三）典型建设项目噪声影响预测

1. 工业噪声预测内容 按不同评价工作等级的基本要求，选择以下工作内容分别进行预测，给出相应的预测结果。

（1）**厂界（场界、边界）噪声预测** 预测厂界噪声，给出厂界噪声的最大值及位置。

（2）**敏感目标噪声预测**

① 预测敏感目标的贡献值、预测值、预测值与现状噪声值的差值，敏感目标所处声环境功能区的声环境质量变化，敏感目标所受噪声影响的程度，确定噪声影响的范围，并说明受影响人口的分布情况。

② 当敏感目标高于（含）三层建筑时，还应预测有代表性的不同楼层所受的噪声影响。

（3）绘制等声级线图，说明噪声超标的范围和程度。

（4）根据厂界（场界、边界）和敏感目标受影响的状况，明确影响厂界（场界、边界）和周围声环境功能区声环境质量的主要声源，分析厂界和敏感目标的超标原因。

2. 公路、铁路、轨道交通噪声预测内容 预测各预测点的贡献值、预测值、预测值与现状噪声值的差值，预测高层建筑有代表性的不同楼层所受的噪声影响。按贡献值绘制代表性路段的等声级线图，分析敏感目标所受噪声影响的程度，确定噪声影响的范围，并说明受影响人口的分布情况。给出满足相应声环境功能区标准要求的距离。

依据评价工作等级要求，给出相应的预测结果。

3. 机场飞机噪声预测内容 在 1∶50 000 或 1∶10 000 地形图上给出计权等效连续感觉噪声级（L_{WECPN}）为 70 dB、75 dB、80 dB、85 dB、90 dB 的等声级线图。同时给出评价范围内敏感目标的计权等效连续感觉噪声级（L_{WECPN}）。给出不同声级范围内的面积、户数、人口。

依据评价工作等级要求，给出相应的预测结果。

五、声环境影响评价

（一）评价标准

根据声源的类别和建设项目所处声环境功能区等确定声环境影响评价标准，没有划分声环境功能区的区域由地方环境保护部门参照《声环境质量标准》（GB 3096—2008）和《城市区域环境噪声适用区划分技术规范》（GB/T 15190—94）的规定划定声环境功能区。

（二）评价内容

1. 背景值、贡献值、预测值的含义及其应用

贡献值：由建设项目自身声源在预测点产生的声级。

背景值：不含建设项目自身声源影响的环境声级。

预测值：预测点的贡献值和背景值按能量叠加方法计算得到的声级。

边界噪声评价量：新建建设项目以工程噪声贡献值作为评价量；改扩建建设项目以工程噪声贡献值与受到现有工程影响的边界噪声值叠加后的预测值作为评价量。

敏感目标噪声评价量：以敏感目标所受的噪声贡献值与背景噪声值叠加后的预测值作为评价量。对于改扩建的公路、铁路等建设项目，如预测噪声贡献值时已包括了现有声源的影响，则以预测的噪声贡献值作为评价量。

2. 评价的基本内容 我国声环境影响评价的基本内容包括 7 个方面：

① 评价项目建设前环境噪声现状。

② 根据噪声预测结果和环境噪声评价标准，评价建设项目在施工、运行阶段噪声的影响程度、影响范围和超标状况（以边界及敏感目标为主）。

③ 分析受噪声影响的人口分布（包括受超标和不超标噪声影响的人口分布）。

④ 分析项目建设的噪声源和引起超标的主要噪声源或主要原因。

⑤ 分析项目建设的选址、设备布置和设备选型的合理性；分析建设项目设计中已有的噪声防治对策的适应性和防治效果。

⑥ 为了使项目建设的噪声达标，评价必须提出需要增加的、适用于该项目的噪声防治对策，并分析其经济、技术的可行性。

⑦ 提出针对该项目建设的有关噪声污染管理、噪声监测及跟踪评价方面的建议。

3. 评价的基本要求 在声环境影响评价中的要求有以下几点：

① 要讲清楚项目建设前后声环境变化，即项目建设前声环境现状，项目建设在施工、运行阶段噪声的影响程度、影响范围和超标状况。重点要评价敏感区或敏感点声环境的变化。

② 要进行四方面的分析，即分析受噪声影响的人口分布，分析建设项目的噪声源和引起超标的主要噪声源或主要原因，分析建设项目选址、选线、设备布局和设备选型的合理性，分析建设项目设计中已有的噪声防治措施的适用性和防治效果。

③ 要提出措施和建议，即提出建设项目需要增加的噪声防治措施，并进行其经济、技术的可行性论证；在噪声污染防治管理、噪声监测、跟踪评价及城市规划或区域规划方面提出建议。

4. 典型建设项目声环境影响评价内容

(1) 工矿企业声环境影响评价 除上述评价的基本内容外，工矿企业声环境影响评价还需着重分析、说明以下问题：

① 按厂区周围敏感目标所处的环境功能区类别评价噪声影响的范围和程度，说明受影响人口的情况。

② 分析主要影响的噪声源，说明厂界和功能区超标的原因。

③ 评价厂区总图布置和控制噪声措施方案的合理性和可行性，提出必要的替代方案。

④ 明确必须增加的噪声控制措施及其降噪效果。

(2) 公路、铁路声环境影响评价 除上述评价的基本内容外，公路、铁路声环境影响评价还需着重分析、说明以下问题：

① 评价沿线评价范围内各敏感目标按标准要求预测声级的达标及超标状况，并分析受影响人口的分布情况。

② 对工程沿线两侧的在城镇规划中受到噪声影响的范围绘制等声级曲线，明确合理的

噪声控制距离和规划建设控制要求。

③ 结合工程选线和建设方案布局，评价其合理性和可行性，必要时提出环境替代方案。

④ 对提出的各种噪声防治措施需进行经济技术论证，在多方案比选后规定应采取的措施并说明措施降噪效果。

(3) 机场飞机噪声环境影响评价　除上述评价的基本内容外，机场飞机噪声环境影响评价还需着重分析、说明以下问题：

① 依据《机场周围飞机噪声环境标准》（GB 9660—88）评价 L_{WECPN} 评价量 70 dB、75 dB、80 dB、85 dB、90 dB 等值线范围内各敏感目标的数目，受影响人口的分布情况。

② 结合工程选址和机场跑道方案布局，评价其合理性和可行性，必要时提出环境替代方案。

③ 对超过标准的环境敏感区，按照等值线范围的不同提出不同的降噪措施，并进行经济技术论证。

（三）评价结论

通过影响预测、评价确定推荐的拟建项目方案的环境噪声影响是可以接受的、可行的或不可接受的、不可行的。

六、噪声污染防治对策

（一）制定噪声防治对策的基本原则

① 以声音的三要素为出发点控制环境噪声的影响，以从声源上或从传播途径上降低噪声为主，以受体保护作为最后不得已的选择。

② 以城乡建设规划为先，避免产生环境噪声污染影响。

③ 关注环境敏感人群的保护，体现"以人为本"。

④ 以管理手段和技术手段相结合的方法控制环境噪声污染。

⑤ 必须符合针对性、具体性、经济合理性和技术可行性的原则。

（二）噪声防治措施的一般要求

① 工业（工矿企业和事业单位）建设项目噪声防治措施应针对建设项目投产后噪声影响的最大预测值制定，以满足厂界（场界、边界）界和厂界外敏感目标（或声环境功能区）的达标要求。

② 交通运输类建设项目（如公路、铁路、城市轨道交通、机场项目等）的噪声防治措施应针对建设项目不同代表性时段的噪声影响预测值分期制定，以满足声环境功能区及敏感目标功能的要求。其中，铁路建设项目的噪声防治措施还应同时满足铁路边界噪声排放标准的要求。

（三）噪声防治的基本方法

1. 科学统筹城乡建设规划

① 明确土地使用功能分区，合理安排城市功能区和建设布局，预防环境噪声污染。

② 在进行规划建筑布局时，划定建筑物与交通干线合理的防噪声距离，采取相应的建筑设计要求，避免产生环境噪声影响。

③ 对于具体建设项目来说，应当符合城市规划功能要求，不应该也不能造成违反相应功能要求的环境噪声影响。

2. 从声源上降低噪声

① 设计制造产生噪声较小的低噪声设备，对高噪声产品规定噪声限值标准，在工程设计和设备选型时尽量采用符合要求的低噪声设备。

② 在工程设计中改进生产工艺和加工操作方法，降低工艺噪声。

③ 在生产管理和工程质量控制中保持设备良好运转状态，不增加不正常运行的噪声等。

④ 对工程实际采用的高噪声设备或设施，在投入安装使用时，应当采用减振降噪或加装隔声罩等方法降低声源噪声。

3. 从传播途径上降低噪声

从传播途径上降低噪声是一种最常见的防治环境噪声污染的手段。它是以噪声敏感目标达标为目的，其方法有：

① 合理安排建筑物功能和建筑物平面布局，使敏感建筑物远离噪声源，实现"闹静分开"。

② 采用合理的声学控制措施或技术，来实现降噪达标的目标。例如对声源采用隔振、减振降噪或消声降噪措施，在声源和敏感目标间采取吸声、隔声、消声措施，也可以利用天然地形或建筑物（非敏感的）起到屏障遮挡作用。

4. 针对保护对象采取降噪措施

当以上几种方法和手段仍不能保证受噪声影响的环境敏感目标达到相应的环境要求时，则不得不针对保护对象采取降噪措施。例如受声者自身采取吸声、隔声等措施，这类措施的实施并非是为了实现环境要求，而是使在敏感目标中生活的人群有一个可以保证其健康和安宁的室内环境。

复习思考题

1. 环境影响评价是什么？其性质与特点有哪些？
2. 进行环境影响评价应遵循哪些原则？
3. 查询相关资料，说明甲级与乙级环境影响评价资质证书的申请要求。
4. 查询相关资料，说明环境影响评价工程师的职责。
5. 环境影响预测的基本方法有哪些？
6. 从《建设项目环境影响技术评估导则》（HJ 616—2011）对环境影响评价文件的要求来看，编制环境影响评价文件时应注意些什么？
7. 根据项目的初步工程分析结果，需要选择1~3种主要污染物，分别计算每一种污染物的最大地面浓度占标率 P_i（第 i 个污染物），及第 i 个污染物的地面浓度达标准限值10%时所对应的最远距离 $D_{10\%}$。其核心问题是：采用何种方法，才能准确选择出具有代表性的1~3种主要污染物。
8. 设定厂区为污染源周边500 m的范围。不考虑环境质量等其他附加条件：按 $D_{10\%} \geqslant$ 5 km来确定的大气环境评价等级是几级？按 $P_{max} \geqslant 80\%$ 来确定的环境评价等级是几级？按 $P_{max} < 80\%$ 来确定的环境评价等级是几级？按 $D_{10\%} < 5$ km来确定的环境评价等级是几级？按 $D_{10\%} < 5$ km，$P_{max} < 80\%$ 来确定的环境评价等级是几级？若有二种污染物，第一个 $P_{max} = 30\%$，第二个污染物 $P_{max} = 85\%$、$D_{10\%} <$ 污染源距厂界最近距离，则确定的大气环境

评价等级是几级?

9. 某工厂锅炉房的锅炉配置除尘效率为 95% 的除尘器,全年燃煤 8 000 t,所用煤的灰分为 20%,烟气中飞灰所占份额为 25%,试求该锅炉房全年烟尘排尘量。

10. 废水排入河流后,污染物与河水是如何混合的?由哪几个阶段组成?其机理是什么?

11. 在一水库附近拟建一个工厂,投产后向水库排放废水 1500 m³/d,水库设计库容为 $8.5×10^6$ m³,入库的地表径流 $8×10^4$ m³/d,地方上规定水库为Ⅱ类水体。水库现状 BOD_5 浓度为 1.2 mg/L。请计算该拟建工厂容许排放的 BOD_5 量。如果该厂排放的废水中 BOD_5 浓度为 60 mg/L,处理率应达到多少才能排放?建议采取什么措施?

12. 一个拟建项目将排放售 BOD、酚、氰等污染物的废水 12 000 m³/d,水温 40 ℃,pH 为 5.5。拟排入一条平均流量为 50 m³/s 的河流,该河流为Ⅲ类水体。问该项目的水环境影响评价等级?如果此废水将排入一个平均水深 12 m、面积 20 km²、属Ⅱ类水体的水库,则评价等级如何?

13. 水环境影响的预测点和预测时期如何确定?试简述之。

14. 一条流场均匀的河段,河宽 $B=200$ m,平均水深 $\overline{H}=3$ m,流速 $u_x=0.5$ m/s,横向弥散系数 $E_y=1$ m²/s,平均底坡 $i=0.0005$。一个拟建项目可能以岸边和河中心两种方案排放,试采用理论公式以及经验公式分别计算完全混合距离,并对计算结果的差异做解释。

15. 一条河流Ⅲ类水体,COD_{Cr} 基线浓度 10 mg/L。一个拟建项目排放废水后,将使 COD_{Cr} 浓度提高到 13 mg/L。设当地的发展规划还将有两个拟建项目在附近兴建。按照水环境规划,该河段自净能力允许利用率 $\lambda=0.6$,问当地环境保护部门是否应批准该拟建项目的废水排放?为什么?

16. 常用的消减拟建项目对地表水污染措施有哪些?您有何补充和修正意见?

17. 一个改扩工程拟向河流排放废水,废水量 $Q_h=0.15$ m³/s,苯酚浓度为 $C_h=30$ mg/L,河流流量 $Q_p=5.5$ m³/d,流速 $u_x=0.3$ m/s,苯酚背景浓度为 $C_p=0.5$ mg/L,苯酚的降解系数 $K=0.2$ d^{-1},纵向弥散系数 $D_x=10$ m²/s。求排放点下游 10 km 处的苯酚浓度。

18. 有一条比较浅而窄的河流,有一段长 1 km 的河段,稳定排放含酚废水 $Q_h=1.0$ m³/s,含酚浓度为 $C_h=200$ mg/L,上游河水流量为 $Q_p=9$ m³/s,河水含酚浓度为 $C_P=0$,河流的平均流速为 $v=40$ m/d,酚的衰减速率系数为 $k=21/d$,求河段出口处的含酚浓度为多少?

19. 土壤环境的影响类别有哪些?如何判别?

20. 已知某污灌区土壤镉的背景值为 0.19 mg/kg,年残留率为 0.9%,年输入土壤中镉的量为 630 g/hm²,设每公顷耕作土层重 $2.25×10^6$ kg,请计算该污灌区灌溉 20 年土壤镉的残留量。

21. 避免、消除和减轻土壤负面影响的措施有哪些?

22. 试述固体废物的定义与分类。

23. 固体废物的环境危害有哪些?

24. 根据填埋物入场要求,下列哪些废物可直接填埋?哪些废物需预处理后填埋?哪些废物禁止入场填埋?

废物类型	直接填埋	预处理后填埋	禁止填埋
本身具有反应性的废物			
易燃废物			
液体废物			
医疗废物			
废物渗出液 pH 为 7.0~12.0 的废物			

25. 某市有一座处理能力为 600 t/d 的生活垃圾填埋场，位于距市区 10 km 处的一条自然冲沟内，场址及防渗措施均符合相关要求。现有工程组成包括填埋场、填埋气体导排系统、渗滤液收集导排系统，以及敞开式调节池等。渗滤液产生量约 85 m³/d，直接由密闭罐送距填埋场 3 km、处理能力为 4×10^4 m³/d 的城市二级污水处理厂处理后达标排放。填埋场产生的少量生活污水直接排入附近的一小河。随着城市的发展，该市拟新建一座垃圾焚烧发电厂，涉及处理能力为 1 000 t/d，建设内容包括两座焚烧炉，2×22 t/h 余热锅炉和 2×6 MW 发电机组。设垃圾卸料、输送、分选、储存、焚烧发电、飞灰固化和危险废物暂存等单元，配套建设垃圾渗滤液收集池、处理系统和事故收集池。垃圾焚烧产生的炉渣、焚烧飞灰固体废物均送现有的垃圾填埋场。垃圾焚烧发电厂距现有垃圾填埋场 2.5 km，不在城市规划区范围内。厂址及其附近无村庄和其他工矿企业。

(1) 简要说明现有垃圾填埋场存在的环境问题。
(2) 列出垃圾焚烧发电厂的主要恶臭因子。
(3) 除了垃圾储存池和垃圾输送系统外，本工程产生恶臭的环节还有哪些？
(4) 给出垃圾储存池和输送系统控制恶臭的措施。
(5) 简要分析焚烧炉渣、焚烧飞灰固化体处置方式的可行性。

26. 为什么要对固体废物进行影响评价？
27. 简述声环境影响评价工作等级的划分依据。
28. 进行声环境影响预测需要获取哪些基础资料？
29. 简述声环境影响预测的步骤。
30. 如何确定声环境影响的预测范围和预测点？
31. 简述我国声环境影响评价的基本内容。
32. 制定噪声污染防治对策应遵循哪些基本原则？
33. 《声环境质量标准》(GB 3096—2008) 中将城市声环境质量分为哪几类？每类有何要求？
34. 试制作一张划分环境噪声评价等级和相应工作内容及范围的表格。
35. 简述我国环境噪声影响评价的基本内容。
36. 消除和减轻拟建项目噪声的重要对策有哪些？
37. 如何布设噪声环境影响的预测点？
38. 简述噪声级预测的程序。
39. 计算 75 dB、80 dB、70 dB、78 dB、72 dB 的和及平均值。
40. 噪声污染防治措施有哪些？如何对工厂里的噪声源治理？如何确定噪声控制方案？
41. 工厂锅炉房排气口外 2 m (r_1) 处，噪声级为 80 dB (A)，厂界值要求标准为 60 dB (A)，厂界应与锅炉房最少距离 r_2 是多少米？

第六章 区域开发环境影响评价

第一节 区域开发环境影响评价概述

一、区域开发环境影响评价的概念

区域开发环境影响评价是针对区域开发活动而进行的评价工作,有时也称为区域环境影响评价。区域开发活动是指特定区域、特定时间内有计划进行的一系列重大开发活动,一般具有规模大、占地广、综合性强、管理层次多、不确定因素多、环境影响复杂等特点。

所谓区域开发环境影响评价,就是在一定的开发区域内,以可持续发展为目标,以区域发展规划为依据,从整体上综合考虑拟开展的社会经济活动对环境产生的影响,并据此制定和选择维护区域良性循环、实现经济可持续发展的最佳行动规划或方案,同时,也是为区域开发规划和管理提供决策依据的过程。

区域开发环境影响评价应从长远和总体的角度,从战略层次上对区域开发的规划、计划、政策、法规、方案、措施等进行系统地综合评价,将生态环境的理念、目标、指标、要求、项目等渗透到社会经济发展战略中,贯彻可持续发展的原则。

自然资源和生态环境是可持续发展的物质基础,是区域开发和社会经济发展的基石与边界条件。生态环境的可持续性取决于与资源密切相关的几个因素:环境资源的持续可获量;生态服务功能的持续性;受干扰系统的恢复能力和缓冲能力;环境资源的利用中科技进步对减缓环境压力的贡献等。上述因素都是区域开发环境影响评价中要在时空上予以评估的,都应在指标体系、模型模式、技术方法、费用效益等诸多方面予以论证、评估,以把握区域开发的长远总体的发展战略。

二、区域开发环境影响评价的特点与原则

(一) 特点

1. 战略性 区域开发环境影响评价是从区域发展规模、性质、产业布局、产业结构及功能布局、土地利用规划、污染物总量控制、污染综合防治等方面综合论述区域环境保护和经济发展的战略性对策,评价结果对区域开发活动和可持续发展具有战略意义。

2. 复杂性 区域开发环境影响评价的对象包括区域开发内所有的开发行为和开发项目,评价工作不仅要考虑社会、经济和文化等各种要素,更强调对自然生态环境影响的评价。同时,评价方法也多种多样。

3. 不确定性 区域开发环境影响评价的不确定性是由区域开发的不确定性决定的,区域开发一般是逐步、滚动发展的,某些规划项目在实施过程中有可能发生变化。

4. 整体性 区域开发环境影响评价将区域视为一个系统,从整体上分析评价区域内的

环境问题和采取的环保措施，确定区域环境目标值，实行区域污染物集中控制和治理。

5. 超前性 区域开发具有空间上的广泛性和多方位性，时间上的长远性和历史性，这是区域开发的本质特征。因此，在环境影响评价中必须具有超前意识，才能以最小的环境代价获取最大的社会、经济和生态效益。

（二）原则

区域开发环境影响评价是区域开发规划的重要组成部分，是一项科学性、综合性、预测性、规划性和实用性很强的工作，因此在评价中应遵循以下原则。

1. 战略性原则 区域开发环境影响评价应紧密结合区域发展规划，从战略层面评价区域开发活动与区域发展规划的一致性，按可持续性发展的观点，确定区域环保目标，使区域环境影响评价成为区域发展规划的决策依据。

2. 同一性原则 区域开发环境影响评价的同一性原则，是由区域开发影响评价的目的性决定的。区域开发环境影响评价必须放在区域规划、区域经济规划中进行。

3. 整体性原则 区域开发环境影响评价的整体性原则，则是由区域开发环境影响评价的多元性决定的。区域开发环境影响评价涉及协调和解决开发建设活动中产生的各种环境问题，包括所有产生污染和生态破坏的各部门的开发行为及项目间的相互影响和累积影响。

4. 综合性原则 区域环境影响评价不仅要考虑开发行为带来的自然环境问题，还要考虑开发行为对社会环境、经济环境、人文环境以及人们生活质量等方面的影响，即要对区域环境影响进行综合评价。

5. 实用性原则 在制定优化方案和污染防治对策方面，应该使其在技术上可行、经济上合理、效果上可靠，并能为建设部门所采纳。

6. 可持续性原则 区域开发是一个逐步的、滚动的开发过程，随着时间的推移，某些规划项目可能要进行适当的调整甚至较大的改变。区域环境影响评价应该帮助建立一种具有可持续改进功能的环境管理体制，以适应区域开发活动的这种动态性，确保区域开发的可持续性。

三、区域开发环境影响评价的主要类型

区域开发环境影响评价的类型与区域发展规划相对应，制定某种类型区域发展规划就应开展相同类型的区域开发环境影响评价。一般来说，区域开发环境影响评价主要有三类。

1. 开发区建设项目环境影响评价 开发区主要是指经济技术开发区、高新技术产业开发区、保税区、边境经济合作区、旅游度假区及工业园区等。

2. 城市建设和开发环境影响评价 城市建设与开发包括城市新区的建设和老区的改造。

3. 流域开发环境影响评价 主要指沿江河（包括水库）流域进行的综合性开发建设。

四、区域开发环境影响评价的程序与内容

（一）工作程序

区域开发环境影响评价的工作程序大体上分为三个阶段，即准备阶段、评价工作阶段和报告书编写阶段。

区域开发建设项目涉及多项目、多单位，不仅需要评价现状，而且需要预测和规划未来，协调项目间的相互关系，合理确定污染分担率。因此，为使区域开发环境评价工作更有

针对性并符合实际，应在评价中间阶段提交阶段性中间报告，向建设单位、环保主管部门通报情况和预审，以便完善充实，修订最终报告。

区域开发环境影响评价的工作程序如图6-1所示：

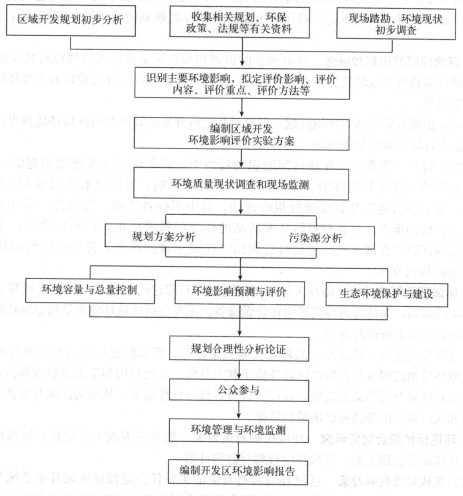

图6-1 区域开发环境影响评价工作程序

（二）基本内容

在区域开发正式实施之前，待开发的项目或者项目特征都是不确定的，因此，区域开发环境影响评价的重点往往放在区域开发的发展方向或性质规划、区域土地利用规划及区域公共设施规划等对环境的影响上，其主要内容如下。

1. 区域环境现状调查与评价 区域环境现状调查主要包括区域环境背景资料收集和区域环境现场监测两个部分。调查的内容包括开发区域及周围地区的社会经济状况、自然环境、生态环境和人们的生活质量等。区域环境监测包括对大气、水体、土壤、生态和噪声的现状进行监测及其背景值的研究。区域环境现状评价就是在现状调查的基础上，根据环境监测数据，以国家和地方环境质量标准为依据，运用一定的评价方法给出区域环境现状的结论。

2. 区域总体发展规划 区域总体发展规划是为确定区域性质、规模、发展方向,通过合理利用区域土地,协调空间布局和各项建设,实现区域经济和社会发展目标而进行的综合部署。区域总体规划侧重于从区域形态设计上落实经济、社会发展目标,环境的保护与建设是其中的重要内容。它同环境现状调查与评价一样,是区域开发中的环境问题识别与筛选的依据和基础,同时,区域环境影响评价也需要对其发展规划的合理性、可行性给出评价和建议。

3. 环境问题的识别和筛选 环境问题的识别和筛选就是依据区域环境现状质量评价结论、区域资源特点及区域社会经济发展目标,识别、筛选该区域开发建设的主要环境问题及环境影响因子。

首先,识别开发活动的环境问题。即针对特定的开发活动所在的区域环境找出特定的问题,以决定环境影响评价的范围、内容及重点。

其次,筛选评价重点。在环境问题识别过程中,需要识别开发活动引起的所有直接和潜在的影响、直接和间接的影响、短期和长期的影响、可恢复和不可恢复的影响等,并对每一种影响的范围和程度进行粗略评估。其中那些直接的、长期的、不可恢复的影响往往是评价的重点。只有对具体开发活动的环境问题做出正确的识别之后,才能筛选出环境影响评价工作的重点,进而对它做出定性或定量的评价,并根据评价的结果提出防治措施或替代方案。

4. 区域环境影响分析 即在区域环境问题识别和筛选的基础上,分析区域开发活动对区域环境的影响,为最终的环境影响评价做准备。主要包括区域环境污染物总量控制分析和区域环境制约因素分析两方面。

区域开发要坚持可持续发展战略,实施总量控制,资源问题应作为分析研究的首要问题。区域环境制约因素分析包括区域环境承载力分析、土地利用和生态适宜度分析,可以从宏观角度对区域开发活动的选址、规模、性质进行可行性论证,从而为区域开发各功能的合理布局和入区项目的筛选提供决策的依据。

5. 环境保护综合对策研究 环境保护对策研究一般从三方面入手分析:区域环境战略对策、环境综合治理方案、区域环境管理及监测计划。

(1) 区域环境战略对策 区域环境战略对策的主要任务是保证区域环境系统与区域社会、经济发展相协调。通过以资源合理开发利用为主要内容的宏观环境分析提出相应的协调因子和宏观总量控制目标,并指导各环境要素的详细评价。

(2) 环境综合治理方案 首先要从经济和环境两个方面进行全面规划,尽量减少污染物排放量;其次是合理布局,充分利用各地区的环境容量,对必须进行治理的污染物,采取集中处理和分散治理相结合的原则,用最小的环境投资取得最大的环境效益等一整套污染综合防治办法,经济地、有效地解决经济建设中的环境污染问题。

(3) 区域环境管理计划 区域环境管理计划是为保证环境功能的实施而制定的必要的环境管理措施和规定。一般可分为环境管理机构设置与监控系统的建立(包括环境监测计划)、区域环境管理指标体系的建立和区域环境目标的可达性分析三个方面。

五、区域开发环境影响评价的重点

针对区域开发环境影响评价的特点,在区域开发环境影响评价中应重点考虑四个方面。

（一）环境问题及制约因素识别

环境问题及制约因素识别即识别区域开发可能带来的主要环境影响以及可能制约开发区发展的环境因素。

环境问题的识别应根据开发区的性质、规模、建设内容、发展规划并结合区域环境现状进行。通过调查区域的主要环境敏感点、环境资源、环境质量现状等，结合开发区的开发活动来判断可能产生的主要环境问题、影响程度及主要的环境制约因素。

在识别开发区主要环境问题和制约因素时，应充分考虑到开发区外可能给开发区带来的环境问题和制约因素，如区外的重大污染源对区内的影响，区外重要敏感点对区内开发活动的制约等。

（二）计算环境容量并提出污染物排放总量控制方案

计算环境容量并提出污染物排放总量控制方案即分析确定开发区主要相关环境介质的环境容量，提出合理的污染物排放总量控制方案。

实施区域污染物排放总量控制是维护区域可持续发展的重要保证，而环境容量的研究是实施区域污染物排放总量控制的基础。环境容量的大小与该环境的社会功能、环境质量现状、污染源特征、污染物性质以及环境的自净（扩散）能力等相关因素有关。

合理的污染物排放总量控制方案包含两层意思，一是指排污量的合理分配，采用优化的方法，将区域所确定的排污总量合理地分配到区内的每一个污染源上；二是指污染物总量控制的合理性，即所确定的排污总量应充分考虑到区域现有的经济技术条件，为区域经济的可持续发展留有充分的余地。

（三）环保方案论证

环境方案论证即从环境保护角度论证开发区环境保护基础设施建设方案，如污染物集中治理方案（包括治理设施的规模、工艺和布置的合理性等）；生态建设方案（包括生态恢复、补偿、绿化等）；水土保持方案等。

对区域污染物进行集中治理是区域开发环境影响评价的一个特点，在单个建设项目评价中很难做到这一点。在区域开发环境影响评价中，应对区域污染物集中治理的方案从规模、选址、工艺和布局、污染物排放口和排放方式、治理效果等方面进行分析。

区域开发如果导致某些生态环境功能的丧失或改变，为保障区域的可持续发展，必须对生态环境进行建设、补偿和改善，包括对某些生态功能的恢复措施、对生态损失的补偿措施以及相应的区域总体绿化措施等。

（四）规划方案综合论证

规划方案综合论证即对拟议的开发区各规划方案（包括开发区选址、功能区划、产业结构与布局、发展规模、基础设施建设、环保设施等）进行环境影响分析和综合论证，提出修改和完善开发区规划的建议和对策。

开发区的规划方案一般是由建设单位委托规划设计部门做出的，在开发区区域环境影响评价中需要对规划方案从环境影响的角度做出分析和评价。例如对开发区的选址，应从土地利用的合理性、拟选开发区位置周围的环境敏感性、开发区各类污染物排放的环境条件、开发区的地质条件和资源条件等方面进行分析，根据分析论证结果说明选址的合理性和不足之处，并提出对策建议。从环境保护角度来说，选址不合理的开发区应考虑对规划方案做重大调整或重新选址。

六、区域开发环境影响评价的实施方案

区域开发环境影响评价的实施方案类似于建设项目环境影响的评价大纲,它是环境影响评价工作的总体设计和行动指南,是编制环境影响报告书的主要技术依据,也是检查报告书内容和质量的判定标准。

(一) 实施方案的基本内容

① 开发区规划简介。
② 开发区及其周边地区的环境状况。
③ 规划方案的初步分析。
④ 开发活动环境影响识别和评价因子选择。
⑤ 评价范围和评价标准(指标)。
⑥ 评价专题及其实施方案的设置。

(二) 确定评价范围

1. 基本要求 评价范围按不同环境要素和区域开发建设可能影响的范围来确定,应包括开发区、开发区周边地域以及开发建设直接涉及的区域(或设施)。区域开发建设涉及的环境敏感区等重要区域必须纳入环境影响评价的范围。

2. 基本原则 确定各环境要素的评价范围应体现表 6-1 中所列的基本原则,具体数值参照有关环境影响评价技术导则。

表 6-1 确定评价范围的基本原则

评价要素	评价范围
陆地生态	开发区及其周边地域,参考 HT/J 19 "非污染生态影响"
空气	可能受到区内和区外大气污染影响的,根据所在区域现状大气污染源、拟建大气污染源和当地气象、地形等条件确定
地表水(海域)	与开发区建设相关的重要水体或水域(如水源地、水源保护区)和水污染物受纳水体,根据废水特征、排放量、排放方式、受纳水体特征确定
地下水	根据开发区所在区域地下水补给、径流、排泄条件、开采利用状况量,及其与开发区建设活动的关系确定
声环境	开发区与相邻区域噪声适用区划
固体废物管理	收集、储存及处置场所周围

(三) 规划方案初步分析

规划方案初步分析的内容及要求如下。

1. 开发区选址的合理性分析 根据开发区性质、发展目标和生产力配置基本要素,分析开发区规划选址的优势和制约因素。

开发区生产力配置有12个基本要素:土地、水资源、矿产或原材料资源、能源、人力资源、运输条件、市场需求、气候条件、大气环境容量、水环境容量、固体废物处理处置能力、启动资金。

2. 开发规划目标的协调性分析

(1) 按主要的规划要素，逐项比较分析开发区规划与所在区域总体规划、其他专项规划、环境保护规划的协调性，其中包括：

① 区域总体规划对该开发区的定位、发展规模、布局要求，对开发区产业结构及主导行业的规定。

② 开发区的能源类型、污水处理、固体废物处置、给排水设计、园林绿化等基础设施建设与所在区域总体规划中各专项规划的关系。

③ 开发区规划中制定的环境功能区划是否符合所在区域环境保护目标和环境功能区划的要求等。

(2) 可采用列表的方式说明开发区规划发展目标及环境目标与所在区域的规划目标及环境保护目标的协调性。

(四) 环境影响识别

1. 基本要求

① 按照开发区的性质、规模、建设内容、发展规划、阶段目标和环境保护规划，结合当地的社会经济发展总体规划、环境保护规划和环境功能区划等，调查主要敏感环境保护目标、环境资源、环境质量现状，分析现有环境问题和发展趋势，识别开发区规划可能导致的主要环境影响，初步判定主要环境问题、影响程度以及主要环境制约因素，确定主要评价因子。

② 主要从宏观角度进行自然环境、社会经济两方面的环境影响识别。

③ 一般或小规模开发区主要考虑对区外环境的影响，重污染或大规模（大于 11 km^2）的开发区还应识别区外经济活动对区内环境的影响。

④ 突出与土地开发、能源和水资源利用相关的主要环境影响的识别分析，说明各类环境影响因子、环境影响属性（如可逆影响、不可逆影响），判断影响程度、影响范围和影响时间等。

2. 主要方法 影响识别的主要方法有矩阵法、网络法、GIS 支持下的叠加图法等。

(五) 评价专题设置

专题设置是编制环境影响评价实施方案中一个非常重要的内容。通过对开发区规划方案的初步分析和环境影响的识别，结合区域环境特征，设置开展环境影响评价的专题，以及如何进行该专题工作的实施方案。各专题工作的实施方案一般应包括该专题的主要评价内容、评价方法、拟采用的计算模式及参数的选择、评价所用资料和数据的来源等。通过专题设置，基本上确定了环境影响评价工作的内容、深度，为以后环境影响报告书的编制打下基础。

1. 基本要求 评价专题的设置要体现区域环评的特点，突出规划的合理性分析和规划布局论证、排污口优化、能源清洁化和集中供热（汽）、环境容量和总量控制等涉及全局性、战略性的内容。

2. 专题设置 区域开发环境影响评价一般设置以下专题：

① 环境现状调查与评价。

② 规划方案分析与污染源分析。

③ 环境空气影响分析与评价。

④ 水环境影响分析与评价。
⑤ 固体废物管理与处置。
⑥ 环境容量与污染物总量控制。
⑦ 生态环境保护与生态建设。
⑧ 开发区总体规划的综合论证与环境保护措施。
⑨ 公众参与。
⑩ 环境监测和管理计划。

3. 专题调整　进行专题设置时应注意根据评价工作的具体内容进行调整：

① 区域开发可能影响地下水时，需设置地下水环境影响评价专题，主要评价工作内容包括调查水文地质的基本状况和地下水的开采利用状况、识别影响途径和选择预防对策和措施。

② 涉及大量征用土地和移民搬迁，或可能导致原址居民生活方式、工作性质发生大的变化的开发区规划，需设置社会影响分析专题。

七、区域开发环境影响评价的报告书

（一）编制要求

环境影响评价报告书是供环境保护主管部门和专家审查及存档的主要文件。环境影响报告书应做到文字简洁、图文并茂、数据翔实、论点明确、论据充分、结论清晰准确。

（二）基本章节

区域开发环境影响评价报告书一般包括以下基本章节：

① 总论。
② 开发区总体规划和开发现状。
③ 环境状况调查和评价。
④ 规划方案分析与污染源分析。
⑤ 环境影响预测与评价。
⑥ 环境容量与污染物排放总量控制。
⑦ 开发区总体规划的综合论证和环境保护措施。
⑧ 公众参与。
⑨ 环境管理与环境监测计划。
⑩ 结论。

第二节　区域环境容量与污染物总量控制

一、区域环境容量分析

（一）基本概念

环境容量是指在人类和自然环境不致受害的情况下，某一环境单元所能容纳的污染物的最大负荷。或者说在某一区域内容纳污染物质的能力有一定限度，这个限度即环境容量。

区域环境容量的大小，与该区域的社会功能、自然环境条件（背景）、污染源位置（布局）、污染物的物理化学性质以及环境的自净能力等因素有关。一般所指的环境容量是在区域环境质量不超出环境目标值的前提下，区域环境能够容许的污染物最大的排放量。

环境容量是一种资源，其合理利用对于区域的可持续发展至关重要。环境容量是确定污染物排放总量指标的依据，而污染物排放总量决定了对区域环境的影响程度，只有排放总量小于环境容量，才能保证环境目标的实现。在确定阶段性排放总量控制指标时需要考虑到环境容量。

（二）水环境容量估算

水环境容量是指人类和水环境不致受害的情况下，某种水污染物在某一纳污水域中所能容纳的最大负荷。

水环境容量的估算按以下步骤进行：

① 进行水域功能划分，确定水质标准。

② 进行现状监测，确定受纳水体的水质现状，分析受纳水体水质的达标程度。

③ 在对受纳水体动力特性深入研究的基础上，利用水质模型建立污染物排放和受纳水体水质之间的输入响应关系。一般在污染带范围内可采用二维水质模型，在均匀混合段可采用一维水质模型。水质模型应按要求进行验证。

④ 确定合理的混合区，根据受纳水体水质达标程度，考虑相关区域排污的叠加影响，应用输入响应关系，以受纳水体水质按功能达标为前提，估算相关污染物的环境容量。

（三）大气环境容量估算

大气环境容量是指人类和大气环境不致受害的情况下，某种大气污染物在某一环境单元中所能容纳的最大负荷。大气环境容量可以采纳以下方法估算。

1. A-P值法 这是以大气质量标准为控制目标，在考虑到大气污染物扩散稀释规律的基础上，使用控制区排放总量允许限值来计算大气的环境容量。其计算过程简单，需要确定的各类参数少，可用以粗略估算区域大气的环境容量。《制定地方大气污染物排放标准的技术方法》（GB/T 13201—91）中推荐的就是这种方法。

2. 反演法 利用大气环境质量模型（如窄烟云稀释矩阵模型），在给定大气环境质量标准的情况下，通过模型反演，即已知地面浓度求排放量的方法，反算控制区各种污染源的排放总量（环境容量）。这种方法可以用来对区域内新增的污染源进行布局，及对开发区的环境容量进行规划。

3. 模拟法 利用大气环境质量模型，模拟区域内污染源排放的污染物所产生的地面浓度是否会导致环境空气质量超标。如超标，则按等比例或按对环境质量的贡献率削减相关污染源排放量，以最终满足环境质量标准的要求。满足这个充分必要条件时所对应的所有污染源排放量的和即为区域的大气环境容量。该方法需要知道区域内所有排放源的有关参数。

4. 线性规划法 根据线性规划理论计算大气环境容量。该方法以不同功能区的环境质量标准为约束条件，以区域污染物排放量极大化为目标函数。满足功能区达标时所对应的区域污染物的极大排放量即可视为区域的大气环境容量。这种方法是对区域大气污染总量控制的一种优化方法。

二、区域环境污染物总量控制

(一) 基本概念

污染物排放总量的控制,是指在某一区域环境范围内,为了达到预定的环境目标,通过一定的方式,计算或核定区域内主要污染物的环境最大允许负荷(近似于环境容量),并以此对区域内污染物的排放总量进行合理规划和分配,最终确定区域内各污染源允许的污染物排放量。

(二) 区域环境污染物总量控制分类

目前,根据不同的确定方法,区域环境污染物总量控制的分析方法有下列几种,如图6-2所示。

1. 区域污染物容量总量控制 区域污染物容量总量控制是根据各环境要素和各污染物的环境容量累积计算区域环境污染物的容量总量。由于有关确定环境容量的环境自净规律复杂,研究的周期长、工作量大,而且某些自净能力的因子尚难确定,因此,目前通过环境容量来确定区域容量总量面临着很大的困难。

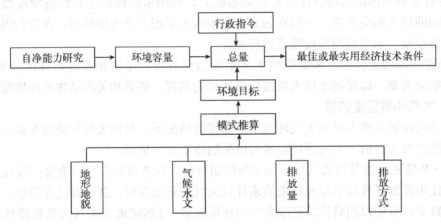

图6-2 区域环境污染物总量控制类型图

2. 区域污染物目标容量总量控制 目前在区域开发环境影响评价中通常使用的方法是将环境目标或相应的标准看作确定环境容量的基础。即一个区域的排污总量应以保证环境质量达标条件下的最大排污量为限,一般应采用现场监测和相应的模拟模型计算,分析原有总量对环境的贡献以及新增总量对环境的影响,特别是要论证采取综合整治和总量控制措施后,排污总量是否满足环境质量要求。这种以环境目标值推算的区域污染物容量总量就称为目标总量控制。

3. 指令性区域污染物容量总量控制 指令性区域污染物容量总量控制即国家和地方政府按照一定的原则在一定时期内所下达的主要污染物排放总量控制指标,所做的分析工作是如何在总指标范围内确定各小区域的合理分担率。一般要根据区域内社会、经济、资源和面积等代表性指标的比例关系,采用对比分析和比例分配法进行综合分析来确定。这种方法简便易行、可操作性强、见效快。目前,多数城市运用这种方法,取得明显的效果。

4. 最佳技术经济条件下的区域污染物容量总量控制 该方法是通过分析主要排污单位在其经济承受能力的范围内或合理的经济负担下,采用最先进的工艺技术和最佳污染控制措施所能达到的最小排污总量,但要以其上限达到相应的污染物排放标准为原则。它可以把污染物排放最少量化的原则应用于生产工艺过程中,体现全过程控制原则。

在分析区域污染物总量控制时,要根据区域的实际情况因地制宜、因时制宜地选用估算方法。

(三) 技术路线和工作程序

在分析区域环境污染物的排放总量控制时可以采用目标总量控制、技术经济总量控制和指令性总量控制相结合的方法。其技术路线如图 6-3 所示。

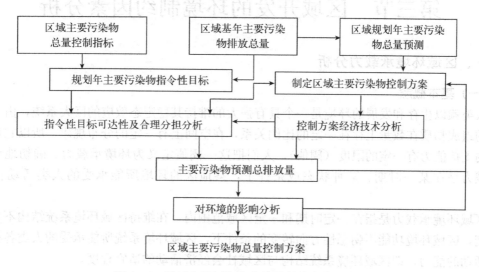

图 6-3 区域主要污染物总量控制技术分析路线

在这个程序中,首先根据国家对开发区所在省(市)下达的污染物总量控制指标和区域各类主要污染物排污总量的预测分析制定出一个控制目标。同时根据有关规则中提出的控制对策和方案,进行技术经济分析,并对照指令性污染物总量控制目标进行目标可达性及合理分担的分析。

(四) 区域环境污染物总量控制分析要点

① 选择的总量控制因子是否合适。
② 污染物是否达标排放。
③ 环境质量是否达标。
④ 是否符合指令性总量控制要求。
⑤ 是否贯彻了"增产不增污、以新带老、集中治理"的原则。
⑥ 经济技术是否可行。

(五) 区域污染源排放总量的估算

① 依据政府给定的区域指令指标,确定污染源排放总量。
② 依据对区域环境容量的计算结果,提出合理的比例系数,确定区域污染源排放总量。
③ 政府对区域有明确污染物排放削减要求的,应将现实排放量按比例削减后作为区域的排放总量。
④ 选择与区域规划性质、发展目标相近似的国内外已建的开发区做类比分析,采用计算经济密度的方法(每平方千米的能耗或产值等),类比污染物排放总量数据,建立能耗产

值和污染物排放量的相互关系,进而估算区域的污染物排放总量。

⑤ 对于已建成主导产业的区域,应按主导产业的类别分别选择区域内典型的龙头企业,调查审核实际的污染因子和排放现状,依据该产业的扩建,同时考虑科技进步和能源替代方案等因素,估算区域污染物排放总量。

⑥ 根据区域内外重要环境保护目标功能要求对开发区的制约,反推区域污染物排放总量及排放特征。

第三节 区域开发的环境制约因素分析

一、区域环境承载力分析

(一) 基本概念

人类赖以生存和发展的环境是一个具有强大的维持其稳定态效应的巨大系统,由于环境系统的组成物质在数量上存在一定的比例关系,在空间上有一定的分布规律,所以它对人类活动的支持能力有一定的限度(阈值),人们把这一阈值定义为环境承载力。确切地说,环境承载力是在某一时期、某种状态或条件下,某地区的环境所能承受的人类活动作用的阈值。

区域环境承载力是指在一定时期和一定区域范围内,在维持区域环境系统结构不发生质的改变,区域环境功能不朝恶性方向转变的条件下,区域环境系统所能承受的人类各种社会经济活动的能力,即区域环境系统结构与区域社会经济活动的适宜程度。

(二) 区域环境承载力分析的对象和内容

人类与环境的协调,仅仅从污染物的预防治理方面来考虑已经不能解决问题,必须从区域环境系统结构和区域社会经济活动方面来分析。因此,区域环境承载力的研究对象就是区域社会经济-区域环境结构系统。它包括两方面,一是区域环境系统的微观结构、特征和功能,二是区域社会经济活动的方向、规模。将两方面结合起来,以量化的手段表现两方面的协调程度,就是区域环境承载力的研究目的。

区域环境承载力的研究包括如下内容:区域环境承载力指标体系;区域环境承载力大小表征模型及求解;区域环境承载力综合评估;与区域环境承载力相协调的区域社会经济活动的方向、规模和区域环境保护规划的对策措施。

(三) 区域环境承载力的指标体系

要准确客观地反映区域环境承载力,必须有一套完整的指标体系,这是分析研究区域环境承载力的根本条件。

建立环境承载力指标体系必须遵循以下原则:

① 科学性原则 科学性原则即环境承载力的指标体系应从为区域社会经济活动提供发展的物质基础条件,以及对区域社会经济活动起限制作用的环境条件两方面来构造,并且各指标必须有明确的界定。

② 完备性原则 完备性原则即尽量全面地反映环境承载力的内涵。

③ 可量性原则 可量性原则即所选指标必须是可度量的。

④ 区域性原则 环境承载力具有明显的区域性特征,选取指标时应重点考虑能代表明

显区域特征的指标。

⑤ 规范性原则 规范性原则即必须对各项指标进行规范化处理以便于计算,并对最终结果进行比较等。

环境承载力的指标体系应该从环境系统与社会经济系统的物质、能量和信息的交换上入手。即使在同一个地区,人类的社会经济行为在层次和内容上也完全可能会有较大的差异,因此不应该也不可能对环境承载力指标体系中的具体指标做硬性的统一规定,只能从环境系统、社会经济系统之间物质、能量和信息联系的角度将其分类。一般可分为三类:

第一类,自然资源供给类指标,如水资源、土地资源、生物资源等。

第二类,社会条件支持类指标,如经济实力、公共设施、交通条件等。

第三类,污染承载能力类指标,如污染物的迁移、扩散和转化能力、绿化状况等。

(四) 区域环境承载力的量化研究

区域环境承载力的指标体系建立后,对环境承载力的研究就是对环境承载力值进行计算、分析,并提出相应的保持或提高当前环境承载力值的方法措施。一般来说,这些指标与经济开发活动之间的数量关系很难确定,一方面是因为这种关系本身非常复杂,如大气中SO_2的浓度就不仅与区域的能源消耗总量有关,而且还与当地的能源结构、环保设施投资状况等有关。另一方面,所选的指标除与人类的经济活动有关外,还可能受到许多偶然因素的影响,如降雨可将大气中的许多污染物(如SO_2)转移到水环境中,使环境承载力的结构发生变化。这些都给环境承载力的量化研究造成了一定的困难。目前有许多学者正在研究如何使环境承载力的量化具有科学性和普适性。

总之,环境承载力的量化研究是环境承载力理论的一个重要研究内容。环境承载力既然是某一区域中环境客观存在的量,所以,即使不存在一个普遍适用的计算环境承载力的公式,也应能找到合理分析环境承载力的科学方法,或找出近似表达某些类型的区域环境承载力的公式,这都会促进环境承载力理论的发展及其实际的应用。

(五) 区域环境承载力的分析方法和步骤

分析区域环境承载力一般按如下方法和步骤进行:

① 建立环境承载力指标体系,选取的指标一般与承载力的大小成正比关系。

② 通过现状进行调查或预测,确定每一指标的具体数值。

③ 针对多个小区或同一区域的多个发展方案对指标进行归一化。

④ 各个小区的环境承载力大小用归一化后的矢量的模来表示。

⑤ 根据承载力大小来对区域生产活动进行布局或选择环境承载力最大的发展方案作为优选方案。

二、区域开发土地利用和生态适宜度分析

(一) 土地使用适宜性分析

土地使用适宜性分析是区域环境影响评价的重要内容,它实际上提供了区域环境的发展潜力和承载能力,对区域环境的可持续发展具有十分重要的意义。但环境资源的使用及其对人类的影响,是随着空间和时间的迁移而变化的。因此,要求系统而全面地对土地使用适宜性及环境影响进行精确地分析评价,目前还存在一定的困难。不可能将所有环境变量完全定量地结合在决策模型中,而只能按优劣序列排队,采取非参数的统计学方法或多目标半定性

分析技术，求得准优解，以作为决策依据。

目前进行土地使用适宜性分析采用的具体方法有矩阵法、图解分析法、叠图法以及环境质量评价法等，这些方法往往结合在一起使用。

（二）生态适宜度分析

生态适宜度分析是在城市生态登记的基础上寻求城市最佳土地利用方式的方法。目前生态适宜度分析方法还不太成熟，下面简要介绍一种方法。

1. 选择生态因子　生态适宜度分析是对土地特定用途的适宜性评价。当土地和用途确定以后，如何才能评价该块土地的适宜性呢？其方法是选择能够准确或比较准确地描述（影响）该种用途的生态因子，通过多种生态因子的评价，得出综合评价值。不同土地用途所选择的生态因子不同，因此，生态因子选择的是否合适，直接影响到生态适宜度分析的结果。

2. 单因子分级评分　对特种土地利用目的选择的生态因子在综合分析前，首先必须进行单因子分级评分，可以从以下方面考虑。

① 该生态因子对给定土地利用目的的生态作用和影响程度　如人口密度对工业用地的影响很敏感，在对人口密度进行分级评分时，把工业用地的不适宜人口密度标准定得高一点，即人口密度应尽量小。

② 城市生态的基本特征　在进行单因子分级评分时，要充分考虑城市大环境的特征，各类用地单因子分级体现城市的生态特色。如风景旅游城市，适宜度的标准应尽量从严。

单因子分级评分没有完全一致的方法，同样的土地利用方式，城市的性质不同，单因子分级评分的标准也不同，因此，应因地制宜。

3. 生态适宜度分析　在各单因子分级评分的基础上，进行各种用地形式的综合适宜度分析。由单因子生态适宜度计算综合适宜度的方法有两种。

(1) 直接叠加

$$B_{ij} = \sum_{s=1}^{n} B_{isj} \tag{6-1}$$

式中，B_{ij} 为第 i 网格、利用方式为 j 时的综合评价值，即 j 利用方式的生态适宜度；B_{isj} 为第 i 网格、利用方式为 j 时第 s 个生态因子的适宜度评价值（单因子评价值）；i 为网格号（或地块编号）；j 为土地利用方式编号（或用地类型编号）；s 为影响为 j 种土地利用方式的生态因子编号；n 为影响为 j 种土地利用方式的生态因子总数。

这种直接叠加法应用的条件是各生态因子对土地的特定利用方式的影响程度基本接近。在我国城市生态规划中，直接叠加法应用较为广泛。

(2) 加权叠加　各种生态因子对土地的特种利用方式的影响程度差别很明显时，就不能直接叠加求综合适宜度，必须应用加权叠加法，对影响大的因子赋予较大的权值。计算公式如下：

$$B_{ij} = \sum_{s=1}^{n} W_s B_{isj} / \sum_{s=1}^{n} W_s \tag{6-2}$$

式中，W_s 为第 i 个网格、利用方式为 j 时第 s 个生态因子的权重值。

其他符号意义同前。

4. 综合适宜度分级　有两种分级方法：

① 分三级　根据综合适宜度的计算值分为不适宜、基本适宜、适宜三级。

② 分五级　目前对综合适宜度分级大多数城市均采用五级分法，即很不适宜、不适宜、基本适宜、适宜、很适宜五级。

以上叙述的是综合适宜度的一般分级方法，具体到某地区时，应该充分考虑当地的条件，灵活应用。

第四节　区域环境管理

一、机构设置与监控系统的建立

为保证区域环境功能的实施，必须加强对区域的环境管理工作，建立区域环境管理机构，制定必要的环境管理措施。

（一）环境管理机构

市（地、州）级规划区域应在区内设环境保护办公室和监测站，根据实际需要确定人员编制，以负责区内环境管理以及环境监测工作。监测站人员必须经过技术培训合格后方可上岗，并定期参加国家和地方监测部门的考核。对于特定的区域如经济技术开发区，区内应设置专门的环境管理及检测机构，如开发区管委会可下设环保办公室和监测站，以执行区内环境监测、污染源监督和环境管理工作。

（二）环境管理机构与环境监测站的主要职责

1. 区域环境管理机构的主要职责

① 贯彻执行环境保护法规和标准，编制并组织实施区域环境保护规划，执行上级环保工作的指令，进行各项环境管理工作，努力实现区域环境综合整治定量考核目标，为区域整体环境污染控制服务。

② 领导和组织区域的环境监测工作，检查区域环保设施运行情况，及时推广、应用环境保护的先进技术和经验，负责区内建设项目"三同时"的审批和验收，决定新建项目的环境影响评价等工作。

③ 组织开展环保专业的法规、技术培训，提高各级环保人员的素质和水平。

2. 区域环境监测站的主要职责

① 制定区域环境监测的年度计划与发展规划，对区域内重点污染源和区域环境质量开展日常监测，建立监测档案，承担上级主管部门下达的以及有关部门委托的监测任务。

② 参加区内新建、扩建和改建项目的验收和测定工作，提供监测数据。

③ 配合区内企业，参加污染治理工作，为污染治理服务，开展环境监测科学研究。

④ 承担上级下达的和有关部门委托的监测任务。

（三）环境监测计划

在编制区域环境开发影响报告书时，要制定出环境监测计划，写清楚监测计划的技术、管理要求，以便环境管理部门能够贯彻执行，确实保护环境资源，保障经济社会的可持续发展。

环境监测计划和环境监测有关内容不仅限于区域的规划阶段，而且还包括区域建设时期和运行期。在区域建设期内，环境监测通常在指定的年份里进行。对所有大规模区域开发都需要在开发发展期内进行定期监测，监测对象包括大气、水、土壤、噪声和人类社会及自然生态等其他要素。环境监测可以由环保和卫生部门承担，或由与某个环保领域有关的专家如生物学家、水文学家、社会学家等执行。环境监测计划的内容要根据区域对环境产生的主要环境影响和经济条件而定，一般包括下述几个方面：①选择合适的监测对象和环境因子；②确定监测范围；③选择监测方法；④估算、筹集及分担监测经费；⑤建立定期审核制度；⑥明确监测实施机构。

二、区域环境管理指标体系的建立

区域环境管理指标体系的建立必须在考虑环境、经济、生活质量等几个方面关系的基础上，权衡轻重，加以选择。它是由一系列相互独立、相互联系、互为补充的指标构成的有机整体。在实际规划中，由于规划的层次、目的、要求、范围、内容等不同，规划管理指标体系也不尽相同。指标体系的选择宜适当，需根据规划的对象、所要解决的主要问题、情报资料的拥有量以及经济技术力量等条件决定，以能基本表征规划对象的实际状况和体现规划目标的内涵为原则。

（一）区域环境管理指标的选取原则

1. 科学性原则 指标或指标体系能全面、准确地表征管理对象的特征和内涵，能反映管理对象的动态变化，具有完整性特点，并且可分解、可操作、方向性明确。

2. 规范化原则 指标的涵义、范围、量纲、计算方法具有统一性或通用性，而且在较长时间内不会有大的改变，或者可以通过规范化处理，与其他类型的指标表达法进行比较。

3. 适应性原则 体现环境管理的运行机制，与环境统计指标、环境监测项目和数据相适应，以便于规划和管理。此外，所选指标还应与经济社会发展规划的指标相联系或相呼应。

4. 针对性原则 指标能够反映环境保护的战略目标、战略重点、战略方针和政策；反映区域经济社会和环境保护的发展特点和发展需求。

（二）区域环境管理指标的类型

首先，区域环境管理指标在结构上可分为直接指标和间接指标两大类。直接指标主要包括环境质量指标和污染物总量控制指标，间接指标重点是与环境相关的经济、社会发展指标，区域生态指标等，如图 6-4 所示。

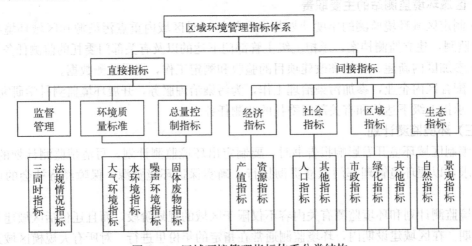

图 6-4 区域环境管理指标体系分类结构

其次，区域环境管理指标按其表征对象、作用以及在环境规划管理中的重要度或相关性可分为环境质量指标、污染物总量控制指标、环境规划措施与管理指标及相关指标。

① 环境质量指标　主要表征自然环境要素（大气、水）和生活环境（如安静）的质量状况，一般以环境质量标准为基本的衡量尺度。

② 污染物总量控制指标　将污染源与环境质量联系起来考虑，其技术关键是寻求源与汇（受纳环境）的输入响应关系，与目前的浓度标准指标有根本区别。

③ 环境规划措施与管理指标　环境规划措施与管理指标是达到污染物总量控制指标进而达到环境质量指标的支持和保证性指标。

④ 相关性指标　相关性指标主要包括经济指标、社会指标和生态指标三类。

三、区域环境目标可达性分析

（一）环境目标的概念

所谓区域环境目标是在一定的条件下，决策者对环境质量所要达到（或希望达到）的境地（结果）或标准。有了区域环境目标，就可以确定出环境规划区的环境保护和生态建设的控制水平。

（二）环境目标的确定原则

确定区域环境目标时应考虑如下几个问题：

① 选择恰当的环境保护目标时要考虑规划区环境特征、性质和功能。

② 选择环境目标时要考虑经济、社会和环境效益的统一。

③ 有利于环境质量的改善。

④ 考虑人们生存发展的基本要求。

⑤ 区域环境目标和经济发展目标要同步协调。

（三）环境目标可达性分析

初步确定区域环境目标之后，就要论述区域环境目标是否可以达到。只有从整体上认为目标可以达到后，才能进行目标的分解，具体落实到污染源、开发区、环境工程项目和措施上。

1. 从投资的角度分析区域环境目标的可达性　区域环境目标确定以后，污染物的总量削减指标以及环境污染控制和环境建设等指标也就确定了。根据完成这些指标的总投资，可以计算出总的环境投资，然后与同时期的国民生产总值进行比较。

根据环保投资占同期国民生产总值的比例论述目标可达性时，一定要结合具体的经济结构（特别是工业结构）进行考虑，因为不同的工业结构，环保投资比例相同，环境效益也可能会出现明显的差异。

2. 从提高环境管理技术和污染防治技术的角度论述目标可达性　我国五项新制度的实施，标志着我国环境管理发展到了一个新的水平，也标志着我国的环境管理发展到了由定性转向定量、由点源治理转向区域综合防治的新阶段。环境管理技术的提高必将进一步强化环境管理，为环境目标的实施提供保证。

3. 从污染负荷削减可行性的角度论述环境目标的可达性　在分析总量削减的可行性时，要分析目前削减的潜力及挖掘潜力的可能性，然后粗略地分析今后的一定时期内可能增加的污染负荷的削减能力，也就是比较污染物总量负荷削减能力和目标要求的削减能力。如果总量削减量大于目标削减量,一方面说明目标可以实现;另一方面说明目标可能定得太低,如果总削减量小于目标削减量,一方面说明在不重新增加污染负荷削减能力的条件下,目标难以实现,另一方面说明目标可能定得太高。

第五节 城市发展环境影响评价

城市是区域人口和社会经济活动高度集中的地方,城市经济发展对周边地区具有辐射和扩散作用。所以,城市是区域发展的中心和增长点,城市的发展和布局,直接影响着它所在区域的经济发展与布局。

一、城市环境功能分区

(一)环境功能区划分原则

① 以城市生态环境特征为基础。划分功能区时首先应考虑城市的性质、特征,分析城市目前各区的主要功能、主要环境问题及城市发展的总体规划和总体布局。

② 以城市环境区划为依据。划分功能区时应考虑城市土地开发现状评价、各种用地的适宜性分析。

③ 必须满足城市经济发展和居民生活的基本要求。

④ 必须满足国家有关的标准、法规及统一规定的要求。

⑤ 分析和评价改变城市各区域现有功能的可能性。需分析现有功能是否合理、是否明确,以及保持或改变现有功能的可能性等。

⑥ 同一功能区承担多种功能时,以最高功能或主要功能的要求为准。城市中往往出现同一功能区同时存在几种功能的情况,原则上应该以最高功能为准。当然,在实现最高功能有很大困难时,根据具体情况,以主要功能为准,但对最高功能要有妥善的保护措施。

⑦ 在满足以上原则的条件下,尽可能减少经济负担及困难。环境功能分区力求与现状布局近似,以使城市生态整体功能达到经济、社会、环境三效益统一的目的。

(二)环境功能区划分方法

对已建成的城市或区域,环境功能分区通常采用如下的方法:

① 对比分析城市环境区划图、城市总体规划布局图、城市现状图。同时,还要考虑城市是否存在重点保护区域,如果有,应该在每一张图上标明。

② 对比分析城市大气污染源、水污染源排放量密度图,环境噪声、固体废物堆放分布图,并标明城市气候特征。

③ 对比分析城市静态人口密度分布图、城市主要区域动态人口密度分布图、城市交通量分布图以及现有建筑密度分布图。

综合分析以上因素,分别绘制城市经济社会发展所要求的功能分布图,以及城市生态环境保护所要求的功能分布图。

④ 论证并确定城市环境功能分区初始方案图。城市环境功能分区的初始方案图确定后,要专门组织有关专家、城市规划部门以及其他相关部门反复论证,确定最后的环境功能分区图。

(三) 城市环境功能区的划分

城市环境功能区一般分为工业区、居民区、商业娱乐区、风景旅游区等。其中工业区还可细分为化工区、机械工业区、轻工业区、重工业区等。此外，城市还可根据需要设置重点保护区。

二、城市发展环境影响分析

(一) 城市发展对水环境的影响分析

城市发展的水环境影响分析包括地表水环境影响分析和地下水环境影响分析两方面。

1. 地表水环境影响分析　　地表水环境影响分析的主要内容包括：

① 分析城市区域水资源开发利用、污水收集与集中处理、尾水回用以及尾水排放对受纳水体的影响。

② 水质预测的情景设计应包含不同的排水规模、不同的处理深度、不同的排污口位置和排放方式。

③ 分析时可以针对受纳水体的特点，选择简易（快速）的水质评价模型进行预测分析。

2. 地下水环境影响分析　　对于城市建设可能影响到地下水的，应进行地下水环境影响分析，主要内容包括：

① 根据当地水文地质调查资料，识别地下水的径流、补给、排泄条件以及地下水和地表水之间的水力联通，分析包气带的防护特性。

② 根据有关地下水水源保护条例，核查城市发展规划内容是否符合有关规定，分析建设活动影响地下水水质的途径，提出限制性（防护）措施。

(二) 城市发展对环境空气的影响分析

城市发展对环境空气的影响分析包括以下主要内容：

① 城市能源结构及其环境空气影响分析。分析能源结构的类型、特征、排污特点对城市环境空气的影响。

② 对已确定位置、规模的集中供热（汽）厂，调查分析其空气污染物的排放情况，并采用相应的预测模式预测分析其对环境空气质量的影响。

③ 分析各类装置工艺尾气的排放方式、污染物种类、排放量，以及污染控制措施，分析评价其产生的环境影响。

④ 分析城市区域内空气污染物排放对区内、外环境敏感地区的环境影响。

⑤ 分析城市区域外主要污染源对区内环境空气质量的影响。

(三) 城市发展对声环境的影响分析

城市发展对声环境的影响分析的主要内容有：

① 根据城市发展规划布局方案，按有关声环境功能区划分原则和方法，拟定城市区域声环境功能区划方案。

② 对于城市发展规划布局可能影响城市区域噪声功能达标的，应考虑采取调整规划布局、设置噪声隔离带等措施。

(四) 城市发展对生态环境的影响分析

城市发展环境影响评价中还应分析城市发展规划实施对生态环境的影响，主要包括生物多样性、生态环境功能及生态景观的影响。

1. 生态影响分析的具体内容

① 分析由于土地利用类型改变导致的对园林绿化、城市生态与景观方面产生的影响。

② 分析由于资源开发利用变化而导致的对城市生态与景观方面产生的影响。

③ 分析城市区域内由于各种污染物排放量的增加，污染源空间结构、排放方式等的变化而导致的对城市生态与景观方面产生的影响。

2. 生态影响分析的重点　应着重阐明城市发展对城市生态结构与功能的影响、影响的性质与程度、生态功能补偿的可能性与预期的可恢复程度、对保护目标的影响程度及保护的可行途径等。

三、城市环境质量管理

（一）概述

城市环境质量管理是城市环境管理工作的重要内容，其目的是通过实施有效的管理方法来调节城市中人的社会经济活动与环境的关系，改善城市生态结构，并运用各种手段限制和禁止损害环境质量的活动。

环境质量控制是环境质量管理的工作过程，即运用各种手段对规定的环境单元（区域、流域、海域、城市等）进行全过程监控，保证其环境质量能适应人类生存发展。环境质量控制系统包括：①环境功能区划；②环境质量标准；③环境质量指标体系；④环境质量监测系统；⑤环境与发展综合决策支持系统。

环境质量控制方法包括：污染物浓度指标管理和污染物总量指标管理。

（二）污染物浓度指标管理

污染物浓度指标管理是指控制污染源污染物的排放浓度，其控制指标一般分为三类。

1. 综合指标　综合指标一般包括污染物的产生量、产生频率等。

2. 类型指标　类型指标一般分为化学污染指标、生态污染指标和物理污染指标三种，各类指标都是单项指标的集合。

3. 单项指标　单项指标一般有多种，任何一种物质如果在环境中的含量超过一定限度都会导致环境质量的恶化，因此就可以把它作为一种环境污染单项指标。

污染物浓度指标管理主要按照执行浓度标准来实施。

（三）污染物总量指标管理

污染物总量指标管理是指对污染物的排放总量进行控制。城市污染物总量控制是城市环境质量管理的一项重要工程，是以总量控制为基础，对从源到汇的全过程进行环境管理的一项系统工程。

城市污染物总量控制的实施要点如下：

① 确定和划分各类环境功能区的边界范围及类别，以及相应的环境功能区的目标值和相应的控制区及其排污源。

② 对环境单元内工业污染源（包括乡镇）及其他各类污染源的排放总量按规定进行申报登记，环境保护行政主管部门运用调查、监测、投入产出核算等方法，对申报数据进行核定。在此基础上对现状及趋势进行评价，对各类污染物的排放总量及污染源进行排序。

③ 根据人口增长及经济发展规划，对区域内总量控制的主要污染物的排放总量的增长进行预测分析。

④ 确定总量控制指标并进行分配。

⑤ 在总量分配的基础上，针对环境单元中各环境功能区、各行业和各类污染源的污染特性，削减污染物的排放总量，以寻求经济、技术综合优化的方案。

⑥ 对污染物总量控制制度定期进行监督考核。

上述 6 部分构成污染物总量控制的环境管理系统，在这个系统中总量分配与总量削减是两个关键环节。

四、城市环境综合整治

（一）基本概念

城市环境综合整治，就是以城市生态理论为指导，以发挥城市综合功能和整体的最佳效益为前提，运用系统分析的方法，从总体上找到制约和影响城市生态系统发展的综合因素，理顺经济建设、城市建设和环境建设的相互依存又相互制约的辩证关系，用综合的对策整治、调控、保护和塑造城市环境，防治污染，改善生态环境结构，促进生态良性循环，在城市各类经济社会活动中以最佳的形式利用环境资源，以最少的劳动消耗为城市居民创造清洁、卫生、舒适、优美的生活和劳动环境。

（二）城市环境综合整治的内容

城市环境综合整治的主要内容涉及城市环境污染综合防治、城市基础设施建设和城市环境管理三个方面，城市污染综合防治包括大气污染综合整治、水污染综合防治、固体废物综合防治和噪声污染综合防治，其中保护水体和大气是重点，而保护饮用水源和控制烟尘污染是重点中的重点。

城市环境综合整治的具体内容包括制定环境综合整治计划并将其纳入城市建设总体规划，合理调整产业结构和生产布局，加快城市基础设施建设、改变和调整城市的能源结构、发展集中供热、保护并节约水资源、加快发展城市污水处理、大力开展城市绿化、改革城市环境管理体制、加大城市环境保护投入等。

（三）城市环境综合整治的实施

城市环境综合整治的实施要点如下：

(1) 确定综合整治目标 城市环境综合整治的任务是发动各方面、各部门、各行业围绕同一个综合整治目标，调整自己的行为。因此必须首先确定综合整治目标，并把它分解为若干个分目标，建立起相应的指标体系。

(2) 制定综合整治方案 制定城市环境综合整治规划，结合城市环境综合整治的具体分目标和任务，制定具体的综合整治措施，建立起城市污染综合防治系统，并将其具体落实到不同的单位、部门。

(3) 改革城市环境管理体制 改革城市环境管理体制包括制定能使综合整治方案得到准确实施的保障体系，如资金运作计划，技术的和法律的监督检查方法等。

(4) 进行城市环境综合整治定量考核 针对城市环境综合整治的成效和城市环境质量，制定量化指标，进行考核，综合评价一定时期内城市政府在城市环境综合整治方面工作的进展情况，激发城市政府开展城市环境综合整治的积极性，促进城市环境管理制度的改善。

（四）城市环境综合整治定量考核

城市环境综合整治定量考核是实行城市环境目标管理的重要手段，也是推动城市环境综合整治的有效措施。它以规划为依据，以改善和提高环境质量为目的，通过科学的定量考核指标体系，评定一定时期内城市各项环境建设与环境管理的总体水平，把城市的各行各业、方方面面组织调动起来，推动城市环境的综合整治深入开展，完成环境保护任务。

城市环境综合整治定量考核的考核对象是城市政府和市长；考核范围是城市区域；考核指标基本包括城市环境质量、城市污染防治、城市基础设施建设、城市环境管理四个方面内容，具体的考核指标应根据实际情况做调整。

定量考核实行分级管理。国家环境保护部按统一指标体系对直辖市、省会城市、计划单列市、重点旅游城市、沿海开放和经济特区城市等47个城市进行考核；省、自治区、直辖市的政府环境保护部门则分别考核所辖的地区。

考核分为初审、会审和专家审核三个阶段。对国家考核城市的考核，首先由城市自审，经省、自治区环境保护局审核后报国家环境保护部。国家环境保护部在前述初审的基础上组织各省、自治区和国家考核城市环保局有关人员进行会审，然后组织有关专家进行集中审核和现场抽查，最后经国家环境保护部部务会议审定。考核结果通过报刊、年鉴等各种媒体向社会进行公布。

五、绿色生态城市的建设

可持续发展已经成为人类发展不可逆转的绿色潮流，正引导人类进入一个崭新的绿色文明时代，在加快城市化建设的同时，如何建设一个经济、社会和环境协调发展的绿色城市，已成为我们必须面对的课题。

绿色生态城市建设是一个复杂的，涉及多部门、多学科的区域性系统工程，其基本目标是以市区为中心，扩及环城相关地域，建设城乡一体、人工与自然复合得较为完整的生态系统。使自然资源的生态价值和环境自治能力、缓冲能力、抗逆能力不断提升，实现生态良性循环，优化人居环境，保障社会经济持续发展。

(一) 绿色生态城市建设的原则

(1) 人类生态学的满意原则　绿色生态城市应能满足人的生理需求和心理需求，满足现实需求和未来需求，满足人类自身进化的需求。

(2) 经济生态学的高效原则　此原则包括：资源的有效利用原则、最小人工维护原则、时空生态位的重叠利用原则、社会、经济和环境效益的优化原则。

(3) 自然生态学的和谐原则　此原则包括：风水原则、共生原则、自净原则、持续原则。

(二) 绿色生态城市建设的途径

① 制定科学合理的城市规划。
② 推行以循环经济为核心的经济运行模式。
③ 建设功能齐全的城市环境基础设施。
④ 建立快捷便利和清洁的城市交通体系。
⑤ 建立以清洁能源为主体的城市能源体系。
⑥ 建设环境优美、服务配套和高品质环境质量的生态居住区。
⑦ 开发和研制对环境有利的技术支撑体系。
⑧ 完善可持续发展的法律、法规体系。
⑨ 提高全社会的环境保护意识和资源节约意识。

(三) 绿色生态城市建设的内容

1. 自然环境

① 建设绿色生态城市就要参照城市的环境容量，使人类生产、生活以不打破自然生态平衡为限度，制定科学合理而又切实可行的生态环境建设目标。

② 绿色生态城市建设要有良好的城市绿色空间，即要有公共绿地和生产防护绿地，又要有城郊的农田、菜地、果园、水面、自然山林及交通干线等生态绿地。

2. 社会环境　社会环境包括持续的经济发展、安定的社会秩序、开放民主的社会环境、健全的社会保障体系、全面的文化发展、绿色的生活社区、生态化的城市空间环境。

总之，绿色生态城市的建立是人类社会发展的客观需要，它提供面向未来文明进程的人类生存地和新空间，是城市满足可持续发展战略的必然要求。绿色生态城市的创造有很多途径，但无论城市所在地的地域条件如何，保持优良的自然环境和良好的社会环境是最为重要的。

第六节　乡村区域开发环境影响评价

乡村环境是自然环境的主体部分，乡村资源环境的保护是自然环境保护的重要一环。乡村区域开发环境影响评价是目前新的研究领域，随着乡村农业产业结构的调整和引进工程项目的增加，其环境影响的预测评价研究也越来越重要。

一、乡村区域开发的含义

乡村区域开发是指在一定的乡村生态经济地域范围内，对没有利用或没有充分利用的资源，通过生产、经济活动以及技术、智力等不同形态的再投入，使其形成新的生产能力，发展新的产业和产品，从而产生最佳的经济、社会、生态协调发展的综合效益。乡村区域开发是一项规模庞大、结构复杂的系统工程，所以乡村区域开发环境影响评价的难度大。

二、乡村区域开发环境影响评价的含义

乡村区域开发环境影响评价是指对乡村区域性开发建设活动进行环境现状调查分析，确定区域内各自然要素的环境容量，预测乡村区域开发建设活动可能产生的环境影响，为合理安排区域内未来开发项目的布局、结构、时序及采取污染防治措施提供依据。

(一) 乡村区域开发环境影响评价的对象

开发环境影响评价的对象是在一定时期内某个乡村区域内所有的开发建设行为或活动。乡村区域开发行为的形成有着较固定的程序与计划形式。区域开发行为的最早计划形式是根据国家经济规划和国家土地利用规划制定的区域和亚区域的综合开发规划。这种被规划的区域和亚区域主要有：城市、流域、县、镇和各种类型的乡村开发区（乡村农业技术开发区、乡村农业资源开发区、科技园区）等。

(二) 乡村区域开发环境影响评价的中心内容

乡村区域开发环境影响评价包括对传统的影响和对可持续发展的影响两个方面，而且偏重于对可持续发展的影响。乡村区域开发环境影响评价是规划层次的评价，虽然不能像项目环境影响评价那样进行精确和具体的分析，但可从宏观角度评价区域开发活动对环境所造成

的累积影响或变化。在一定时期与区域内的所有开发行为对环境造成的影响都是一种累积的影响,这种累积影响往往不是区域内各开发行为的环境影响的简单相加。区域开发活动对环境影响的复杂性决定了多个项目的累积影响只能从区域角度进行综合分析才能得出较正确的评价结果。累积影响分析和评价是选择区域可持续替代方案的依据,累积影响如得不到充分而正确的评价,目前实施的项目就可能会影响未来项目的开发,区域就不能实现可持续发展。因而,乡村区域开发环境影响评价的中心内容就是进行乡村区域开发的环境累积影响分析。

三、乡村区域开发环境影响评价的指标体系

乡村区域开发环境影响评价是实现区域可持续发展的重要手段,其指标体系应充分体现可持续发展的思想,应能反映环境-经济交互作用的可持续发展。乡村区域开发环境影响评价又是协调区域环境-经济持续健康发展的早期手段,其指标体系的建立直接关系到评价工作的有效性。

(一) 评价指标的范围

乡村区域开发环境影响评价的指标应至少包括污染指标、资源指标和生物多样性指标三个部分。

具有环境服务功能的资源可分为三大类:不可再生资源,如石油、铁矿等;可再生的资源,如森林、农作物等;半可再生资源,如土壤肥力、降水及地下水等。资源指标的主要描述对象是前两类资源,污染指标的主要描述对象是半可再生的资源。对外界污染和干扰的吸纳能力通常从环境压力和环境效应两个方面进行分析和描述。生物多样性指标主要是要体现生态系统的完整性。建立的指标体系应能反映环境可持续性,并具有完整性和可操作性。

(二) 评价指标的特点

1. 应体现环境的可持续性 首先,可持续发展指标应是与某个参照点(系)相对应的一组指标。其次,评价指标既要反映影响效应程度的大小,又要反映累积效应的分布范围与频率,并采用反映区域累积效应最小、频率最低的指标评价乡村区域开发的环境可持续性。

2. 应体现区域环境系统和经济系统的开放性 乡村区域开发活动造成的环境影响可通过环境过程从一个地方转移到另一个地方,甚至超越国界。环境系统和经济系统的开放性使区域开发的环境影响具有跨边界性,评价指标应体现这种跨边界性。评价指标还应体现环境系统的开放性所带来的跨边界现象。

3. 应体现生态系统的完整性 生态系统最直接和显见的功能是能够生产生物资源,如木材、薪柴、药材、肉类、毛皮、鱼贝类、果蔬及其他林产品和水产品等。生态系统的间接功能主要是蓄水保水、保持土壤、调节改善小气候、消纳污染物质等。另一种理解则是以生态为中心,强调环境的可持续性,对环境资本(包括自然资源基础和环境质量)进行悉心的维护,以便完整地传给下一代人。这是一种完整而全面的环境可持续性观点,也是乡村区域开发环境影响评价指标体系应该体现的基本观点。生态系统的完整性可用生物多样性指标进行表达。生物多样性概念包含三个层次:遗传多样性、物种多样性和生态系统多样性,因此,在影响评价中应考虑生物多样性的三个层次。考虑到评价工作的现实,以及基因多样性是以物种为载体的,除在特殊的遗传特征存在的条件下结合现有资料给予充分的考虑外,在

一般情况下，可以分物种和生态系统两个层次评价对生物多样性的影响。一般在范围较小的单个项目的环境影响评价中，仅进行物种及生物群落多样性的评价；而在较大范围的涉及多种生态系统的区域开发环境影响评价中，则应进行物种和生态系统两个层次的评价，甚至是景观层次的多样性评价。

4. 应体现对环境要求的前瞻性与超前性　乡村区域开发环境影响评价标准既要反映目前的要求，又要反映未来各个不同时期的要求，不能只采用一个单一的、静态的标准，应该对未来的不同时期采用不同的"超前标准"。"超前标准"既反映科技的进步、管理水平的提高，又反映未来人们对环境质量要求的提高。"超前标准"所体现的前瞻性应该成为区域开发环境影响评价指标体系的重要特征。

（三）选择评价指标的原则

乡村区域开发环境影响评价指标的设置除了要符合统计学的基本规范外，应该遵循以下原则：①具有可预测性和科学性；②具有综合性和主成分性；③具有时间和空间上的敏感性；④具有管理上的敏感性；⑤具有可操作性和针对性；⑥具有资料收集的快速性。

（四）评价指标体系的建立

乡村区域开发环境影响评价指标体系的建立有如下步骤：①确定主要的环境要素及其交互作用。②确定这些环境要素的经济利用特征，以及这些特征与某些具体经济活动的相互关系；选择那些在数量上或质量上可能遭受损害的环境要素，并对这些环境要素从再生、恢复和替代等角度做进一步的分析。③确定已选环境要素的标准或可持续性控制目标。④建立能反映已选环境要素的状况变化的指标，包括综合指标与单一指标。

四、乡村区域开发环境影响评价的步骤和方法

（一）区域前期研究

区域前期研究的主要任务是了解区域自然条件、区域资源数量和质量及组合特征，粗略分析资源开发方式及所存在的环境问题和发展历史，在此基础上划分环境功能区，并对各分区进行综合研究。粗略了解评价区域的自然特征、资源的数量和质量状况及其组合特征，判断资源开发的主要方式和社会经济特征，如农林牧的生产结构和主导优势、农药化肥的投入情况、人口密度和贫困状况等，并在此基础上辨识区域中存在的主要环境问题及其发展过程，找出主要的影响因子，确定研究程序。

根据具体的服务对象和研究任务，结合评价区域在自然条件、开发方式、主要生态问题等方面的地域差异，提出环境功能区划的主要指标。划分的指标主要从自然资源条件（地形地貌、水资源、气候、土地资源等）、农业经济条件（作物种植制度、灌溉条件、作物单产、人口密度、农林牧结构等）和生态环境（森林覆盖率、水土流失率、盐碱地百分比等）等方面选取。可根据实际的数据情况，引入遥感和地理信息系统等空间技术手段，运用改进后的聚类分析（主要适用于数值数据）、星座图（适用于定性定量结合情况）、生态叠图（适用于地图空间数据叠加）等方法划分环境功能区。

然后对各功能区进行结构和功能上的研究，包括如下主要内容。

1. 生态脆弱度的定量研究　它主要衡量区域生态的脆弱程度，可选取地表起伏度、干燥度、降水变率、地震频率作为自然基础指标。以评价前期的荒漠化率、水土流失率、森林覆盖率、受灾率等作为表现指标。以全国作为比较标准，可以得到区域的生态脆弱度。

2. 人口承载能力的研究 一个区域的实际人口和承载人口的对比，可以判断出区域人口压力的大小。

3. 理论载畜量的研究 我国农村的大部分地区都从事畜牧业的生产，因此，理论载畜量的研究与上述的人口承载量的研究具有同样的意义。理论载畜量的计算是在草地资源调查数据的基础上，按照一定标准分成几等几类，然后根据生产力和牲畜的日食量确定载畜能力。

4. 土地资源的适宜性研究 这里的土地资源是指各种自然要素在内的自然综合体。土地的适宜性评价是在坡度、温度、排灌水、土层厚度、侵蚀条件等基础上，结合各地的评价体系，在适宜性评价的数值和空间分布的基础上，结合土地利用情况可判断资源开发结构是否合理。

5. 环境容量研究 不同地区的环境容量不同，如农药、化肥因不同地区的水稀释和土壤容忍程度不同，所产生的农田污染程度也是不相同的。环境容量可以作为评价的标准之一。

6. 能量流、物质流的研究 资源系统的能量流和物质流的研究对环境问题的分析和预测有重要作用。能量投入的结构和产出的效率有助于了解系统的功能，而物质的投入产出，特别是营养物质N、P、K及有机质的盈亏状况对土壤肥力的升降具有决定性的作用。能量流和物质流的计算方法是将投入和产出的能量系数或物质系数乘以总量。

7. 主要生态环境质量分析 包括水土流失、草地退化、盐碱化的等级和分布、土壤肥力的分析、水质分析等。

（二）评价指标体系

1. 生态脆弱度评价指标 生态脆弱度评价指标包括地表起伏度、干燥度、降水频率、地震频率、森林覆盖率、水土流失率、荒漠化率、受灾率、草地退化率、土壤侵蚀模数、贫困率、谷物单产变异系数等。

2. 人为胁迫指标 人为胁迫指标包括人口压力指数、牲畜压力指数、75%保证率水资源平衡指数、耕地单产指数、养分投入产出指数、能量投入产出指数、结构对应指数、农村生物能指数、森林消长比指数、经营多样性指数、人均耕地指数等。

3. 系统响应指标 系统响应指标包括森林覆盖率指数、土地沙化率指数、土地盐渍化指数、土壤潜育化指数、水土流失指数、土壤肥力指数、旱涝稳定指数、单产稳定指数、土壤质量指数、水质量指数、大气质量指数、生物多样性指数等。

（三）评价标准的确定

评价标准可以从以下几方面选取。

1. 国家、地方、行业标准或地区各种规划指标 如国家发布的农田灌溉水质标准、保护农作物大气污染物最高允许浓度、农药安全使用标准、区域绿化的森林覆盖率规划目标、耕地保护目标、人口增长数量控制目标、水土流失控制目标等。

2. 区域环境本底背景 我国土壤的N、P、K及各种重金属的环境背景值，或以与自然条件相似的未受人类干扰的生态系统背景，如自然保护区或特殊原生自然系统等作为标准。选择这些标准时一定要注意类比可行性，注意根据评价内容和要求科学地选取。

3. 科学研究的判定标准 如土壤调查基础上的化肥投入结构分析、区域人口承载力和理论载畜量、作物的理论最高单产以及土地适宜性评价结果等都可作为评价的标准。

(四) 评价方法

对研究区域进行评价时，应分别对指标体系的自然生态脆弱度、人为胁迫指标、系统响应指标三部分进行评价。对生态脆弱度指标，与全国平均值比较，得到区域的生态脆弱指数在全国的相对位置，以反映出该区原本的生态脆弱程度。人为胁迫指标是人类的资源开发活动在数值上的反映，这些指标之间具有一定的独立性，并未全部包括所有的人类活动。如果结合区域特点，对这些指标逐个做单指标分析，能从系统各个方面做出有益的分析。如N、P、K等物质的投入和产出至少要达到平衡，才能保证土壤肥力的持续提高，如果长期处于一种亏损状态，势必引起土壤肥力的逐年下降，影响发展后劲。系统响应指标反映区域现实的生态状况，评价时把系统响应的各项指标按照该区的评价标准依模糊数学或分段打分法转换到0～1，然后在确定各指标权重的基础上加权得到区域总体质量指数。生态环境影响评价是对未来的生态环境质量进行预测，一般的小区域单项资源开发建设项目开发前后变化很大，具有强烈的波动性，而农业资源开发的"惯性"作用大，很难改变现有的资源开发方式，具有一定的稳定性，其生态环境预测难以用数字进行定量表达。

将上述三个方面加上当前的保护措施（如水土流失治理、陡坡退耕还林等）进行综合分析，可以提出一些趋势性的分析意见。如某地地理脆弱度高，而在引起区域主要生态问题的人为胁迫指标中又有许多不合理之处，加上生态措施又不是很有效，则生态环境质量会逐渐恶化。当然，生态环境影响评价也要对区域中的特殊问题予以关注，如对南方山地进行预测评价时，除整体性的预测外，对水土流失问题的自然和人为原因要进行重点评价。

复习思考题

1. 区域开发环境影响评价工作的基本内容是什么？
2. 简述区域环境容量与污染物总量控制的概念。
3. 区域环境总量控制有哪几种形式？
4. 为什么要进行土地利用适宜性分析和生态适宜度分析？
5. 区域环境承载力分析包括哪些内容？
6. 可以从哪几方面分析区域环境目标的可达性？
7. 区域环境管理指标包括哪几类？
8. 试述乡村区域开发环境影响评价的步骤。

第七章 农业生产环境影响评价

第一节 农业生产环境影响评价概述

一、农业生产环境影响评价的目的意义

农业生产环境影响评价就是对农业规划和开发建设项目的环境影响进行分析、预测和评估，提出预防或者减轻不良环境影响的对策和措施，并进行跟踪监测的方法与制度。其目的和作用可以概括为：第一，实施可持续发展战略；第二，预防因规划实施可能对环境造成的不利影响；第三，预防因开发建设项目的实施可能对环境产生的不利影响；第四，促进经济、社会和环境协调发展。

农业生产环境影响评价的现实意义如下：

首先，《中华人民共和国环境影响评价法》（以下简称《环评法》）的颁布对于农业生产环境保护事业的开展既有长远意义也有现实意义。由于集约化农业的发展，出现了许多环境污染问题，过量施用化肥所导致的氮、磷流失污染地表水；农药和其他农用化学品使用不当所造成农产品品质的安全性下降；盲目进行农业开发建设所引起的生态系统失衡；农膜污染、农田土壤质量下降、秸秆燃烧污染大气等。

所有农业生产环境问题都应该统筹在环境影响评价这个操作平台上来考虑和解决，要求在新的环境问题发生之前有所预测、有所准备，提出科学的和合理的解决方案。在积极解决环境问题的同时，促进农业的发展。

其次，《环评法》将战略环评的理念引入到法律条文中，使得我国在战略环评的实际应用中有了法律武器。中华人民共和国成立以来，我们在制定农业发展政策的过程中走了不少弯路，也给我国生态环境带来了比较严重的损害。今后在制定各种农业规划和实施农业生产过程中一定要把环境放在重要的位置，从而在根本上保证农业的可持续发展。

二、农业生产环境影响评价的对象与特点

（一）农业工程及其相关工程项目

农业工程分为传统农业和现代农业。

传统农业包括种植业和养殖业，种植业包括农作物、果树、蔬菜、特种作物、林木、花卉的种植等，养殖业包括牛、羊、猪、鸡等畜禽的养殖以及鱼、虾、蟹、贝和海带等淡水和海水水产品的养殖。

随着科技的发展，带动了农产品、畜产品和水产品的加工业的发展，于是产生了现代农业。现代农业的支柱是现代机械制造业，同时它又促使农林和农产品加工机械制造业和维修业的不断发展。

现将主要的农业工程及其相关工程项目概括于表7-1中。

表7-1 农业工程及其相关工程项目

种类	项目
种植业	农田水利工程、垦殖（开垦荒地、荒滩，围垦）、农用改造、产品基地建设、良种基地建设、工厂化温室
畜牧业	养殖场建设、养殖区建设、草场建设、草原建设、饲料加工厂、兽医院、兽药厂建设
水产业	养殖场、养殖区、渔港建设、饲料加工厂
农产品加工业	粮油加工、果蔬加工、屠宰厂、冷冻厂、肉食品加工厂、水产加工厂、皮革厂、糖厂、茶厂、麻织厂、食用菌种植加工厂
林业	防护林工程、原料林工程、纸浆林工程、苗圃建设、森林公园建设
农业综合开发	中低产田改造、草场改良、工矿废弃地复垦、农林牧副渔综合开发、山水田林路综合治理、生态农业
农业机械制造业	农、林、牧、渔农产品机械制造与维修
乡镇工业	原料开采、五金电器厂、服装厂、玩具厂、服务业和劳动密集型企业
农村建设	乡镇建设、社区建设、集市建设、医院建设、学校建设、供水工程、道路工程、供电线路工程（有条件地区的小水电）、非常规能源工程（生物质能、风能、太阳能）、废物（废水、垃圾）处理工程
农业延伸产业	高尔夫球场、宠物医院、生物技术项目、生物安全实验室、休闲观光场所

从环境评价的角度，可以将这些项目分成四类：农业生产类、生态建设类、产品加工类和基础建设类。各类环评都有不同的特点。本书只涉及种植业、畜牧业、水产业和林业的一部分内容。

（二）农业工程项目的环境特点

从环境的角度看，农业工程项目有许多与其他工程项目不同的特点。

① 农业工程项目对环境依赖性强　无论是作物和苗木的种植，还是家畜禽类的饲养，都对土壤、水质、空气等环境条件有一定的要求，容易受到各种环境变化的影响。

② 农业工程项目也直接影响环境　作物耕作直接影响到土壤，并容易造成土壤侵蚀，农药喷洒会直接影响到环境中从低等到高等的各种生物，肥料流失会污染地下水和地表水体，大面积地种植一种作物或林木会造成生物多样性的丧失。

③ 农业工程项目以"面源污染"为特点　除集中饲养场以外，农、牧、渔、林业的污染均以面源污染的形式出现。呈现出排放主体的分散性，污染排放在空间、时间上的不均匀性和污染物的不易监测性。

④ 农业工程项目的地域性强　由于农业工程项目的地域性强，因此种植的农作物、林木和饲养畜禽的种类不同，采取的生产技术措施不同，它们对环境的影响也是不同的，控制的措施也不相同。

⑤ 农业生产管理较为粗放　农业生产的资源利用率一般不高，环境管理比较薄弱。不断提高生产管理水平，是农业现代化的必由之路。

⑥ 综合开发项目最能体现"循环经济"的理念 种植业产生的秸秆是牲畜的饲料，畜牧业产生的粪尿又是农业的肥料，加工业产生的下脚料又是牲畜的饲料和作物的肥料，如此可实现农业的持续发展。

因此在进行农业项目环评时，要特别注意农业的特点。

三、农业环境影响评价的任务和作用

（一）农业环境影响评价的基本任务

农业环境影响评价应承担的基本任务包括两个方面，一是对农业开发建设项目的环境影响进行评估；另一个是对农业类规划的环境影响进行评价，包括土地开发利用规划的环境影响评价。对规划实施后可能造成的环境影响进行分析、预测和评价，提出预防或者减轻不良环境影响的对策和措施，综合考虑所拟议的规划可能涉及的环境问题，预防规划实施后对各种环境要素及其构成的生态系统可能造成的影响，协调经济增长、社会进步与环境保护的关系，为科学决策提供依据。

（二）农业环境影响评价的作用

农业环境影响评价作为一种有效的管理工具具有四种最为基本的功能：判断功能、预测功能、选择功能和导向功能。评价的基本功能在评价的基本形式中得到充分的体现。

农业环境影响评价的途径：一般包括农业环境质量现状评价、环境影响预测与评价以及环境影响后评估。

四、农业环境影响评价的政策法规与标准

2003年9月1日起施行的《中华人民共和国环境影响评价法》第八条规定，"国务院有关部门、设区的市级以上地方人民政府及其有关部门，对其组织编制的工业、农业、畜牧业、林业、能源、水利、交通、城市建设、旅游、自然资源开发的有关专项规划（以下简称专项规划），应当在该专项规划草案上报审批前，组织进行环境影响评价，并向审批该专项规划的机关提出环境影响报告书"。该法还明确指出，"未编写有关环境影响篇章的或者说明规划草案的，审批机关不予审批"。

在本法第二章《规划的环境影响评价》的第七条、第八条中明确规定了进行环境影响评价规划的基本范围，特别强调了那些容易产生不良环境影响的规划，对此类规划做了列举式的原则规定，包括土地利用的有关规划；区域、流域、海域的建设、开发利用的规划；工业、农业、畜牧业、林业、能源、水利、交通、城市建设、旅游、自然资源开发的有关专项规划。明确规定了农业以及与农业有关的建设项目、规划要做环境影响评价。

除《中华人民共和国环境影响评价法》外，农业环境影响评价涉及的主要法规、政策、标准包括：《中华人民共和国环境保护法》《中华人民共和国水污染防治法》《中华人民共和国固体废物污染环境防治法》《中华人民共和国大气污染防治法》《农村生活污染防治技术政策（环发［2010］20号 2010-02-08实施）》《环境空气质量标准》（GB 3095—2012）、《地表水环境质量标准》（GB 3838—2002）、《农田灌溉水质标准》（GB 5084—92）、《声环境质量标准》（GB 3096—2008）、《食用农产品产地环境质量评价标准》（HJ 332—2006）、《农业固体废物污染控制技术导则》（HJ 588—2010）等。

第二节　种植业生产环境影响评价

一、行业环境管理和技术政策

根据农业部《主要农作物范围规定》（2001年2月26日发布施行），我国的农作物包括粮食、棉花、油料、麻类、糖类、蔬菜、果树（核桃、板栗等干果除外）、茶树、花卉（野生珍贵花卉除外）、桑树、烟草、中药材、草类、绿肥、食用菌等作物以及橡胶等热带作物。我国的主要农作物为稻、小麦、玉米、棉花、大豆、油菜、马铃薯。

各省、自治区、直辖市农业行政主管部门可以根据本地区的实际情况确定其他1~2种农作物为主要农作物。例如，河南省确定的主要农作物是小麦、玉米、棉花、水稻、大豆、油菜、马铃薯、花生、西瓜。

（一）产业政策

着眼经济社会发展全局，立足农业资源保障条件，农业部依据《中华人民共和国国民经济和社会发展第十二个五年规划纲要》和《全国农业和农村经济发展第十二个五年规划》，制定了《全国种植业发展第十二个五年规划》。

1. 稳定发展粮食生产，确保国家粮食安全　坚持把保障国家粮食安全作为发展现代农业的首要目标，加强设施建设，加快科技进步，加大政策扶持，充分调动地方政府重农抓粮和农民务农种粮的积极性，努力把粮食综合生产能力稳定在5.4亿吨以上。

2. 稳定发展工业原料和园艺作物生产，保障农产品的有效供给　随着我国人口增长和人民生活水平的提高，棉花、油料、糖料消费持续增加，供需形势总体偏紧。加快新品种、新技术的推广，提高单产，改善品质，提升农产品质量安全水平和市场竞争力。深入实施优势区域布局规划，建设棉花、油料、糖料、蔬菜、水果、茶叶等工业原料及园艺作物优势突出和特色鲜明的产业带。加强蚕桑主产区优质茧生产基地的建设，提高茧丝质量和单产，促进蚕桑生产持续稳定发展。

3. 加快构建现代种业体系，确保供种数量和质量安全　大力推进体制改革和机制创新，完善法律、法规，整合种业资源，加强政策引导，强化市场监管，快速提升我国种业科技创新能力、企业竞争能力、供种保障能力和市场监管能力，构建以产业为主导、以企业为主体、以基地为依托、产学研结合、育繁推一体化的现代种业体系。

4. 切实转变发展方式，提高资源利用率和土地产出率　着力推进耕作制度改革。根据资源承载能力和配置效率，合理确定生产力布局，优化区域布局、作物结构和品种结构，力求在最适宜的地区生产最适宜的农产品。合理安排种植制度，配套推广先进实用技术，提高农作物复种指数。充分挖掘资源、品种、技术和现代物质装备的促增产的潜能，提高土地产出率、资源利用率和劳动生产率。

（二）行业环境管理和技术政策

1. 农药使用管理　政府出台了许多政策、法规和规范，明令禁止使用多种毒性高、残留时间长、残留量高的农药。国家从1984年开始禁止六六六、滴滴涕、毒杀芬等农药在农作物上施用，到目前为止国家已经公布了第三批农作物上禁止施用的农药名单。还规定了一些高毒农药不得在蔬菜、果树、茶叶和中草药材上使用。任何农药产品都不得超出农药登记批准的使用范围。无公害食品、绿色食品、有机食品比一般农产品在农药施用方面的要求更严格。

与此相关的主要法规、标准和规范有：《中华人民共和国农药管理条例》（1997年5月8日）、《中华人民共和国农药管理条例实施办法》（1997年7月）、《农药安全使用规定》（国家农牧渔业部和卫生部1982年6月5日颁发）、《禁止使用的农药和不得在蔬菜、果树、茶叶、中草药材上使用的高毒农药》［农业部公告199号（2004年2月）］、《农药安全使用标准》（GB 4285—89）（1990年2月1日国家环境保护局批准）、《农药合理使用准则（一）～（六）》（GB 8321.1～8321.6—2002），以及有关水果、蔬菜、茶叶和粮食的农产品残留限量的单项标准。

2. 防止外来物种入侵 将某物种从某一地区引入其他地区，给当地的生态系统和社会经济造成明显损害的过程，称为外来物种入侵。外来物种入侵已严重影响到人民的日常生活。据有关统计数据，入侵我国的外来物种有200多种，所造成的经济损失相当惊人。

目前我国还没有专门针对外来物种的法规或者条例。《外来物种管理条例》等一些条例、防治规划、突发事件应急预案由农业部会同国家质检总局等8部（局）组成的专家组正在制定之中。

与此相关的法律、法规有：《中华人民共和国进出境种植物检疫法》（1991年10月30日）、《中华人民共和国进出境动植物检疫法实施条例》（1997年）、《中华人民共和国进境植物检疫禁止进境物名录》（1997年7月29日农业部72号公告）、《中华人民共和国进境植物检疫危险性病、虫、杂草名录》（1997年）、《中华人民共和国植物检疫条例》（1992年）、《植物检疫条例实施细则》（农业部分）（1995年）、《植物检疫实施条例》（林业部分）（1994年）、《全国植物检疫对象和应施检疫的植物、植物产品名单》（1995）、《森林植物检疫对象和应施检疫的森林植物及其产品名单》（1996年）。2003年国家环保总局公布了首批入侵我国的16种外来物种名单，分别为紫茎泽兰、薇甘菊、空心莲子草、豚草、毒麦、互花米草、飞机草、凤眼莲（水葫芦）、假高粱、蔗扁蛾、湿地松粉蚧、强大小蠹、美国白蛾、非洲大蜗牛、福寿螺、牛蛙。

3. 农业节水 我国是世界上13个贫水国之一，人均水资源占有量仅为2 160 m³，农业用水量约占总用水量的72%，其中90%用于种植业灌溉，其余用于林业、牧业、渔业以及农村饮水等。我国农业灌溉水利用率只有25%～40%，比发达国家低25%～30%，节水灌溉处于发展阶段，先进的节水灌溉技术覆盖率低。水资源浪费严重，节水潜力大，发展高效节水型农业是国家的基本战略。

国家发改委、科技部会同水利部、建设部和农业部组织制定了《中国节水技术政策大纲》（以下简称《大纲》）。《大纲》的主要内容有我国节水技术的选择原则、实施途径、发展方向、推动手段和鼓励政策。《大纲》遵循"实用性"原则，从我国的实际情况出发，根据节水技术的成熟程度、适用的自然条件、社会经济的发展水平、成本和节水潜力，采用研究、开发、推广、限制、淘汰、禁止等措施指导节水技术的发展。此外，重点强调对那些用水效率高、效益好、影响面大的先进适用节水技术的研发与推广。

（三）无公害食品、绿色食品和有机食品标准

国家为保证无公害食品、绿色食品和有机食品的质量，实行了全过程质量控制，对无公害农产品、绿色食品和有机食品分别提出了各自的标准。这些标准主要有以下几种。

1. 无公害农产品　《农产品安全质量—无公害蔬菜安全要求》（GB 18406.1—2001）（强制性标准）、《农产品安全质量—无公害蔬菜产地环境要求》（GB/T 18407.1—2001）（推荐性标准）、《农产品安全质量—无公害水果安全要求》（GB 18406.2—2001）（强制性标准）、《农产品安全质量—无公害水果产地环境要求》（GB/T 18407.2—2001）（推荐性标准）、《农产品安全质量—无公害畜禽肉产品安全要求》（GB/T 18406.3—2001）（强制性标准）、《农产品安全质量—无公害畜禽肉产品产地环境要求》（GB/T 18407.3—2001）（推荐性标准）。

2. 绿色食品　中华人民共和国农业行业标准《绿色食品农药使用准则》（NY/T 393—2000）、中华人民共和国农业行业标准；《绿色食品肥料使用准则》（NY/T 394—2000）、中华人民共和国农业行业标准《绿色食品产地环境技术条件》（NY/T 391—2000）。

3. 有机食品　中华人民共和国环境保护行业标准《有机食品技术规范》（HJ/T 80—2001）。

二、农田灌溉工程环境影响评价

种植业是一个与环境紧密相连的产业，任何作物在它生长的整个时期都需要热量、日照、水分、肥料的供应，农作物的生长与地理、土壤和气候条件密不可分。为了获得农业的高产和稳产，就要改造环境为农作物创造更好的生活和生长条件，抵抗不良环境和有害生物的侵袭，因此产生了平整土地、农田水利工程（灌溉）、施肥、防治病、虫、草、鼠害等农业措施以及大棚、温室以及工厂化等栽培形式，同时也不可避免地对环境产生影响。

我国地域广大，栽培作物的种类多，对生产和环境条件的要求各不相同。因此在进行工程分析时，要根据作物和具体的种植措施进行具体的分析。

种植业的工程种类很多，下面仅以灌溉工程为例进行工程分析。

1. 灌溉工程组成　农业灌溉工程是由蓄水工程、提水工程、引水枢纽工程、灌排工程和田间工程等部分组成。其工程的主要组成如表7-2所示。

表7-2　农业灌溉工程及其组成

分类	工程组成
蓄水工程	拦水坝、输水建筑物（坝下涵管、隧洞和闸门）、溢洪道
提水工程（泵站）	进水建筑物（包括引渠、前池、进水池等）、泵房、出水建筑物（包括压力水管、出水池等）以及附属建筑物
引水枢纽工程	无坝引水或有坝引水枢纽、附属工程
灌排工程	各级输水、配水管道，各级集水、排水沟道和配套建筑
田间工程	临时性毛渠、输水沟和灌水沟

主要以灌排系统工程为例进行分析：

灌排系统按灌溉设计标准、排水设计标准设计，以保证农田灌溉、排涝和预防盐渍化。

(1) 灌溉设计标准　灌溉设计标准有两种：一是灌溉设计保证率；一是抗旱天数。

① 灌溉设计保证率是指设计灌溉用水量的保证程度，可用下式表示：

$$P=\frac{m}{n}\times 100\% \tag{7-1}$$

式中，P 为灌溉设计保证率；m 为设计灌溉用水量全部获得满足的年数；n 为设计年数。有关灌溉设计保证率如表7-3所示。

② 抗旱天数是指灌溉设施及其相应的水源条件能满足作物生长的天数，表7-4可供参考。

表7-3 灌溉设计保证率

地区	作物种类	灌溉设计保证率/%
缺水地区	以旱作为主	50~75
	以水稻为主	70~80
丰水地区	以旱作为主	70~80
	以水稻为主	75~95

表7-4 灌溉抗旱标准

作物种类	抗旱/d	备注
旱作和单季稻	30~50	条件较好地区应予以提高
双季稻	50~70	条件较好地区应予以提高

(2) 排水设计标准 排水设计标准分为除涝标准、降渍标准及改良预防盐碱化的排水标准三种。

① 除涝标准：目前我国多以三年一遇为治涝最低标准。一般用5~10年一遇（频率为10%~20%）的暴雨作为除涝的设计标准。需根据经济效益分析，条件较好的地区或有特殊要求的粮棉基地和城市郊区可以适当提高标准。

除涝标准的暴雨历时和排除时间与作物的耐淹能力有关。高粱耐涝，小麦、棉花、玉米不耐涝。旱作区一般常用1~3d暴雨，1~3d排出；水稻区采用1~3d暴雨，3~5d排至耐淹水深。各省根据各省的实际情况提出了各自的抗旱除涝标准如表7-5所示。

② 降渍标准：降渍地区，一般采用3d暴雨，雨后5~7d将地下水排至耐渍至防渍设计的深度。在灌水致渍的旱作区，一般采用灌水后1d内将齐地面的地下水降低0.2m。

表7-5 某些省区的农田抗旱除涝标准

省区	抗旱标准/d	除涝标准
江苏	100	1d降水150~200 mm，雨后1d排出地面
湖南	90	10年一遇的3d暴雨，3d排至作物耐淹深度
广东	100	5~10年一遇的3d暴雨
山东	70~100	山麓平原、平原洼地1d降水150~200 mm
陕西	70~90	10年一遇
宁夏	70	10年一遇
辽宁	60	3d降水200 mm，3d排出地面

③ 改良和防治盐碱化的标准：在盐碱地上，要求返盐季节的农田地下水位控制在某一埋深以下。以利淋洗，防止土壤返盐。这一要求的地下水埋深，称为临界深度。它与土壤质地、地下水矿化度等条件有关。一些地区采用的地下水临界深度如表7-6所示。

表7-6 北方一些地区采用的地下水临界深度

地区	土壤质地	地下水的矿化度/(g/L)	临界深度/m
河南北部东部平原地区	轻壤	<2	1.9~2.1
	沙壤	2~5	2.1~2.3
		5~10	2.3~2.5
	中壤	<2	1.5~1.7
		2~5	1.7~1.9
		5~10	1.9~2.1
	重壤、黏土和厚黏土层	<2	0.9~1.1
		2~5	1.1~1.3
		5~10	1.3~1.5
河北省平原地区	轻壤	1~3	1.8~2.1
		3~5	2.1~2.3
		5~8	2.3~2.6
		8~10	2.6~2.8
	夹胶泥	3~5	1.8~2.0
		5~8	2.1~2.2
		8~10	2.2~2.4
	胶泥	1~5	1.0~1.2
		5~10	1.2~1.4
陕西洛惠渠灌区	沙壤土	1~3	1.4~1.6
	轻壤土	2~7	1.5~1.8
	中壤土	10~30	2.1~2.4
	重壤土	7~15	1.8~2.1
	轻黏土	7~15	1.1~1.4
山东打鱼灌区	全剖面以壤土为主和上沙下黏	<5	2.0
		>3	2.2
	剖面中间有黏土层和上黏下沙剖面	<5	1.3
		>3	1.5
内蒙古黄河灌区	轻沙壤	3~5	1.8
		5~7	2.0
		7~9	2.2
		10	2.3
	黏质或间黏	3~5	1.1
		5~7	1.2
		7~9	1.3
		10	1.35

(续)

地区	土壤质地	地下水的矿化度/(g/L)	临界深度/m
新疆兵团沙井子实验站	有黏质夹层	<10	1.5～1.7
	沙壤质轻壤	10 左右	>2.0
	有薄黏质夹层	10 左右	1.8～2.2
	有厚黏质夹层	10 左右	1.6～1.8
	有黏质夹层	>20	2.4～2.65

2. 灌溉制度 灌溉制度是指在一定的自然气候和农业栽培技术条件下，使作物获得一定的产量所需要的灌水时间、次数和水量。具体包括：①灌水定额。农作物某一次播种要灌溉的水量。②灌水时间。农作物各次灌水比较适宜的时间，以生育期或日/月表示。③灌水的次数。农作物整个生长过程中需要灌水的次数。④灌溉定额。农作物整个生长过程中需要灌溉的水量，即各次灌水定额的总和也叫总灌水量。

(1) **作物需水量** 农作物的需水规律决定于作物的特性、气象条件、土壤性质和农业技术措施等，作物在不同地区、不同年份、不同栽培条件下，需水量各不相同。作物的日需水量一般是生长的前后期小，中期大。

作物的需水量计算公式为：

$$E = C_1 + M + P - C_2 \tag{7-2}$$

式中，E 为全作物生长期需水量（耗水量）（m^3/hm^2），下同；C_1 为播前土壤储水量 $C_1 = Q/S = \sum XT/S$；M 为灌溉定额；P 为有效降水量（$t \cdot hm^{-2} \cdot a^{-1}$）；$C_2$ 为收割时土壤储水量。

(2) **计算灌溉定额**

灌溉定额＝总需水量－有效雨量－地下水可利用量－播前土壤蓄水量＋收后土壤蓄水量

(7-3)

3. 农田灌溉技术 由于我国水资源短缺而农业生产耗水量大，所以提倡节水灌溉。农田灌溉包括引水、输水和田间灌水几部分，因此节水灌溉就需要采取综合措施将这几部分的损失水量减少到最低程度。

节水灌溉的方式主要有常规节水灌溉和高效节水灌溉。常规节水灌溉即对干支渠道做防渗处理，对田间农渠采用U形槽衬砌，在井灌区常使用管灌。高效节水灌溉为喷灌和微灌。喷灌有固定式、半固定式和移动式。微灌主要是滴灌。不同的地区、不同的作物、不同的灌溉方式有不同的灌溉定额。灌溉定额分净定额和毛定额。

灌溉效率反映在灌溉水利用系数上，不同的地区有不同的评价标准，在甘肃省农业节水灌溉工程中期评价的标准是：中型灌区渠系水利用系数≥0.65，灌溉水利用系数≥0.60；小型灌区渠系水利用系数≥0.75，灌溉水利用系数≥0.70；井灌区管道输水利用系数≥0.95，灌溉水利用系数≥0.80；喷灌区灌溉水利用系数≥0.85；滴灌区灌溉水利用系数≥0.9。

4. 灌溉水质 灌溉水有河水、湖水、地下水以及各种各样的回用水，后者的成分比较复杂，特别需要注意。灌溉主要考虑的水质指标分为物理、化学和生物三类。物理指标主要有温度、悬浮物，化学指标主要有pH、盐度（全盐量）、氯化物、BOD、COD以及重金属和有机化合物等，生物指标有粪大肠菌群和蛔虫卵。

5. 灌溉影响

(1) 农田灌溉工程对水资源利用的影响

① 水资源利用现状评价：项目区水资源量与赋存形态；水资源利用现状（水利工程供水能力、水资源利用量、灌溉水利用方式、水资源利用评价）；灌溉水质（地表水、地下水、回用水）。

② 水资源环境影响分析：水资源供需平衡分析（可供水量的估算，不同代表年、不同发展阶段的需水量预测，余缺水平衡计算及其影响分析）；水资源利用合理性分析（主要农作物灌溉制度分析，节水灌溉制度与传统灌溉制度比较，节水灌溉技术的技术合理性分析）；水资源利用的可持续分析（节水灌溉模式的经济可持续性分析，节水灌溉模式对区域可持续性发展的影响分析）。

(2) 农田灌溉工程对地下水的影响（以井灌为例）

① 地下水资源评价：地下水来水量、地下水耗水量、地下水平衡分析。

② 井灌对地下水动态影响预测：地下水动态变化影响因素、动态变化影响预测、控制对策。

③ 井灌对地下水水质影响：井灌对地下水水质影响的途径分析、水质变化预测、控制对策。

④ 地面沉降预测和控制对策。

三、农业化学品对农田环境的影响评价

在我国农业化学品的过量使用造成的环境污染问题不断加剧，成为我国农业可持续发展面临的严重问题。

农业化学品主要有化肥和农药。

1. 化肥的使用　化肥使用对环境的影响主要分为水体污染、土地污染和大气污染。据估算，除 N_2 外，每年我国大约有 19.1% 的被使用于农田的化肥中的氮以各种形态的氮素流失到环境中，并对环境质量造成不良影响。农田氮、磷流失已经成为我国水体污染的主要因素。农田使用的氮肥约有 5% 会直接随地表径流，约有 2% 会渗透到地下水层。化肥的过量或不合理使用会影响土壤理化性质并会促使土壤团粒结构的形成，造成土壤板结。

2. 农药的使用　农药特别是高残留农药的大量使用，会给环境造成很大的负面影响，我国许多农田均受到不同程度的农药污染。土壤不仅是农药在环境中的"储存库"，也是农药在环境中的"集散地"。一般而言，农药在施用于农田之后，其中 20% 残留在作物上，50%～60% 残留在土壤中，只有少量的农药作用于目标。

四、农作物与种植区域特征

（一）主要种植业区划

种植业区划是以种植业为对象进行的单项农业区划。属农业部门区划。其任务是根据作物的生态要求和地区生态环境条件，因地制宜地划分种植业适宜的种植区。种植业区划内容主要包括：①种植业的自然、经济条件；②生产现状、作物构成、耕作制度、生产水平及增产潜力；③地理分布特点、地区差异及区域发展方向与措施。种植业区划还包括各种农作物区划，如小麦区划、水稻区划、棉花区划等。划分种植业区，主要依据种植业生产条件、作

物结构、种植制度、发展方向与增产途径。中国种植业区划共分为 11 个一级区、31 个二级区。一级区主要以主导作物为标志,二级区主要以农作物生产特点为标志。种植业区划可为种植业的发展和布局提供科学依据。

(二) 种植方式

1. 单作 在同一块田地上种植一种作物的种植方式,也称为纯种、清种、净种或平作。这种方式作物单一,群体结构单一,全田作物对环境条件要求一致,生育比较一致,便于田间统一种植、管理与机械化作业。

2. 间作 在同一田地上于同一生长期内,分行或分带相间种植两种或两种以上作物的种植方式。间作因为成行或成带种植,可以实行分别管理。

3. 混作 在同一块田地上,同期混合种植两种或两种以上作物的种植方式,也称为混种。混作与间作都是于同一生长期内由两种或两种以上的作物在田间构成复合群体,是集约利用空间的种植方式,也不增计复种面积。

4. 套作 在前季作物生长后期的株行间播种或移栽后季作物的种植方式,也称为套种、串种。如于小麦生长后期每隔 3~4 行小麦播种 1 行玉米。

5. 立体种植 在同一农田上,两种或两种以上的作物(包括木本)从平面、时间上多层次地利用空间的种植方式。实际上立体种植是间、混、套作的总称。

6. 立体种养 在同一块田地上,作物与食用微生物、农业动物或鱼类分层利用空间种植和养殖的结构;或在同一水体内,高经济价值的水生植物与鱼类、贝类相间混养,分层混养的结构。

(三) 土壤类型

1. 砖红壤 风化淋溶作用强烈,易溶性无机养分大量流失,铁、铝残留在土中,颜色发红。土层深厚,质地黏重,肥力差,呈酸性至强酸性。

2. 红壤和黄壤 有机质来源丰富,但分解快,流失多,故土壤中腐殖质少,土性较黏,因淋溶作用较强,故钾、钠、钙、镁积存少,而含铁铝多,土呈均匀的红色。因黄壤中的氧化铁水化,土层呈黄色。

3. 棕壤 土壤中的黏化作用强烈,还产生较明显的淋溶作用,使钾、钠、钙、镁都被淋失,黏粒向下淀积。土层较厚,质地比较黏重,表层有机质含量较高,呈微酸性反应。

4. 褐土 淋溶程度不是很强烈,有少量碳酸钙淀积。土壤呈中性、微碱性反应,矿物质、有机质积累较多,腐殖质层较厚,肥力较高。

5. 黑钙土 腐殖质含量最为丰富,腐殖质层厚度大,土壤颜色以黑色为主,呈中性至微碱性反应。

6. 黑垆土 绝大部分都已被开垦为农田。腐殖质的积累和有机质含量不高,腐殖质层的颜色上下差别比较大,上半段为黄棕灰色,下半段为灰带褐色,好像黑垆土是被埋在下边的古土壤。

7. 荒漠土 土壤基本上没有明显的腐殖质层,土质疏松,缺少水分,土壤剖面几乎全是沙砾,碳酸钙表聚、石膏和盐分聚积多,土壤发育程度差。

(四) 地形地貌

世界五种主要地形在中国都存在,高原、山地、盆地、丘陵、平原,地形的多样化,有利于我国发展不同的经济形式。中国的地势西高东低,大致成三级阶梯,我国拥有大量的山脉，三级阶梯的划分也是以山脉为界线，这些巨大山脉的存在，阻碍了各地区之间的交通往来，使得中国的经济发展极不平衡。三级阶梯地形导致中国大部分的大江大河自西向东流入海洋，从而沟通了中国东西的联系，也有利于海洋水气深入内陆，带来丰富的降水，有利于中国农业的发展。在阶梯交界的地区，由于落差较大，拥有巨大的水能。

第三节 养殖业环境影响评价

随着人民生活水平的提高和饮食结构的巨大变化，畜禽产品在饮食结构中所占的比重逐渐增大，因此，养殖业也得到了迅猛发展。近20年来，我国禽畜养殖业年均增长为9.9%，规模养殖业的迅速发展，在解决人类肉、蛋、奶需求的同时，也带来严重的环境污染问题。

一、产业政策、行业环境管理和技术规范

(一) 产业政策

农业部关于畜牧业的"十二五"规划的战略重点在六个方面：一是加快推进畜禽标准化生产体系建设。二是加快推进现代畜禽牧草种业体系建设。三是加快推进现代饲料产业体系建设。四是加快推进现代畜牧业服务体系建设。五是加快推进饲料和畜产品质量安全保障体系建设。六是加快推进草原生态保护支撑体系建设。

国家实施了一系列扶持发展养殖业的政策，包括：支持生猪标准化规模养殖场建设政策，生猪养殖大县奖励政策，扶持"菜篮子"产品标准化生产政策，畜牧良种补贴政策，重大动物疫病强制免疫补助政策，税收优惠政策等。

(二) 行业环境管理

1. 畜禽养殖污染防治 为防治畜禽养殖污染，保护环境，保障人体健康，原国家环境保护总局于2001年5月8日发布了《畜禽养殖污染防治管理办法》（以下简称《办法》）。《办法》禁止在以下区域建设畜禽养殖场：①生活饮用水水源保护区、风景名胜区、自然保护区的核心区及缓冲区；②城市和城镇中居民区、文教科研区、医疗区等人口集中地区；③县级人民政府依法划定的禁养区域；④国家或地方法律、法规规定需特殊保护的其他区域。《办法》颁布前已建成的、地处上述区域内的畜禽养殖场应限期搬迁或关闭。目前，根据生态功能区保护和农产品生产布局的需要，我国正在逐步划分和实施畜禽养殖区、限养区和禁养区。

2. 畜禽疫病药物污染防治 我国是世界第一养殖大国，重大动物疫情的发生，不仅严重影响养殖业的健康发展和农民的持续增收，而且严重威胁公共卫生安全和经济社会发展的大局。

按照国家法律，动物疫病被分为三类：一类疫病，是指对人畜危害严重、需要采取紧急、严厉的强制预防、控制、扑灭措施的；二类疫病，是指可造成重大经济损失、需要采取严格控制、扑灭措施，防止扩散的；三类疫病，是指常见多发、可能造成重大经济损失，需要控制和净化的。

为了控制畜禽疫病并防治兽药污染，农业部于1998年发布了《关于严禁非法使用兽药的通知》，禁用激素类、类激素类和安眠镇定类药物。随后于2002年2月农业部、卫生部、国家药品监督管理局联合发布了《禁止在饲料和动物饮用水中使用的药物品种目录》。2002

年3月，农业部又发布了《食品动物禁用的兽药及其他化合物清单》。

（三）技术规范

1. 养殖场和养殖区标准和技术规范 为了防止环境污染，保障人、畜健康，促进畜牧业的可持续发展，有关管理部门制定了一系列防止畜禽养殖污染的标准与技术规范，主要有：《畜禽场养殖业污染物排放标准》（GB 18596—2001），《畜禽场环境质量评价标准》（GB/T 19525.5—2004），《畜禽场环境质量标准》（NY/T 388—1999），《中、小型集约化养猪场环境参数及环境管理》（GB/T 17824—1999），《中、小型集约化养猪场建设》（GB/T 17824.1—1999），《商品猪场建设标准》（DB37/T 303—2002），《规模化猪场生产技术规程》（GB/T 304）。

国家环保总局制定了《畜禽养殖业污染防治技术规范》（HJ/T 81—2001），国家环保总局和国家质量监督检验检疫总局制定了《畜禽养殖业污染物排放标准》（GB 18596—2001）。

2. 动物防疫 农业部2005年就已颁布《高致病性禽流感疫情处置技术规范》。此外还有《畜禽病害肉尸及其产品无害化处理规程》（GB 16548—1996），《病死及死因不明动物处置办法（试行）》等。

3. 无公害动物产品 无公害动物产品的规定包括产地环境要求、饲养管理、饲料管理、兽药管理、防疫管理、饮用水质、产品质量等。《农产品安全质量 无公害畜禽产地环境要求》（GB/T 18407—2008），《无公害食品 生猪饲养管理准则》（NY/T 5033—2001），《无公害食品 畜禽饮用水水质》（NY 5027—2001），《无公害食品 生猪饲养管理准则》（NY/T 5033—2001），《无公害食品 肉羊饲养管理准则》（NY/T 5151—2002），《无公害食品 肉牛饲养管理准则》（NY/T 5128—2002），《无公害食品 蛋鸡饲养管理准则》（NY/T 5043—2001），《无公害食品 奶牛饲养管理准则》（NY/T 5049—2001）。

4. 草原管理 涉及草原管理的技术规范主要有：《天然草地退化、沙化、盐渍化的分级指标》（GB 19377—2003），《草原划区轮牧技术规程（试行）》，《休牧和禁牧技术规程（试行）》，《人工草地建设技术规程（试行）》，《草地围栏建设技术规程（试行）》和《严重鼠害草地治理技术规程（试行）》。

二、饲养场工程分析

我国养殖业发展的牲畜和家禽品种主要有：猪、肉牛、乳牛、役用牛、山羊、绵羊、肉鸡、蛋鸡、鸭、鹅、火鸡、马、驴、骡和兔等，其中以猪、肉牛、乳牛、绵羊、肉鸡和蛋鸡数量最大。从工艺上分析，家畜家禽的饲养方式有圈养、放养和工厂化饲养等。畜牧业工程的主要方式是建设畜禽饲养场（或养殖区）。畜禽饲养场是种畜禽、商品畜禽的生产基地。

（一）饲养场场址选择的合理性

场址的选择是根据养殖场经营的种类、方式、规模、生产特点、饲养管理方式以及生产集约化的程度等基本特点，对地势、地形、土质、水源以及居民点的配置、交通、电力和物资供应等方面全面考察后确定的。养殖场以不能受到污染，同时又不能污染环境，方便生产经营、交通便利且具备良好的防疫条件作为选址的基本原则。场址选择主要考虑以下五个方面。

1. 水电供应条件 现代养殖场需要有充足的水电供应，机械化程度越高的养殖场对电力的依赖性越强。水供应方面，应考虑水量和水质问题。

2. 环境条件 养禽业在选择场址时一般应考虑距居民点 1.5 km 以上，距其他禽场 10 km 以上，附近无大型污染的化工厂、重工业厂矿或排放有毒气体的染化厂。

3. 交通运输条件 养殖场的产品需要运输出去，养殖场需要的饲料等需要不断运进来。

4. 地质土壤条件 在选择场址时要详细了解该地区的地质土壤状况，要求场地土壤未被传染病或寄生虫病原体污染过，透气性和渗水性良好，能保证场地干燥。

5. 水文气象条件 对建场地区的水文气象资料必须进行详细的调查了解，作为养殖场建设与设计的参考资料。

（二）场区布置和设计的合理性

为了建立良好的牧场环境和组织高效率的生产，需要对选定的场地进行分区规划。生产区是养殖场的核心区，包括畜禽圈舍、饲料加工室、饲料库、隔离舍和水塔，隔离区包括病畜禽隔离室、积肥场和水处理场。饲养管理区主要由饲料加工车间、饲料仓库、办公室、修理车间、变电所、锅炉房、水泵房等组成。隔离区主要有兽医试验室、病猪隔离室、尸体处理室等。

养殖场分区规划时，首先从人畜健康的角度出发，考虑地势和主风向，合理安排各区位置。从上风向到下风向、从坡上到坡下依次布置。各个功能区之间的间距不少于 50 m，并有防疫隔离带或墙。

（三）饲养工艺

集约化饲养是采用先进的科学技术和生产工艺，高密度、高效率、连续均衡地生产家畜和家禽。按饲养的规模分为小型、中型和大型三种。一般年出栏商品猪头数大于 10 000，基础母猪数大于 600 的为大型猪场；年出栏商品猪头数为 5 000~10 000，基础母猪头数为 300~600 的为中型猪场；年出栏商品猪头数为 2 000~5 000，基础母猪头数为 120~300 的为小型猪场。

以猪为例，肥育速度达到 170~180 日龄，体重达到 90 kg，肉料比为 1∶3.3 以下（商品肉猪增重消耗饲料）或 1∶4.0 以下（商品肉猪增重带全群消耗饲料），生产每头肥猪用的建筑面积在 1.0 m^2 以下，用的场地面积在 2.5~4.0 m^2 以下，1 kg 商品猪的生产成本相当于 5~6 kg 配合饲料的价格，饲料成本占总成本的 75% 左右。每个劳动力年生产肉猪 225~500 头。

在生产工艺方面应实行"全进全出"等管理工艺，把整个生产过程划分为若干单元，并依次来划分车间流水作业。如生产划分为 5 个环节，分为 5 个车间：繁殖车间，哺乳车间饲养 4 周，保育车间饲养 40 d，育成车间饲养至 120 d，肥育猪达到 7 月龄出栏。机械设备使用自动饮水设备、喂料设备和清粪处理设备，自动化程度较高。

（四）卫生防疫

1. 建立完善的防疫制度 按照卫生防疫的要求，根据养殖小区的实际情况，制定完善的卫生防疫制度。建立包括家畜日常管理、环境清洁消毒、废弃物及病畜和死畜处理以及计划免疫等在内的各项规章制度。

2. 做好卫生管理 确保畜禽生产的环境卫生状况良好。畜舍时常清扫、洗刷，清除粪便和排除污水，加强通风换气，保持良好的空气卫生状况。要按照小区卫生防疫要求，严格消毒，人员换衣换帽后才可进入生产区。认真做好饲料质量监控工作，确保饲料质量安全、可靠，符合卫生标准。

3. 加强卫生防疫 做好计划免疫，制定养殖小区畜群免疫程序，并按计划及时接种疫苗，严格执行各种消毒措施，引进和出售的畜禽，必须进行严格的检疫，以减少传染病的发生。

（五）粪尿处理

在规模化畜牧场中的粪便如不及时收集和处理，将会造成场区内外环境污染，影响家畜生产，也会威胁场区内外人群的健康。清粪是利用一定的工具和方法将畜舍内的粪便清除至舍外。

养殖场粪尿的处理与利用有以下几种。

1. 化粪池 化粪池使家畜粪便和冲洗水稳定化，液体部分便于洒施到农田或用作循环冲粪水，BOD 浓度可以减少到能安全地进行洒施农田或冲洗畜舍粪沟的程度。化粪池分为好气性化粪池和兼气性化粪池以及厌气性化粪池。

好气性化粪池和兼气性化粪池根据氧气的供应情况又有自然充气式和机械充气式之分。自然充气式相当于氧化塘，依靠水面上藻类的光合作用提供氧气，在 40 d 内可以使 BOD 值减少 93%～98%。机械充气式利用压缩空气或机械曝气装置，深度在 2～6 m，上层好氧分解下层厌氧分解，采用较小动力的曝气机，节省动力效果也比较好。

厌气性化粪池深度在 3～6 m，不需要能量，管理少，费用低，但是处理时间长，要求池的容积大，对温度敏感，寒冷天气分解差，有臭味。厌气性化粪池的结构与舍外地下储粪坑相似。厌氧性化粪池的最小设计容量见表 7-7，最小设计容量是为了保留应有的细菌数量，炎热地区采用小值，寒冷地区采用大值。

表 7-7 厌氧性化粪池的最小设计容量

单位：m^3

畜禽种类	育肥猪	母猪和仔猪	肉牛	奶牛	蛋鸡	肉鸡
每 1 000 kg 活重的最小设计容量	45.5～86	61.9～114.9	49.1～93.7	56.3～107.4	115.4～220.5	146.9～280.5

2. 堆制 堆制处理是利用多种微生物人为地促进生物来源的有机废物进行好氧分解和稳定化的过程。在这一过程中，有机质被分解，其终产物为简单的无机物 CO_2、H_2O、NO_3^-、矿物质等。有机固体废物经堆制处理后，其产物中含丰富的氮、磷营养物质和有机物质，故称为堆肥。

堆制工艺类型很多，按反应器特点分为反应器型和非反应器型，主要有非反应器型的静态堆制工艺和反应器型的机械搅拌式。

3. 脱水干燥 脱水干燥主要用于鸡粪处置，脱水后鸡粪的含水量降到 15% 以下。脱水干燥一方面减少了粪便的体积和重量以便于运输，另一方面有效地抑制了微生物的活动，减少养分损失，避免腐败。脱水干燥的主要方法有：在回转烘干炉上高温快速干燥，太阳能自然干燥和舍内干燥处理。

4. 沼气池 厌氧消化法是一种有效处理高浓度粪便的方法，同时可以产生沼气，提供能源，沼液、沼渣是一种含有生物活性物质和肥料的元素，能够使作物增产。

5. 好氧生物处理 处理高浓度有机废水的方法都可以用来处理废水，如稳定塘法、活性污泥法、土地处理法、粪便转化为饲料的方法。

目前大型养殖场污水处理系统主要有如下几种:
(1) **固液分离与理化处理系统** 处理流程:固液分离→沉淀→气化→酸化→净化→鱼塘→排放。这种处理系统基本可将污水净化到符合排放标准并得到综合利用。
(2) **厌氧池发酵处理系统** 处理流程:畜舍排出的粪水→厌氧池→沉淀池→净化池→灌溉农作物。此种处理系统,能使猪场排出的粪水 COD 浓度达到国家排放标准,同时可充分厌氧发酵生产沼气作为能源。
(3) **土地处理系统** 土地处理系统是将污水有节制地投配到生长有植物的土壤表面,在土壤-植物系统中经历自然的物理、化学和生物学的作用,将污水进行处理的系统。主要包括物理的过滤、吸附、化学反应和化学沉淀,以及微生物代谢作用的有机物分解等,按其运行方式的不同,可分为自然湿地系统和人工湿地系统。

(六) 节能

由于畜禽养殖业污水、臭气、粪便污染河道、水源、城镇等一系列环境问题,迫切需要实现畜牧业的清洁生产,本着"污染预防、治理与资源化利用相结合"的原则,从政府、企业和养殖户三方面出发对养殖规划、管理、生产工艺、节约用水、减少污染物排放及对畜禽废物进行资源化利用等方面进行清洁生产,以实现可持续协调发展。

三、养殖业生产环境影响识别

养殖业规模和形式有很大差别。有农户饲养、养殖专业户饲养、饲养场饲养、养殖小区饲养以及工厂化饲养,动物除消耗粮食以外,还需要一定的饲草,要有一定规模的草场。表7-8表明的是一般情况下按影响因子进行分析。

表7-8 养殖业环境影响分析

环境要素/因子	施工期	生产期	说明	举例
生态系统				
土壤侵蚀		累积性的不可逆的不利影响	开荒	高强度放牧
土壤肥力		提高	粪便施用到农田	
自然生境(自然植被和野生动物栖息地)		累积性的不可逆的不利影响		高强度放牧
生物多样性		不可逆的不利影响		人工草场单一种植,农药施用
生物安全		有风险		不适当地引种带入传染病、草场引人有风险的物种
自然资源				
土地资源	占用		畜牧场和草场建设占地	
水资源		消耗	水清粪消耗水资源更多	冲洗畜舍、冲洗降温,开采地下水建设人工草场

(续)

环境要素/因子	施工期	生产期	说明	举例
社会发展				
人类健康		不利影响	人畜共患病危害人类健康	病畜禽、死畜禽传播疾病
居住环境		不利影响	靠近畜牧场居住条件较差	
景观		有一定影响		
农民收入		增加		
农村社区发展		有利影响	农牧结合有利于农业发展	
水污染：BOD/COD、营养盐（氮、磷）	累积性的不利影响	严重的累积性的不利影响	施工期有少量生活污水，生产期有大量的畜尿和冲洗水	养殖场造成的点源污染，放牧造成面源污染，草地施肥污染
空气污染：粉尘、恶臭、二氧化硫/氮氧化物	可逆的不利影响	严重的可逆不利影响	生产期产生强烈的恶臭	施工期有一定的粉尘，生产期的取暖锅炉、饲料饲草加工的污染
声环境	可逆的不利影响	可逆的不利影响	施工期和生产期噪声是轻微的	生产期的动物叫声、机械噪声（铡草机、饲料粉碎机，风机，真空泵），建设期施工机械
固体废物	累积性的可逆的不利影响	累积性的可逆的不利影响	施工期产生渣土和生产期产生粪便、垫料	
有毒物质		一般毒性	生产期使用消毒剂	防疫使用消毒剂，草地使用农药

一般来说，养殖业的环境影响主要是：水污染（点源污染和面源污染）、固体废物（粪便）污染、臭气污染以及引起传染病。放牧会造成生态系统的破坏（水土流失和植被破坏）。

（一）主要环境影响分析目标

养殖业项目的环境问题主要是畜禽粪便大量堆积造成的，一方面浪费了大量的粪便资源，同时对畜牧场的环境卫生和疫病防治工作带来诸多不利的影响，造成家畜的生产力下降、疾病和死亡率增加。而直接排放粪便和污水造成河流等水体 BOD 增高，造成水体富营养化，或经过土壤渗漏到地下水中，引起硝酸盐超标等问题。

1. 养殖场建设 养殖场粪尿如不及时处理会污染地表水和地下水；粪尿产生的臭气、臭味污染空气并影响周围居民生活；畜禽传染病蔓延威胁动物及人体健康；畜舍、禽舍冲洗耗水，采用水清粪方式水资源消耗更大；施工期开挖土石方，破坏局部植被，遇到雨水冲刷造成水土流失，开挖和回填土方会引起扬尘污染，机械施工产生噪声可能会扰民。

保护目标为受纳水体、地下水源地、空气、附近居民。

2. 放牧场建设 牧场的牲畜粪尿构成面源污染，污染地表水和地下水；牲畜圈和围栏粪尿产生的臭气、臭味污染空气；疾病蔓延威胁动物及人体健康；过度放牧会破坏生态系统的稳定性，严重的会造成水土流失和土壤沙化；牧草种植过程中开荒种植，会造成水土流失，不恰当地使用肥料、农药，会污染水体、大气和土壤；引入外来物种会造成生物安全隐患，有生物入侵的风险。

保护目标为自然保护区、风景名胜区、森林公园、生态林、珍稀濒危物种、地表植被、土壤的质量、受纳水体、地下水源地、附近居民。

（二）主要评价因子筛选

养殖业项目的主要评价因子如下：

1. 土壤侵蚀 土壤侵蚀（水蚀、风蚀）种类、影响范围、侵蚀模数、水土流失治理面积等。

2. 植物动物资源 植被类型、生物量、森林覆盖率、敏感物种、保护动植物、草场面积、产草量、草场质量等。

3. 生物安全 生态入侵现状，引进外来物种的安全性。

4. 土地利用 土地利用构成、面积等。

5. 土壤质量 有机质、全氮、全磷、全钾、碱解氮、速效磷、速效钾。

6. 水资源 地表水可利用量、地下水资源补给量、储存量、可开采量、使用量等。

7. 水质 地表水有COD、pH、NH_4^+-N、总氮、总磷等；地下水有总硬度、pH、NH_3^--N、NH_2^--N等。

8. 大气环境 总悬浮颗粒物、恶臭。

9. 噪声 等效声级。

10. 固体废物 土石方量、粪尿与垫料产生量和处理量。

11. 其他 社会、经济、文化农业产值、作物产量、人均粮食产量、畜牧业产值、畜牧业产值占农业总产值的比重、人均纯收入、人均土地面积、人均居住面积、传染病的种类、死亡率。

四、环境影响分析与预测

畜禽养殖业污染是指畜禽粪便、污水、恶臭、粉尘、病原微生物、重金属元素等，对农村地表水、地下水、大气、土壤、生物各圈层造成了交叉立体式的污染。事实上，农村畜禽养殖业已经成为农业面源污染的主要来源。

（一）畜禽粪便的环境影响

总体来看，畜禽业产生的环境危害主要来源于畜禽粪便。通常，畜禽粪便的产生量是通过不同畜禽种类的排泄系数间接估算出来的，污染物排放量又是根据排泄粪便中污染物的浓度系数计算出来的。根据国家环保总局推荐的系数，计算出我国2000至2004年各年畜禽粪便排放总量和主要污染物排放量（表7-9）。

采用以下计算公式确定各类畜禽产粪、尿总量：

$$年排粪（尿）总量 = 出栏量 \times 日排放系数 \times 饲养周期 + 存栏量 \times 日排放系数 \times 饲养周期 \quad (7-4)$$

表7-9 畜禽粪便排泄系数

项目	单位	牛	猪	鸡	鸭
粪	kg/d	20.00	2.00	0.12	0.13
	kg/年	7 300.00	398.00	25.20	27.30
尿	kg/d	10	3.3	—	—
	kg/年	3 650	656.7	—	—
饲养周期	d	365	199	210	210

表7-10 畜禽粪便中污染物平均含量

单位:kg/t

项目	COD	BOD	氨氮	TP	TN
牛粪	31.00	24.53	1.70	1.18	4.37
牛尿	6.00	4.00	3.50	0.40	8.00
猪粪	52.00	57.03	3.10	3.41	5.88
猪尿	9.00	5.00	1.40	0.52	3.30
鸡粪	45.00	47.90	4.78	5.37	9.84
鸭粪	46.30	30.00	0.80	6.20	11.00

从表7-11看出,我国畜禽养殖业废弃物排放量呈逐年上升趋势。

表7-11 2000—2004年我国畜禽粪便排放总量和主要污染物排放量

单位:万t

年份	粪便排放量	BOD	COD	氨氮	TP	TN	污染物总量
2000	227 798.04	4 202.49	5 050.82	490.64	271.96	1 181.47	11 197.38
2001	228 596.57	4 200.33	5 044.88	489.31	271.01	1 179.07	11 184.60
2002	234 628.30	4 303.27	5 170.40	502.14	279.16	1 210.65	11 465.62
2003	242 270.53	4 424.65	5 321.74	517.80	288.33	1 249.76	11 802.28
2004	250 118.64	4 544.34	5 465.53	531.77	296.55	1 284.89	12 123.08

(二) 畜禽废气的环境影响

家畜呼出的气和消化道排出的废气中含有 CO_2、H_2S、吲哚等恶臭气体。如果粪便未及时清理,在畜舍里好氧发酵时,碳水化合物分解产生甲烷、有机酸、硫醇等恶臭气体。

(三) 饲养程序的环境影响

首先,饲料中矿质元素含量过高、抗生素等兽药及添加剂的过量使用,造成畜体兽药残留超标,从而畜产品质量低下。其次,畜舍内风机、清粪机、真空泵等机械的运行产生噪声,对畜禽的生产性能、生理机能和神经内分泌有负面影响。再次,饲料加工、调制及干草使用产生大量的粉尘、漂尘,污染大气。最后,对病死畜禽的非净化处理,会造成病原体的迁移及贝类的细菌污染,从而影响人类健康。

(四) 畜禽场选址的环境影响

以前,我国畜禽农户考虑到市场及运输因素,将畜禽场建设在城市郊区等距离市场近或距离居民近的区域。畜禽场的粪便、噪声、气味等容易造成严重的环境影响。因此,加强畜禽养殖业污染的环境治理,具有重要的意义。

(五) 环境影响预测

根据畜禽养殖粪便排放量、畜禽粪便负荷量以及耕地畜禽粪便负荷预警值预测出畜禽养殖业对环境的影响,提前预防环境污染。

1. 畜禽粪便负荷量的计算 由于不同类型的畜禽粪便,其肥效养分差异较大,故其农田消纳量(或施用量)也有较大差异。如果不加区别的随意叠加,即使数量相同,因粪便类型不同而产生的实际效果也不同。为此,本书根据各类畜禽粪便的含氮量(主要养分指标),将各种畜禽粪便统一换算成猪粪当量,然后,再统计各地的"猪粪当量排泄量",从而用可比性较强又符合实际的猪粪当量(畜禽粪便)负荷来计算各区畜禽粪便的实际负荷量。畜禽粪尿含氮量及换算成猪粪当量的换算系数如表 7-12 所示。

表 7-12 各类畜禽粪便猪粪当量换算系数

项目	猪粪	猪尿	牛粪	牛尿	禽类	羊粪
氮 (100%)	0.65	0.33	0.45	0.80	1.37	0.80
猪粪当量换算系数	1.00	0.57	0.69	1.23	2.10	1.23

畜禽粪便负荷量计算公式为:

$$q = Q/S = \sum XT/S \qquad (7-5)$$

式中,q 为畜禽粪便以猪粪当量计的负荷量 [t/(hm·a)];Q 为各类畜禽粪尿相当猪粪总量 (t/a);S 为有效耕地面积 (hm^2);X 为各类畜禽粪尿量 (t/a);T 为各类畜禽粪尿换算成猪粪当量的换算系数。

2. 耕地畜禽粪便负荷预警值 为了反映土地畜禽粪便的负荷程度,研究用公式为:

$$r = p/q \qquad (7-6)$$

式中,r 为粪便的负荷承受程度的预警值;q 为畜禽粪便猪粪当量负荷 (t/hm^2);p 为有机肥最大适宜施用量 [45 t/(hm^2·a)]。

五、主要环保措施

(一) 畜禽场粪便污染要综合治理

畜禽场粪便污染治理要采取加强管理、技术处理和综合利用相结合的方法。畜禽场粪便的管理,要重视加强环境保护和畜禽养殖业相关法律、法规、技术导则和标准的宣传教育,提高环保意识,积极开展多层次、多种形式的技术培训,加强养殖污染的防治意识。合理调控营养,规范添加剂和消毒剂的使用,尽可能少用或不用对环境易造成污染的消毒药物等。严格环境保护审批制度,必须做到"三同时",健全监管机制,环保和农业部门要明确各自职能,相互协调,加强监管,实现饲养场废弃物的减量化、资源化、无害化,向资源循环型社会发展。

(二) 畜禽场污水处理

家畜场污水处理的目标要符合《畜禽养殖业污染物排放标准》的规定,有地方排放标准的应执行地方标准,污水作为灌溉用水排入农田应符合《农田灌溉水质标准》的要求(引自

《畜禽养殖业污染防治技术规范》)。

1. 畜禽场污水处理基本原则

① 需要限制用大量的水冲洗粪便,因为高浓度有机废水很难处理。

② 畜禽场粪便尽量进行固液分离。据测定,原猪舍污水含 COD 浓度为 10 900 mg/L,经过固液分离以后的污水,其 COD 下降 60%~70%。先清粪再用水冲,这样既节约水资源又减少污染负荷。

③ 一水多用,循环利用。净化以后的中水回收用来冲洗猪场。

④ 污水处理工程应坚持"三同时"。

2. 畜禽场污水处理基本方法

(1) 固液分离法 使用固液分离机将粪便固形物分离,分离机有振动筛式、回转筛式和挤压分离式。

(2) 沼气发酵法 畜禽场粪便直接进沼气池发酵,昌盛的沼气做能源利用。沼渣、沼液分离,沼渣做肥料,沼液灌溉耕地或进行深度污水(高浓度沼液)处理。

(3) 污水处理 畜禽粪便污水(干湿分离出的粪便液或沼液)进行好氧、厌氧或兼氧深度技术处理。

(4) 其他处理技术 用畜禽粪便培养蛆和蚯蚓、用畜禽粪便养殖藻类、畜禽粪便生态还田技术等,实现畜禽粪便生态还田和零排放的目标。

(三) 恶臭控制

畜牧场选址,避免建设在居民点、旅游景点、交通干线附近,至少要与畜牧场保持 500~1 000 m 的距离,并且畜牧场要在下风向,水源保护区和旅游区不允许建设畜牧场。

由于畜禽饲养场的恶臭污染源很分散,集中处理很困难,最好的方法是预防为主,在恶臭的源头就地处理。

1. 畜禽的日粮设计与恶臭控制 畜禽场恶臭的控制从日粮设计和日粮供给开始。提高日粮消化率、减少物质(蛋白质)排出量是减少恶臭来源的有效措施。

2. 生产过程中饲料添加剂的应用 在生产过程中,在日粮中采用某些添加剂,除可以提高畜禽生产性能外,还可以控制恶臭。这些添加剂有:酶制剂、益生菌、酸化剂等。

3. 除臭剂的使用 产生的恶臭可以用多种化学和生物产品来控制。多用强氧化剂、杀菌剂、生物除臭剂。

(四) 畜禽传染病控制

畜禽传染病是畜牧业的大敌,它制约了畜牧业的发展,还有一些人畜共患病和寄生虫病(如狂犬病、炭疽、结核、布氏杆菌病、猪囊尾蚴病、旋毛虫病)还会给人们的健康带来威胁,因此控制疫病对于畜牧业生产和保护人民健康都具有重要的意义。国家颁布了《动物防疫法》《家畜家禽防疫条例》等法律、法规,规定了"预防为主"的畜禽防疫方针。

引起动物传染病的病原体主要是细菌、病毒和寄生虫。病畜、病禽排出的粪尿和尸体中含有病原菌会造成水污染引起传染病的传播和流行,不仅危害畜禽本身也危及人类。猪月一毒、副伤寒、马鼻疽、布鲁氏菌病、炭疽病、钩端螺旋体病和土拉菌病都是水传疾病,口蹄疫、鸡新城疫也可以经胃肠道传播(表 7-13)。

表 7-13 畜禽粪便中潜在的病原微生物

类别	病源种类
鸡粪	丹毒丝菌、李斯特菌、禽结核杆菌、白色念珠菌、梭菌、棒杆菌、金黄色葡萄球菌、沙门菌、烟曲霉、鹦鹉热衣原体和鸡新城疫病毒等
猪粪	猪霍乱沙门菌、猪伤寒沙门菌、猪巴斯德菌，猪布鲁菌、绿脓杆菌、李斯特菌、猪丹毒丝菌、化脓棒杆菌、猪链球菌、猪瘟病毒和猪水泡病毒等
马粪	马放线杆菌、沙门菌、马棒杆菌、李斯特菌、坏死杆菌、马巴斯德菌、马腺疫链球菌、马流感病毒、马隐球酵母等
牛粪	魏氏梭菌、牛流产布鲁菌、绿脓杆菌、坏死杆菌、化脓棒杆菌、副结核分枝杆菌、金黄色葡萄球菌、无乳链球菌、牛疱疹病毒、牛放线菌、伊氏放线菌等
羊粪	羊布鲁菌、炭疽杆菌、破伤风梭菌，沙门菌、腐败梭菌、绵羊棒杆菌、羊链球菌、肠球菌、魏氏梭菌、口蹄疫病毒、羊痘病毒等

第四节 水产业项目环境影响评价

随着我国社会经济的快速发展和人口的不断增长，人类活动与资源环境的矛盾日益尖锐。我国水生生物资源及水域生态环境正面临着多方面的问题。

网箱养殖过程中会排放三类污染物：一类是易被生物降解的有机物分解过程中消耗氧气，降低水中溶解氧的含量；二类是氮、磷。引起水中的藻类大量繁殖，造成水体富营养化；三类是鱼虾养殖生产的消毒物（生石灰、熟石灰、漂白粉等）。

一、产业政策、行业环境管理、技术政策及规范

（一）法律和产业政策

1. 相关专门法律 《中华人民共和国水污染防治法》（2008年2月28日）；《中华人民共和国渔业法》（2004年8月28日）；《中华人民共和国野生动物保护法》（2004年8月28日）；《中华人民共和国水法》（2002年8月29日）；《中华人民共和国环境影响评价法》（2002年10月28日）；《中华人民共和国海洋环境保护法》（1982年8月23日）。

2. 产业政策 《中共中央关于制定国民经济和社会发展第十二个五年规划的建议》中指出：科学规划海洋经济发展，发展海洋油气、运输、渔业等产业，合理开发利用海洋资源，加强渔港建设，保护海岛、海岸带和海洋生态环境。

各级政府、渔业行政主管部门及其相关部门相继开展了一系列工作，如建立了相应的保护法律、法规体系。先后颁布了《渔业法》《野生动物保护法》《海洋环境保护法》等法律，以及相关配套的行政法规，如《水产资源繁殖保护条例》（1979年2月10日国务院发布）、《自然保护区管理条例》（1994年10月9日国务院发布）、《捕捞许可管理规定》（2002年8月23日农业部发布）等。

二、行业环境管理和技术政策

(一) 捕捞业

为实施合理捕捞，防止破坏渔业资源，国家对捕捞业实行以下管理措施：

1. 保护近海渔业资源，鼓励外海及远洋捕捞 从事外海捕捞、远洋捕捞业，必须经国务院渔业行政主管部门批准，国家从资金、技术和税收等方面给予扶持或者优惠。

2. 实行捕捞许可制度 为保护渔业资源，加强渔业资源的统一规划和综合利用，国家规定了捕捞许可制度。

3. 制造、更新改造、购置进口的从事捕捞业的船舶 经渔业船舶检验部门检验合格方可下水作业，具体办法由国务院渔业行政主管部门制定。

4. 巩固和完善现有禁渔区和禁渔期制度 继续实施海洋伏季休渔，重视禁渔区和禁渔期及海洋机轮拖网禁渔区等制度，科学地确定禁渔时间和禁渔范围，在内陆主要渔业水域和重要鱼类品种的主要栖息地和繁殖期设立新的禁渔区和禁渔期，加强对重要鱼类品种产卵群体和补充群体的保护。

(二) 水产养殖业

1. 水产养殖环境管理 渔业行政主管部门通过制定养殖规划和核发养殖使用证来控制环境影响。如养殖者选址不符合养殖规划的要求，不核发养殖使用证。

渔业行政主管部门可通过养殖水域回顾性环境影响评价，评价养殖数量、规模是否超过环境容量，如超过环境容量需要削减养殖规模，或利用生态养殖改善养殖环境。同时通过评价对现有养殖水产生物的残毒严重超标的、严重病害暴发流行的、检测发现有赤潮毒素的、发生污染事故而造成周边生态环境严重危害的，渔业行政主管部门应立即关闭养殖区或养殖场，禁止其养殖的水产生物的上市。

养殖场项目选址应严格遵循养殖规划，不得对自然保护区、红树村、海岸防护林、基本农田用地、鱼虾的产卵场、索饵场、水源地及海岸自然景观等造成影响和破坏。

2. 水产品安全 相关的条例、管理办法有：《中华人民共和国水产品卫生管理办法》《水产养殖质量安全管理规定》(2003年7月24日)、《贝类生产环境卫生监督管理暂行规定》(1997年11月21日) 等。《兽药管理条例》《饲料和饲料添加剂管理条例》等畜牧兽医方面的条例也适用于水产养殖。

3. 水生生物资源保护 水产资源的保护是重要的一环。《渔业法》第27条规定，国家规定禁止捕捞的珍稀水生动物应当予以保护；因特殊需要捕捞的，按照有关法律、法规的规定办理。1988年我国制定了《野生动物保护法》，国务院还于1993年批准了《水生野生动物保护实施条例》，规定对珍贵、濒危的水生生物及其产品实施保护和管理。《国家重点保护野生动物》(1988年12月10日) 中规定了需重点保护的国家一级、二级水生野生保护动物，如表7-14所示。《水产资源繁殖保护条例》(1979年2月10日) 规定，凡是有经济价值的水生动物和植物的亲体、幼体、卵子、孢子等，以及其赖以繁殖成长的水域环境都要加以保护，保护对象如表7-15所示。

相关条例还有：《水产苗种管理办法》(2005年1月24日)、《长江中下游渔业资源管理规定》(1990年9月5日) 等。也有大量的地方法规，如《广东省人工鱼礁管理规定》(2005年2月15日) 等。

表 7-14 国家水生野生保护动物名录

分类	保护级别	
	国家一级	国家二级
头足纲	鹦鹉螺	
珊瑚纲	红珊瑚	
肠鳃纲	多鳃孔舌形虫、黄岛长吻虫	
兽纲	白鳍豚 中华白海豚	黑露脊鲸、灰鲸、蓝鲸、长须鲸、温鲸、小温鲸、座头鲸、抹香鲸、虎鲸、伪虎鲸、鹅嘴鲸、真海豚、江豚、宽吻海豚、太平洋短吻海豚、蓝白原海豚、花斑原海豚、灰海豚、斑海豹、海狗、北海狮、水獭、江獭、小爪水獭
鱼纲	新疆大头鱼、中华鲟、达氏鲟、白鲟	黄唇鱼、花鳗鲡、克氏海马鱼、松江鲈鱼、唐鱼、胭脂鱼、大头鱼、金线鲃、大理裂腹鱼、川陕哲罗鲑、秦岭细鳞鲑
两栖纲		大鲵、镇海疣螈、细痣疣螈、大凉疣螈、贵州疣螈
腹足纲		虎斑宝贝、冠螺
瓣鳃纲		大珠母贝、佛耳丽蚌
文昌鱼纲		文昌鱼
爬行纲		绿海龟、蠵龟、玳瑁、棱皮龟、地龟、山瑞鳖、云南闭壳龟、三线闭壳龟

表 7-15 重点加以保护的重要或名贵的水生动物和植物

类别	种类
海水鱼	带鱼、大黄鱼、小黄鱼、兰圆鲹、沙丁鱼、太平洋鲱、鲕、真鲷、黑鲷、二长棘鲷、红笛鲷、梭鱼、鲆、鲽、石斑鱼、鳕、狗母鱼、金线鱼、鲳、白姑鱼、黄姑鱼、鲐、马鲛、海鳗
淡水鱼	鲤、青鱼、草鱼、鲢、鳙、鲤、红鳍鲌、鲮、鲫、鲂、鳊、鲑、长江鲟、中华鲟、白鲟、青海湖裸鲤、银鱼、河鳗、黄鳝、鲷
虾蟹类	对虾、毛虾、青虾、鹰爪虾、中华绒螯蟹、梭子蟹、青蟹
贝类	鲍、蛏、蚶、牡蛎、西施舌、扇贝、江瑶、文蛤、杂色蛤、翡翠贻贝、紫贻贝、厚壳贻贝、珍珠贝、河蚌
海藻类	紫菜、裙带菜、石花菜、江蓠、海带、麒麟菜
淡水食用水生植物类	莲藕、菱角、芡实
其他	白鳍豚、鲸、大鲵、海龟、玳瑁、海参、乌贼、鱿、乌龟、鳖

三、工程分析

水产业目前涉及的建设工程主要是养殖项目。养殖项目包括淡水养殖和海水养殖，其中淡水养殖包括坑塘养殖、水面养殖和网箱养殖，海水养殖包括滩涂养殖和近岸养殖。养殖的种类有鱼类、蟹类、贝类、藻类。

现以海水网箱养鱼为例进行工程分析。

海水网箱养殖，是在海水中设置以竹、木、合成纤维、金属等材料装制成的一定形状的箱体，将鱼等放入其内，投饵养殖的方式。这种养殖方式灵活、简便，不占土地，并借助自然海水的流动和潮位的涨落而达到甚好的水质条件，节约了动力，增加了鱼体容存量，是一种较好的集约化养殖方式。从我国目前的情况看，适于网箱养殖的鱼种有真鲷、黑掉、胡椒鲷、黄鳍鲷、六线鱼、鲈鱼、尖吻鲈、石斑鱼、虹鳟、银鲑、罗非鱼、牙鲆、大菱鲆、六指马鲛、黄姑鱼、大黄鱼、眼斑拟石首鱼、欧洲鳗等。网箱养鱼生产工艺如图7-1所示。

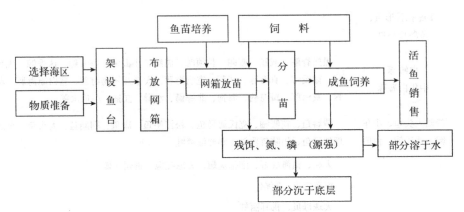

图7-1 网箱养殖生产工艺

1. 养殖海区的选择 选择网箱养殖的海区，要考虑其环境条件能够最大限度地满足养殖鱼类生存和生长的需要。

2. 海水养鱼网箱的类型 我国海水养鱼常用的网箱类型有：浮动式网箱、固定式网箱和沉下式网箱三种。从外形上又可分为方形、圆形和多角形。从组合形式上可分为单个网箱和组合式网箱。

3. 投饵

(1) **饵料** 海水网箱养鱼的饵料有两类：新鲜或冷冻保存的鲐鱼、鲹鱼和小型低质杂鱼；软颗粒配合饲料，将小杂鱼绞碎以后与等量的鱼粉混合成型，并加入5%的鱼油，形成浮水性膨化饲料。

(2) **投喂方式、投饵数量以及残饵和排泄物数量** 投饵方式都采用人工投饵、投喂及残饵和排泄物的数量根据网箱养殖的负种而定。

残饵及排泄物数量：投入网箱中的饵料一部分被鱼类摄食，经消化转化为鱼体内的蛋白质，蓄积在体内，其余则以粪便和尿液的形式排出体外。可用公式计算：

$$R_2 = R_1 - F(G_1 - G_0) \tag{7-7}$$

式中，R_1 为投饵量；R_2 为残饵量；G_0 为养殖开始时鱼、虾的总质量；G_1 为养殖结束时鱼、虾的总质量。F 为饵料系数。

饵料系数是指摄食量与增加质量之比，可用来评定配合饲料的质量，影响饵料系数高低的因素很多，与鱼种、养殖方式、水环境和饲料的种类与质量有关。如虾类养殖饵料系数一般在1.8左右。

4. 养殖污染物排放量 养殖污染物排放量一般用氮、磷的环境负荷量或排放量表示。计算氮、磷环境负荷量的方法很多，其中以竹内俊郎采用的方法较为简单而实用，即"从给饵的营养成分中，扣除蓄积在养殖生物体内的量，剩余的即是环境负荷量"，计算方法如下。

$$T_N = (C \times N_f - N_b) \times 10^3 \qquad (7-8)$$
$$T_P = (C \times P_f - P_b) \times 10^3 \qquad (7-9)$$

式中，T_N、T_P 分别表示氮负荷和磷负荷量（kg/t）；C 为饵料系数；N_b、P_b 分别为饵料中的氮和磷的含量（%）；N_b、P 分别为养殖生物体内氮和磷的含量（%）。

1. 箱养殖鱼类养殖排泄物（粪便）数量 网箱鱼类养殖排泄物（粪便）数量的 N_b 平均取 2.86%，P_b 平均取 0.63%，N_f 取 2.5%，P_f 取 0.4%，饵料系数取 7（南方），由此计算出每生产 1t 的网箱养殖鱼类，理论上（不包括被野生动物食用）所产生的氮、磷数量分别为 146.4 kg 和 21.7 kg，所以可以根据项目区的网箱数计算出预计产量、残饵排放量、氮排放量和磷排放。

2. 贝类养殖排泄物（粪便）数量 根据日本有关学者计算，牡蛎的排泄量为 100.7 mg/(粒·d)；扇贝的排泄量为 15.0 mg/(个·d)。福建省牡蛎养殖每公顷 31 台架挂养 6 000 串，每串附苗 260 粒，经过 6 个月养殖，成活率为 5%。牡蛎排泄物中含氮率为 1.2%。

所以牡蛎养殖每公顷一个养殖周期产生的排泄物总量为：
$$T = 100.7 \times 6\,000 \times 260 \times 180 \times 0.5 = 14.4$$
每公顷排泄物含氮总量为：
$$T_N = 14.4 \times 1.2\% = 0.17$$

福建省扇贝养殖每公顷 6 000 网笼，每个网笼 7 层，每层放苗 42～43 粒，每公顷共 180 万粒，经过 6 个月养殖，成活率 75%。扇贝排泄物中含氮率为 1.2%。

所以扇贝养殖每公顷一个养殖周期产生的排泄物总量为：
$$T = 15.0 \times 1\,800\,000 \times 180 \times 0.75 = 3.65$$
每公顷排泄物含氮总量为：
$$T_N = 3.65 \times 1.2\% = 0.044$$

实际上，这个数值偏高，因为通常在投饵区附近有大量野生动物觅食。

四、环境影响识别及筛选

（一）主要环境影响分析和主要保护目标

1. 网箱养鱼

(1) 有利影响 通过养殖增加水产品产量，减少对天然海产品的捕捞。增加水产品的市场供应，使农民收入增加。

(2) 可能存在的不利影响 网箱养殖会影响养殖区底质和养殖区的水（海）流流速。一些受污染的水库、湖泊水体，除了受城市工业废水、生活污水污染外，渔业对水体的过度利用也是重要污染源之一。网箱养殖对水域的过度开发，使原有的水草资源遭到破坏，使"草型湖泊"转变为"藻型湖泊"。

(3) 保护目标 海洋特别保护区，海洋自然保护区，鱼虾类的产卵场、索饵场、越冬场、洄游通道、海滨风景游览区、海滨浴场等。

2. 虾池改造

(1) 有利影响 通过减少排水量，降低排水中有机物的浓度，既有利于保护环境，又有利于养虾业的发展。

(2) 可能存在的不利影响 易被生物降解的有机物，消耗水中氧气，并释放出氮、磷等营养盐；残留饵料和排泄物中的氮、磷，过量的氮、磷会造成水体富营养化；在养殖过程中投入的消毒药物，主要和常用的有石灰、漂白粉。

(二) 主要评价因子筛选

水产业项目的主要评价因子如下：

(1) **植物动物资源** 包括滩涂和水域的植被类型、生物量（湿地植物、浮游生物、游泳生物、底栖动物、鱼卵仔鱼）、敏感物种、保护动植物等。

(2) **生物安全** 生态入侵现状，引进外来物种的安全性。

(3) **土地利用（海域）** 土地利用构成、面积等。

(4) **水质** 地表水有 SS、COD、pH、NH_4^+-N、总磷等；地下水有总硬度、pH、NO_3^--N、NO_2^--N 等。

(5) **水资源** 地表水可利用量、地下水资源补给量、储存量、可开采量、使用量等。

(6) **土壤质量** 有机质、全氮、全磷、全钾、碱解氮、速效磷、速效钾。

(7) **大气环境** 总悬浮颗粒物。

(8) **噪声** 等效声级。

(9) **固体废物** 土石方量。

(10) **社会、经济、文化** 农业产值、渔业产值、渔业养殖占农业产值的比重、增加就业、人均纯收入、人均居住面积。

五、环境影响分析与预测

(一) 生态环境现状调查与评价

1. 水环境调查和评价

(1) **水体** 水深、水温、水色、透明度、悬浮物、盐度、pH、溶解氧、COD、BOD、无机氮（氨氮、硝态氮、亚硝态氮）、活性磷酸盐、H_2S、油类、铜、锌、铅、镉、细菌总数、粪大肠菌群。

(2) **底质** 硫化物、有机质、铜、锌、铅、镉。

(3) **方法** 方法按《海洋监测规范》。

2. 水生生物调查和评价 浮游植物、浮游动物、游泳生物、底栖生物的生物量、种类组成、群落结构、叶绿素 a 和初级生产力；鱼卵仔鱼的种类组成和数量分布；生物体内石油烃、农药、铜、锌的含量；珍稀水生生物物种。

3. 水生生物保护区调查 范围、性质、保护物种、功能等。

4. 近岸污染源和污染物调查与分析 陆上工业废水和生活污水（贝类养殖注意生活污水和医院污水污染）；港口、船舶、海上石油平台和水产养殖；入海河流。

(二) 污染源分析

各类养殖的氮、磷排放量，排水中 COD、氮、磷浓度。

(三) 水质预测

COD/BOD、总氮和总磷等指标的影响范围和浓度。

(四) 底质预测

有机物以及氮、磷等指标的影响范围和浓度。

在网箱养鱼过程中，残饵及鱼类排泄物中的不可溶部分沉积到水底，会对底质造成影响。进入底质的污染物一般占总排放量的20%。进入底质的污染物比较稳定，其分解速度较慢，因此不断积累，长期会对底质发生影响。所以，网箱养殖区应考虑间断性养殖，并考虑变换网箱位置。

残饵及鱼类排泄物在网箱底部的堆积现象，直接与下列因素有关：污染物的总量，养殖区海底表面的性质、水深、潮流速度。残饵及鱼类排泄物的扩散距离可以通过下列公式计算：

$$d = D \times C_v / v \tag{7-10}$$

式中，d 为扩散距离；D 为水深；v 为颗粒物的沉降速度；C_v 为海流速度。网箱养殖过程中产生的沉降物，一般都是以网箱为中心朝着潮流的方向呈椭圆形分布。网箱正下方占沉降物总量的40%～70%，在网箱周边25 m范围内沉降物占总沉降量的90%，50 m范围内沉降物几乎占总沉降量的100%。沉降物的分布范围与海流流速和水深成正比，网箱所在位置的水深越大，沉降物分布的范围越广，沉积厚度越薄；同样，潮流流速越大，沉降物分布范围也越广，厚度也越薄。

（五）水产养殖环境容量分析

无论对于养殖环境容量概念的描述是否相同，但定义环境容量的原则是相同的。首先，对于营养盐或污染物，海域有一定的容纳量；其次是当海域容纳了这些营养盐或污染物后，其海洋生态系统依然可以维持平衡，或海水水质依然可以达到海洋功能区所确定的标准。养殖环境容量的定义不应当单纯从养殖生态和养殖经济学角度来解释，而且还应该包含物理海洋学、环境生态学、生态动力学等，是一个多学科交叉的科学命题。从生态学角度理解，水产养殖环境容量应该是一个有限的随时间变化的参数。对于每个特定水域，其环境条件不可能适合水产养殖生物无限地生长；而且，由于环境中各理化因子的相互作用、相互制约，使得某特定养殖水域的容量只能处在一定的承载限度内，因此应该寻求一种最佳的科学利用海域的物理及生态环境平衡的负载能力。在进行养殖环境容量的确定时，应该考虑海域环境以及养殖生产本身的可持续性，需要从环境保护的角度，根据特定水域的水动力条件，在综合考虑该海域的物理、化学特征以及充分利用海域可利用的环境容量前提下，防止养殖生产对环境的过度污染，使所产生的污染物负荷量控制在环境的容纳量范围内。但在市场经济条件下也不能抛开养殖生产需要考虑的经济效益层面，这也是经济与环境如何协调发展的问题。

在实际情况中，某一海湾（或海域）的养殖环境容量不是一个孤立的概念，而与其他海洋产业（如港口航运、临海工业、海洋旅游业等）密切相关，是一个包含着优化思想的概念，因此也存在着与其他使用同一片海域的产业之间的协调和优化的问题。从这个层面上来讲，养殖环境容量的确定应该纳入海岸带综合管理。所以，在海洋功能区划确定的养殖区内，养殖环境容量需要依据海域的环境标准和养殖生物来确定。

复 习 思 考 题

1. 为什么要开展农业环境质量评价？
2. 述说农业环境影响评价的政策法规与标准。
3. 简述开展农业环境影响评价的主要领域。

4. 简述农田灌溉工程环境影响评价的要点。
5. 述说饲养场工程分析的主要内容。
6. 述说网箱养鱼项目主要评价因子的筛选。
7. 如何进行猪场环境影响分析与预测？

第八章 规划环境影响评价

第一节 规划环境影响评价概述

一、规划环境影响评价的概念、目的及原则

(一) 规划环境影响评价的概念

建设项目的环境影响评价在我国的经济建设和环境保护的健康协调发展中发挥了积极的作用。但在实践中人们也发现，如果仅仅只对建设项目进行环境影响评价，则不能准确地预测规划开发活动造成的环境变化和环境影响，难以在规划开发建设中合理地发展经济、开发利用自然资源、采取环境保护综合防治对策，难以使区域或流域环境质量达到预期的目标。因此在我国 2002 年颁布的《中华人民共和国环境影响评价法》中，明确提出要进行"规划环境影响评价"。

规划环境影响评价是指在规划编制阶段，将规划开发建设作为一个整体，考虑所有开发建设行为，遵循生态学和可持续发展的原理，从区域社会、经济和生态环境的现状出发，整体上考虑规划拟开展的各项社会经济行为对环境的影响，找出其影响途径和规律，论证规划建设项目的布局、结构的合理性，提出使环境影响最小化的整体优化方案和合理的环境保护综合防治措施，预防规划实施后可能造成的不良环境影响，协调经济增长、社会进步与环境保护的关系。这一过程称为规划环境影响评价。简单说来，规划环境影响评价就是指在规划编制阶段，对规划实施可能造成的环境影响进行分析、预测和评价，并提出预防或者减缓不良环境影响的对策和措施的过程。

(二) 规划环境影响评价的目的

规划环境影响评价的目的主要是通过评价，提供规划决策所需的资源与环境信息，识别制约规划实施的主要资源和环境要素，确定环境目标，构建评价指标体系，分析、预测与评价规划实施可能对区域、流域、海域生态系统产生的整体影响、对环境和人群健康产生的长远影响，论证规划方案的环境合理性和对可持续发展的影响，论证规划实施后环境目标和指标的可达性，形成规划优化调整建议，提出环境保护对策、措施和跟踪评价方案，协调规划实施的经济效益、社会效益与环境效益之间以及当前利益与长远利益之间的关系，为规划和环境管理提供决策依据。

(三) 规划环境影响评价的原则

1. 全程互动原则 评价应在规划纲要编制阶段（或规划启动阶段）介入，并与规划方案的研究和规划的编制、修改、完善全过程互动。

2. 一致性原则 评价的重点内容和专题设置应与规划对环境影响的性质、程度和范围相一致，应与规划涉及领域和区域的环境管理要求相适应。

3. 整体性原则　评价应统筹考虑各种资源环境要素及其相互关系，重点分析规划实施对生态系统产生的整体影响和综合效应。

4. 层次性原则　评价的内容与深度应充分考虑规划的层级和属性，并依据不同属性、不同层级规划的决策需求，提出相应的宏观决策建议以及具体的环境管理要求。

5. 科学性原则　评价选择的基础资料和数据应真实、有代表性，选择的评价方法应简单、适用，评价的结论应科学、可信。

二、规划环境影响评价的类型与特点

（一）规划环境影响评价的类型

规划环境影响评价是为规划决策提供依据的。因此，规划环境影响评价的类型与规划的类型和性质是相互对应的。一般来讲，制定某种类型和性质的规划，应开展相应的环境影响评价。

1. 根据规划的类型划分　从宏观上可将规划环境影响评价分为综合性规划环境影响评价和专项规划环境影响评价。综合性规划环境影响评价涉及区域内各个方面，如土地利用的有关规划和区域、流域、海域的建设、开发利用规划等；专项规划环境影响评价涉及社会经济某个领域的工业、农业、畜牧业、林业、能源、水利、交通、城市建设、旅游、自然资源开发等。因此，综合性规划环境影响评价涉及面广，专项规划环境影响评价涉及面相对较窄。

2. 根据规划区域的性质划分

（1）**城市规划环境影响评价**　根据城市总体发展战略规划中的社会、经济发展目标，进行城市环境质量预测分析和环境影响的综合分析，提出城市环境保护和综合整治的对策建议。

（2）**区域规划环境影响评价**　根据经济开发区、高科技园区、保税区等特定的区域内的社会、经济发展规划，开展相应的环境影响评价，制定与之相适应的环境保护的对策和措施。

（3）**流域开发规划环境影响评价**　根据河流、湖泊、水库等流域的社会、经济发展规划，开展相应的环境影响评价，制定与之相适应的环境保护的对策和措施。近年来，我国流域开发发展迅速，例如三峡水利工程、南水北调工程等大型的流域开发规划，都必须进行规划环境影响评价。

3. 根据环境要素划分　根据环境要素划分为大气污染防治规划环境影响评价、水质污染防治规划环境影响评价、土地利用规划环境影响评价和噪声污染防治规划环境影响评价等。

（二）规划环境影响评价的特点及作用

1. 规划环境影响评价的特点　规划开发建设活动具有建设规模大、开发强度高及经济密度高于一般地区的特点，因此，其环境影响评价具有以下特点：

（1）**广泛性和复杂性**　规划环境影响在地域上、空间上、时间上均远远超过单个建设项目对环境的影响，其影响评价涉及包括区域内所有规划开发建设项目，以及这些开发活动对规划区内外的自然、社会、经济和生态的全面影响，具有广泛性和复杂性。

（2）**战略性**　规划环境影响评价涉及区域发展规模、性质、产业布局、产业结构及功能布局等区域规划方案。要从土地利用规划、污染物总量控制、污染综合治理等方面论述环境保护和经济发展的战略性对策，具有战略性。

(3) **不确定性** 规划开发建设活动是逐步建设和发展的过程，规划方案只能确定拟开发活动的基本规模、性质，而具体建设项目、污染源种类、污染物排放量等不确定因素较多，因此，规划环境影响评价具有一定的不确定性。

(4) **评价时间的超前性** 规划环境影响评价应在规划开发建设活动详细规划以前进行，它是规划决策不可缺少的参考依据。只有在超前的规划环境影响评价工作的基础上，才能制定出实现规划合理的开发建设活动，以较小的经济投资取得最大的环境效益、社会效益、经济效益。

(5) **评价方法的多样性** 规划环境影响评价包括对规划所涉及的社会和自然生态环境保护、修复和塑造环境的过程，因此社会和生态环境影响评价是规划环境影响评价的一项重要内容。而社会和生态环境的评价大多采用定性或定性、定量结合的评价方法。

综上所述，规划环境影响评价与建设项目环境影响评价具有不同的特点（表8-1）。

表8-1 规划环境影响评价与建设项目环境影响评价特点比较

评价内容	规划环境影响评价	建设项目环境影响评价
评价对象	包括规划方案中所有拟定开发建设行为，项目多，类型复杂	单一和几个建设项目，具有单一性
评价范围	地域广、范围大，属区域性或流域性	地域小、范围小，属局域性
评价方法	多样性	单一性
评价精度	规划项目具有不确定性，只能采用系统分析方法进行宏观分析，论证规划方案的合理性难以进行细化，评价精度要求不高	确定的建设项目，评价精度要求高，预测计算结果准确
评价时间	在规划方案确定之前，超前于开发活动	与建设项目的可行性研究同时进行，与建设项目同步
评价任务	调查规划范围内的自然、社会、环境质量状况，找出环境问题，分析规划方案中拟开发活动对环境的影响，论述规划布局、结构、资源配置合理性，为保护、修复和塑造生态环境，提出规划优化布局的整体方案和污染的综合防治措施，为制定和完善规划提供宏观的决策依据	根据建设项目的性质、规模和所在地区的自然、社会、环境质量状况，通过调查分析和预测，给出项目建设对环境的影响程度，在此基础上做出项目建设的可行性结论，提出污染防治的具体对策建议
评价指标	包括能反应规划范围内环境与经济协调发展的环境、经济、生活质量的指标体系	水、气、固体废物、噪声等环境质量指标

2. 规划环境影响评价的作用

① 规划环境影响评价是优化产业布局、转变经济发展方式、确保环境与发展相互协调的有效措施。通过规划环境影响评价可以从宏观的角度论证规划方案的经济建设与环境保护的协调发展问题，避免在规划开发建设项目的选址、规模、性质上的重大失误，最大限度地减少对自然生态环境的破坏，实现对资源的合理开发利用，实现循环经济。

② 规划环境影响评价是解决区域性和流域性环境问题的重要工具。通过规划环境影响

评价可以减少或回避规划区内建设项目相互间的影响、规划区开发建设对规划区外环境的影响或规划区外环境对规划区内的开发建设项目的影响。

③ 规划环境影响评价可从源头控制污染，并综合考虑环境累积影响。可通过开展规划环境影响评价了解区域内环境现状、存在的环境问题以及规划开发建设可能产生的新环境问题，从而设定整个区域的环境容量，限定区域内的排污总量，将区域经济发展规模控制在生态环境容量许可的范围内。

④ 规划环境影响评价为进入规划区内开发建设的单个建设项目提供审批依据，并可为区域内单个建设项目环境影响评价的工作提供基础。通过规划环境影响评价可以从项目的性质、功能区的要求、与相邻建设项目的相容性、区域环境的承载力等方面确定项目建设的可行性，并可减少单个建设项目环境影响评价工作的内容，缩短工作周期，兼顾区域环境的宏观特征，更具有科学性、可靠性和可信性。

⑤ 规划环境影响评价可促进政务公开和公众参与，对协调政府、企业和公众的环境权益具有非常积极的意义，能有效推进政府决策的民主化和科学化。通过开展规划环境影响评价能为公众提供范围更广、层次更高的平台，使公众能及早地对涉及他们切身利益的发展规划享有知情权与发言权。

第二节　规划环境影响评价的工作程序与基本环节

一、规划环境影响评价的工作程序

规划环境影响评价的工作可以通过以下步骤进行：
① 进行主要环境影响识别，确定评价范围和评价重点。
② 确定环境目标，构建评价指标体系。
③ 编制规划环境影响评价实施方案。
④ 按实施方案开展规划分析、现状调查、监测和环境影响预测与评价。
⑤ 如果评价结论认为规划方案的环境不可行，则否定规划方案。
⑥ 如果结论认为规划方案有重大资源环境问题，规划方案需要重大调整或修改。
⑦ 如果结论认为规划方案可行，则明确可行的规划方案。
⑧ 提出可行规划方案的优化与调整建议和不良环境影响减缓措施。
⑨ 编写跟踪评价计划，提出环境管理要求。
⑩ 编写报告书、篇章或说明。

二、规划环境影响评价的基本环节

（一）规划环境影响评价的评价范围

按照规划实施的时间跨度和可能影响的空间尺度确定评价范围。评价范围在时间跨度上，一般应包括整个规划周期。对于中、长期规划，可以规划的近期为评价的重点时段；必要时，也可根据规划方案的建设时序选择评价的重点时段。评价范围在空间跨度上，一般应包括规划区域、规划实施影响的周边地域，特别应将规划实施可能影响的环境敏感区、重点

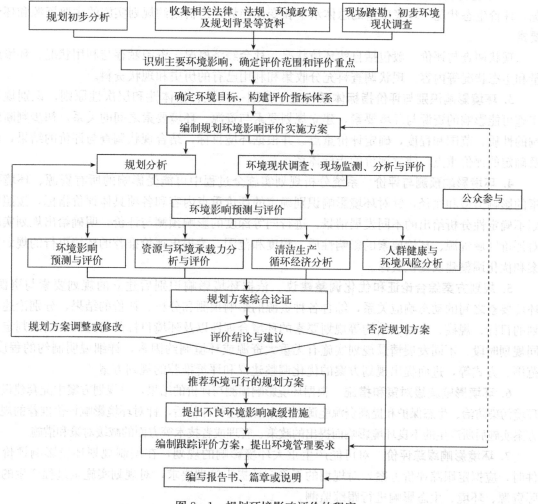

图 8-1 规划环境影响评价的程序

生态功能区等重要区域整体纳入评价范围。

确定规划环境影响评价的空间范围通常可考虑以下三个方面：一是规划的环境影响可能达到的地域范围；二是自然地理单元、气候单元、水文单元、生态单元等的完整性；三是行政边界或已有的管理区界。

（二）规划环境影响评价的基本环节

根据《中华人民共和国环境影响评价法》的要求，规划环境影响评价要对规划实施后可能造成的环境影响做出分析、预测和评估，提出预防或者减轻不良环境影响的对策和措施。《规划环境影响评价技术导则 总纲》中具体规定了规划环境影响评价的基本内容包括，主要包括如下方面。

1. 规划分析 规划分析应包括规划概述、规划的协调性分析和不确定性分析等。通过对多个规划方案具体内容的解析和初步评估，从规划与资源节约、环境保护等各项要求相协调的角度，筛选出备选的规划方案，并对其进行不确定性分析，给出可能导致环境影响预测结果和评价结论发生变化的不同情景，为后续的环境影响分析、预测与评价提供基础。

2. 环境现状调查与评价　通过调查与评价，掌握评价范围内主要资源的赋存和利用状况，评价生态状况、环境质量的总体水平和变化趋势，辨析制约规划实施的主要资源和环境要素。

现状调查与评价一般包括自然环境状况、社会经济概况、资源赋存与利用状况、环境质量和生态状况等内容。现状调查科充分收集和利用已有的历史和现状资料。

3. 环境影响识别与评价指标体系构建　按照一致性、整体性和层次性原则，识别规划实施可能影响的资源与环境要素，建立规划要素与资源、环境要素之间的关系，初步判断影响的性质、范围和程度，确定评价重点。并根据环境目标，结合现状调查与评价的结果，以及确定的评价重点，建立评价的指标体系。

4. 环境影响预测与评价　系统分析规划实施全过程中可能受影响的所有资源、环境要素的影响类型和途径，针对环境影响识别确定的评价重点内容和各项具体评价指标，按照规划不确定性分析给出的不同发展情景，进行同等深度的影响预测与评价，明确给出规划实施对评价区域资源、环境要素的影响性质、程度和范围，为提出评价推荐的环境可行的规划方案和优化调整建议提供支撑。

5. 规划方案综合论证和优化调整建议　依据环境影响识别后建立的规划要素与资源、环境要素之间的动态响应关系，综合各种资源的影响预测和分析、评价的结果，分别论述规划的目标、规模、布局、结构等规划要素的环境合理性以及环境目标的可达性，动态判定不同规划时段、不同发展情景规划实施有无重大资源或环境制约因素，详细说明制约的程度、范围、方式等，进而提出规划方案的优化调整建议和评价推荐的规划方案。

6. 环境影响减缓对策和措施　根据环境影响预测与评价的结果，对规划方案中配套建设的环境污染防治、生态保护和提高资源能源利用率措施进行评估后，针对环境影响评价推荐的规划方案实施后所产生的不良环境影响而提出的政策、管理或者技术等方面的减缓对策和措施。

7. 环境影响跟踪评价　对可能产生重大环境影响的规划，在编制规划环境影响评价文件时，应拟定跟踪评价方案，对规划的不确定性提出管理要求，对规划实施全过程产生的实际资源、环境、生态影响进行跟踪监测。

8. 公众参与　对可能造成不良环境影响并直接涉及公众环境权益的专项规划，应当公开征求有关单位、专家和公众对规划环境影响报告书的意见。依法需要保密的除外。

9. 评价结论　评价结论是对整个评价工作成果的归纳总结，应力求文字简洁、论点明确、结论清晰准确。

10. 编写规划环境影响评价文件　规划环境影响评价文件主要包括规划环境影响评价实施方案和环境影响报告书、环境影响篇章或说明。规划环境影响评价文件应图文并茂、数据翔实、论据充分、结构完整、重点突出、结论和建议明确。

第三节　规划环境影响预测与评价

一、规划环境影响识别与评价指标体系构建

(一) 环境影响识别

环境影响识别应在规划分析和环境现状评价的基础上进行，重点从规划的目标、规模、

布局、结构、建设时序及规划包含的具体建设项目等方面，全面识别规划要素对资源和环境造成影响的途径与方式，以及环境影响的性质、范围和程度。如果规划分为近期、中期、远期或其他时段，还应识别不同时段的影响。

进行环境影响识别时应重点识别可能造成的重大不良环境影响，包括直接影响、间接影响、短期影响、长期影响，各种可能发生的区域性、综合性、累积性的环境影响或环境风险。其中，应考虑的资源要素包括土地资源、水资源、生物资源等，应考虑的环境要素包括水环境、大气环境、土壤环境、声环境和生态环境。

对于某些有可能产生具有难降解、易生物蓄积、长期接触对人体和生物产生危害作用的重金属污染物、无机和有机污染物、放射性污染物、微生物等的规划，还应识别规划实施产生的污染物与人体接触的途径、方式（如经皮肤、口或鼻腔等）以及可能造成的人群健康影响。

对资源、环境要素的重大不良影响，可从规划实施是否导致区域环境功能变化、资源与环境利用严重冲突、人群健康状况发生显著变化三个方面进行分析与判断。

通过环境影响识别，以图、表的形式，建立规划要素与资源、环境要素之间的动态响应关系，给出各规划要素对资源、环境要素的影响途径，从中筛选出受规划影响大、范围广的资源、环境要素，作为分析、预测与评价的重点内容。

（二）环境目标与评价指标的确定

规划环境影响评价中的环境目标是开展规划环境影响评价的依据。规划在不同规划时段应满足的环境目标可根据国家和区域确定的可持续发展战略、环境保护的政策与法规、资源利用的政策与法规、产业政策、上层规划，规划区域、规划实施直接影响的周边地域的生态功能区划和环境保护规划、生态建设规划确定的目标，环境保护行政主管部门以及区域、行业的其他环境保护管理要求确定。

评价指标是环境目标的具体化描述。规划环境影响评价指标是直接反映环境现象以及相关的事物，并用来描述规划内容的总体数量和质量的特征值。它是可以定性或定量化的，是可以进行监测、检查的。规划的环境目标和评价指标需要根据规划类型、规划层次，以及涉及的区域和或行业的发展状况和环境状况来确定。反映自然、社会、经济状况的多种多样的指标就构成了评价中的指标体系。

建立规划环境影响评价指标体系，就是要建立起能全面、准确、系统和科学地反映各种环境现象特征和内容的一系列的环境目标。为了切实搞好这项工作，必须遵循整体性、科学性、规范性、可行性、适应性和选择性的原则。

关于规划环境影响评价的指标体系目前仍处在研究阶段，尚未规范化和标准化。大致包括环境质量指标、污染物总量控制指标、环境管理指标以及相关指标几个方面。不同的规划面临的环境目标不同，选取的指标体系也就不一样。这里以农业规划为例来说明其环境影响评价的环境目标和评价指标的表述形式。

农业规划是与生态环境关系密切的规划，规划的内容包括农业发展模式与方向；农业结构，包括农业区划调整、种植业、养殖业的范围、规模及空间布局，以及在完整的生态农业结构与产业链中的位置和作用；近期重点工程；以及与农业规划相关的其他规划，包括村镇建设规划、农村土地利用规划、基本农田保护规划等。农业规划可能涉及的环境主题主要是农业经济发展及效益、农业非点源污染与水环境、土壤、农业固体废物和资源。所以农业规划的环境目标与评价指标也是与之有关的项目，如表8-2所示。

表8-2 农业规划的环境目标与评价指标

主 题	环 境 目 标	评 价 指 标
农业经济发展及效益	促进地区农业经济健康、高效、持续发展，尤其是提高农业经济效益和农业生产力	农业经济总产值（亿元/年） 单位面积农业生产用地产值（万元/hm²） 单位面积农业生产用地农用动力（kw/hm²）
农业非点源污染与水环境	控制农业非点源污染对水域环境和生态系统的影响	单位农田面积农药使用量（kg/hm²） 单位农田面积化肥使用量（折纯）（kg/hm²） 有机肥使用率（即有机肥占农业肥料施用量的比例）（%） 禽畜排泄物的年生成量（t/年） 禽畜排泄物的综合利用率（%） 水质综合指数 农村地区主要水环境污染物（COD$_{Cr}$、BOD$_5$、总氮、总磷）及溶解氧的年平均浓度（mg/L）
土壤	将土壤作为一种用于食品和其他产品生产的有效资源，保护和改善土壤的质地和肥力，避免土壤退化	土壤表层中的重金属含量（mg/kg） 农田土壤年侵蚀量（t/年）
农业固体废物	减少农业固体废物的生成量	单位农田面积农业固体废弃物的生成量（秸秆、农用膜等）（kg/hm²） 农业固体废弃物的综合处理、处置与资源化利用率（%）
资源	引导农业结构优化及农业集约化经营	土地及耕地资源保有量（万hm²） 野生生物资源保有量及其生境面积保有量 农田、林木、草地、湿地及自然水面等土地结构性指标（%）
其他		

二、规划环境影响评价的方法

目前在规划环境影响评价中采用的技术方法大致分为两大类别，一类是在建设项目环境影响评价中采取的可适用于规划环境影响评价的方法，如识别影响的各种方法、描述基本现状、环境影响预测模型等；另一类是在经济部门、规划研究中使用的可用于规划环境影响评价的方法，如各种形式的情景和模拟分析、区域预测、投入产出方法、地理信息系统、投资-效益分析、环境承载力分析等。表8-3列出各个评价环节适用的评价方法，在此选出几种常用的方法做一简单介绍。

（一）核查表法

将可能受规划行为影响的环境因子和可能产生的影响性质列在一个清单中，然后对核查的环境影响给出定性或半定量的评价。核查表法（checklist）使用方便，容易被专业人士及公众接受。在评价早期阶段应用，可保证重大的影响没有被忽略。但建立一个系统而全面的核查表是一项烦琐且耗时的工作，同时由于核查表没有将受体与源相结合，故无法清楚地显示出影响过程、影响程度及影响的综合效果。

表 8-3　规划环境影响适用的评价方法

评价环节	可采用的方式和方法
规划分析	核查表法、矩阵法、叠图分析法、专家咨询法、情景分析法、博弈论法
环境背景调查分析	现状调查：收集资料、现场踏勘、环境监测、生态调查、社会经济学调查 现状分析与评价：专家咨询、综合指数法、叠图分析法、生态学分析法、地理信息系统（GIS）
规划环境影响识别与环境目标、评价指标的确定	核查表法、矩阵法、网络法、叠图分析法、灰色系统分析法、层次分析法、情景分析法、专家咨询法、压力-状态-响应分析法
环境要素影响预测与评价	类比分析法、对比分析法、负荷分析法、弹性系数法、趋势分析法、系统动力学法、投入产出分析法、供需平衡分析法、数值模拟法、环境经济学分析法、综合指数法、生态学分析法、灰色系统分析法、叠图分析法、情景分析法
环境风险评价	灰色系统分析、模糊数学法、风险概率统计、事件树分析法、生态学分析法
累积环境影响评价	矩阵法、网络分析法、叠图分析法、数值模拟、生态学分析法、灰色系统分析法
资源与环境承载力评估	情景分析法、类比分析法、供需平衡分析、系统动力学法
公众参与	会议讨论、调查表、公众咨询、新闻传媒

（二）矩阵法

矩阵法（matrix）将规划目标、指标以及规划方案（拟议的经济活动）与环境因素作为矩阵的行与列，并在相对应的位置填写用以表示行为与环境因素之间因果关系的符号、数字或文字。矩阵法有简单矩阵、定量的分级矩阵（即相互作用矩阵，又叫 Leopold 矩阵）、Phillip-Defillipi 改进矩阵、Welch-Lewis 三维矩阵等，可用于评价规划筛选、规划环境影响识别、累积环境影响评价等多个环节。矩阵法的优点包括可以直观地表示交叉或因果关系，矩阵的多维性尤其有利于描述规划环境影响评价中的各种复杂关系，简单实用，内涵丰富，易于理解。缺点是不能处理间接影响和时间特征明显的影响。

（三）叠图法

叠图法（map overlays）将评价区域特征包括自然条件、社会背景、经济状况等的专题地图叠放在一起，形成一张能综合反映环境影响空间特征的地图。叠图法适用于评价区域现状的综合分析，环境影响识别（判别影响范围、性质和程度）以及累积影响评价。叠图法能够直观、形象、简明地表示各种单个影响和复合影响的空间分布，但无法在地图上表达源与受体的因果关系，因而无法综合评定环境影响的强度或环境因子的重要性。

（四）系统流图法

系统流图法将环境系统描述成为一种相互关联的组成部分，通过环境成分之间的联系来识别次级的、三级的或更多级的环境影响，是描述和识别直接和间接影响的非常有用的方法。系统流图法是利用进入、通过、流出一个系统的能量通道来描述该系统与其他系统的联系和组织。系统图指导数据收集、组织并简要提出需考虑的信息，突出所提议的规划行为与环境间的相互影响，指出那些是需要更进一步分析的环境要素。该方法明显不足的是简单依赖并过分注重系统中的能量过程和关系，忽视了系统间的物质、信息等其他联系，可能造成系统因素被忽略。

(五) 情景分析法

情景分析法（scenario analysis）是将规划方案实施前后、不同时间和条件下的环境状况，按时间序列进行描绘的一种方式。可以用于规划环境影响的识别、预测以及累积影响评价等环节。本方法可以反映出不同的规划方案（经济活动）情景下的环境影响后果，以及一系列主要变化的过程，便于研究、比较和决策。还可以提醒评价人员注意开发行动中的某些活动或政策可能引起重大的后果和环境风险。情景分析方法需与其他评价方法结合起来使用。因为情景分析法只是建立了一套进行环境影响评价的框架，分析每一情景下的环境影响时还必须依赖于其他一些更为具体的评价方法，例如环境数学模型、矩阵法或 GIS 等。

(六) 投入产出分析

在国民经济部门，投入产出分析（input-output analysis）主要是编制棋盘式的投入产出表和建立相应的线性代数方程体系，构成一个模拟现实的国民经济结构和社会产品再生产过程的经济数学模型，借助计算机，综合分析和确定国民经济各部门间错综复杂的联系和再生产的重要比例关系。投入是指产品生产所消耗的原材料、燃料、动力、固定资产折旧和劳动力；产出是指产品生产出来后所分配的去向、流向，即使用方向和数量，例如用于生产消费、生活消费和积累。在规划环境影响评价中，投入产出分析可以用于拟定规划引导下，区域经济发展趋势的预测与分析，也可以将环境污染造成的损失作为一种"投入"（外在化的成本），对整个区域经济环境系统进行综合模拟。

(七) 环境数学模型

环境数学模型（environmental mathematical model）用数学形式定量表示环境系统或环境要素的时空变化过程和变化规律，多用于描述大气或水体中污染物质随空气或水等介质在空间中的输运和转化规律。在建设项目环境影响评价中和环境规划中采用的环境数学模型同样可运用于规划环境影响评价。环境数学模型包括大气扩散模型、水文与水动力模型、水质模型、土壤侵蚀模型、沉积物迁移模型和物种栖息地模型等。数学模型具有以下特点：较好地定量描述多个环境因子和环境影响的相互作用及其因果关系，充分反映环境扰动的空间位置和密度，可以分析空间累积效应以及时间累积效应，具有较大的灵活性（适用于多种空间范围，可用来分析单个扰动以及多个扰动的累积影响，分析物理、化学、生物等各方面的影响）。数学模型法的不足之处是：对基础数据要求较高，只能应用于人们了解比较充分的环境系统，只能应用于建模所限定的条件范围内，费用较高以及通常只能分析对单个环境要素的影响。

三、规划环境影响预测与评价

规划环境影响评价是对各种规划实施以后可能对环境造成的影响进行提前分析、预测和评估，并提出减轻和预防不良环境影响的对策和措施的过程。因此规划的影响预测是规划环境评价中的一个重要环节。

(一) 预测内容

在规划环境评价中，影响预测主要从社会经济发展、环境承载力、环境污染、治理投资和生态环境几个方面进行，预测的内容主要包括规划开发强度的分析，水环境、大气环境、土壤环境、声环境的影响，对生态系统完整性及景观生态格局的影响，对环境敏感区和重点生态功能区的影响，资源与环境承载能力的评估等内容。由于预测就是人们利用已经掌握的知识和手段，预先推知和判断事物未来和未知的结果，因此预测的精度受到预测对象、条件、时间、技术、方法等多种因素的制约，其中预测方法占有重要的位置。

1. 规划开发强度分析 对规划要素进行深入分析，选择与规划方案性质、发展目标等相近的国内、外同类型已实施的规划进行类比分析，依据现状调查与评价的结果，同时考虑科技进步和能源替代等因素，结合不确定性分析设置的不同发展情景，采用负荷分析、投入产出分析等方法，估算关键性资源的需求量和污染物的排放量。

2. 在不同的开发情景下，预测规划实施情况及其环境压力对不同环境要素的影响预测。

① 预测不同开发强度对水环境、大气环境、土壤环境、声环境的影响，明确影响的程度与范围。

② 预测不同开发强度对区域生物多样性、生态环境功能和生态景观的影响，明确规划实施对生态系统结构和功能所造成的影响性质与程度。

③ 预测不同开发强度对自然保护区、饮用水水源保护区、风景名胜区等环境敏感区和重点环境保护目标的影响。

④ 对于规划实施可能产生重大环境风险源的，应开展事故性污染风险分析；对于某系有可能产生具有"三致"效应（致癌、致突变、致畸）的污染物、致病菌和病毒的规划，应开展人群健康风险分析；对于生态较为脆弱或具有重要生态功能价值的区域，应分析规划实施的生态风险。

3. 累积环境影响预测 识别和判定规划实施可能发生累积环境影响的条件、方式和途径，预测和分析规划实施与其他相关规划在时间和空间上的累积环境影响。

4. 资源环境承载力评估 评估资源环境承载能力的现状利用水平，在充分考虑累积环境影响的情况下，动态分析不同规划时段可供规划实施利用的资源量、环境容量以及总量控制指标，重点判定区域资源环境对规划实施的支撑能力，重点判定规划实施是否导致生态系统主导功能发生显著不良变化或丧失。

（二）预测方法

与一般预测的技术方法相同，目前规划环境影响预测中常用的技术方法大致可以分为两类。

1. 定性预测 常常带有强烈的主观色彩，在某种意义上跟现代化的管理水平是不相适应的。但这类技术方法以逻辑思维为基础，综合运用这些方法，对分析复杂、交叉和宏观问题十分有效。如专家调查法（召开会议、征询意见）、历史回顾法、列表定性直观预测法等。

2. 定量预测 这类方法多种多样，常用的有外推法、回归分析法和环境系统的数学模型等。这类方法以运筹学、系统论、控制论、系统动态仿真和统计学为基础，其中环境系统的数学模型对定量分析环境演变、描述经济社会与环境相关的关系比较有效。用于环境系统的数学模型，是通过综合代数方程或微分方程建立的。通常，它们依据科学定律，或者依据数据的统计分析，或者两者兼有。例如，物质不灭定律是用来预测环境质量（水、空气）影响的多数数学模型的基础。

预测方法的选择应力求简便和适用。由于目前所发展的预测模型大多还不完善，均有各自的不足与弱点，因而实际预测时，也可采用几种模型同时对某一环境对象进行预测，然后通过比较、分析和判断，得出可以接受的结果。常用的预测模型见其他各章。

四、规划环境影响评价

规划环境影响评价是对规划方案的主要环境影响进行分析与评价，是在调查分析的基础上，运用数学方法对规划实施后可能造成的环境影响进行定性和定量的评价，其目的在于获取各种信息、数据和资料，为规划的最终决策提供科学的依据，这是整个的规划环境评价的中心内容。按照规划环境影响评价的工作程序在规划环境影响评价之前首先应该进行调查与信息采集。调查与规划有关的环境保护政策、环境保护目标和标准，确定评价范围与环境目标和评价指标，找出与规划层次相适宜的影响预测和评价所采用的方法，然后进行环境现状分析与评价，列出规划涉及的区域、行业领域存在的主要环境问题以及可能对规划发展目标形成制约的关键因素或条件。分析评价的主要内容包括：

(1) 分析评价规划方案对环境保护目标的影响 按环境主题（如生物多样性、人口、健康、动植物、土壤、水、空气、气候因子、矿产资源、文化遗产、自然景观）描述所识别、预测的主要环境影响。通过对应于不同规划方案或设置的不同情景，分别描述所识别、预测的主要的直接影响、间接影响、累积影响。

(2) 规划对环境质量的影响 对应于不同规划方案或设置的不同情景，分别描述所识别、预测的主要的直接影响、间接影响和累积影响。在描述环境影响时，说明不同地域尺度（当地、区域、全球）和不同时间尺度（短期、长期）的影响。

(3) 规划的合理性分析 包括社会、经济、环境变化趋势与生态承载力的相容性分析，简要说明规划与上、下层次规划（或建设项目）的关系，以及与其他规划目标、环保规划目标的协调性。

(4) 对不同规划方案可能导致的环境影响进行比较 包括环境目标、环境质量或可持续性的比较。

五、环境影响减缓对策和措施

环境影响减缓措施是用来预防、降低、修复或补偿由规划实施可能导致的不良环境影响的对策和措施。在规划环境影响评价中经常涉及的环境保护对策与减缓措施有以下几种。

1. 预防措施 用以消除拟议规划的环境缺陷。在规划实施过程中和规划完成后，注意保护环境的原质原貌，尽量减少干扰和破坏，即贯彻"预防为主"的思想和政策，优先考虑环保措施。比如合理布局功能区，避免环境敏感目标受到不利影响。或对规划区内的敏感目标在规划实施以前就实行搬迁、保护等措施，以预防不良环境影响的发生。

2. 最小化措施 限制和约束行为的规模、强度或范围，使环境影响最小化。最为常见的措施是污染物的总量控制，即为保证达到一定的环境质量目标对区域的污染物进行排放总量控制，并具体落实到各个污染源，给各个污染源合理分配排放量，从而达到优化利用环境资源，使环境影响降到最低的目的。或者是进行生态工程建设，增大环境承载力。通过这些措施可以充分降低不利环境影响的程度。

3. 减量化措施 通过行政措施、经济手段、技术方法等降低不良环境影响。通过执行排放标准、排污收费、清洁生产等使污染物排放量降低，加强自然保护，降低生态破坏的程度等。

4. 修复补救措施 对已经受到影响的环境进行修复或补救。如农业规划中常见的恢复措施，如退耕还林（草、湿地等）和坡耕地改造等措施；补偿措施中的植被补偿，即按照生物质生产等当量的原理确定具体的补偿量，补偿因规划实施造成的环境功能的损害。

5. 重建措施 对于无法恢复的环境，通过重建的方式替代原有的环境。

最后两项措施都是事后的补救措施。选择措施时要遵循"预防为主"的原则，尽可能地避免对环境造成损害，应优先选择前几种环境影响减缓措施。

复习思考题

1. 什么是规划环境影响评价？与建设项目影响评价有何不同？
2. 规划环境影响评价的原则是什么？
3. 如何选取建立规划环境影响评价指标体系？
4. 规划环境影响评价的内容有哪些特点？
5. 规划环境报告书的编写有什么要求与特点？
6. 从规划学角度出发，举例说明常用的环境影响减缓措施有哪些。

第九章 生态环境影响评价

第一节 生态环境影响评价概述

一、生态环境影响评价的概念

所谓生态环境影响评价,是指对人类开发建设活动可能导致的生态环境影响进行分析和预测,并提出减少影响或改善生态环境的策略和措施的技术与过程。在《环境影响评价技术导则 生态影响》(HJ 19—2011)中,明确指出是"建设项目对生态系统及其组成因子所造成的影响的评价"。

生态环境影响评价是认识人类活动影响区域的生态环境系统的特点与环境服务功能,识别与预测开发建设项目对生态系统影响的性质、程度、范围以及生态系统对影响的反应和敏感程度,确定应采取的生态环境保护措施;同时,通过评价,明确开发建设者的环境责任,为区域生态环境管理提供科学依据。例如分析与评价某生态系统的生产力和环境服务功能、区域的主要生态环境问题、自然资源的利用情况和污染或开发建设行为的生态后果等。

开发建设项目的生态环境影响评价应遵循建设项目环境影响评价的一般程序,并且是其中的重要组成部分,但从目前工作开展的情况而言,生态环境影响评价与一般的污染型环境影响评价仍有一定的差别,主要表现在可持续发展以及资源战略等方面的差异,如表9-1所示。

表9-1 生态环境影响评价与传统环境影响评价的区别

(引自毛文永,2003)

对比项目	传统环境影响评价	生态环境影响评价
主要目的	控制污染,解决清洁、安静问题,主要为工程设计和建设单位服务	保护生态环境和自然资源,解决优美和持续性问题,为区域长远发展利益服务
主要对象	污染型工业项目,工业开发区	所有开发建设项目,区域开发建设
评价因子	水、大气、噪声、土壤污染,根据工程排污性质和环境要求筛选	生物及其生境,污染的生态效应,根据开发活动影响、强度和环境特点筛选
评价方法	重工程分析和治理措施、定量监测与预测、指数法	重生态分析和保护措施,定量与定性方法相结合,综合分析评价
工作深度	阐明污染影响的范围、程度,治理措施达到排放标准和环境标准要求	阐明生态环境影响的性质、程度和后果(功能变化),保护措施达到生态环境功能保持和可持续发展需求的要求
措施	清洁生产、工程治理措施、追求技术经济合理化	合理利用资源,寻求保护、恢复途径和补偿、建设方案及替代方案
评价标准	国家的地方法定标准,具有法规性质	法定标准、背景与本底、类比及其他,具有研究性质

二、生态环境影响评价的基本原理与原则

生态环境影响评价是一个综合分析生态环境和开发建设活动特点以及两者相互作用的过程，并依据国家相关的政策、法规提出有效的保护途径和措施，依据生态学和生态环境保护基本原理进行生态系统恢复和重建的设计。

（一）生态环境影响评价的基本原理

为了有效地保护生态环境，需要遵循以下一些基本原理。

1. 保护生态系统结构、生态过程的完整性 人类保护生态环境的目的是保护那些能为人类生存和发展提供服务的生态系统的环境功能，而生态系统的功能是以其结构的完整性和生态过程运行的连续性为基础的。只有完整的结构与良好的生态过程，生态系统才能具有高效而稳定的功能。因此，生态环境保护是从功能保护着眼，从系统结构保护入手的，而首先要保护的是系统结构的完整性。生态系统结构的完整性包括：

（1）物种多样性 生态系统的生物种类越丰富，物种多样性越大，生态系统的稳定性一般也越大；种类组成简单的生态系统，在受到外界干扰或者其中某一物种受到影响而消失时往往易于崩溃。但物种多样性是生物与其环境长期相互作用而适应的结果，因此，要保护生态系统结构的完整性，首先要保护其中物种的多样性。

（2）生物组成的协调性 生物各种类之间长期形成的组成协调性，是生态系统结构整体性和维持系统稳定性的重要条件，也是保持生态平衡的重要标志之一。由于生物间的相关性，一个物种的灭绝可能导致其中数个物种的数量减少甚至消失，尤其是生态系统中关键种的灭绝，对该系统往往是毁灭性的影响。

（3）地域连续性 呈岛屿状分布的生态系统，往往易于受到干扰与破坏的影响，其物种灭绝的速率与概率都可能加大，外来种源的迁入则较为困难，因而对生态系统的结构也有一定的影响。

生态系统的生态过程主要是物质循环和能量流动以及信息传递，这些生态运行过程必须持续不断地进行，削弱这一过程或切断运行中的某一环节，都会使生态系统恶化甚至完全崩溃。在这些过程中，微生物起到很大的作用，而生态系统中微生物的生存与活动又在很大程度上依赖于动植物的活动，故保持生态系统组成的多样性与协调性是基本的。

2. 保持生态系统的再生产能力 生态系统都有一定的再生和恢复功能。系统的层次越多，结构越复杂，系统越趋于稳定，受到外力干扰后，恢复其功能的自我调节能力也越强；相反，越是简单的系统越是显得脆弱，受外力作用后，其恢复能力也越弱。为保持生态系统的再生与恢复能力，一般应遵循如下基本原理：

（1）保持一定的生境范围或寻求条件类似的替代生境，使生态系统得以就地恢复或易地重建，并保持生态系统恢复或重建所必需的环境条件。

（2）保护尽可能多的物种和生境类型，使重建或恢复后的生态系统趋于稳定。

（3）保护关键种，即保护能决定生态系统结构和动态的生物种或建群种。

（4）保护居于食物链顶端的生物及其生境。

（5）对于退化中的生态系统，应保证主要生态条件的改善。

（6）以可持续的方式开发利用生物资源。

3. 以生物多样性保护为核心 以生物多样性保护为核心，就应避免物种的濒危和灭绝，

保护物种的生存环境,也就是要保护生态系统的完整性和自然性,并防止生境的损失和受到强度的干扰,或者恢复与重建受到干扰后的退化生态系统。

4. 关注特殊性问题 一些特殊的生态系统、生境、生态因子或特别需要保护的生态目标,在生态环境保护中也应予以特别的关注,因为这些生态系统或生境等一旦遭到破坏,其恢复是困难的甚至是不可能的,如生态脆弱带、原始森林、湿地等。

5. 解决重大生态环境问题 从保障我国可持续发展的目标出发,应在保护生态环境时着力解决一些重大的生态环境问题,在进行影响评价时,应鉴别可能引起的区域性生态环境问题,并采用相应的措施进行预防。

(二) 生态环境影响评价的基本原则

开发建设活动对生态环境的影响,无论是项目建设还是区域开发,都具有区域影响性质和影响效应的累积性特点。因此,建设项目的环境影响评价应从区域着眼认识生态环境的特点与规律,从项目着手实施生态环境保护与建设措施。

在进行生态环境影响评价时,下述基本原则应予以遵循。

1. 坚持区域可持续发展的基本观点 以国家的资源环境政策和可持续发展战略为基本出发点,以法律、法规为准绳,明确开发建设者的环境责任;保护自然资源,保护人类生存和发展所依赖的自然资源,保障区域可持续发展所必需的生态服务功能,实施对生态环境的有效管理。

2. 坚持重点与全面相结合的原则 评价应遵循生态学和生态环境保护的基本原理,针对开发建设活动与区域环境特点,阐明生态影响的特点、途径、性质、强度和可能的后果;突出所涉及的重点区域、关键时段和主导生态因子,同时,也要注意生态系统及其组成的层次性,以及不同层次上结构与功能的完整性。

3. 坚持预防与恢复相结合的原则 协调区域经济、社会与环境的关系,协调局部与整体、短期与长期、企业与社会的利益关系,协调区域与项目、生态系统与生态因子的内在关系等;寻求有效地保护、恢复、补偿、建设与改善生态环境的途径。制定生态保护措施时,应遵循预防优先,恢复补偿为辅的原则,恢复、补偿等措施必须与项目所在地的生态功能区划的要求相适应。

4. 坚持定量与定性相结合的原则 生态影响评价的方法应尽可能定量化,明确化,注意重点;综合评价方法的应用必须不使主要环境问题淡化和不使主要受影响的生态因子变得模糊不清。当无法实现定量化时,生态影响评价可通过定性或类比的方法进行描述和分析。

由于生态系统有强烈的地域性特点,相同的开发建设项目也不会有完全相同的评价报告。因此,建设项目的生态环境影响评价应以实地调查为主,评价结论应符合项目建设地的环境特点,生态环境保护措施应做到因地制宜、因害设防、重点建设、讲求效益。

三、生态环境影响评价工作分级

评价等级的划分是为了确定评价工作的深度和广度,体现对开发建设项目的生态环境影响的关切程度和保护生态环境的要求程度。按照《环境影响评价技术导则 生态影响》(HJ 19—2011),主要依据影响区域的生态敏感性和评价项目的工程占地(含水域)

范围,包括永久占地和临时占地,将生态影响评价工作等级划分为一级、二级和三级,如表9-2所示。当建设项目为改、扩建工程时,工程的占地范围应以新增占地(含水域)面积或长度计算;对于位于原厂界(或永久用地)范围内的工业类改扩建项目,可以只做生态影响分析。

表9-2 生态影响评价工作等级

[引自《环境影响评价技术导则 生态影响》(HJ 19—2011)]

影响区域生态敏感性	工程占地(水域)范围		
	面积≥20 km² 或 长度≥100 km	面积2~20 km² 或 长度50~100 km	面积≤2 km² 或 长度≤50 km
特殊生态敏感区	一级	一级	一级
重要生态敏感区	一级	二级	三级
一般区域	二级	三级	三级

按照导则的术语定义,区域生态敏感性分为如下三类。

1. 特殊生态敏感区(special ecological sensitive region) 特殊生态敏感区指具有极重要的生态服务功能,生态系统极为脆弱或已有较为严重的生态问题,如遭到占用、损失或破坏后所造成的生态影响后果严重且难以预防、生态功能难以恢复和替代的区域,包括自然保护区、世界文化和自然遗产地等。

2. 重要生态敏感区(important ecological sensitive region) 具有相对重要的生态服务功能或生态系统较为脆弱,如遭到占用、损失或破坏后所造成的生态影响后果较严重,但可以通过一定措施加以预防、恢复和替代的区域,包括风景名胜区、森林公园、地质公园、重要湿地、原始天然林、珍稀濒危野生动植物天然集中分布区、重要水生生物的自然产卵场及索饵场、越冬场和洄游通道、天然渔场等。

3. 一般区域(ordinary region) 除特殊生态敏感区和重要生态敏感区以外的其他区域。

在实际确定评价等级时,可根据项目的性质、区域生态环境的敏感程度、生态影响的范围等,对评价的级别做适当调整,但幅度上下不应超过一级,并应征得环保主管部门的同意。当工程占地(含水域)范围的面积或长度分别属于两个不同评价工作等级时,原则上应按其中较高的评价工作等级进行评价。在矿山开采可能导致矿区土地利用类型明显改变,或拦河闸坝建设可能明显改变水文情势等情况下,评价工作等级应上调一级。

四、生态环境影响评价范围的确定

生态环境影响评价的范围包括开发建设全部活动的直接影响范围和间接影响范围,前者主要指生态系统可能受到建设项目各种活动直接影响的地区;后者主要是指与物质运输、食物链转移、动物迁移与洄游或迁徙等有关的影响范围。

有时也可区分出生态调查范围、生态分析范围、影响分析与预测范围。生态环境调查范围、生态分析与影响分析范围,一般都应大于开发建设活动直接影响的范围。生态环境保护措施主要强调针对性和有效性,实施范围首先考虑直接受影响的地区,也可从整体性和有效性出发,在非直接影响地区实施。

主要是根据评价区域与周边环境的生态完整性的要求来确定评价范围,一般宜大不宜小。在实际工作中，确定生态环境评价范围主要考虑如下因素。

1. 地表水系特征 要能说明地表水系特征、地表水功能及使用情况、水生生态系统特征、建设项目的影响范围和主要因素、流域内敏感的生态目标等。

2. 地形地貌特征 特征较为简单的如平原或微丘陵地区，生态系统的相似性一般较高，调查范围可选择直接影响区域；特征较为复杂的如山地丘陵区，可以山体构成的相对独立或封闭的地理单元为评价范围，但沿着河道或沟谷等廊道时应适当延伸。在陆海交接区，调查范围应沿岸带延伸至相邻的其他功能区。

3. 生态特征 要能说明受影响生态系统的结构完整性，确定评价范围时应特别考虑动物的活动范围。特殊生境如湿地、红树林、保护区等，应视为独立的生态系统而进行全面调查。此外，建设项目所在或所影响的生态系统物流的源与汇，生态环境功能的作用所及范围和污染波及范围也应列为调查与评价的范围。

另外，还需考虑开发建设项目的特征特别是空间布局（点状如工厂、线型如铁路、斑点式如矿山、蛛网形如水利工程、面状如各类开发区），一般以项目（主工程和全部辅助工程）发生地和直接影响所涉及的范围为主，适当包括间接影响所涉及的范围。某些情况下，技术的可达性与资料的获得性，以及行政区界等也是需要考虑的限定因子。

五、生态环境影响评价标准

与一般的环境要素的评价标准不同，在进行生态环境评价时，由于评价对象的区域性特点、层次性特点、生态系统的结构与功能的复杂性特点，以及还同时涉及资源问题、景观问题、生态环境问题甚至社会经济问题等，其评价标准是复杂的、多层次的、因地而异的。一个开发建设项目的生态环境影响评价的标准应能满足如下要求：

① 能反映生态环境质量的优劣，特别是能衡量生态环境功能的变化。
② 能反映生态环境受影响的范围和程度，并尽可能定量化。
③ 能用于规划开发建设活动的行为方式，具有可操作性。

生态环境影响评价的标准大多数仍处于探索阶段，对于开发建设项目，其生态环境影响评价的标准可从如下几个方面选取：

(1) 相关政策与标准 国家、行业和地方已颁布的资源环境保护等相关法规、政策、规划和区划等确定的目标、标准、措施与地域性的保护要求。

(2) 所在地区及相似区域的生态背景值或本底值 如以区域土壤背景值作为标准，项目建设进行前的生态环境背景值为参照标准，未受人类严重干扰的同类生态环境或以相似自然条件下的原生自然生态系统作为标准。

(3) 科学研究已判定的生态效应评价项目实际的生态监测、模拟结果 如污染物在生物体内的最高允许量等。

(4) 与性质、规模以及区域生态敏感性相似项目的实际生态影响进行类比。

(5) 相关领域专家、管理部门及公众的咨询意见。

在生态环境影响评价中，所有能反映生态环境功能和表征生态因子状态的参数或指标值，可以直接用作判别标准；大量反映生态系统结构和运行状态的指标，可以按照功能与结构对应性的原理，根据生态环境的具体状况，运用某些相关关系经适当计算而转化为反映环境功能的指标，使之用于功能判别标准。

第二节 生态环境影响评价

生态环境影响评价的基本程序与环境影响评价是一致的，大致可分为影响识别、现状调查与评价、影响预测与评估、减缓措施和替代方案的提出等四个基本步骤。现状调查与评价已在相应章节中叙述，此处只讲述其他环节。

一、生态环境影响识别

影响识别或称影响分析，是一种定性与定量相结合的生态影响分析，其目的是明确主要的影响因素、主要受影响的生态系统和生态因子，从而筛选出评价工作的重点内容。其内容包括影响因素的识别、影响对象的识别和影响效应的识别。其要求是：对影响因素（影响主体，即工程项目）的分析要全面，对影响的受体（生态环境）的分析要有针对性，对影响效应（即一般所谓的影响）的分析要科学。此外，影响分析中还需将影响的区域性特征与工程性特征结合起来考虑。

（一）影响因素识别

影响因素识别是指对作用主体（开发建设项目）的识别，与通常意义的工程分析基本一致，其内容应包括工程的规划依据和规划环境影响评价依据，工程项目所处的地理位置，工程类型、组成、占地规模、空间布局、主要生产工艺及流程、运行方式、施工方案（包括施工方式和施工时序）、替代方案，工程总投资与环保投资，以及生态保护措施等；识别、分析项目实施过程中不同时期（勘察期、施工期、运营期和退役期）的影响性质、作用方式和影响后果，以施工期和运营期为调查分析的重点。影响因素识别应考虑如下几个方面：

(1) 作用主体 包括主要工程（或主设施，主装置）和全部辅助工程在内，如施工道路，作业场地，重要原材料的生产，储运设施建设，拆迁居民安置地等。

(2) 项目实施的时间序列 项目实施的全时间序列包括设计期（如选址和决定施工布局）、施工建设期、运营期和死亡期（如矿山闭矿、渣场封闭与复垦），至少应识别其施工建设期和运营期。

施工期应针对影响区域生态背景的特点，分析施工工艺、施工时段、施工场站规模和布局、施工人员施工活动及机械设备使用等开发建设活动对影响区域内生物因子和非生物因子的生态影响过程，分析工程施工可能对生态敏感区产生的生态影响。运营期应根据项目的运营方式、评价项目与影响区域生态的相互作用过程和主导生态影响因子的特点，分析项目运营可能造成生态影响的性质、强度、范围、方式和后果，明确由项目长期运行可能引发的直接和间接的生态影响。

(3) 项目实施地点 集中开发建设地和分散影响点，永久占地与临时占地等。

(4) 其他影响因素 影响发生方式，作用时间长短，直接还是间接作用等。

人类活动对生态环境的影响可分为物理性作用、化学性作用和生物性作用三类。物理性作用是指因土地用途改变、清除植被、收获生物资源、引入外来物种、分割生境、改变河流水系、以人工生态系统代替自然生态系统，使组成生态系统的成分、结构形态或支持生态系统的外部条件发生变化，从而导致其结构和功能发生变化（表 9-3、表 9-4）。化学性作用是指环境污染的生态效应。生物性作用是指人为引入外来物种或严重破坏生态平衡导致的生态影响。这种作用在开发建设项目中发生的概率不高。很多情况下，生态系统都是同时处在人类作用和自然营力的双重作用之下，两种作用常常相互叠加，加剧危害。

表9-3 建设项目对生态系统生物组成成分的直接物理影响
(引自毛文永，2003)

影响因素	生物组成成分影响	环境功能影响
收获生物资源	系统简化，物质循环受阻，稳定性降低	生物生产力及多样性降低，功能减弱
清除植被	原系统结构破坏	多种功能损失
清除动物	系统简化，生态平衡打破	生物多样性降低，诱发灾害
人工生态代替自然生态	系统变换，遗传均化，稳定性降低	生物多样性降低，环境功能可能减弱
引进外来物种	系统变化，遗传均化或物种替代	生物多样性降低
土地占用	系统分隔或破坏	多种功能损失
栖息地破坏	生态系统变换或毁灭	多样性降低，多种功能变化或损失
河流截流	水生生态破坏或影响	水生物减少或灭绝

表9-4 建设项目使生态系统支持条件变化导致的生态环境影响
(引自毛文永，2003)

支持条件变化	原因	生态系统影响	环境功能影响
水分供应减少	截流、调水、抽取地下水	类型变化，植被恶化	多种功能减弱
水文变化	清除森林和破坏植被、水利工程	结构恶化或改变，水生破坏	水土流失和自然灾害加剧
土地占用	多种开发建设活动	结构变化或分割	多种功能损失
耕地占用	多种开发建设活动	农业生态系统变化	多种功能损失，农业损失
土壤退化	侵蚀作用和收获生物质	系统结构恶化	生物量减少，多种功能减弱
土壤流失	扰动土壤和破坏植被	系统结构恶化或毁灭	多种功能减弱，淤塞
土壤沙化	植被破坏和减少供水等	系统结构恶化或毁灭	多种功能减弱，灾害加剧
土壤盐渍化	灌溉不当，排水不良	系统结构恶化或改变	部分功能减弱，生物多样性降低
地面变形	工程动土、塌陷	结构恶化，稳定性降低	水土流失和灾害加剧
气候变化	植被减少，城市化等	结构恶化	功能减弱

在进行工程分析时，生态影响型的建设项目特别需要注意项目选址、选线的合理性，项目不同时段、地段的影响方式、影响特征和影响显著性，施工方式和运行方式的环境合理性，以及可能引起次生生态影响的因素。同时，根据评价项目的自身特点、区域的生态特点以及评价项目与影响区域生态的相互关系，确定调查和分析的重点，一般可考虑：

① 可能产生重大生态影响的工程行为或规划措施。
② 与特殊和重要生态敏感区有关的工程行为或规划措施。
③ 可能产生间接生态影响的工程行为或规划措施。
④ 可能造成重大资源占用和配置的工程行为或规划措施。

(二)影响对象识别

是对影响受体（生态环境）的识别，识别的内容包括。

1. 对生态系统及其组成要素的影响 如生态系统的类型、组成生态系统的生物因子（动物与植物）、组成生态系统的非生物因子如水分和土壤、生态系统的区域性特点及其区域性作用与主要环境功能。

2. 受影响的重要生境的识别 生物多样性受到的影响往往是由于其所在的重要生境受到占据、破坏或威胁等造成的，故在识别影响对象时对此类生境应予以足够的重视。重要生境的识别方法如表9-5所示。

表9-5 生境重要性的识别方法

（引自王家骥等，1998）

生境指标	重要性比较
天然性	原始生境＞次生生境＞人工生境（如农田）
面积大小	同样条件下，面积大＞面积小
多样性	群落或生境类型多、复杂区域＞类型少、简单区域
稀有性	拥有稀有物种的生境＞没有稀有物种者
可恢复性	不易天然恢复的生境＞易于天然恢复者
完整性	完整性生境＞破碎性生境
生态联系	功能上相互联系的生境＞功能上独立的生境
潜在价值	可发展为更具保存价值者＞无发展潜力者
功能价值	有物种或群落繁殖、生长者＞无此功能者
存在期限	存在历史久远者＞新近形成者
生物丰度	生物多样性丰富者＞生物多样性贫乏者

3. 对区域自然资源及主要生态问题的影响 区域自然资源对开发建设项目及区域生态系统均有较大的影响或限制作用，在我国，诸如耕地资源和水资源等都是在影响识别及保护时首先要加以考虑的。同时，由于自然资源的不合理利用以及生境的破坏等原因，一些区域性的生态环境问题如水土流失、沙漠化、各种自然灾害等也需要在影响识别中予以注意。

4. 有无影响到敏感生态保护目标或地方要求的特别生态保护目标 这些目标往往是人们的关注点，在影响评价中应予以足够重视，一般包括有：具有生态学意义的保护目标如珍稀濒危野生生物、自然保护区、重要生境等；具有美学意义的保护目标如风景名胜区、文物古迹等；具有科学文化意义的保护目标如著名溶洞、自然遗迹等；具有经济价值的保护目标如水源林、基本农田保护区等；具有社会安全意义的保护目标如排洪、泄洪通道等；生态脆弱区和生态环境严重恶化区如脆弱生态系统、生态过渡带、沙尘暴源区等；人类社会特别关注的保护对象如学校、医院、科研文教区和集中居民区等；其他一些有特别纪念意义或科学价值的地方如特产地、特殊保护地、繁育基地等，均应加以考虑。

敏感保护目标中最主要的是法规中已明确其保护地位的目标（表9-6）。

表 9-6　中华人民共和国法规确定的保护目标

(引自毛文永，2003)

保 护 目 标	依 据 法 律
具有代表性的各种类型的自然生态系统区域	环境保护法
珍稀、濒危的野生动植物自然分布区域	环境保护法
重要的水源涵养区域	环境保护法
具有重大科学文化价值的地质构造、著名溶洞和化石分布区、冰川、火山、温泉等自然遗迹	环境保护法
人文遗迹、古树名木	环境保护法
风景名胜区、自然保护区等	环境保护法
自然景观	环境保护法
海洋特别保护区、海上自然保护区、滨海风景浏览区	海洋环境保护法
水产资源、水产养殖场、鱼蟹洄游通道	海洋环境保护法
海涂、海岸防护林、风景林、风景石、红树林、珊瑚礁	海洋环境保护法
水土资源、植被、(坡)荒地	水土保持法
崩塌滑坡危险区、泥石流易发区	水土保持法
耕地、基本农田保护区	土地管理法

5. 受影响的途径与方式　受影响的途径与方式即直接影响、间接影响或通过相关性分析明确的潜在影响。

(三) 影响效应识别

影响效应的识别主要包括影响性质与影响程度等如下五个方面。

1. 影响性质的识别　生态环境对人类需求的满足主要基于生态系统的环境服务功能，生态环境影响性质的判别也应建立在生态环境功能变化的基础上。因此，影响性质识别就是要识别这种影响是正影响还是负影响、可逆影响还是不可逆影响、可否恢复或补偿、有无替代、长期影响还是短期影响、累积性影响还是非累积性影响。

凡生态环境功能可恢复者，影响性质为可逆的；凡生态环境功能不可恢复者，影响性质为不可逆的。有些项目可以使生态环境功能提高，或基本上不影响生态环境功能，可按可逆变化性质对待，例如植树造林工程、水土保持工程、盐碱地改造工程、中低产田改造工程等；有些项目虽然占用土地和使生态系统的结构部分改变，但通过项目区的重新绿化或参与区域生态建设工程，使损失的生态环境功能得到补偿，同样也可认为是可逆变化性质的，或认为是由不可逆变化转化为可逆变化性质的。

很多开发项目对生态环境影响的性质介于可逆与不可逆之间，或者部分生态环境功能可以恢复，而部分生态环境功能不可恢复。此时，影响性质的判别要根据具体情况进行具体分析，一般可考虑如下几个方面：①影响的环境功能是否是区域的主要功能，凡是影响到主要功能并导致其不可逆变化者，应按不可逆性质对待；②是否影响到特别重要或有特殊保护要求的功能，若是，则也应按不可逆性对待；③当工程影响的某种功能波及很多其他的环境功能，或某种不可逆变化涉及的面积较大、范围较广时，也应按不可逆变化性质来看待整个工程。

凡不可逆变化的应给予更多关注，在确定影响可否接受时应给予更大的权重。

2. 影响程度的判别　主要识别影响的范围大小、持续时间的长短、剧烈程度、受影响生态因子的多少、生态环境功能的损失程度、是否影响到生态系统的主要组成因素等。也包括项目选址区受影响生态系统的特征，如生态系统的脆弱性与稳定性，可恢复能力的强弱，受影响因子的主次，受影响生态环境功能的替代性等，还有是否影响到要求特别保护的生态系统等。

在判别生态受影响的程度时，受到影响的空间范围越大、强度越高、时间越长，受影响因子越多或影响到主导性生态因子时，则影响就越大。

3. 影响效应特点分析　受影响后生态系统或其组分发生变化的特点，如是渐进的、累积性的或是有临界值的从量变到质变等。

4. 影响效应的相关性分析　涉及直接与间接、显在与潜在影响的问题，对生态系统的直接影响往往比间接影响要小得多。

5. 影响发生的可能性分析　通过历史调查、类比分析等，分析影响发生的可能性，可分为不可能、极小可能、可能、很可能、肯定发生等等级。

影响分析依内容不同，可采取不同的方法。常可通过识别生态系统的敏感性来宏观地判别影响的性质和影响导致的变化程度；通过区域生态环境变迁历史的分析常可明确区域生态环境的问题和原因；运用类比的方法，常可判明某些影响的性质和程度；针对具体的生态系统，运用列清单法可以逐条分析所有可能的影响及其性质和程度。影响识别的结果也可用矩阵法表达。

二、生态环境影响预测

（一）影响预测的基本步骤

生态环境影响预测是在生态环境现状调查、生态分析和影响识别的基础上，对主要生态因子和生态系统的结构与功能因开发建设活动而导致的变化做定量或半定量的预测计算，分析其变化程度以及相关的环境后果，明确开发建设者应负的环境责任以及指出为保护生态环境和维持区域生态环境功能不被削弱而应采取的措施及需要达到的要求。其基本程序是：

① 选定影响预测的主要对象和主要预测因子。
② 根据预测的影响对象和因子选择预测方法、模式、参数，并进行计算。
③ 研究确定评价标准和进行主要生态系统和主要环境功能的预测评价。
④ 进行生态系统与景观及其相关影响的综合评价与分析。

（二）影响预测要求

在进行生态环境影响预测时，一般应达到如下要求：

① 至少要对关键评价因子（如绿地、植被、珍稀濒危物种、荒漠等）进行预测分析；评价级别较高时，要对所有重要的评价因子均进行单项预测，或者对区域性全方位的影响进行预测。

② 为便于分析和采取对策，要将生态影响划分为：有利影响和不利影响、可逆影响与不可逆影响、近期影响与长期影响、一次影响与累积影响、明显影响与潜在影响、局部影响与区域影响。

③ 要根据不同因子受开发建设影响在时间和空间上的表现和累积情况进行预测评估。

如时间分布上的年内和年际变化、空间分布上的宏观和微观变化。

④ 自然资源开发建设项目的生态影响预测要进行经济损益分析。

(三) 内容与指标

（1）按照《环境影响评价技术导则 生态影响》（HJ 19—2011），生态影响预测与评价的内容应与现状评价的内容相对应，主要考虑如下几个内容：

① 生态系统及其主要生态因子的影响评价 在生态现状调查与影响识别的基础上，评价生态系统受影响的范围、强度和持续时间；预测生态系统的组成及其服务功能的变化趋势，重点关注其中的不利影响、不可逆影响和累积生态影响。

② 敏感生态保护目标的影响评价 应明确评价范围内涉及的各类保护目标，在阐明其性质、特点、法律地位和保护要求的基础上，分析评价项目的影响途径、影响方式和影响程度，预测潜在后果。

③ 预测评价项目对区域现存的主要生态问题的影响趋势。

（2）在影响识别的基础上筛选评价因子，依据区域生态保护的需要和受影响生态系统的主导生态功能，选择并确定影响预测与评价的指标。筛选评价因子时应针对不同的评价对象与生态系统类型，一般应考虑如下几个因素：

① 应能代表和反映受影响的生态环境的性质和特点。

② 相关的信息应易于测量或易于获得。

③ 应是法规要求或评价中要求的因子。

（3）影响预测的内容与指标应从保护环境功能出发，结合工程项目特点以及区域生态环境的具体情况进行，不同的评价项目，其内容与采用的指标不完全相同，但一般应考虑从如下几个方面来选取可用的指标：

① 是否带来对种群、群落或生态系统的新的变化，其变化的性质与程度如何。

② 是否带来对环境资源的新的变化，其变化的性质与程度如何。

③ 是否带来对生态系统支持条件的新的变化，其变化的性质与程度如何。

④ 是否带来对生态环境问题的新的变化，其变化的性质与程度如何。

⑤ 是否改变了现有的景观格局，其改变的性质与程度如何。

⑥ 在生态学各个层次上是否有不利的影响，其影响的程度与范围如何。

⑦ 在生态学各个层次上是否有有利的影响，其影响的程度与范围如何。

由于生态环境的区域性特点，在进行具体评价时，类似的问题可以列出许多。

(四) 预测与评价方法

生态影响预测一般采用列表清单法、图形叠置法、生态机理分析、景观生态学的方法进行文字分析、定性描述或定量预测，也可以辅之以数学模拟进行预测。

1. 列表清单或描述法 列表清单或描述法是根据已有的知识、经验，结合具体的建设项目和特定的生态系统，进行定性分析和描述，有时需要结合地形图、植被图、土地利用图、水系图或其他示意图等进行，可使描述的问题更直观可信。该方法对单因素的分析较为适用，如对生态因子的影响分析、生态保护措施的筛选、物种或栖息地重要性或优先度的比选等；对生态系统的完整性、稳定性的影响分析适用性较小。

2. 类比分析法 类比分析法可分为整体类比和单项类比或部分类比两种，由于生态系统本身的复杂性与区域性特点，单项类比或部分类比方法较整体类比方法更实用一些。

类比方法要求在被类比的基础上在工程特性、地理地质特征、气候因素、生态环境背景等方面与拟建项目相似，并且满足一般类比方法的要求，通过类比说明项目建设对动植物及生态系统等方面产生的影响。

类比方法适用于以下几个方面：生态影响识别、评价因子筛选，以原始生态系统为参照评价目标生态系统质量，生态影响的定性分析与评价、某一个或几个生态因子的影响评价、预测生态问题的发生与发展趋势及其危害、确定环保目标和寻求最有效可行的生态保护措施。

3. 生态机理分析方法 生态机理分析法是一种根据生态学原理，结合专家判断与必要的生物模拟试验所进行的影响预测方法，主要是定性分析方法，也可在一定程度上进行定量分析，其要点如下《环境影响评价技术导则　生态影响》（HJ 19—2011）：

① 调查环境背景现状和搜集有关资料。
② 调查动植物种类及其分布状况，特别是动物栖息地和迁徙路线。
③ 根据调查结果分析所在区域的种群、群落和生态系统，描述其分布特点、结构特征和演化等级。
④ 识别有无珍稀濒危物种及重要经济、历史、景观和科研价值的物种。
⑤ 观测项目建成后该地区动植物生长环境（水、气、土和生命组分）的变化。
⑥ 根据兴建项目后的环境变化，对照无开发项目条件下动物、植物或生态系统的演替趋势，预测动物和植物个体、种群和群落的影响以及生态系统的演替方向。

评价过程中有时要进行相应的生物模拟试验，如环境条件-生物习性模拟试验、生物毒理学试验、实地种植或放养试验等，或进行数学模拟，如种群增长模型的应用。该方法需与生物学、地理学、水文学、数学及其他多学科合作评价，才能得出较为客观的结果。

4. 图形叠置法 用于环境影响评价的图形叠置法是由美国的迈克哈格于1968年首先提出来的，一般使用时有指标法和3S叠图法两种基本制作手段。在生态环境影响评价中，将土地利用现状图与影响改变图重叠影响图，或将污染影响程度和植被或动物分布图重叠形成污染物对生物的影响分布图，可以较直观地表达出评价结果，其具体做法与一般影响评价相同。如果应用计算机做图，或与地理信息系统等技术结合，则可提高应用的范围与效果。

5. 景观生态学的方法 景观生态学的方法对生态环境质量状况的评判主要通过空间结构分析和功能与稳定性分析两个方面进行。通过景观要素空间结构各特征参数的分析，可以判别工程建设前后斑块优势度、斑块密度、景观连通度等特征的变化，在景观层次上计算与分析生态系统类型及其结构变化，进而进行工程的影响分析与评价。

在景观的功能与稳定性分析中，主要是分析生物恢复力、景观异质性、种群源的持久性与可达性、景观组织的开放性等，这些分析一般采用定性分析的方法，如景观格局分析、景观协调性与相容性分析、景观廊道功能分析、景观中动植物扩散迁移等行为的分析。

景观生态学的具体分析方法可与计算机技术、航空照片等结合，在大范围的评价中得以广泛地应用。

6. 质量指标法（综合指标法） 质量指标法是环境质量评价中常用的综合指数法的拓展形式，同样可将其拓展而用于生态环境影响评价中。其基本方法是：首先分析研究评价的环境因子的性质及变化规律，建立表征各环境因子特性的指标体系和评价标准，并建立其评价函数曲线;通过评价函数曲线将评价的环境因子的现状值(开发建设活动前)与预测值(开发建设活动后)转换为统一的无量纲的环境质量指标,用1和0表示优劣("1"表示最佳的环境状况,"0"表示最差的环境状况),由此计算出开发建设活动前后环境因子质量的变化值;最后,根据各评价因子的相对重要性赋予权重,再将各因子的变化值综合,得出综合影响评价值。用下式计算:

$$\Delta E = \sum_{i=1}^{n} (Eh_i - Eq_i) \times W_i \qquad (9-1)$$

式中,ΔE 为开发建设活动前后生态环境质量变化值;Eh_i 为开发建设活动后 i 因子的质量指标;Eq_i 为开发建设活动前 i 因子的质量指标;W_i 为 i 因子的权重值。

综合指数法简明扼要,但建立表征生态质量的标准体系、赋权和准确定量等较为困难。有时采用单因子指数法相对较为简便,如以植被覆盖率为标准,可评价项目建设前后的现状及其变化。

生态环境影响预测与评价的方法正在发展之中,有许多新的方法不断提出和应用,一些用于现状评价的方法经过修改后同样可用于影响预测与评价。我国学者曹洪法于1995年提出了生态系统质量分析评价系统方法,采用了100分制的方式进行各特征要素的赋值与分级,最后得到一个综合评价数值。美国野生生物联合会(NWF)推荐了"多维欧氏空间距离法",在我国的山西万家寨引黄工程、汾河二库工程、平朔露天煤矿工程等的评价中,其应用效果良好。其他的如列表清单法结合分级评分的定量分析方法,系统分析方法中的层次分析法、模糊综合评判法、灰色关联法、综合排序法,生物量与生产力分析法,多元回归与趋势面分析方法等,在影响评价中均有应用,可在实际工作中根据具体情况选用。

三、生态环境影响评估

(一)生态影响评估的内容

生态环境影响评估就是生态环境影响的评价,是对生态环境影响预测的结果进行评估或评价,以确定所发生的生态环境影响可否被生态或社会所接受。工程建设项目的性质不同,生态环境影响评价关注的重点不同,不同开发活动的影响评价要求也不同。对于建设项目的生态环境影响预测与评价,一般应阐明如下问题和内容:

(1) **生态环境所受的主要影响** 阐明建设项目主要影响的生态系统及其环境功能,影响的性质和程度。

(2) **生态环境变化对区域或流域生态环境功能和生态环境稳定性的影响** 阐明影响的补偿可能性和生态环境功能的可恢复性。

(3) 对主要敏感目标的影响程度及保护的可行途径。

(4) **主要的生态问题和生态风险** 阐明区域生态环境的主要问题、发展趋势;阐明主要生态风险(生态灾害与污染风险)的源、出现概率、可能损失、影响风险的因素及防范措施。

(5) **生态环境宏观影响评述** 评述区域生态环境状况及可持续发展对生态环境的需求,阐明建设项目生态环境影响与区域社会经济的基本关系。

自然资源开发项目对区域生态环境（主要包括对土地、植被、水文和珍稀濒危动、植物物种等生态因子）影响预测与评价的内容包括：
① 是否带来某些新的生态变化。
② 是否使某些生态影响严重化。
③ 是否使生态问题发生时间与空间上的变更。
④ 是否使某些原来存在的生态问题向有利的方向发展。

（二）生态影响评估基准

进行生态环境影响评估时，其依据的评价基准一般可从如下几个方面考虑。

1. 生态学评估基准 从生态学的角度评估工程项目对生态环境的影响，以确定某些生态系统的重要性，明确优先保护目标和开发建设活动的可接受程度。其评估的要点是选择合适的指标或重要的生态组分，经常选择的生态组分有：
① 非生物组分，如水分、土壤。
② 生物地理区、生态景观单元、生态系统区域。
③ 物种、种群或群落、生物个体（被保护的对象）。
④ 生境、特殊地区（如保护地区）。
⑤ 生态系统功能、重要功能区等。

生态评估的通用性指标与基准可参见表9-7。

表9-7 生态评估的通用性指标与基准
（引自国家环境保护总局环境工程评估中心，2003）

指标	含义	应用	评估说明
珍稀度	数量稀少且分布受限，意味着脆弱，易灭绝，对影响的缓冲能力更差	评估物种、生境、生态系统的灭绝风险	稀有无价，必须保护
弹性	生态系统承受变化并维持存在的能力（也是远离平衡的行为特征）	评估系统恢复的可能性，主要用于人工生态系统	类比调查
脆弱性	受到干扰后被严重破坏的可能性。生态系统固有特征与性质	评估系统承受干扰的能力，确定优先保护的系统（脆弱系统优先保护）	用物种丰度变化与干扰组成来测量
稳定性	面临干扰时系统能维持某种平衡能力（维持在平衡点的行为），与弹性紧密相关	评估系统特征，评估系统或种群在不利状态下缓冲灭绝的能力；评估最小生境需求	用物种相对丰度或种群大小保守性和恒定性表达。可划分为不同等级
多样性	基因多样性、物种多样性、系统多样性、景观多样性（生境多样性、结构多样性）	评估种群活力，评估生态系统质量与稳定性，评估系统功能与重要度，评估物种分布，评估生境质量	可测量指标，主要评价方法
可恢复性	由复杂性等因素决定的性质	评估物种、生境和生态系统可恢复性，作为恢复生境或系统的依据	需长期监测和记录
濒危度	数量稀少且易于灭绝的物种	评估外部影响（导致生态系统衰落）的可接受程度。指标：繁殖、数量、分布，等	分辨是局部区域还是整个系统，考虑影响和物种状况两个方面

2. 社会经济可持续发展战略与政策基准　此类评估包括建设项目本身及其对所在区域的可持续发展的影响评估，它是一种战略性评估，包括了社会文化和资源经济等广泛内容和深层次问题的分析，故应将建设项目放在环境-生态-资源-经济-社会的复合生态系统中进行影响的分析与评估。其评估内容与指标选取应考虑如下几个方面，每一方面均可采用一系列的指标与基准来进行：

① 建设项目自身的安全性和环境可相容性评估。
② 建设项目对区域或城市发展规划的影响评估。
③ 对区域资源可持续性的影响评估。
④ 对区域生态环境可持续性的影响评估。

在生态环境影响评估中，还应以国家发展战略与政策作为基准，进行战略与政策评估，评价建设项目的得失，评价其与战略和政策的符合情况、协调程度，或者评价其与发展战略和政策要求的差距，一般可根据国家制定的发展规划与计划作为评估基准或执行要点。

3. 法规基准　生态环境影响评估的法规基准主要有：国家颁布的资源与环境保护法律、各级行政管理部门颁布的行政法规、地区级（主要是省市）规划等。

法规是必须遵守和执行的，资源和环境保护法规多是针对特定保护对象而制定和颁布的，在生态环境影响评估中应针对具体环境和资源问题，参照有关法规，进行相关的评估。

4. 经济价值与社会文化价值基准　经济学评估的内容主要有：生态环境功能影响的经济损益评估和自然资源开发的得失分析；其主要指标有：经济价值大小比较、经济损失的社会经济重要度评估、资源稀有性或生态环境功能可替代性评估以及可持续性评估等。

生态环境影响的社会学评估主要是评估社会和公众对影响的可接受程度，其根本标准是公正性与公平性，包括代际公平、不同社会群体间的公正与公平；评估的主要方法为公众参与、社会调查与专家评价法等；常用的指标是社会公众关注度、受影响敏感目标人口（阶层及数量）、社会损益公平性等。

文化影响评估主要是指对过去世代的人文遗迹的影响进行评估。

另外，在生态环境影响评估中，还应考虑其他的一些基准与技术规范，如某些导则、环境要素的质量标准与控制标准等。

（三）工程建设生态环境影响评估要点

1. 与规划关系的论证与评估　要根据规划开展影响评价，论证项目与规划的协调关系。其评估的要点有：

① 分辨规划类别，明确应遵守的与应阐明的。
② 考察规划调查是否全面，特别应包括所有有关生态保护的规划。
③ 判别与规划的协调性，即是否符合城市或区域总体发展目标，是否符合规划区划环境功能，是否影响重要的规划保护目标，是否规划修改或区域可持续发展。
④ 项目自身目标的可达性及是否能够可持续发展。

2. 项目选址、选线的环境合理性　从以下几方面进行选址、选线的环境合理性论证：

① 与规划是否协调，符合规划目标及功能区划否。

② 对景观的影响如何。
③ 对资源的影响如何。
④ 选址、选线的安全性。
⑤ 对敏感目标的影响。
⑥ 对生态系统及其中物种的影响。
⑦ 对生态环境功能的影响。
⑧ 对战略性的影响。

3. "三场"设置的环境合理性 在进行"三场"（取土场、弃渣场、采石场）设置的环境合理性论证时，其评估的要点是：
① 是否影响到重要资源，尤其是基本保护农田、特产地等。
② 是否置于敏感的景观点上。
③ 是否置于环境风险地段。
④ 是否影响到环境敏感目标。
⑤ 是否易于恢复利用。
⑥ 运输通道是否穿越了不宜穿越的地区。

4. 敏感目标的影响评估 要求评价要有效地保护敏感目标，减少或消除对敏感目标的影响，其要点是：
① 敏感目标的性质、级别、规划目标与保护要求如何。
② 建设项目与敏感目标的相对关系如何，其影响的性质与程度如何。
③ 需要采取何种措施及措施的有效性如何。
④ 生态监测与持续管理策略如何制定。

四、生态环境影响评价结论

评价项目应编写生态影响评价结论，若生态影响评价不单独成册则应编写篇章结论，编写篇章结论的有关事项与结论基本相同。在结论中，应明确说明建设项目的规模和选址是否合理及在各个阶段能否满足预定的生态环境质量要求；需要确定建设项目与生态环境有关部分的方案进行比较时，应在结论中确定推荐方案，并说明理由。

结论的内容包括生态环境现状概要、建设项目工程分析概要、开发建设项目对生态影响预测和评价的结果、环保措施的评述和建议、生态影响监测制度、生态环境管理和生态规划的建议等内容。

五、风景资源开发影响评价

环境保护部（原国家环境保护局）在《山岳型风景资源开发环境影响评价指标体系》（HJ/T 6—1994）中，采用定性与定量相结合的分级评分法，对风景名胜区、自然保护区、森林公园等范围内的开发建设活动做了限制性规定，在此类风景资源的开发建设项目进行评价时应遵循相关要求，该标准所采用的指标包括规划指标、景观指标、生态指标、环境质量指标、环境感应指标和人为自然灾害预测指标等几部分。

规划指标是指开发建设项目用地的可行性指标（表9-8）。

表 9-8 山岳型风景资源开发规划指标的确定

[引自《山岳型风景资源开发环境影响评价指标体系》(HJ/T 6—1994)]

景观类别	景观级别	用地特征	保护方式	允许的开发建设活动
特别保护区	一级	重点生态保护小区,精华景点(含人文景观),饮用水源保护小区	绝对保持原有面貌,人工干预是为了保持	自然风景名胜保护,天然植被抚育和绿化,人文景观维护和利用
重点保护区	二级	一般生态保护小区,重要景点	严格控制人工干预,不允许破坏地貌、水体、植被	除一级保护区允许的开发建设活动外,可建设供观光的交通设施项目
一般保护区	三级	一般景点,局部利用工程技术实现"天人合一"	人工有条件的改变自然生态、提高生态质量,实现一般保护	可建设交通和基础设施、旅游服务设施等工程项目
保护控制区	四级	外围保护带,环绕划定保护范围外的地带	限制工矿业生产,提高绿化水平,禁止滥砍滥伐	除规划明确限制的项目外均可

景观指标以建设项目与风景资源背景之间的景观相融性来衡量,评价时以形态、线形、色彩、质感四个方面选取具体指标,按照中国传统构景方法进行分级计分,根据分级标准进行景观相融性评价,其基本要求如表 9-9 所示。

表 9-9 景观指标的评价分级及标准

[引自《山岳型风景资源开发环境影响评价指标体系》(HJ/T 6—1994)]

景观类别	景观评价分级			
	4(劣)/(不协调)	3(可)/(一般)	2(中)/(协调)	1(优)/(增量)
特别保护区	不可	不可	可考虑	可
重点保护区	不可	可考虑	可	可
一般保护区	不可	可	可	可
保护控制区	可考虑	可	可	可

生态指标是以山岳型风景资源的山地森林生态并按生态原则评价的生态质量来衡量的指标,按森林覆盖率、植被覆盖率、维管束植物、陆栖脊椎动物等指标进行分级,给出综合评价等级。环境质量指标主要包括大气环境指标、地表水环境指标和环境噪声指标,按国家相应的标准进行评价。环境感应指标是衡量(表征、描述)游人对游览区环境卫生及拥挤程度在心理上和生理上基本要求的指标。人为自然灾害预测指标是指由建设项目触发的各类自然灾害状况。

评价工作应按标准要求的层次顺序进行,首先对第一层次的规划指标与人为自然灾害指标进行评价,在其可行的基础上再进行第二层次的景观指标与生态指标的评价,然后是第三层次的环境质量指标与环境感应指标的评价。

第三节 生态影响的防护与恢复

建设项目生态环境影响减缓措施和生态环境保护措施是整个生态环境影响评价工作成果

的集中体现,根据工程建设特征、区域的资源和生态特征,按照影响识别、预测与评价的结果,结合区域资源的可承载能力,对开发建设方案提出切实可行的生态影响的防护与恢复措施,使生态环境得到可持续发展。

一、生态影响的防护与恢复遵守的原则

制定生态影响减缓措施时应遵循如下原则:

① 应按照避让、减缓、补偿和重建的次序提出生态影响防护与恢复的措施;所采取措施的效果应有利于修复和增强区域的生态功能。

② 凡涉及不可替代、极具价值、极敏感、被破坏后很难恢复的珍稀濒危物种和特殊生态敏感区等敏感生态保护目标时(特别是发生不可逆影响时),必须提出可靠的避让、保护措施或生态环境替代方案。

③ 凡涉及尽可能需要保护的生物物种和敏感地区,或采取措施后可恢复或修复的生态目标时,也应尽可能提出避让措施;否则,应制定恢复、修复和补偿措施加以保护。

④ 对于再生周期长、恢复速度较慢的自然资源损失要制定恢复和补偿措施。

⑤ 需制定区域的绿化规划。

⑥ 各项生态保护措施应按项目实施阶段分别提出,并提出实施时限和估算经费。要明确生态影响防护与恢复费用的数量及使用的科目,同时论述其必要性。

同时,在制定生态环境减缓措施时,应遵循生态环境保护的科学原理,所提措施应符合环保政策导向和生态保护战略,并且具有针对性和工程性。在减缓措施的建议方案中,最好能包含数个可供选择的方案,以便开发者考虑决定所采取的具体方案;所有方案应针对工程和环境的特点,充分体现特殊性问题。

二、主要的生态环境防护与恢复措施

开发建设项目的生态环境保护措施需从生态环境特点及其保护要求和开发建设工程项目的特点两个方面考虑。从生态环境的特点和环境保护的要求方面考虑,实施防护与减缓措施的主要途径按考虑的优先程度可分为保护、恢复、补偿和建设。

从工程建设的特点来考虑,主要能采取的保护生态环境的措施是替代方案、生产技术改革、生态保护工程措施和加强管理几个方面。其中,在设计期、项目建设期、生产运营期和工程结束期(死亡期)又都有不同的考虑。

(一) 保护

贯彻"预防为主"的思想和政策的预防性保护是应给予优先考虑的生态环保措施。在开发建设活动前和活动中注意保护区域生态环境的本来面貌与特征,尽量减少干扰与破坏;有些类型的生态环境一经破坏就不能再恢复,即发生不可逆影响,此时实行预防性保护几乎是唯一的措施。

保护的思想在工程的设计期就应得到贯彻,如在建设项目选址、选线时,应注意避开重要的野生动植物栖息地;在施工期应注意保护施工区域及其周围的植被与生物物种等。保护的措施可在不同的层次上进行,如种群、群落、生态系统以及景观层次,在编制报告书时,应针对工程和环境的特点提出具体的措施。

在提出预防性保护措施时主要应考虑:

① 更合理的构思和设计方案。
② 影响最小的选址和选线。
③ 选址、选线和工程活动应避绕敏感保护目标或地区。
④ 避免在关键时期进行有影响的活动,如在鸟类孵化期间施行爆破作业等。
⑤ 不进行或否决有影响的活动。

(二) 替代方案

从保护生态环境的角度出发,开发建设项目的替代方案主要有场址或线路走向的替代、项目组成与内容的替代、施工方式与运营方案的替代、工艺与生产技术的替代、生态保护工程措施的替代等。

替代方案原则上应达到与原拟建项目或方案同样的目的和效益,评价应描述替代项目或方案的优点和缺点,对替代方案进行比较,并对替代方案进行生态可行性论证;替代方案应具有环境损失最小、费用最少、生态功能最大的特点。应优先选择生态影响最小的替代方案,最终选定的方案应该是环境保护决定的最佳选择,至少应是生态保护可行的方案。

生态环境保护、恢复、补偿和建设措施,也可结合工程特点有多种替代方案。

(三) 恢复

开发建设活动不可避免地会对生态环境产生一定影响,但有些影响通过一定的措施可使生态系统的结构或环境功能得到恢复,一般的生态恢复是指恢复其生态环境功能。例如:公路建设中取土地区的复耕,矿山开发后的覆盖与绿化,施工过程中植被被破坏后的恢复等。凡被破坏后能再恢复的均应提出相应的恢复措施。

(四) 补偿

补偿有就地补偿和异地补偿两种形式,是一种重建生态系统以补偿因开发建设活动损失的环境功能的措施。

就地补偿类似于恢复;异地补偿是指在项目发生地之外实施补偿,但两者补偿的均是生态系统的功能而不是其结构,故在外貌及结构上不要求一致。补偿措施的一个最重要的方面就是植被补偿,可依据生物量或生产力相等的原理确定具体的补偿量。

(五) 建设

在生态环境已经相当恶劣的地区,为保证建设项目的可持续发展和促进区域的可持续发展,开发建设项目不仅应保护、恢复、补偿直接受其影响的生态系统及其环境功能,而且需要采取改善区域生态环境、建设具有更高环境功能的生态系统的措施。例如:沙漠或绿洲边缘的开发建设项目,水土流失或地质灾害严重的山区、受台风影响严重的滨海地带及其他生态环境脆弱地带的开发建设项目,都需为解决当地最大的生态环境问题而进行有关的生态建设。

(六) 生产技术选择

采用清洁和高效的生产技术是从工程的本身来减少污染和减少生态环境影响或破坏的根本性措施。可持续发展理论认为,数量增长型发展受资源、能源有限性的限制是有限度的,只有依靠科技进步的质量型发展才是可持续的。环评中的技术先进性论证,特别要注意对生态资源的使用效率和使用方式的论证。例如:造纸工业不仅仅是造纸废水污染江河湖海导致水生生态系统恶化的问题,还有原料采集所造成的生态环境影响的问题。

（七）工程措施

工程措施可分为一般工程措施和生态工程措施两类。前者主要是防治污染和解决污染导致的生态效应问题；后者则是专为防止和解决生态环境问题或进行生态环境建设而采取的措施，包括生物性的和工程性的措施。例如：为防止泥石流和滑坡而建造的人工构筑物，为防止地面下沉实行的人工回灌，为防止盐渍化和水涝而采取的排涝工程，均是工程性的措施；为防风或保持水土、防止水土流失或沙漠化而植树和造林、种草，退耕还牧，退田还湖等，都属于生物性工程。所有为保护生态环境而实施的工程，都需在综合考虑建设项目的特点、工程的可行性和效益、环境特点与需求等情况的基础上提出，要进行必要的科学论证。

（八）管理措施

开发建设项目的生态环境管理主要包括建设期和生产运营期两个时段，有时还包括项目死亡期，如矿山闭矿、废物堆场复垦等。管理措施的设计也同样需考虑工程建设的特点和生态环境的特点与保护要求。主要管理措施如下：

① 在强调执行国家和地方有关自然资源保护法规和条例的前提下，制定并落实生态影响防护与恢复的监督管理措施。生态影响管理人员的编制建议纳入项目环境管理机构，并落实生态管理人员的职能。

② 明确施工期和运营期的管理原则与技术要求。可提出环境保护工程分标与招投标原则，以及施工期工程环境监理、环境保护阶段验收和总体验收、环境影响后评价等环保管理技术方案。

③ 对可能具有重大、敏感生态影响的建设项目，区域、流域开发项目，要对项目制定并实施长期的生态监测计划、科技支撑方案，明确监测因子、方法、频次等；发现问题，特别是重大问题时要呈报上级主管部门和环境保护部门及时处理。

④ 对自然资源产生破坏作用的项目，要依据破坏的范围和程度，制定生态补偿措施，对补偿措施的效应要进行评估论证，择优确定，落实经费和时限。

提出生态保护措施时，应包括保护对象和目标、内容、规模及工艺、实施空间和时序、保障措施和预期效果分析，绘制生态保护措施平面布置示意图和典型措施设施工艺图，估算或概算环境保护投资。

总之，在编制生态环保措施时，从上述四项体现生态环境特点的措施和四项体现工程特点的措施出发，可纵横列表得出16个措施方向，再考虑工程建设的几个时段（设计期，施工期，营运期，关闭废弃期），措施编制方向可达几十个。从这几十个可能的措施中，经过科学地筛选和技术经济的论证，可以得出一组比较适用、可行的生态环境保护措施。

三、生态环境保护措施的有效性评估

对拟采取或建议的（或规定的）环境保护措施进行有效性的评估是必要的，可以避免所提出的措施本身带来的某些不利影响，其主要内容有以下几点。

1. 科学性评估　主要是针对生态系统保护措施是否符合生态学基本原理。

2. 经济技术的可行性评估　主要是考察环保措施经济投资的可承受能力和投资的效益，即效益费用比；其技术可行性评估主要考察其技术的先进性、技术的可靠性或成熟性，以及技术的有效性。

3. 采取环保措施后的"残余影响评估"　此类评估的内容与指标与前述的影响评估基

本一致，但其内容是提出的环保措施，是从另一个角度考察拟采用环保措施的有效性，常用的有效方法是类比调查和分析，在缺乏类比对象时可能需要通过较长期的生态监测来认定。

4. 环保措施的影响评估　在提出生态环境防护与恢复措施时，有时可能引起一些继发性影响，主要有：建议的生物措施可能造成外来物种入侵，或提出的生态移民可能引起移入地区的环境问题；建议的为减缓某种生态环境影响的措施可能带来另一类环境问题，如实施公路边坡引起景观影响等。

四、生态环境监测

生态环境监测的目的主要有三个：认识生态背景、验证假说、为采取补救措施或应急措施提供科学依据。

生态环境监测应实施规范化管理、使用标准化技术，故应尽可能地采用国家标准局和行业制定的标准方法，国外也有一些标准方法可供选用。

（一）生态环境监测技术要点

在制定生态环境监测技术方案时，应考虑如下几点内容。

1. 明确监测工作范围　生态环境监测一般是针对进行过环境影响预测与评价的对象或问题，受到干扰或影响的生态系统或生态组成因子是首要的监测对象，设定的监测方案应与建设项目的活动规律相对应，同时应能反映生态环境的变化。

2. 考虑监测方案的可行性　实施连续监测对生态环境保护是最好的，但费用过高，故在制定监测方案时，一般选择有代表性的监测点位和监测因子，以减少监测工作量和经费；选择最适宜的时间，以便用少量的监测数据反映尽可能多的环境信息。

3. 注意指示生物的选择　选择合适的指标生物并对其进行长期监测，可以获得非常有用的信息。指标生物的选择与监测目的、已有的技术手段、当地的植被状况及物种的组成等有关，应具体问题具体分析。

4. 与其他监测活动相匹配　应注意与区域的、行业的或科学研究机构的生态环境监测相匹配，以便获得更大范围、更长时间的监测数据，有助于检验监测数据的可靠性和扩展其应用领域；此外，建设项目生态影响监测的点位设置、监测项目等还应考虑长期持续性问题，一般应进行从建设项目环境评价开始直到运营结束后的追踪监测，其间不宜变化太大。

（二）生态环境监测指标

生态环境监测可包括生态监测、资源动态监测、生态环境问题监测及敏感保护目标的影响监测；生态监测主要分为遗传多样性监测、物种监测、生态系统监测或生境监测几个不同的层次；资源监测采用资源管理部门的指标和方法；生态环境问题监测如水土流失、沙漠化、土地盐渍化以及地质灾害等的监测，亦采用相应管理部门（水利、农业）的指标与方法。

1. 遗传多样性监测指标

① 地域性植物或动物遗传资源，包括土著的作物品种、当地的药用植物、家养动物或作物的野生种。

② 外来物种增加的百分比，或人为的饲养、耕种引入的外来动植物向环境的释放、引入等。

③ 转基因生物在野外的繁殖、释放动态等。

2. 物种监测指标

(1) **种群动态** 列入国家或地方保护名录的物种，地方特有的土著物种等，均可考虑列为监测对象。

(2) **生态系统重要物种** 对其他物种和生境稳定性的维持等起重要作用的物种，如建群种、关键种、优势种等。

(3) **指示物种** 对某种干扰或环境变化特别敏感，或能够显示某些累积作用的物种，或对某种外来物种（入侵物种）反应强烈的物种等。

(4) **外来物种** 尤其是可能威胁当地生物多样性的外来物种。

(5) **处于强烈变化中的物种** 尤其是种群处于迅速衰退或迅速增加的物种，通过其减少或增加的百分数或单位面积上的数量分布（密度），反映其动态。

(6) **具有重要经济或商业价值的物种** 如具有医药价值、观赏价值、农业价值或其他经济价值的物种，被某种商业开发严重影响和物种，或国家列为重要资源而实施特殊管理的物种。

(7) **具有社会、科学或文化重要性的物种** 如社会和公众特别关注的物种等。

3. 生态系统及生境监测指标

(1) **重要生态系统** 重要生态系统是区域内具有代表性的生态系统，或拥有较高生物多样性的生态系统，或有本地特有物种或珍稀濒危生物生存的生态系统或生境。监测生态系统的结构整体性、地域连续性、物种多样性及特有生境的面积以及生境条件（支持特有、珍稀濒危生物生存的资源丰富度）。

(2) **迁移物种需要的生境** 如迁徙性鸟类需要的湿地，迁移性哺乳动物需要的"生境走廊"。监测生境面积、连续性（是否破碎或阻隔）及生境条件（如湿地的水质、饵料资源、生境走廊的野生动物食物）等。

(3) **野生生物生境** 针对一种或数种野生生物的生境进行的监测，包括生境的类型分类、重要生境的判别（评价）及其分布、生境面积的变化、生境条件或状态评价、生境连续性或破碎化评价等。

还有生态敏感区域面积变化（速率）、某种生物适宜的剩余生境（百分比）、被鉴定为物种多样性中心地区和特殊生境区（百分比）等监测内容与指标问题。

(4) **高价值生态系统或生境** 选择具有较高社会、经济、文化和科学方面重要性的生态系统，或选择具有独特性、地方性或与进化或生物生存有关的生境作为监测对象，也可选择具有重要生态环境功能的生态系统或区域作为监测对象，都是应予以优先考虑的。

第四节 生态影响技术评估

一、生态影响技术评价要点

按照《建设项目环境影响评价技术评估导则》（HJ 616—2011），生态影响技术评估除对工程建设项目本身的环境影响及其可行性进行评估外，还要对环境影响评价文件进行技术评估。本节主要针对陆生生态环境影响评价文件进行简要说明，其他具体内容可参见导则。

(一) 一般原则性问题

1. 评价范围 生态影响评价在确定评价范围时,应注意:是否包括了项目的直接影响与间接影响的空间;是否考虑了生态系统结构和功能的完整性特征;是否能够说明受项目影响的生态系统与周围其他生态系统的关系;是否包括了项目可能影响的所有敏感生态区或敏感的生态保护目标。

2. 评价标准 评价标准应表征规划的生态功能区的主要功能、规划目标与指标,表征自然资源的保护政策与规定,表征环境保护管理的目标、指标;在表征生态问题与生态完整性时是否能够说明区域的可持续发展;在说明污染的生态累积性影响时,依据的科学研究成果是否合理。

3. 生态影响判别 在进行生态影响判别时,应注意:影响识别是否全面;是否对主要的生态影响进行了判别;重点工程和重大影响的内容是否突出;是否包括了生态敏感区、区域主要生态环境问题和生态风险问题、重要自然资源等;影响性质的识别是否正确。

4. 评价因子筛选 是否能够表征受影响最严重的生态系统和因子、生态环境敏感区、重要自然资源、主要生态问题等;是否可分解和可用参数表征;是否可以测量或计量。

5. 评价等级 一个项目只定一个评价等级,按最重要和最大影响确定评价等级。

(二) 现状调查与评价

在生态环境现状调查中,主要评估调查内容是否全面,调查重点是否突出;重点关注调查方法选取的合理性、资料引用的准确性、生态监测结果的代表性以及主要生态问题识别的正确性。

在生态现状评价中,主要评估如下几个方面。

1. 生态系统的完整性 评价中是否采用了合适的方法及相应的指标;是否阐明了生态系统的结构、稳定性和可恢复性。一般需要对植被的完整性与状态、影响系统完整性的重要因素、生态系统与周围生态系统的相互关系等进行评价。

2. 生态敏感区 是否明确表明评价范围内有无特殊生态敏感区和重要生态敏感区,其现状与存在的问题如何;是否给出了必要的图件。

3. 区域生态功能 是否对评价范围的生态功能分区或区域环境敏感性予以明确说明;项目是否符合区域生态功能的要求。

4. 区域主要生态问题 是否鉴别出了区域主要的生态问题,说明其历史、成因、现状、发展趋势与主要的限制性因素。

(三) 影响预测和评价

1. 生态系统影响预测和评价 主要关注评估、评价方法选择的合理性和影响程度的正确判别。重点应关注是否说明了如下问题:土地占用对生态系统完整性的影响;线型工程的地域分割、阻隔对动植物及其栖息地的影响;自然资源利用或生物多样性减少导致的系统组分失调或简化;景观破碎和生产力降低导致的系统稳定性降低和恢复能力下降等。

2. 生态敏感区的影响预测和评价 主要关注评估项目选址的合理性分析,影响预测方法和评价指标选取的合理性。重点关注特殊生态敏感区和重要生态敏感区(如珍稀动植物栖息地、自然保护区、风景名胜区、自然遗产地、生态脆弱区等),对其现状、影响是否明确。

3. 物种多样性影响 主要关注项目影响下物种减少的可能性,影响程度判别,是否有直接影响、次生影响及累积影响。重点关注重要生物(指列入法定保护名录的生物、珍稀濒危生物、地方特有生物和公众特别关注的生物)。

4. 生态风险 评估中考虑的生态风险主要有造成物种濒危或灭绝的风险、造成自然灾害风险、造成人群健康危害或造成重大资源和经济损失的风险等。评估建设项目引起生态风险的可能性,明确风险影响途径、形式、发生机理和发生频率;主要影响对象以及影响程度、范围和后果;是否有预防措施和应急方案。

5. 区域生态问题 分析项目与区域主要生态问题的关系,评估项目选址和建设方案的可行性。

6. 自然资源影响 评估资源利用规模和方式对资源可持续利用的影响,是否符合规划确定的资源利用原则与指标;是否符合国家和地方政府的资源利用政策与法规;是否符合各行业的资源利用的标准与规范。

针对项目对不同陆生生态系统的影响,还需要关注不同的评估重点。如评价项目对农业生态环境的影响时,应关注对农田土壤、农业资源的影响,在对其中的土壤侵蚀进行评价时,应考虑水土保持方案或措施是否符合环境保护要求等;在土壤污染进行评价时,应注意农田污染程度应按是否影响农产品的食用质量,而不是按是否可生长植物或生物量的大小进行评估;评价农用土地时,应特别注意基本农田占用的合法性、合理性与可补偿性,并需要附占用基本农田的附图。再如评估项目对城市生态环境的影响时,应关注项目与规划的符合性、选址和建设方案与生态规划的协调性(项目的环境合理性与选址合理性)、绿化方案是否满足城市绿化规划要求、城市景观影响、项目竞争性、利用城市资源环境造成的长远影响等。

(四) 生态保护措施

生态保护措施应遵循生态科学基本原理,实行全过程保护,具有针对性与可行性。在制定保护措施时应首先考虑预防为主,特别是项目对生物多样性、敏感生态区、自然景观等产生不可逆影响时,项目选址、选线必须考虑避让措施,应论证替代方案,还应注意避免在生物繁殖季节等关键时期进行有影响的活动。

在制定工程措施时,应注意其环境适宜性与有效性,绿化方案应符合有关规划要求;应注意项目布局与周围环境景观的协调性;应注意生态补偿措施的充分性、可行性与有效性;生态重建措施的关键技术应有科学论证;等。

施工期的环保措施应全面、具体,要包含所有的重要施工点;评价应编制施工期环境保护监理计划;应包括生态监测在内的施工期监测计划。

当存在下述生态环境问题时,应强化生态保护措施:生态系统完整性受到不可逆影响,或主要生态因子发生不可逆影响;对生态敏感区或敏感保护目标产生不可逆影响;可能造成区域内某生态系统(如湿地)消亡或某个生物群落消亡;可能造成一种物种濒危或灭绝的影响;造成再生周期长恢复速度较慢的某种重要自然资源的严重损失;环境影响还可能导致自然灾害的发生。

二、生态风险评估

美国环境保护署(environmental protection agency,EPA)1992 年对生态风险评估的定义是:评估由于一种或多种外界因素导致可能发生或正在发生的不利生态影响的过程。其目的是帮助环境管理部门了解和预测外界生态影响因素和生态后果之间的关系,以利于环境决策的制定。生态风险评价被认为能够用来预测未来的生态不利影响或评估因过去某种因素导致生态变化的可能性。但生态风险评价涉及面较广，需要大量的基础数据和生态调查，还需要必要的生物测试、建立相关模型以及相应的评价方法，因此工作难度较大。

美国 EPA 对生态风险评价一般分为以下过程：

(1) 制订计划 根据评价内容的性质、生态现状和环境要求提出评价的目标和评价重点。

(2) 风险识别 判断分析可能存在的危害及其范围。

(3) 暴露评价和生态影响表征 分析影响因素的特征以及对生态环境中各个要素的影响程度和范围。

(4) 风险评价结果表征 对评价过程得出结论，作为环境保护部门或规划部门的参考，以及生态环境保护决策的依据。

我国的生态风险评价起步较晚，但已在许多行业进行过一些研究。水利部发布的《生态风险评价导则》（SL/Z 467—2009）可以为生态风险评估提供指导，其基本程序由三个阶段组成，即问题提出、风险分析与风险表征（图9-1）。

在问题提出阶段，应充分收集有关胁迫因子、生态系统以及生态效应等方面的有效信息并予以整合，根据评价目标初步估计风险评价的复杂程度与评价范围。然后根据生态相关性、敏感性、与管理目标的相关性等原则，以及要保护的生态目标和评价目标等要求，选择评价终点。应尽可能选择能以不同方式对不同胁迫因子做出敏感响应的评价终点。在上述工作的基础上，对评价终点的潜在胁迫因子、暴露特征与生态效应做出假设，根据假设建立概念模型，并注意消除模型不确定性的来源。本阶段结束时应对不确定性进行总结描述。模型建立后制订分析计划，确定风险评价方案、资料要求、测试和风险分析方法。

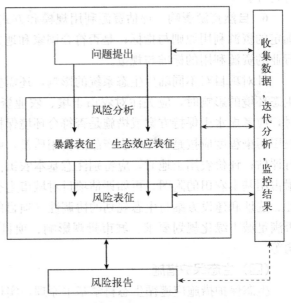

图 9-1 生态风险评价程序
[引自《生态风险评价导则》（SL/Z 467—2009）]

在风险分析阶段，建立风险评价模型，验证数据的有效性使之达到评价要求。在调查描述胁迫因子特征、时空分布特征等的基础上，进行暴露表征与评价、生态效应表征与评价；形成胁迫因子-效应框架，按评价终点来表达效应。

在风险表征阶段，可采用定性分类，单点暴露-效应对比，综合完整胁迫因子-效应关系、部分或完全近似机理模型、经验等方式与方法进行风险估计，得出风险评价结果，其置信度可通过比较和解释风险估计过程中的证据排列得以提高。在进行风险表征时，应描述和估计评价终点的可能变化，并判断其是否具有危害性；同时应区别正常生态灾害和胁迫因子引起的生态系统变化。在上述分析的基础上，应进行生态系统恢复的可能性预测研究，区别可逆变化、不太可逆变化与不可逆变化，最后形成风险评价报告。

环境保护部于2011年发布了针对可能引起物种入侵风险的《外来物种环境风险评估技

术导则》(HJ 624—2011),用于规划和建设项目可能导致外来物种造成生态危害风险的评估。其评估工作一般分为三个阶段:评估前准备、风险评估、做出结论(图9-2)。

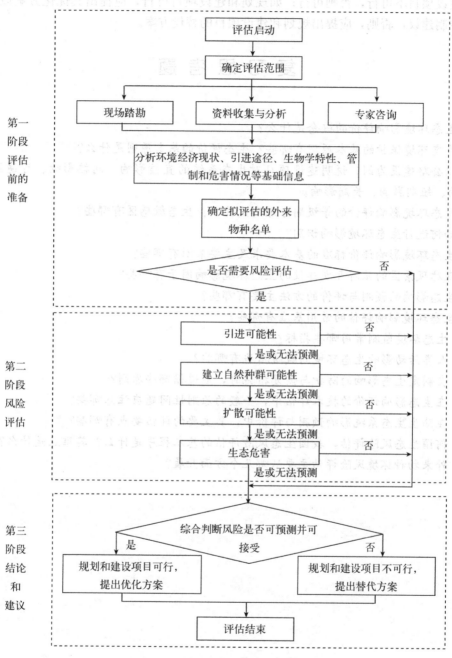

图9-2 外来物种环境风险评估程序
[引自《外来物种环境风险评估技术导则》(HJ 624—2011)]

在准备阶段,应收集评估范围内的环境经济基础信息,分析外来物种可能的引进途径,调查、收集其生物学特性与相关信息。确定拟评估的外来物种,决定是否进行风险评估。在风险评估阶段,应首先对拟评估物种引进的可能性进行评估,并对该物种建立自然种群、扩散的可能性及其生态危害的程度进行评估。最后得出结论，如在引进、建立自然种群和扩散以及生态危害等所有环节的风险均不可预测或不可接受，则从外来物种环境安全的角度，该规划和建设项目不可行，否则可行；如规划和建设项目可行，应提出其优化方案以及预防、监测和控制建议，否则，应提出规划和建设项目的替代方案。

复习思考题

1. 生态环境影响评价的概念是什么？
2. 生态环境保护的基本原理有哪些？生态评价的基本原则是什么？
3. 以公路建设为例，说明建设项目对生态系统的直接影响、间接影响、可逆影响、不可逆影响、短期影响、长期影响。
4. 生态环境影响评价的等级划分原则是什么？生态敏感区有哪些？
5. 如何进行生态环境影响识别？
6. 生态环境影响评价标准的基本要求及主要来源有哪些？
7. 森林风景区的旅游开发建设的生态环境影响因子有哪些？
8. 生态影响的预测与评价的方法主要有哪些？
9. 生态环境影响评估的常用基准有哪些？
10. 生态环境监测常用哪些指标？
11. 人类活动影响生态环境的减缓措施有哪些？
12. 在制定生态影响的防护与恢复措施时，应遵循哪些原则？
13. 在生态影响评价的技术评估中，一般的原则性问题应注意哪些？
14. 在陆生生态系统影响预测与评价中，其主要的评估要点有哪些？
15. 何谓生态风险评估，我国生态风险评估的基本程序是什么？其难点是什么？
16. 外来物种环境风险评估主要从哪几个方面开展？

第十章 社会经济环境影响评价

第一节 社会经济环境影响评价概述

社会经济环境影响评价是开发活动环境影响评价的重要组成部分。由拟议中的项目或政策建议所可能对一个地区的社会组成、社会结构、人地关系、地区关系、经济发展、文化教育、娱乐活动、服务设施等产生的影响，都属于社会经济环境影响评价的范围。

一、社会经济环境影响评价的目的和意义

一些开发活动经常会给外部社会经济环境带来一系列极为显著的影响，其影响可能会改变社区人口目前和将来的生存与生活质量，使一些人受益和另一些人受损。因此，社会经济环境影响评价应给出拟开发活动所有可能产生的有利和不利的社会经济影响，以及社区人口受益和受损的情况，并通过采取一些措施来增加有利的社会经济环境影响和受益人数，减少不利影响和受损人数，并尽可能对此加以补偿。对一些社会经济效益显著，但对环境损害严重的大型开发活动，有必要研究其社会经济效益以及进行环境经济分析，通过费用⟶效益或费用⟶效果分析来判断该开发活动的社会经济效益是否能够补偿或在多大程度上补偿了由此可能造成的环境损失，进而对整体效益进行综合评价。

社会经济环境影响评价的目的就是通过分析拟开发活动对社会经济环境可能带来的各种影响，提出防止或减少在获取效益时可能出现的各种不利社会经济环境影响的途径或补偿措施，进行社会效益、经济效益和环境效益的综合分析，有利于提高项目决策的科学性，使开发活动的可行性论证更加充分可靠，也使设计和实施更加完善。

二、社会经济环境影响评价中的项目筛选

在社会经济环境影响评价中进行项目筛选与整个环境影响评价的项目筛选类似，要在评价初期阶段来进行。通过项目筛选来确定拟建项目的类别，并以此决定项目是否需要进行社会经济环境影响评价以及所要求的评价深度和广度。在这里参照世行和亚行的项目分类原则并主要根据项目的社会经济环境影响大小来进行分类。

1. S1 类项目 拟建项目对外界社会经济环境无影响或影响较小（如技术改造项目以及项目远离社区或项目外界无敏感区等情况）。由于此类项目主要产生内部经济性效果，对外界社会经济环境影响较小，所以一般无需进行单独的社会经济环境影响评价，只需把可研报告中有关的社会经济分析内容并入环境影响报告书中即可。

2. S2 类项目 拟建项目对外界社会经济环境产生有利和不利的影响（如能源以及一般工业项目等）。除一些特殊大型项目以及外界社会经济环境较敏感的区域（如少数民族居住区以及文物古迹保护区等）外，一般只要求进行社会经济环境影响简评，并将其并入环境影

响报告书中。

3. S3 类项目 拟建项目主要产生有利的社会经济环境影响。此类项目包括脱贫以及改善社会经济环境等项目（如农村和农业发展项目、贫穷落后地区的开发项目、基础设施项目以及社会福利项目等）。由于此类项目旨在提高社会经济福利总水平，所以是世行、亚行等国际金融组织关注和投资的重点。对此类项目一般要求进行社会经济环境影响详评，充分论证项目的社会经济效益或效果。这部分评价内容可并入环境影响报告书中。

4. S4 类项目 拟建项目对外界社会经济环境产生严重不利影响或外界环境极为敏感以及任何具有相当数量移民的项目（如项目产生大量人口失业和引起项目周围地区居民生活水平降低，项目影响区内有国家重点文物保护区和少数民族集中区以及大坝、高速公路和机场等引起大量人口迁移的项目等）。对此类项目要求进行社会经济环境影响详细评价，一般要求进行社会经济环境专题评价并形成专题报告书。

三、社会经济环境影响评价的范围及敏感区

（一）社会经济环境影响评价的范围

社会经济环境影响评价的范围是由目标人口确定的，凡属于目标人口的范畴都可以划为社会经济环境影响评价的范围。目标人口是指受拟开发活动直接或间接影响的那部分人口，目标人口所在社区的范围即为社会经济环境影响评价的范围。当拟开发活动对自然环境和社会经济环境所产生影响的区域或范围不同时，则两者所确定的评价范围也应不同。例如，建造水坝对库区的自然环境和社会经济环境都会产生影响，自然环境影响评价范围可以确定为库区范围。但由于库区内人口迁移会对移民安置区的社会经济环境产生影响，因此，社会经济环境影响评价范围应包括库区及移民安置区，其中目标人口包括库区人口（直接目标人口）和移民安置区人口（间接目标人口）。

为了开展社会经济环境影响评价的实际需要，可以根据目标人口的行政区划和功能分区、收入水平和职业的不同、民族和文化素养的差异以及受拟开发活动影响的程度和受益情况的区别等，把目标人口划分为若干层次或部分。目标人口的划分原则和方法要视具体情况而定，并无统一标准可供遵循。

（二）社会经济环境影响评价中的敏感区

在社会经济环境影响评价中应特别关注一些社会经济敏感区，加强对这些区域的社会经济环境影响的评价。当拟开发活动对敏感区的社会经济环境产生较大程度影响时，社会经济环境影响评价深度可不受项目筛选制约，一般要求进行社会经济环境影响详评或针对某些社会经济环境要素进行专项评价。

1. 农业区 如果一个拟开发活动将占用大量农田、菜地等耕地，则会使当地农民丧失维持生存和生活最基本的生产资料，以及引起移民和对移民安置地产生影响。因此，在社会经济环境影响评价中要对占地拆迁引起农业生产现实和潜在的损失，以及由于粮食和果蔬等农产品供给能力下降而引起当地及邻地居民生活水平下降等问题，对这些人的赔偿和补偿及长期生活安置问题，移民安置区的人口密度问题，土地使用问题以及其他潜在的社会经济问题进行评价。

2. 森林区 森林是构成生态环境最重要的要素。热带和温带山区的森林被认为是脆弱的生态系统，在这些区域开发建设要特别予以重视，如果开发过度或不当，将会导致整个区域的生态退化和崩溃，由此会产生多方面的社会经济问题。特别是那些在很大程度上依赖森

林资源而生存的目标人口将会受到极大威胁，并可能会引起大量人口迁移，或者严重影响到他们的生产或生活方式。在社会经济环境影响评价中要给予充分的考虑。

3. 沿海地区 沿海及海洋地区多数为海洋生物富集地带，这些区域也多属于生态脆弱区，对环境的变化极为敏感。开发活动所产生的各种环境影响可能会导致海洋复杂的食物链和生物链遭到破坏，进而影响到以海洋资源为生的那部分目标人口，有可能使他们被迫迁移或改变谋生手段。因此，在海洋开发项目的环境影响评价中要特别注重社会经济环境影响评价。

4. 文物古迹保护区 文物古迹是历史遗产，其社会价值难以用货币计量，因此在文物古迹保护区从事开发建设活动要特别慎重。在社会经济环境影响评价中要从保护文物古迹的角度出发，遵照执行有关的文物保护法律和条例，提出合理的开发建设方案，尽量避免或减少对文物古迹的影响和破坏。如果有些开发建设活动必须影响和破坏文物古迹，则要根据文物的保护级别以及咨询有关专家来估算文物古迹的价值，进而估计开发建设项目的社会经济效益在多大程度上补偿了文物古迹的损失，同时要提出文物古迹损失的补偿及恢复措施，并与当地有关文物管理部门共同协商保护方案。

5. 少数民族居住区 当拟开发活动所影响的区域为少数民族居住区时，社会经济环境影响评价显得尤为重要。在评价中要依据党和国家有关少数民族的方针和政策，尊重少数民族的习俗，充分征求意见、互通信息，及时解决可能出现的多种社会经济环境问题。同时要注意少数民族的生活习惯、传统观念以及适应能力等方面的情况。

四、社会经济环境影响评价的程序

社会经济环境影响评价的程序如图 10-1 所示。由图 10-1 可见，社会经济环境影响评

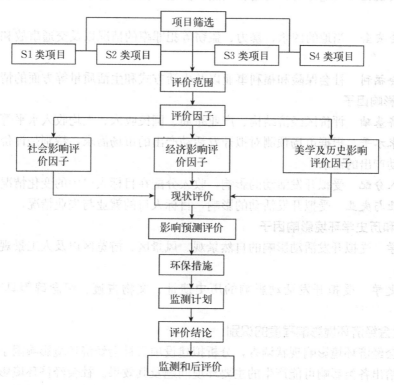

图 10-1 社会经济环境影响评价程序

价的程序与自然环境影响评价在总体上是类似的，对于不同类型和性质的项目可加以改变，但基本步骤必须包括识别、预测和评价三部分。

第二节　社会经济环境影响评价

一、社会经济环境影响的识别

(一) 社会经济环境影响因子的识别

社会经济环境影响因子就是在社会经济环境影响评价的范围内受拟开发活动影响的那些社会经济环境要素，这些要素要能从总体上反映目标人口因其社会经济环境受拟开发活动影响的情况。

1. 社会影响因子

(1) **目标人口**　拟开发建设活动影响区内的人口总数、人口密度、人口组成、人口结构等现状情况；受拟开发活动影响人口现状情况的变化、现实受损者和潜在受益者人数及其比例、人口迁移等方面的情况。

(2) **科技文化**　当地的传统文化、习俗、科研单位、科研力量、科研水平、学校数量、教学水平、入学等方面的情况。

(3) **医疗卫生**　当地的医疗设施以及卫生保健等方面的情况，医院的分布、规模、设施和卫生健康等。

(4) **公共设施**　当地住房、交通、供热、供电、供水、排水、通信以及娱乐设施等方面的情况。

(5) **社会安全**　当地的凶杀、暴力、盗窃等犯罪率的情况以及交通事故和其他意外事件的情况等。

(6) **社会福利**　社会保险和福利事业以及生活方式和生活质量等方面的情况。

2. 经济影响因子

(1) **经济基础**　评价区经济结构、产业布局、国民收入、人均收入水平等情况。

(2) **需求水平**　根据市场预测对拟开发活动产出的市场需求，特别是评价区内目标人口对拟开发活动产出的需求。

(3) **收入分配**　受拟开发活动的影响，收入分配在目标人口中的变化情况。

(4) **就业与失业**　受拟开发活动的影响，目标人口的就业与失业情况。

3. 美学和历史学环境影响因子

(1) **美学**　受拟开发活动影响的自然景观、风景区、游览区以及人工景观等具有美学价值的景点。

(2) **历史学**　受拟开发活动影响的历史遗址、文物古迹、纪念碑等具有历史价值的场所。

(二) 社会经济环境影响程度的识别

结合社会经济环境影响现状调查，分析拟建设项目社会经济环境影响因子的影响程度和类别，进而给出各类影响可能产生的主要环境问题及其效果。社会经济环境影响程度可分为有利影响和不利影响、现实影响和潜在影响、直接影响和间接影响、短期影响和长期影响、可逆影响和不可逆影响。

开发建设项目所产生上述各类影响的程度和后果可以通过社会经济效果来加以评价和度量。根据影响方式的不同以及性质可以把社会经济效果分为正效果和负效果、内部效果和外部效果、有形效果和无形效果。

核查表法和矩阵法是影响识别的有利工具。对不同类型和性质的建设项目产生的各种不同的社会经济影响，可采用现成的各种核查表和矩阵表，或者在必要时自行设计专用的表格进行影响识别。

二、社会经济环境影响的预测

社会经济影响评价的一项重要工作是预测各种备选方案的影响，其中包括零行动方案。常用的预测社会影响的方法有以下几种。

1. 定性描述法 由独立的专业人员或者跨学科的评价工作组凭借其在类似的影响和案例研究方面的通用知识来描述各类备选方案的影响。

2. 定量描述法 由独立的专业人员或者跨学科的评价工作组凭借其对现状和行动影响方面的理解，应用数值分析法对环境影响做定量的描述。

3. 专用预测技术 包括前两种方法中的相关技术，例如描述性核查表法、黑箱模型。

4. 人口统计方面影响预测法 它包括从受影响区域迁入和移出的人口数、分布及其特征的预测技术。这对评价公共服务设施的需求、财政影响和社会影响很重要。

三、社会经济环境影响评价的方法

（一）专业判断法

专业判断法是通过有关专家来定性描述拟开发活动所产生的社会、经济、美学及历史学等方面的影响和效果，该方法主要用于对该活动所产生的无形效果进行评价。如拟开发活动对景观、文物古迹等影响难以用货币计量，所产生的效果是无形的。对于此类影响和效果可以咨询美学、历史、考古、文物保护等有关专家，通过专业判断来进行评价。

（二）调查评价法

在缺乏价格数据，难以给出需求函数的情况下，不能应用市场价值法，这时可以采用调查评价法来预测目标人口对开发活动的需求情况，通过对开发活动产出的支付愿望，或对开发活动所产生损失愿意接受赔偿愿望来度量效益，以获得对环境资源价值或环境保护措施效益的预测与评价。常用的方法有投标博弈法、比较博弈法、函询调查法、0-1选择等。

投标博弈法是通过对环境资源的使用者或环境污染的受害者进行调查，以获得人们对该环境的支付愿望。比较博弈法是通过人们在各种支出中的抉择，来表达其支付愿望，例如最简单的情况包括两种支出：一定数量的货币和一定数量与质量的环境商品，人们对上述两项支出进行比较后，可能选择货币或环境商品，如果选择货币，就增加了环境商品的数量，直到他们认为选择货币和环境商品一样时为止，此时的货币即为人们对一定数量环境商品的支付愿望。函询调查法是通过专家对环境资源价值或环境保护效益进行评价的一种方法。0-1选择，即指定一个对某环境物品的支付值 Y（元），问被调查者是否愿意支付 Y。对回答"是"与"否"的结果，通过一个离散模型求得人们的支付意愿值。

(三) 费用-效益分析法

1. 费用、效益和净效益现值

(1) 费用和效益现值 费用-效益分析（cost-benefit analysis，CBA）所研究的问题，往往需要跨越较长的时间，任何环境保护项目或政策的费用和得到的效益与建设周期、工程项目的使用寿命以及政策的执行时间长短有关。同时费用与效益的发生时间也不尽相同，因此费用-效益分析中必须考虑时间因素。即采用一定的贴现率把不同时期的费用或效益化为同一水平的现值，使整个时期的费用或效益具有可比性。

在考虑一定贴现率的情况下，费用现值计算公式如下：

$$PVC = \sum_{t=0}^{n} \frac{C_t}{(1+r)^t} \quad (10-1)$$

式中，PVC 为费用现值；C_t 为第 t 年的费用；r 为贴现率；t 为年度变量；n 为服务年限。

同样，效益现值的计算公式：

$$PVB = \sum_{t=0}^{n} \frac{B_t}{(1+r)^t} \quad (10-2)$$

式中，PVB 为效益现值；B_t 为第 t 年的效益。

(2) 净效益现值 净效益现值为效益现值和费用现值之差：

$$NPVB = PVB - PVC = \sum_{t=0}^{n} \frac{B_t - C_t}{(1+r)^t} \quad (10-3)$$

式中，$NPVB$ 为净效益现值。

(3) 费用-效益比值 费用和效益的比值（E）常用来评价环境质量的价值，或人类某一活动的经济效果，计算公式如下：

$$E = \frac{PVB}{PVC} \quad (10-4)$$

评价环境影响经济效果最基本的判据应该是 $E \geqslant 1$，即效益必须大于费用，比值至少等于1，否则从经济上说是不合理的。

2. 费用-效益分析法

(1) 市场价值法（即生产率法） 这种方法将环境看成是生产要素，环境质量的变化导致生产率和生产成本的变化，从而导致产量和利润的变化，而产量和利润是可以用市场价格来计量的。市场价值法就是利用计量因环境质量变化引起的产量和利润的变化来计量环境质量变化的经济效益或经济损失，计算公式如下：

$$L_1 = \sum_{i=1}^{n} P_i \Delta R_i \quad (10-5)$$

式中，L_1 为环境污染或破坏造成产品损失的价值；P_i 为 i 种产品市场价格；ΔR_i 为 i 种产品污染或生态破坏减少的产量。

(2) 机会成本法 任何一种自然资源的利用都存在许多相斥的备选方案，为了做出最有效的经济选择，必须找出社会经济效益最大的方案。资源是有限的，选择了这种使用机会就放弃了另一种使用的机会，也就失去了后一种获得效益的机会，我们把其他使用方案获得的最大经济效益，称为该资源利用选择方案的机会成本。计算公式如下：

$$L_2 = \sum_{i=1}^{n} S_i W_i \qquad (10-6)$$

式中，L_2 为资源损失机会成本的价值；S_i 为 i 种资源单位机会成本；W_i 为 i 种资源损失的数量。

(3) 恢复和防护费用法 许多有关环境质量的决策是在缺少对效益进行货币化评价的情况下进行的，对环境质量效益的最低值估计可以从消除或减少有害环境影响的经验中获得。一种资源被破坏了，可以把恢复它或防护它不受污染所需要的费用，作为该环境资源被破坏带来的经济损失。计算公式如下：

$$L_3 = \sum_{i=1}^{n} C_i \qquad (10-7)$$

式中，L_3 为防护或恢复前的污染损失；C_i 为 i 项防护或恢复费用。

(4) 影子工程法 影子工程是恢复费用技术的一种特殊形式。影子工程法是在环境破坏以后，人工建造一个工程来代替原来的环境功能。例如一个旅游海湾被污染了，则另建造一个海湾公园来代替它。就近的水源被污染了，需另找到一个水源来替代。其污染损失就是新工程的投资费用。

(5) 疾病成本法和人力资本法 由于污染等将导致环境生命支持能力的变化，会对人体健康产生很大影响。这些影响不仅表现为因劳动者发病率与死亡率增加而给生产造成的直接损失，而且还表现为因环境质量恶化而导致的医疗费开支的增加，以及因为人得病或过早死亡而造成的收入损失等。疾病成本法和人力资本法是用来估算环境变化造成的健康损失成本的主要方法，或者说是评价反映在人体健康上的环境价值的方法。

由于疾病导致缺勤所引起的收入损失和医疗费用，计算公式如下：

$$I_c = \sum_{i=1}^{k} (L_i + M_i) \qquad (10-8)$$

式中，I_c 为由于环境质量变化所导致的疾病损失成本；L_i 为第 i 类人由于生病不能工作所带来的平均工资损失；M_i 为第 i 类人的医疗费用（包括门诊费、医药费、治疗费等）。

如果实际的医疗费用（例如药费和医生的工资）存在严重的价格扭曲，则需要通过影子价格（或影子工资）进行调整。

利用人力资本法来计算由于过早死亡所带来的损失，则年龄为 t 的人由于环境变化过早死亡的经济损失等于他在余下的正常寿命期间的收入损失的现值。

$$V = \sum_{i=1}^{T-t} \frac{\pi_{t+i} \cdot E_{t+i}}{(1+r)^i} \qquad (10-9)$$

式中，π_{t+i} 为年龄为 t 的人活到 $t+i$ 年的概率；E_{t+i} 为在年龄为 $t+i$ 时的预期收入；r 为贴现率；T 为从劳动力市场上退休的年龄。

(6) 旅行费用法 基本思想是到该地旅游要付出代价，这一代价即旅行费用。旅行费用越高，来该地游玩的人越少；旅行费用越低，来该地游玩的人越多。所以，旅行费用成了旅游地环境服务价格的替代物。据此，可以求出人们在消费该旅游地环境商品或服务时获得的消费者剩余。旅游地门票为零时，该消费者剩余，就是这一景观的游憩价值。

四、社会经济环境影响评价

社会经济环境影响评价是在预测拟议活动引发的社会经济环境变化的基础上，运用各种基准来筛选可能存在的重大性,并确定可能有重大影响的那些变化,然后由环境评价人员按价值做出最终判断。对于重大的社会经济影响应给出项目或行动的可行性分析并提出削减措施。

(一) 判断社会经济环境影响重大性的准则

表 10-1 列出了筛选影响重大性的主要准则。这些准则表达了三方面的影响重大性:
① 影响性质。
② 影响的绝对严重性(感觉到的严重性)。
③ 采取缓解和削减负面影响措施的可能性和合理性。

表 10-1 评价影响重大性的筛选准则

准 则	定义和尺度
影响性质	
1. 发生的概率	一项规划、政策或项目产生影响的可能性有多大? 大多数社会经济影响可以用高、中、低三个等级进行定性的评价
2. 受影响的人群	影响波及的人口数; 可用受影响人口占总人口数的百分比,不同性质人口组分中受影响人口的百分比表示
3. 地理区域范围	受影响的地理区域范围; 利用各种调查统计数据将受影响区域标在地图上,还可利用地理信息系统来表示
4. 持续时间	在政府、公众团体和个人采取或不采取缓解行动的条件下,该影响将延续的时间; 一般可定性的表示为:暂时的、短期的和长期的
5. 累积效应	这种改变是否和当地过去、现在和可合理预见的未来的其他影响产生累积影响? 累积影响的强度和范围如何
严重性	
1. 当地对影响的敏感性	当地公众对影响的觉悟程度,是否感到影响是严重的? 是否是当地一直关心的问题
2. 大小	影响究竟如何严重?是否显著改变已有的基线条件(例如就业率、犯罪率)? 引起变化的速率如何?是短时间内剧变还是缓慢变化? 这种改变是否能为当地公众所认同或者适应?是否超过一个规定的阈值
缓解的可能性	
1. 可逆性	通过自然的和人为的方法,需要多长时间来减轻或缓解影响? 如果影响是可逆的,那么是需要长时间、短时间还是迅速地消除影响
2. 费用	缓解逆影响需要多少费用?什么时候需要这笔费用? 所需费用与项目收益比例是否被接受
3. 政治体制协调的能力	现有的政治体制会怎样对待这些影响?是否已建立了相关的法律、法规和服务管理的机构? 是否有充裕的能力来解决问题?还是早已负担过重? 地方政府是否有能力解决?还是必须由上级或私人和公众团体来解决

(二) 消减负面影响的措施

消减拟议活动对社会经济环境负面影响的目的是使拟议活动的综合效益最大化。消减其负面影响不仅包括技术措施,而且还包括社会、经济、法律、行政、宣传、教育、公众参与等方面的综合措施。应针对每项活动的具体特点采取相应的保护措施。例如，涉及较多数量移民的项目，可以采取以下措施来减缓由移民所带来的负面影响，并使项目得以顺利进行：①通过宣传使移民认识到拟建项目的重要意义，并使他们认识到通过采取妥善的措施不致使他们的生活质量由于迁移而下降；②成立移民办公室，专门负责移民安置、补偿等事务；③具体实施移民安置计划与措施，在安置区为移民提供住房及各种就业机会，还要保证其相应的教育、医疗、交通、治安等方面的需求。

为了检验拟建项目预期的社会经济效果和社会经济环境影响保护的实施情况，还必须在该行动实施过程中监测其实际影响。它可以向建设单位及主管部门和环评单位及环境管理部门提供反馈信息，以便保证实现预期的社会经济效果和各种保护措施的有效实施，同时对于环评结果出现的偏差以及一些未考虑的因素或实际过程中发现的不确定因素，采取必要的补偿措施和提出解决的办法。社会经济影响的监测不同于自然环境要素的监测，它的监测对象是各种社会经济因子，一般是不能用仪器来进行的，而需通过社会调查获取。因此，监测调查中的公众参与非常重要，另一方面应注意其监测是以评价中设定的主要指标为对象，以实际的发生值与评价中的目标值进行对照来判断出现问题的大小和性质，为采取相应措施创造条件。

第三节　公众参与

环境影响评价中的公众参与是指有关单位、专家和公众通过一定的途径和方式，遵循一定的程序，参与与其环境权益有关的环境影响评价活动，使制订的规划或者审批建设项目的决策活动符合广大公众的利益。

一、公众参与的目的

公众参与是为了实施可持续发展战略，对预防因规划和建设项目实施后对环境造成的不良影响起到监督的作用，促进建设项目和规划的经济、环境和社会各方面的协调发展。公众参与的目的性主要表现在以下几个方面：

① 让公众了解建设项目和规划，通过公众参与如实地反映出公众的意见。
② 为拟建项目和规划落实环境保护措施，并解决公众所关心的问题。
③ 为环境保护行政主管部门进行决策提供参考意见，以达到环境影响评价工作的完善和公正。
④ 把那些对周围环境影响很大、不合适和不适合的建设项目通过公众参与予以否定。

二、公众参与的意义

公众参与的意义有以下几点：
① 改革传统经济的发展模式，实现经济与环境的协调发展。
② 维护社会稳定，促进民主政治。
③ 增强公众的环境意识。
④ 监督项目建设方和环境行政机关。
⑤ 减轻环境行政机关的压力。

三、公众参与的原则

1. 知情原则　信息公开应该在调查公众意见前开展,以便公众在知情的基础上提出有效意见。

2. 公开原则　在公众参与的全过程中,应保证公众能够及时、全面并真实地了解建设项目的相关情况。

3. 平等原则　努力建立利害相关方之间的相互信任,不回避矛盾和冲突,平等交流,充分理解各种不同意见,避免主观性和片面性。

4. 广泛原则　设法使不同社会、文化背景的公众参与进来,在重点征求受建设项目直接影响的公众意见的同时,保证其他公众有发表意见的机会。

5. 便利原则　根据建设项目的性质以及所涉及区域公众的特点,选择公众易于获取的信息公开方式和便于公众参与的调查方式。

四、公众参与的一般程序

公众参与是环境影响评价过程的一个组成部分,其工作程序与环境影响评价工作程序的关系如图10-2所示。

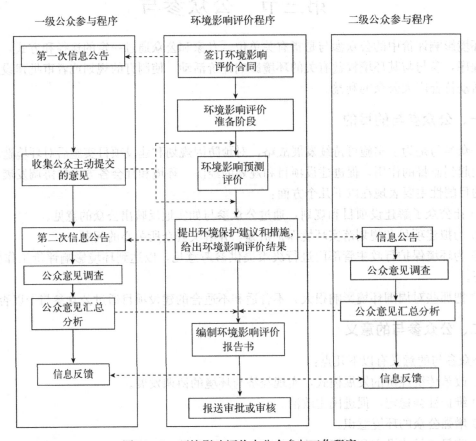

图10-2　环境影响评价中公众参与工作程序

五、公众参与的方式

1. 调查公众意见和咨询专家意见　建设单位或者其委托的环境影响评价机构调查公众意见可以采取问卷调查等方式，并应当在环境影响报告书的编制过程中完成。采取问卷调查方式征求公众意见时，调查内容的设计应当简单、通俗、明确、易懂，避免设计可能对公众产生明显诱导的问题。同时问卷的发放范围应当与建设项目的影响范围相一致。问卷的发放数量应当根据建设项目的具体情况，综合考虑环境影响的范围和程度、社会关注程度、组织公众参与所需要的人力和物力资源以及其他相关因素确定。

建设单位或者其委托的环境影响评价机构咨询专家意见可以采用书面或者其他形式。咨询专家意见包括向有关专家进行个人咨询或者向有关单位的专家进行集体咨询。接受咨询的专家个人和单位应当对咨询事项提出明确意见，并以书面形式回复。对书面的回复意见，个人应当签署姓名，单位应当加盖公章。集体咨询专家时，有不同意见的，接受咨询的单位应当在咨询回复中说明。

2. 座谈会和论证会　以座谈会或者论证会的方式征求公众意见时，应当根据环境影响的范围和程度、环境因素和评价因子等相关情况，合理确定座谈会或者论证会的主要议题。并在座谈会或者论证会召开 7 日前，将座谈会或者论证会的时间、地点、主要议题等事项，书面通知有关单位和个人。

建设单位或者其委托的环境影响评价机构应当在座谈会或者论证会结束后 5 日内，根据现场会议记录整理制作座谈会议纪要或者论证结论，并存档备查。会议纪要或者论证结论应当如实记载不同意见。

3. 听证会　以听证会征求公众意见的，应当在举行听证会的 10 日前，在该建设项目可能影响范围内的公共媒体或者采用其他公众可知悉的方式，公告听证会的时间、地点、听证事项和报名办法。听证会必须公开举行。

听证会组织者对听证会应当制作笔录。听证结束后，听证笔录应当交参加听证会的代表审核并签字。无正当理由拒绝签字的，应当记入听证笔录。

复习思考题

1. 社会经济环境影响评价的目的是什么？
2. 简述社会经济影响评价的主要内容。
3. 如何确定社会经济环境影响评价的范围？
4. 社会经济影响评价的敏感区有哪些？
5. 简述社会经济环境影响评价的评价因子。
6. 简述社会经济环境影响评价的程序（最好结合一个实例）。
7. 社会经济环境影响评价的方法主要有哪些？
8. 简述公众参与的目的与意义。
9. 公众参与的方式有哪些？

第十一章 清洁生产评价

第一节 清洁生产评价概述

一、清洁生产

(一) 概念

清洁生产,在不同的发展阶段或者不同的国家有不同的叫法,如"废物减量化"、"无废工艺"、"污染预防"等。但其基本内涵是一致的,即对产品和产品的生产过程,以及服务采取预防污染的策略以减少污染物的产生。

联合国环境规划署(UNEP)的定义为:清洁生产是一种新的创造性思想,该思想将整体预防的环境战略持续应用于生产过程、产品和服务中,以增加生态效率和减少人类及环境的风险。对于生产过程,要求节约原材料和能源,淘汰有毒的原材料,并在一切排放物和废弃物离开工艺前,减少和降低其数量和毒性;对于产品,要求减少从原材料提炼到产品最终处置全过程生命周期的不利影响;对于服务,要求将环境因素纳入设计和所提供的服务中。

《中华人民共和国清洁生产促进法》指出:"本法所称清洁生产,是指不断采取改进设计、使用清洁的能源和原料、采用先进的工艺技术与设备、改善管理、综合利用等措施,从源头削减污染,提高资源利用效率,减少或者避免生产、服务和产品使用过程中污染物的产生和排放,以减轻或者消除对人类健康和环境的危害"。

从定义中可看出,清洁生产涉及两个全过程控制,即生产过程和产品整个生命周期的循环,因此,清洁生产是一种新的污染防治战略,是低消耗、低污染、高产出的经济、社会和环境三者统一的生产模式。主要包括三个方面的内容:即自然资源的合理利用、经济效益最大化和对人类健康和环境的危害最小化。

(二) 清洁生产的意义

传统的发展模式极大地破坏环境,浪费大量资源,加速自然资源的耗竭,发展难以持续。而传统的污染治理,注重末端治理,忽视全过程的污染控制,未能从根本上消除污染。清洁生产却能较好地解决这两方面的问题,因此,清洁生产成为走可持续发展道路的必然选择。

1. 清洁生产使工业持续发展 清洁生产一方面能节能、降耗、减污、降低生产成本、改善产品质量、提高企业经济效益、增强企业的市场竞争力;另一方面可大大减少末端治理的污染负荷、节省环保投入、提高企业防治污染的积极性和自觉性。

2. 清洁生产可最大限度利用资源和能源 清洁生产通过循环使用和重复利用,使原材料最大限度地转化为产品,尽可能将污染消灭在生产过程中。通过改进设备或改变燃烧方式,进一步提高能源利用率,既减少污染物产生,又节约资源和能源,以较少的投入获得较大的收益,具有显著的经济效益。

3. 清洁生产可避免和减少二次污染　由于清洁生产采用源头削减措施,既减少有毒成分原材料的使用量,又提高了原材料的转化率,减少物料流失,减少污染物的产生与排放,因此减少了二次污染的机会。

4. 清洁生产可改善劳动条件和生产环境　由于清洁生产可最大限度地替代有害原料和能源,替代排污量大的工艺和设备,改进操作技术和管理方式,从而改善了工作人员的劳动条件和生产环境,有利于提高员工的劳动积极性和工作效率。

5. 清洁生产可为企业赢得形象和品牌　清洁生产是实现可持续发展要求的技术条件,是转变传统发展观念、改变原有的生产与消费方式的工业革命,是经济持续、协调发展的重要保证。

(三) 清洁生产实施成效

2002年我国颁布世界上第一部清洁生产法律——《中华人民共和国清洁生产促进法》,至今,我国的清洁生产法制化和规范化管理日趋完善。同时,各省份也制定和发布了推行清洁生产的实施办法和配套政策。截至2010年底,有3个省份出台了《清洁生产促进条例》,20多个省份印发了《推进清洁生产的实施办法》,30多个省份制定了《清洁生产审核实施细则》,20个省份制定了《清洁生产企业验收办法》。

2007年,国家经济贸易委员会先后发布了三批重点行业清洁生产技术导向目录,涉及141项清洁生产技术。2010年国家工信部印发了聚氯乙烯等17个重点行业清洁生产技术推行方案,提出了鼓励的115项清洁生产技术,并利用中央财政清洁生产专项资金,支持重大共性、关键技术的应用示范和推广。2011年国家工信部印发了铜冶炼、铬盐等10个行业的清洁生产技术推行方案。

二、环境影响评价与清洁生产

(一) 环境影响评价与清洁生产的关系

环境影响评价与清洁生产是环境管理的重要组成部分,其目的都是预防建设项目实施后对环境的污染,两者均要求对产品的原材料、生产工艺和生产过程进行深入、准确地分析,有着很强的结合性。

1. 清洁生产评价是环境影响评价工程分析的进一步拓展和深化　环境影响评价的工程分析只需要对工艺过程的各环节,资源、能源的利用和储运、开车、停车、检修、事故排放等方面找出污染物排放和环境影响的来源,即列出污染源清单。清洁生产还需要分析排放源及污染物产生的原因、改进的可能,以及采用能耗小、污染物少的替代方案的可能性等。

2. 清洁生产分析可以强化建设项目的环保措施　建设项目环境保护措施的目的是减少污染物的产生和排放,清洁生产分析提出的清洁生产替代方案、改进措施,是预防污染物的产生,实际上也是一种环保措施。

因此,在环境影响评价和清洁生产之间有很好的交汇点,将清洁生产引入环境影响评价中可更好地发挥环境保护的重要作用。

(二) 清洁生产审核思路深化环境影响评价

清洁生产审核是对组织现在的和计划进行的生产和服务实行预防污染的分析和评估。通过持续运用系统化、结构化、程序化的手段，以物料-能量平衡为定量分析基础，诊断效率低下和污染产生的原因，采取针对性的方案与措施予以消除，从而达到清洁生产"节能、降耗、减污、增效"的目的。目前，我国的清洁生产做得较多的部分是在企业内部针对现行的工业生产行为实行预防污染的分析和评估，而在环境影响评价中进行清洁生产分析是对计划进行的生产和服务实行预防污染的分析和评估。因此，进行清洁生产分析时应以清洁生产的审核思路为指导。清洁生产的审核思路可概括为：判明废物产生的部位，分析废物产生的原因，提出和实施减少或消除废物的方案（图11-1）。

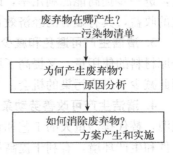

图11-1 清洁生产审核思路

（三）清洁生产对环境影响评价的作用

清洁生产是一种全方位的污染预防，可减少全过程的污染物产生，是一种优于污染末端控制，且需优先考虑的环境战略。在环境影响评价的同时进行清洁生产分析，不仅可以进行污染控制，又能进行污染预防。将清洁生产纳入环境影响评价中，能提高环境影响评价的作用，有利于建设项目采用资源利用率高、污染物产生量少的清洁生产技术、工艺和设备。

因此，清洁生产引入环境影响评价具有以下几方面的作用。

1. 减轻建设项目的末端治理负担 清洁生产的污染预防措施，可将污染物消灭或削减于产生前，从而减轻末端治理的负担。

2. 提高建设项目环境影响评价的真实性、可靠性和有效性 末端治理设施的"三同时"一直是我国环境管理的重点和难点，如果环境影响评价提出的末端治理方案不能实施或实施不完全，则直接导致环境负担的增加。实际上是环境影响评价制度在某种程度上间接失效，而目前这种情况大量存在。

3. 提高建设项目的市场竞争力 清洁生产往往通过提高利用效率而达到目的，能够直接降低生产成本，提高产品质量。

4. 降低建设项目的环境责任风险 在环境法律、法规日趋严格的形势下，企业难以预料今后的环境风险。每项新的环境法律、法规和标准的出台，都有可能成为一种新的环境责任，而最好的规避方法就是采用清洁生产工艺。

在环境影响评价中增加清洁生产分析内容可促使企业制定出切实可行的清洁生产措施和方案，最大限度地利用资源和减少废物产生，使企业的生产发展与环保相协调，满足工业可持续发展的需要，同时又提高了环境影响评价报告的质量。

（四）环境影响评价中清洁生产分析的思路和方法

清洁生产是以预防环境污染为目的，以产品的整个生命周期为其分析和评价对象的。在建设项目环境影响评价中进行清洁生产分析，就是将清洁生产的思想融入整个项目，全面系统地分析拟建项目污染物产生的原因和生产过程中污染物产生的主要途径，提出预防或减少污染产生的清洁生产方案。

① 在工程分析中，应对项目设计选用原材料的毒性、生产工艺和设备在运营时消耗的能源和资源、产品在使用和最终处理时对环境产生的影响进行分析，选择毒性小、废物产量少、对环境影响小的原料、生产工艺及设备。

② 在污染防治和环境保护措施中，应参考污染防治效果显著的类似项目所采用的环保

措施和设备，针对项目自身的生产工艺特点和产生污染物的环节与类似项目进行对比分析，选择高效率、低能耗的污染防治措施与环保设备。

③ 在环境管理与监测计划中，应将清洁生产的从源头消减污染物、污染物产生全程控制、提高资源和能源的综合利用效率的理念，贯穿于企业环境管理计划中，提出针对项目特点、切实可行的环境管理计划，从而达到最大限度地减少废物排放量以及降低废物排放对环境造成的不利影响的环境保护目的。

第二节 清洁生产评价程序和方法

一、清洁生产指标

清洁生产指标具有标杆功能，提供了一个清洁生产绩效的比较标准。清洁生产评价指标是对清洁生产技术方案进行筛选的客观依据，清洁生产技术方案的评价，是清洁生产审计活动中最为关键的环节。

(一) 清洁生产指标的种类

当前，清洁生产指标大多是定性指标与定量指标相结合，大致可分为三类：宏观性指标、微观性指标和为环境设计指标，如表 11-1 所示。

表 11-1 按性质分类的清洁生产指标

宏观性指标	微观性指标	为环境设计指标
立即可用	可逐年建立，一旦建立即可用	环境影响指标需长时间分析
1. 相对性	1. 绝对性	1. 地域性（定量）
2. 每年遭受周围居民抗议的次数与所处区域有关	2. 有害废弃物年产率	2. 以各种原材料对环境的影响分析结果为依据，计算各原材料的环境影响指标，例如，Eco-indicator
3. 非具体证据	3. 能耗指标	3. 定性指标
4. 与 ISO 14001 或 ISO 9000 系统无法进行对照比较	4. 清洗水再利用率	
5. 有无减量计划	5. 功能性包装材料所占比例	
可显示对环境的承诺，但不宜仅凭此类指标下结论	需用实际的真实数据进行计算，结果可用以探讨减废空间或展现环境绩效	使用者无需输入任何数据即可直接引用，可提供作为环境设计的参考

1. 宏观性指标 宏观性指标有的具有相对性，有的无法提供具体证据。如每年遭受周围居民抗议的次数与该厂所处区域有关，因此不能仅仅以此类指标轻易下结论，而必须借助其他指标来判断。

2. 微观性指标 微观性指标则表示工厂环境影响程度的绝对值。如单位产品的能耗与工厂的设备、工艺有关，而与其处区域无关，所以这类指标必须进行现场调查、测量，以获取真实资料。这类指标可用于识别工厂减废空间所在，也可说明公司的环境绩效。

上述清洁生产指标类型与 ISO 14031 中的环境绩效指标不谋而合。宏观性指标与环境绩效中的管理绩效指标（MPI）极其相似，微观性指标与操作绩效指标（OPI）也极为相似。

3. 为环境设计指标 为环境设计指标即为研发人员在选择材料、能源、工艺和污染物处理技术提供参考依据，如表11-2所示。其中有定量指标，也有定性指标，可作为研发人员在开发新产品时的设计指南。

为环境设计指标，是以产品生命周期模式将产品分成制造、销售、使用及弃置四个阶段，每个阶段再依其特性设计适用的清洁生产指标。产品开发或研发部门应在产品开发阶段，就将该项产品在不同阶段的环境影响做重点考虑。如考虑避免使用禁用的原材料或使用能资源化的回收技术，就必然可以保证生产后降低对环境的负面影响。

表11-2 为环境设计类指标

阶 段	清洁生产指标
制造销售	1. 是否考虑原辅材料的耗竭情况 　　开采对环境的破坏情况 2. 是否考虑避免使用下列化学物质 　　公告为有毒化学物质 　　瑞典优先减量清单（13项） 　　对工序有毒有害的废弃物 　　废弃的化学物质 3. 是否考虑新产品包装 　　外形易于包装 4. 是否考虑原材料及能源的回收再用 5. 厂内回收技术是否纳入设计 6. 是否考虑污染排放的种类、浓度和总量 7. 有无处理 8. 有无回收的可能性，若有，是否提供配套技术 9. 是否进行物料和能源平衡计算
使用	10. 耗能情况，有无节能装置 11. 资源耗竭情况，如洗衣机的用水量 12. 产品中耗材的更替周期长短，耗材的回收性
弃置	13. 是否考虑产品的材质可回收性、单一性、易拆解、易处理处置

（二）清洁生产评价指标

依据生命周期分析原则，清洁生产评价指标应能覆盖原材料、生产过程和产品的各个主要环节，尤其对生产过程，既要考虑对资源的使用，又要考虑污染物的产生（并非排放）。因而，环境影响评价中的清洁生产评价指标可分为六大类：生产工艺与装备要求、资源能源利用指标、产品指标、污染物产生指标、废物回收利用指标、环境管理要求。六类指标中资源能源利用指标和污染物产生指标属于定量指标，其余四类属于定性指标或半定量指标。

1. 生产工艺与装备要求　对于一般性建设项目的环境影响评价工作，生产工艺与装备的选取是否合适，直接影响到该项目投入生产后，资源能源利用效率和废弃物的产生量。这类指标主要从规模、工艺、技术、装备等几方面体现，考虑的因素有毒性、控制系统、现场循环利用、密闭、节能、减污、降耗、回收、处理、利用。

2. 资源能源利用指标 正常情况下，生产单位产品对资源的消耗程度可部分反映一个企业的技术工艺和管理水平，即生产过程的状况。从清洁生产的角度看，资源指标的高低同时也反映企业的生产过程在宏观上对生态系统的影响程度，因为在同等条件下，资源能源消耗量高，则对环境的影响也大。资源能源利用指标可由单位产品的取水量、能耗及其物耗来表达。原辅材料的选取也归于此类指标。

3. 产品指标

对产品的要求是清洁生产的一项重要内容，因为产品的质量、包装、销售、使用过程以及报废后的处理处置，均会对环境产生影响，其中有些影响是长期的，甚至是难以恢复的。因此，对产品的寿命优化问题也应加以考虑，因为这也影响到了产品的利用率。如产品质量影响资源的利用效率，主要表现于产品的合格率或残次品率等方面，产品合格率低，残次品率高，资源利用率则低，对环境的破坏程度就大；而产品的过分包装和包装材料的过分选择也将对环境产生不良影响。

4. 污染物产生指标 除资源能源利用指标外，另一类反映生产过程状况的指标是污染物产生指标，一般是指单位产品主要污染物的产生量。污染物产生指标较高，说明工艺相对落后或（和）管理水平较低。

一般的污染物产生指标有三类：废水产生指标、废气产生指标和固体废物产生指标。

5. 废物回收利用指标 废物回收利用是清洁生产的重要组成部分。现阶段，生产过程不可能完全避免产生"废物"。而废物是相对的，因此，生产企业应尽可能地回收和利用废物，而且应先是高等级利用，然后逐步降级利用，最后再考虑末端治理。

6. 环境管理要求 主要从环境法律、法规与标准、环境审核、废物处理处置、生产过程环境管理、相关方环境管理等方面提出要求。如在环境法律、法规方面要求生产企业符合国家和地方有关法律和法规、污染物排放标准、总量控制和排污许可证管理要求。在生产过程的环境管理方面，对建设项目投产后可能在生产过程中产生废物的环节提出要求，如原材料质检制度和原材料消耗定额，对能耗、水耗和产品合格率进行考核等。

实际上，由于行业性质的不同，清洁生产评价指标体系也有其行业特点。2002年以来，国家环境保护部先后发布了58个行业清洁生产标准用于清洁生产审核、清洁生产潜力和绩效评估，并将新建、扩建项目是否符合国家产业政策和清洁生产标准作为上市环评审查的内容，我国也成为第一个初步建立清洁生产标准体系的国家。国家发改委先后分7批发布了45个行业清洁生产评价指标体系，用于重点行业和企业实施清洁生产评价。此外，各地方政府也积极推动地主城市清洁生产评价指标体系的研究，其中太原市（2003年）和上海市（2005年）率先建立了城市清洁生产评价指标体系。

二、清洁生产评价方法

对环境影响评价项目进行清洁生产分析时，必须针对清洁生产指标确定出既反映主体情况又简便易行的评价方法，根据不同的评价指标，从定性和定量两方面确定等级。对易量化的指标等级通过定量计算确定，不易量化的则根据有关原则主观判断确定，最后通过权重法将所有指标进行综合，从而判定评价项目的清洁生产程度。

（一）评价等级

根据以上的清洁生产分析，清洁生产评价可分为定性评价和定量评价两大类。如原材料指标和产品指标难以量化的，属于定性评价，可进行定性分级；资源利用指标和污染物产生指标易于量化的，属于定量评价，可进行定量分级。

目前，国家环境保护部推出的清洁生产标准，分为一级、二级和三级三个等级。

一级：国际清洁生产先进水平。

二级：国内清洁生产先进水平。

三级：国内清洁生产基本水平。

当一个建设项目全部指标达到一级标准，说明该项目在工艺、装备选择、资源能源利用、产品设计和使用、生产过程的废弃物产生量、废物回收利用，以及环境管理等方面做得非常好，达到国际先进水平，从清洁生产角度上，该项目是一个非常好的项目，可以接受。当一个建设项目全部指标达到二级标准，说明该项目从清洁生产角度上是一个好的项目。当一个建设项目全部指标达到三级标准，说明该项目一般，作为新建项目需要在设计等方面做较大的调整与改进，使之能达到国内先进水平。当一个建设项目全部指标未达到三级标准，则从清洁生产角度上，项目不可接受。

（二）评价方法与评价程序

清洁生产评价方法多采用指标评价法。其评价程序为：

① 收集相关行业清洁生产指标。

② 预测环境影响评价项目的指标值。

③ 将预测值与清洁生产标准二级值对比。

④ 得出清洁生产评价结论。

⑤ 提出清洁生产方案和建议。

（三）评价结论

为简化评价过程，在实际环境影响评价工作中，一般仅使用二级指标进行评价，可得出两类评价结论：

① 全部指标达到二级，说明该项目在清洁生产方面，达到国内清洁生产先进水平，是可行的。

② 全部或部分指标未达到二级，说明该项目在清洁生产方面做得不够，需要改进。这种情况，必须提出清洁生产方案和建议。

三、环境影响报告书中清洁生产评价的编写

（一）编写要求

① 从清洁生产的六个方面，对整个环境影响评价过程中的相关内容进行分析。

② 大型工业项目可在环境影响报告书中单列"清洁生产分析"一章，专门进行叙述；中、小型且污染较轻的项目，可在工程分析一章中增列"清洁生产分析"一节。

③ 清洁生产基准指标数据的选取要有充分的依据。

④ 清洁生产指标及其权重的确定要充分考虑行业特点。

⑤ 报告书中必须给出关于清洁生产的结论以及所采取的清洁生产方案建议。

（二）编写内容

环境影响评价中清洁生产分析作为独立的一部分，应重点从清洁生产在整个环境影响评价过程中所起的重要作用的角度加以补充和完善，其编写内容主要有如下几点。

1. 选取一定的清洁生产评价指标 依据寿命周期分析的原则，清洁生产评价指标应能覆盖原材料、生产过程和产品的各个主要环节，尤其对生产过程，既要考虑资源的使用，又要考虑污染物的产生。因此，环境影响评价中的清洁生产评价指标可分为原材料指标、产品指标、资源指标和污染物指标四大类。每一类指标包括的各分项指标要根据项目的实际需要慎重选择。

2. 收集并确定清洁生产指标数值 清洁生产指标基准数据的选取要有充足的依据，清洁生产指标及其权重的确定应充分考虑行业特点，并结合对原材料和产品的深入分析，确定建设项目中相应各类清洁生产指标的数值。

3. 评价清洁生产指标数值 根据清洁生产指标涉及面广、完全量化难度大等特点，可针对不同评价指标采用不同的评价等级，通过与同行业典型工艺基准数据的对比，评价建设项目的清洁生产指标，判定建设项目的清洁生产程度。

4. 给出方案与建议 在对建设项目进行清洁生产分析（经济、技术、环境）的基础上，确定建设项目存在的主要问题，并提出相应的解决方案和建议，给出建设项目清洁生产状况的评价结论并提出建议。

（三）注意事项

① 在实际工作中，可结合评价项目的特点，对各项指标进行适当取舍，重点选取与建设项目关系密切的指标。对于尚未颁布清洁生产标准的行业，可从清洁生产指标的六个方面参照类似产品和工艺的指标项，选取适当的指标建立指标体系，在调查研究的基础上，确定基础评价指标具体的数值或定性的要求。

② 清洁生产的各类基准指标具有一定的动态性，应随时取得最新的清洁生产标准的版本，对指标或指标值加以修正。

③ 改、扩建建设项目需对原生产项目进行清洁生产评价和对比分析。

第三节 工业清洁生产

一、电镀行业清洁生产

1. 产品结构的改变 目前，人们已开发出对环境无害的涂覆层以代替金属电镀。如机械镀、真空离子镀、塑料喷涂、粉末喷涂、热浸镀等，从很大程度上避免了废水污染，降低了加工成本，同样能取得良好的防腐性能。

2. 清洁的生产工艺——物料与工艺的替代 采用对环境无害的物料和新工艺来代替产品电镀过程中使用的有害物料，使电镀过程不产生或少产生有害污染物。如采用机械除锈、碱性除油、无氰电镀、以锌合金代镉、用导电炭黑代替化学镀铜等。

3. 清洁生产过程的控制 如采用去离子水配制溶液和清洗镀件等措施延长工艺溶液使用寿命，通过清洗水复用等方法减少清洗水的用量。

4. 排放物循环利用和资源化 排放物的回收与利用可提高资源利用效率，减少或避免污染物的产生和排放，如多次使用清洗水和废工艺溶液、回收废溶剂和碱性蚀剂废液等。

二、啤酒行业清洁生产

啤酒生产中用水量很大,国内啤酒厂家从糖化到罐装每吨的耗水量达 $10\sim 20\ m^3$,每吨酒平均总耗水为 $17\sim 30\ m^3$。因此,啤酒行业清洁生产的潜力很大。

啤酒行业的废水主要来自冲洗水、洗涤水,因此,减少啤酒生产排放废水可从以下三方面入手。

1. 采用逆流用水浸渍工艺 浸渍工艺是用水量较大的工序之一,耗水量约占总用水量的 20%。就整个浸渍工艺来看,集中排放浸渍废水有四次,废水污染物浓度一次比一次低,因此在浸渍工艺中可考虑采用逆流浸渍的用水方法,即增加一个蓄水池,储存浸断 3 和浸断 4 排出的废水,以过滤装置去除浮麦,作为浸渍下一批时的浸断 1 和浸断 2 的浸洗用水。

2. 洗瓶机终洗水的再利用 洗瓶机终洗水基本未受污染,经回收后不需处理可直接用于洗瓶机初洗用水或冲洗地面,实现洗瓶机终洗水的再利用,可使每吨啤酒耗水量减少 $2\ m^3$。

3. 废碱性洗涤液单独处理 废碱性洗涤液中含有大量的游离 NaOH、洗涤剂、纸浆、染料和无机杂质,将危害生物处理装置中的微生物群。洗瓶工序中使用的碱性洗涤液,使用一段时间后需进行更换,更换的碱性洗涤液要单独进行处理。

4. 减少残漏酒液 灌装工序每天外排的污染物主要来自罐装机的酒液漏损和包装线上的碎瓶残剩酒。漏损 1 L 啤酒,可造成约 0.13 kg 的 COD_{cr} 污染物,或 0.09 kg BOD_5 污染物,随手扔掉一个原单位瓶残酒,相当一人一天的排污量。因此,减少啤酒的漏损和收集原单位瓶残酒单独处理是减少 BOD 污染的关键。

三、纺织印染行业清洁生产

印染行业是工业废水排放大户,各种浆料、染料和印染助剂的使用,使印染废水呈现高色度、高 COD、可生化性差等特点,给废水的处理增添了新的难度。

印染行业清洁生产可采取以下途径。

(一) 引入清洁生产工艺

印染行业所采用的原料及技术差别较大,但基本的生产工艺大同小异。典型的印染工序步骤为:退浆、煮炼、漂白、丝光、染色(印花)、后整理。

目前常用的清洁生产工艺简述如下。

1. 采用酶法退浆工艺 该工艺具有高退浆率、废水的 pH 较低和可生化性较高的特点。

2. 采用棉布前处理冷轧堆一步法工艺 将传统的退浆、煮练、漂白工艺合并成一道工序,成品质量可达到三道工序的质量水平,并可节约大量物料,减少废水的排放。

3. 采用涂料染色新工艺 采用涂料着色剂(非致癌性)和高强度黏合剂(非醛类交联剂)制成轧染液,通过染色、烘干、焙烘即可得成品。与传统染料相比,节省了显色、固色、水洗等工序和水、汽、电消耗,减少了废水排放。

4. 涂料印花新工艺 适用于棉及针织品印花,比传统工艺节省 15%~20% 的费用,并减少废水排放。

5. 超临界液体染色(SFD)新工艺 以超临界 CO_2 代替水作为介质进行染色,这项技术与设备在化纤染色方面已趋于成熟。超临界液体染色工艺无废水排放,是真正的清洁生产工艺。

6. 小浴比低给液工艺 应用各类小浴比加工设备,染液和织物可快速循环和翻动,节约用水和节省染化料用量,减少染色废水的排放。可采用喷雾、泡沫、真空吸附的方法降低给液量。

7. 冷染工艺 冷染技术在欧洲是节能、高上染率、污水色度低的成熟工艺。

(二) 采用清洁生产设备

1. 染色设备的自动控制技术 电脑测色、配色、配液、仿真打样等技术可极大提高仿色率,减少了原辅材料的消耗和污染物的排放。

2. 推广节水型设备与随机污水处理装置 印染厂应推广使用煮炼机、染色机的初始洗涤浓液的随机处理装置,真正实现印染生产过程的清浊分流。随机排放的废水重点处理与集中处理相结合,可降低处理难度。

3. 设备的改进与控制 加强工艺和单元操作的计算机控制;以卧式水洗代替立式水洗;使用水和化学药剂计量装置。

(三) 废物回收与循环再用

废物回收与循环再用包括洗涤水回用、碱的回收、染缸物料再用以及染料的回收等措施。洗涤水回用可降低废水排放量。另外,通过蒸发回收丝光洗涤水中的碱,再将碱回用于丝光和煮炼工序,从而可将废水中的碱度减低 60%~70%。

(四) 改善废水处理方法

采用清污分流,针对废水中不同污染物采用不同的预处理方法,能降低生化处理的负担。如以染色废水为主要污染物的染料,COD、色度高且水量小,可生化性较差,采用生化法、化学混凝法难以达到理想的处理效果,可利用锅炉渣进行预处理,有效去除残留染料,明显下降废水中的 COD 及色度。同时废水中的碱能中和炉渣产生的 SO_2 和 CO_2 等酸性气体,从而真正做到节水、节能、降低污染及清洁排放的目的。

四、化工行业清洁生产

化工行业把推行清洁生产、消除污染、保护环境工作与发展生产结合起来,制定了化学工业推行清洁生产的规划,提出了化学工业清洁生产的目标和步骤,进行了宣传教育培训,建立了化工清洁生产中心,清洁生产在化工行业中得到了有效开展。

随着清洁生产的深入,产生了一批在石化企业有广泛推广应用前景的实用技术。

1. 含硫污水脱氮技术 该技术可使非加氢型含硫污水汽提净化水中氨含量从 80~150 mg/L 降到 15~30 mg/L,从源头上解决许多炼油厂外排污水氨氮超标的问题,同时为汽提净化水的回用创造了有利条件。

2. 含硫污水汽提氨精制 汽提塔出来的富氨气采用低温固硫后再经 KC-2 脱硫剂脱硫,可使液氨产品中的 H_2S 含量降到 10 mg/L 以下,从而使回收的液氨完全可以进入市场外销,既回收资源,产生环境效益,又有经济效益。

3. 含硫污水汽提净化水回用 这种水不仅完全可以用作原油脱盐注水、催化富气水洗水,还可用作汽油及柴油加氢、重整汽油加氢、加氢催化装置的工艺用水。

4. 含硫污水汽提塔改造技术 改造后处理能力由原来的 35 t/h 提高到 60 t/h,能耗下降了 21%。净化水中 H_2S 含量由原来的 50~100 mg/L 降到 50 mg/L 以下,氨氮含量由

150～250 mg/L 降到 50～150 mg/L。改造投资为 665.35 万元，比新建一套处理能力 60 t/h 装置节约 1 403 万元。

五、饮料行业清洁生产

现阶段在饮料行业可以推行清洁生产的主要措施如下。

（一）清洁原料的选用

清洁原料的选用主要包括优质白砂糖和瓶子的选用。

（二）减少污染物的排放，实现水的零排放

实现这一目标的关键是取消洗瓶用碱。目前可采取两个思路：①用无毒、无害可生化的有机洗涤剂；②利用水电离生成碱性离子水，彻底取消洗涤剂。

（三）合理安排工艺，最大限度节约能源

氨压机的冷却水用量很大，一般均采用冷却塔循环。如果将该冷却水用于洗瓶，不仅可取消晾水风机和循环泵的电机，改善氨压机的工况，节约电力，还可节约部分蒸汽。

同样，空压机的冷却用水和其他许多工艺用水也可重复利用。

（四）充分利用可再生能源，改善饮料生产的能源结构

如今，太阳能热水器的技术已经成熟，平均每平方米可以产生 0.5 kW 的能量，完全可以获取热水用来洗瓶、冲箱。

第四节　农业清洁生产

随着农药、化肥、动植物激素、添加剂等的大量使用，食品污染问题日趋突出。特别是欧洲"二恶英"事件、口蹄疫及疯牛病、2003 年 SARS、2004 年禽流感、2008 年三聚氰胺事件、地沟油等，对人类健康构成极大威胁，农产品安全问题越来越为人们所重视。因此，消费者在对农产品的消费形态转向多样化、精致化的同时，也日益关注农产品的健康性与安全性，清洁农产品越来越受到国内外的重视，农业清洁生产已成为当前农业生产的重点和热点。农业部于 2011 年出台了《关于加快推进农业清洁生产的意见》（农科教发 [2011] 11 号），为推进农业清洁生产提出了指导性意见。

一、农业清洁生产概述

农业清洁生产是指应用生物学、生态学、经济学、环境科学、农业科学、系统工程学的理论，运用生态系统的物种共生和物质循环再生等原理，结合系统工程方法所设计的多层次利用和工程技术，并贯穿整个农业生产活动的产前、产中、产后过程。

（一）农业清洁生产与生态农业、有机农业的区别

农业清洁生产，是一种满足农业生产需要，合理利用资源并保护环境的生产方式，即在农业生产过程中，通过一定的技术手段和监控措施，避免或尽可能减少污染，通过清洁的生产方式，生产出清洁的农产品。包括三个方面内容。一是清洁的投入：指清洁的原料、农用设备和能源的投入，特别是清洁的能源（包括能源的清洁利用、节能技术和能源利用效率）。二是清洁的产出：主要指清洁的农产品，在食用和加工过程中不致危害人体健康和生态环境。三是清洁的生产过程：采用清洁的生产程序、技术与管理、尽量少用（或不用）化学农

用品，确保农产品具有科学的营养价值及无毒、无害。

农业清洁生产追求两个目标：一是通过资源的综合利用、短缺资源的代用、二次能源的利用、资源的循环利用等措施，节能降耗和节流开源，实现农用资源的合理利用，延缓资源的枯竭，实现农业可持续发展；二是减少农业污染的产生、迁移、转化与排放，提高农产品在生产过程和消费过程中与环境相容的程度，降低整个农业生产活动给人类和环境带来的风险。

农业清洁生产与生态农业、有机农业之间有许多相似之处，但差别亦很大。主要有以下几点：

(1) 思维方式及理念上的差异　在思维方式上，生态农业、有机农业属于单一逆向思维即出现污染如何防治，而农业清洁生产既要考虑污染防治，更重要的是从源头思考，如何避免或减少废弃物与污染物的产生，属于逆向思维与正向思维相结合的双向思维。在理念上，农业清洁生产包括产品、人和自然界三大要素。对于人，既强调身体健康，也十分看重心理健康；对于自然界，既强调资源与环境的可持续性，也十分注重景观；对于劳动，既强调结果，更看重过程。生态农业与有机农业，对于心理健康、景观、劳动过程三方面，未加考虑或重视不足。

(2) 污染物的控制　生态农业、有机农业对污染物的控制是对症下药、末端治理；农业清洁生产则是从源头抓起，全过程零排放或减量排放。

(3) 病虫害防治　生态农业、有机农业在动植物发生病虫害时，着重诊断病因，然后考虑用生物农药还是化学农药治；农业清洁生产则侧重思考哪些生产环节出了问题，如何纠正和预防。

(4) 对人工合成化学品的态度　有机农业一概拒绝，生态农业尽可能少使用；而农业清洁生产则在不产生污染的前提下，不排斥使用一切具有先进科技特征的人工合成化学品。

(二) 推行农业清洁生产的意义

农业清洁生产不仅可以减少污染物排放量，而且还会带来可观的经济效益，增强农业生产的创收能力。

1. 农业清洁生产是建设现代农业的重要保证　农业清洁生产可改变以往农业发展过度依赖大量外部物质投入的生产方式，以循环经济的理念发展农业生产，实现资源利用节约化、生产过程清洁化、废物循环再生化，从而有利于缓解我国农业经济发展的资源环境约束，是推进现代农业建设的重要途径。

2. 农业清洁生产是农产品质量安全的源头保障　农业清洁生产通过源头预防、过程控制和末端治理，严格控制外源污染，减少农业自身污染物的排放，对防治农产品产地环境污染、保障农产品质量安全具有重要作用。

3. 农业清洁生产是促进农业增效和农民增收的有效途径　农业清洁生产实行生产过程清洁化，大力推广应用低污染的环境友好型种植、养殖技术，合理使用化肥、农药、饲料等投入品，节约了生产成本。通过资源的梯级利用，建立多层次、多功能的综合生产体系，充分挖掘农业内部的增值潜力，增加附加值，提高农业的质量和效益，为农业增效、农民增收提供有效途径。

总之，实施农业清洁生产是提高农产品国际竞争能力的需要，是提高我国人民生活水平的需要，是实施我国农业生产可持续发展的需要，也是我国农业生产结构实现战略性调整的核心。

(三) 影响和制约当前我国农业清洁生产的主要因素

当前，影响和制约我国农业清洁生产的主要问题，突出表现在清洁生产高效优质种植与养殖技术、农产品储运加工技术、农业生态环保工程技术和农业科技推广技术等方面。

1. 技术制约 以高产为核心的栽培、养殖管理技术体系已不能适应目前农产品清洁生产的需求，迫切需要新型的生产技术，特别是提高农产品质量，减少污染的关键技术。

2. 观念制约 目前环境保护部门、经济综合部门和农业主管部门及广大农民对清洁生产的重要意义没有形成统一的认识，这导致对推行农业清洁生产缺乏紧迫感和应有的压力。

3. 人才制约 农业清洁生产需要的知识不仅仅是技术性的，还涉及经济、社会、生态、法律和环境保护等诸多学科，综合型专业人才的缺乏导致农业清洁生产不能深入开展。

4. 经济制约 由于资本的逐利性和农业的弱质性使得农业部门既不能通过金融部门取得资金支持又难以通过自身积累对清洁生产进行投资。

5. 政策制约 当前政府部门缺乏对农业清洁生产的政策支持体系。

(四) 实施农业清洁生产的对策

1. 建立健全的法规和政策体系推进农业清洁生产 近年来，我国在农业清洁生产方面的一些要求或规定，只散见于《农业法》、《农业环境保护法》、《清洁生产促进法》等相关法律、法规中，没有专门针对农业清洁生产的法律、法规，并未完整地体现农业清洁生产的理念，也未在法律体系中给予良好支撑，从而也造成了农业清洁生产没有大范围地得到实施。因此，应适时进行农业清洁生产立法，填补相关领域的空白，健全相关的法律体系，使农业清洁生产有法可依。同时，还应完善相关的国家政策，调动农民实施的积极性。如加大财政金融政策上对于农业科研的支持力度，在信贷方面给予充分支持等。

2. 建立农业清洁生产的评价体系 我国工业领域已经有70多个行业建立起清洁生产的指标体系，且范围还在逐步扩大，然而农业领域至今为止尚未建立相应的清洁生产指标评价体系。

3. 加强农业清洁生产的宣传 政府部门向农民进行环保知识、生态知识的普及宣传工作。通过宣传使其认识到环保的重要性及农业环境污染的危害性，增强其对农业清洁生产重要性的认识和了解，使其清楚地认识到农业清洁生产巨大的环境经济效益。另外，积极推广科学种田的方式，在清洁生产的同时减少投入成本，增加效益。最后还应该注重农产品品牌的建立和推广，使农业清洁生产的产品具有更高的附加值。

4. 注重农业清洁生产实用技术的推广应用 农业污染主要源于农业生产资料的不合理使用，因此，农业实用技术的推广是推行农业清洁生产、防止农业污染的重要技术途径。其中包括：①适量、科学、合理地使用化肥。②推广清洁、无公害的农药品种和施用技术。③研制和推广降解农膜。④积极加强畜牧业污染的预防与防治。

5. 积极推进生态农业的产业化经营 生态农业产业化是指生态农业作为一个独立的产业部门，按照市场规律，通过产业组织运作，以产业化的经营方式，按照市场经济的内在要求，以提高经济效益为中心，在横向上实行土地、劳动、资金、技术等生产要素的集约化，在纵向上以市场为导向，以合作经济组织为依托，以广大农户为基础，以科技服务为手段，将生态农业再生产过程的诸环节联结为一个完整的产业系统，实现种养、产供销、农工商一体化经营的农业生产模式。生态农业的产业化经营不仅是农民增收的有效途径，还是推进我国农业清洁生产，实现农业在市场经济环境中实现健康、稳定发展的一个有效途径。

6. 强化农民的食品安全意识，实施绿色农业发展战略　农用化学产品污染虽然有技术上的原因，但更多与农民的清洁生产意识的淡薄以及操作方式的不当有关。要根本性地改变这种状况，需要提高农民素质，使广大农民树立起绿色经济意识，从农业生产操作的细节做起。同时，要结合我国农业生产结构战略调整，实施绿色农业发展战略。

二、畜牧业清洁生产

（一）概述

按照清洁生产的要求，畜牧业清洁生产一是要科学规划和组织、协调畜牧业生产布局和工艺流程，优化生产环节，由单纯的末端污染控制转变为生产全过程的污染控制，交叉利用可再生资源和能源，减少单位经济产出的废物排放量，达到提高能源和资源使用效率、防止环境污染的目的；二是通过资源的综合利用、短缺资源的替代、二次能源的利用及节能、降耗、节水，合理利用自然资源，减少资源消耗；三是减少废料和污染物的生成和排放，促进产品的生产、消费过程与环境相容，降低整个生产活动对人类和环境的风险；四是开发无害产品，替代或削弱对环境和人类有害产品的生产和消费。

（二）现阶段我国实施畜牧业清洁生产的对策

1. 以清洁生产为重点调整畜产品生产结构　国内居民的消费结构正从温饱型向小康型转变，国内居民对畜产品的需求也正朝着对清洁畜产品需求的方向发展。因此，畜牧业的发展，在力求短时间内改革生产方式的同时，更应注重清洁畜产品生产的科技含量及产品质量，把发展畜牧业和畜产品加工业结合起来，重视发展清洁畜产品的生产，不断提高清洁畜产品在产量中的比重。

2. 制定一系列相关的政策　畜牧业清洁生产技术的开发和利用的重点是无害环境技术，因此，当务之急是制定与目前我国经济发展水平和国力相当的畜牧业清洁生产标准、原则及相应的法规、经济手段，通过国民的法律、环境和质量意识的提高，改革现有管理体制中的不合理因素，采取一系列有效手段，对从事畜牧业生产及其加工业的企业进行引导和制约，使其自觉应用清洁生产的工艺。

3. 宣传清洁生产及清洁畜产品　清洁生产的思想不仅要贯穿在畜牧业产业化过程中，还应把清洁畜产品的概念灌输给消费者，尤其是农村消费市场。农村居民畜产品消费量的增加，取决于农民收入水平的提高和生活方式的改进。所以，在农村发展畜牧业清洁生产及进行清洁畜产品的宣传，还是促进畜牧业生产技术创新的途径之一。

（三）畜禽养殖业清洁生产方法

1. 提高畜禽饲料利用率　提高畜禽饲料尤其是氮的利用率是减少污染物排放的有效途径。采用培育优良品种、科学饲养、应用高新技术改变饲料品质和物理形态等方法，均可在一定程度上降低畜禽排泄物中氮的含量，减轻恶臭污染。

2. 污水综合利用　畜禽养殖场污水量较大，营养丰富，不经处理对地表水的影响较大，也浪费宝贵的水肥资源。因此，应从清洁生产的角度出发，对畜禽养殖场的污水进行综合处理与利用。

3. 废弃物资源化　畜禽粪便既是污染物，又是资源，要采用科学有效的处理方法，充分利用其富含的养分，减轻对环境的污染。可采用的方法主要有：农田施肥、厌氧发酵、畜禽粪便饲料化等。

三、种植业清洁生产

所谓种植业清洁生产,是指把污染预防的综合环境保护策略,持续应用于种植业生产过程、产品设计和服务中,通过生产和使用对环境温和的绿色农用品(如绿色肥料、绿色农药、绿色地膜等),改善种植业生产技术,减少种植业污染物的产生,降低生产和服务过程对环境和人类的风险性。

(一) 产前

主要是品种选育技术。具体措施一是良种繁育,二是种子检验。

(二) 产中

节水、节肥的综合管理技术体系。在水稻上,尿素作为基肥使用时,采用无水层混施或上水前耕翻时条施于犁沟等方法。在做追肥施用时,则可以田面落干、耕层土壤呈水分不饱和状态下表施后随即灌水。在旱作上,撒施尿素后随即灌水,可以将尿素带入耕层土壤中,从而达到部分深施的目的。

1. 生物防治病虫草害技术 主要包括:利用轮作、间混作等种植方式控制病虫草害;通过收获和播种时间的调整可防止或减少病虫草害;利用动物、微生物来治虫、除草;利用从生物有机体中提取的生物试剂替代农药防治病虫草害。

2. 无公害农药应用技术 使用无公害农药时应注意以下几点:一是按照一般施药原则,进行不同类品种间的轮换、交替和混合使用,避免害物的抗药性迅速发展;二是注意在一定条件下和常规农药混用或结合施用;三是要特别注意操作技术和施药质量。因无公害农药,特别是杀虫剂,其选择毒杀作用在很大程度上是靠胃毒作用或通过嗅觉感受器表现出来的。在使用时,除了方法要适宜外,还要讲求操作技术,施药时要均匀周到,以便最大限度地发挥药剂的潜力。

3. 防治残膜污染技术 主要采用适期揭膜技术,即从农艺措施入手,将作物收获后揭膜改为收获前揭膜,筛选作物的最佳揭膜期。

4. 有机物循环利用技术 通过物质多层次、多途径地循环利用,提高资源的利用率,尽可能减少系统外部的输入,增加系统产品的输出,提高经济效益,改善生态环境质量。

(三) 产后

1. 作物秸秆氢化技术 作物秸秆氢化技术是用含氨源的化学物质(如液氨、氨水、尿素、碳酸氢铵等)在一定条件下处理作物秸秆,使其更适合草食畜禽饲用的方法。作物秸秆纤维素含量较高,可作为粗饲料。提高其营养价值的方法主要有:①物理方法,包括切短、粉碎、蒸煮、膨化(热暴、冷暴)等。这些方法可以提高采食量或消化率。②生物法,包括青贮和用降解纤维素、半纤维素、木质素的微生物进行发酵生产单细胞蛋白等。③化学法,包括碱化、氢化、氧化、酸化、钙化等。

2. 污水自净工程技术 利用多级生物氧化塘处理污水,形成一种特殊的污水处理与利用技术。一般分四级:一级处理池是通过放养水葫芦等(吸收氮)——→二级处理池养绿萍等(吸附磷、钾,达到渔业水质标准)——→三级处理池养鱼、蚌等(达灌溉用水标准)——→农田灌溉用水。

四、竹木加工业清洁生产

目前,我国纤维板生产多以湿法纤维板生产工艺为主,生产规模小、设备简单。湿法工艺在生产过程中由于排放大量高浓度的有机废水，严重污染环境。需采用清洁生产工艺加以改进。

（一）纤维板生产现有生产工艺

目前，纤维板生产大多以湿法生产为主，主要原料为果树木材，尤以苹果树为上等原料。经粗粉碎、细磨后进入浆池中，蒸汽蒸煮后，以水力输送，摊铺果木纤维到纤维板长网上，经水力切割后热压成型。

改造前该生产工艺所用废水均未回收，一条日产1 000块左右纤维板的生产线每天要排放500~600 m³高浓度有机废水，废水中COD值为3 000~4 000 mg/L，并且废水中悬浮物含量也较高。

（二）纤维板清洁生产工艺的选择

纤维板生产设备简单，且生产过程中对所需水的水质要求较低，针对这种情况，在不影响产品质量的前提下，可采用干法和湿法两种方法对纤维板的生产进行试验。

1. 湿法纤维板生产试验 由湿法纤维板的生产工艺可知，水在许多生产工艺阶段并非必需。基于以上考虑，改革老工艺中的水力摊铺环节，而采用机械摊铺，可大大减少水的用量。这一改进可使湿法纤维板的生产用水量锐减。该工艺最大的特点是原料流失少、用水量少，但所排放废水的COD浓度较高。

2. 湿法纤维板的改进工艺 由湿法纤维板生产工艺可知，湿法纤维板生产对用水的水质要求较低，并且该产品以果木为原料，就是利用果木纤维中果胶含量较高的特点，经热压而制成纤维板。用长网下的废水代替新鲜水使水循环使用，不仅未降低产品质量，反而使产品质量有所提高，但必须对回用水进行预处理。

废水经循环使用后，使生产废水的排放量大大减少，一条生产线日排放废水由500~600 m³降低至100~150 m³，但废水中COD含量大大提高，其浓度值为15 000~16 000 mg/L。废水经预处理后可循环利用于生产，除产品颜色加重外，对产品质量没有影响，而且利用循环水做输送介质可提高产品的热压效果。实际生产中由于生产过程中要损耗一部分水，每天要定量补充新鲜水，一般水循环利用一段时间后可经处理后外排。

复习思考题

1. 清洁生产的定义是什么？实施清洁生产的意义何在？
2. 清洁生产与环境影响评价间的关系如何？
3. 叙述清洁生产评价程序。
4. 叙述清洁生产的定量评价指标体系。
5. 如何编写环境影响报告书中的清洁生产评价内容？
6. 联系实际，谈谈我国工业领域清洁生产的状况及其发展趋势。
7. 如何看待我国目前的农业清洁生产，其发展前景怎样？

第十二章 环境风险评价与管理

第一节 环境风险评价与管理概述

一、环境风险评价的概念、类型与发展历程

(一) 环境风险评价的概念

1. 环境风险的概念 《建设项目环境风险评价技术导则》(HJ/T 169—2004) 中定义，环境风险 (ER) 是指突发性事故对环境的危害程度，其定义为事故发生概率 P（风险度）与事故造成的环境后果 C 的乘积，用风险值 R 表征，即：

$$R = P \times C$$

2. 环境风险评价的概念 环境风险评价广义上是指对人类的各种社会经济活动所引发的危害（包括自然灾害），对人体健康、社会经济、生态系统等所可能造成的损失进行评估，并据此进行管理和决策的过程，它涉及环境影响评价、风险（安全）评价、人群健康（卫生）评价和生态风险评价四个评价体系。狭义上，环境风险评价常指对有毒有害物质（包括化学品和放射性物质）危害人体健康和生态系统的影响程度进行概率估计，并提出减小环境风险的方案和对策。

《建设项目环境风险评价技术导则》(HJ/T 169—2004) 中，环境风险评价的定义是指对项目建设和运行期间发生的可预测突发性事件或事故（一般不包括人为破坏及自然灾害）引起有毒有害、易燃易爆等物质泄漏，或突发事件产生的新的有毒有害物质，所造成的对人身安全与环境的影响和损害，进行评估，提出防范、应急与减缓措施的过程。

(二) 环境风险评价的类型

从受影响对象来看，环境风险评价可分为健康风险评价和生态风险评价。从评价对象来看，环境风险评价可分为大气、水和土壤环境风险评价。从评价结果的数量化表征来看，环境风险评价可分为定性、半定量和定量环境风险评价。从风险评价所对应的时段来看，也可以将环境风险评价分为三个类别，概率风险评价（事故发生前）、实时后果评价（事故发生期间）、事故后果评价（事故停止后）。

从评价范围而言，环境风险评价可分为三个层次，即微观风险评价、系统风险评价和区域（或宏观）风险评价。所谓微观风险评价是指对某单一设施进行风险评价。系统风险评价即对整个项目中所包含的相关联的各个设施进行风险评价。区域或宏观风险评价是指某区域范围的风险评价。

传统的环境风险评价按风险源划分一般分为三类，即自然灾害的风险评价、化学物品的环境风险评价和建设项目的环境风险评价。

1. 自然灾害的风险评价 自然灾害的风险评价是对地震、洪水、台风、火山等自然灾

害的发生及其带来的化学性与物理性的风险进行评价。

2. 化学物品的环境风险评价 化学物品的环境风险评价是对某种化学物品从生产、运输、消耗一直到最终进入环境的整个过程中，乃至进入环境后，对人体健康、生态系统造成危害的可能性及其后果进行的评价。该评价应从化学物品的毒理性质、生产技术及产量等方面进行考虑，另外，还应考虑人体健康效应、生态效应和环境效应等。目前，世界上已知的化学物品有 700 多万种，而进入环境的化学物品已达 10 万多种。无论从人力、物力和财力的角度还是从化学物品的危害程度等方面考虑，对这些化学物品逐一进行评价都是不太现实的，也没有必要的。通常是根据化学物品对人体健康和环境的危害性或潜在危害性的大小进行分级排队，确定它们的优先等级，再根据其优先程度进行评价。

3. 建设项目的环境风险评价 建设项目的环境风险评价是针对建设项目本身引起的风险进行评价。建设项目的环境风险评价主要应用于核工业、化学工业、石油加工业、有害物质的运输、水库及大坝等建设项目。它所考虑的是建设项目引起的不确定性的危害事件发生的概率及其危害后果。主要包括：①工程项目在建设和正常运行阶段所产生的各种事故及其引发的短期急性危害和长期慢性危害；②人为事故、自然灾害等外界因素对工程项目的破坏而引发的各种事故及其短期、长期的危害；③工程项目投产后正常运行产生的长期（慢性）危害。

除此之外，另外一种应用于决策层面的风险评价类型——比较风险评价是一种在通过风险的分析并确定优先风险的基础上，为决策的选择和改善提供服务的一种工具。比较风险评价是在掌握大量正确数据的基础上对决策中的风险进行排序比较，并以风险的大小作为决策方案的选择依据，从而形成一个包含有科学家、决策者与利益相关者的开放、公平的相互交流的结构。

（三）环境风险评价的发展历程

1. 国外风险评价发展 在国外，1975 年由美国核管会完成的《核电厂概率风险评价实施指南》，即著名的 WASH-1400 报告，该报告系统地建立了概率风险评价方法，成为事故风险评价的代表作。20 世纪 80 年代以来，美国及国际机构与组织颁布了一系列与风险评价有关的规范、准则，风险评价技术迅速发展。1983 年美国国家科学院出版《联邦政府的风险评价管理程序》，提出健康风险评价"四步法"，即危害鉴别、剂量-效应关系评价、暴露评价和风险表征。并对各部分都做了明确的定义。由此，风险评价的基本框架已经形成。在此基础上，美国 EPA 制定和颁布了有关风险评价的一系列技术性文件、准则或指南。但大多是人体健康风险评价方面的。

1988 年联合国环境规划署（UNEP）制定了阿佩尔计划（APELL），即《地区性紧急事故的意识和防备》。1995 年联合国出版了《环境保护的风险评价和风险管理指南》，之后出版了其修订本《环境风险评价与管理指导方针》。1998 年美国出台了《神经毒物风险评价指南》和《生态风险评价指南》。因此，从 1989 年起，风险评价的科学体系已基本形成，并处于不断发展和完善的阶段。以事故风险评价和健康风险评价为主。

2. 国内环境风险评价的发展 中国于 20 世纪 80 年代开始进行环境风险评价研究，20 世纪 90 年代以后，在一些部门的法规和管理制度中已经明确提出风险评价的内容。1993 年国家环境保护局颁布的《环境影响评价技术导则（总则）》（HJ/T 2.1—93）规定：对于风险事故，在有必要也有条件时，应进行建设项目的环境风险评价或环境风险分析。同时，该导则也指出"目前环境风险评价的方法尚不成熟,资料的收集及参数的确定尚存在诸多困难"。

1997年国家环境保护局、农业部、化工部联合发布的《关于进一步加强对农药生产单位废水排放监督管理的通知》规定:新建、扩建、改建生产农药的建设项目必须针对生产过程中可能产生的水污染物,特别是特征污染物进行风险评价。

2001年国家经济贸易委员会发布的《职业安全健康管理体系指导意见》和《职业安全健康管理体系审核规范》中也提出"用人单位应建立和保持危害辨识、风险评价和实施必要控制措施的程序","风险评价的结果应形成文件,作为建立和保持职业安全健康管理体系中各项决策的基础"。

2004年年底由国家环保总局颁布的《建设项目环境风险评价技术导则》(HJ/T 169—2004),对开展环境风险评价起到了积极的推动作用。2005年年底国家环境保护总局发布了《关于防范环境风险加强环境影响评价管理的通知》(环发[2005]152号),特别对化工石化类项目的环境风险评价提出了更严格的要求。

二、环境风险评价的研究内容与评价程序

(一)环境风险评价的内容

环境风险评价的基本内容包括风险识别、源项分析、后果计算、风险评价及风险管理五项。

1. 风险识别

(1) **风险识别的范围和类型** 风险识别的范围包括生产设施风险识别(主要生产装置、储运系统、公用工程系统、工程环保设施及辅助生产设施等)和生产过程所涉及的物质风险识别(主要原材料及辅助材料、燃料、中间产品、最终产品以及生产过程排放的"三废"污染物等)。

风险的类型根据有毒、有害物质的扩散起因,分为火灾、爆炸和泄漏三种类型。

(2) **风险识别内容** 收集资料,包括建设项目工程资料、项目所在地环境资料、国内外相关的典型事故资料。划分生产单元,根据建设项目的生产特征,进行物质危险性和生产过程潜在危险性识别。常用的分析方法有检查表法、评分法、概率评价法等。

2. 源项分析 用定性或定量分析方法对风险识别中已识别的主要危险源进行分析、筛选,确定最大可信事故的发生概率、危险化学品的泄漏量。最大可信事故的发生概率常用的分析方法有类比法、事故树及事件树分析法等。危险化学品泄漏量的计算方法采用环境风险评价导则里的数学模式。

3. 后果计算

(1) **有毒、有害物质在大气中的扩散** 采用多烟团模式或分段烟羽模式、重气体扩散模式等计算。

(2) **有毒、有害物质在水中的扩散**

① 有毒物质在河流中的扩散预测:采用《环境影响评价技术导则 地面水环境》(HJ/T 2.3)推荐的地表水扩散数学模式。

② 有毒物质在湖泊中的扩散预测:采用《环境影响评价技术导则 地面水环境》(HJ/T 2.3)推荐的湖泊扩散数学模式。

③ 有毒有害物在海洋的扩散模式：采用《海洋工程环境影响评价技术导则》（GB/T 19485—2004）推荐的模式。

4. 风险评价 根据最大可信事故的风险影响范围和程度，并结合相关评价标准体系，确定危险源的风险值和风险可接受水平。

风险可接受分析采用最大可信灾害事故风险值 R_{max} 与同行业可接受风险水平 R_L 比较：

$R_{max} \leqslant R_L$，认为本项目的建设风险水平是可以接受的。

$R_{max} > R_L$，对该项目需要采取降低安全的措施，以达到可接受水平，否则项目的建设是不可接受的。

5. 风险管理 提出风险防范措施和应急预案。

(1) 风险防范措施 风险防范措施包括选址、总图布置和建筑安全防范措施，危险化学品储运安全防范措施，工艺技术设计安全防范措施，自动控制设计安全防范措施，电气、电信安全防范措施，消防及火灾报警系统以及紧急救援站或有毒气体防护站设计。

(2) 应急预案 应急预案如表12-1所示。

表12-1 应急预案内容

序号	项目	内容及要求
1	应急计划区	危险目标：装置区、储罐区、环境保护目标
2	应急组织机构、人员	工厂、地区应急组织机构、人员
3	预案分级响应条件	规定预案的级别及分级响应程序
4	应急救援保障	应急设施、设备与器材等
5	报警、通信联络方式	规定应急状态下的报警通信方式、通知方式和交通保障、管制
6	应急环境监测、抢险、救援及控制措施	由专业队伍负责对事故现场进行侦查监测，对事故性质、参数与后果进行评估，为指挥部门提供决策依据
7	应急检测、防护措施、清除泄漏措施和器材	事故现场、邻近区域、控制防火区域，控制和清除污染措施及响应设备
8	人员紧急抽离、疏散、应急剂量控制、撤离组织计划	事故现场、工厂邻近区、受事故影响的区域人员及公众对毒物应急剂量控制规定，撤离组织计划及救护、医疗救护与公众健康
9	事故应急救援关闭程序与恢复措施	规定应急状态终止程序事故现场善后处理，恢复措施邻近区域解除事故警戒及善后恢复措施
10	应急培训计划	应急计划制定后，平时安排人员培训与演练
11	公众教育和信息	对工厂邻近地区开展公众教育、培训和发布有关信息

（二）环境风险评价的程序

环境风险评价包括三个紧密关联的基本步骤，即环境风险识别、环境风险估计及环境风险对策与管理。

1. 环境风险识别 环境风险识别又称为危险识别，是环境风险评价时首先要进行的工作，是整个评价过程的基础。它是根据因果分析的原则，采用一定的方法（如筛选、监控和诊断等），从复杂的环境系统中把能给人类社会、生态系统带来危险的因素识别出来。它主要是回答哪些环境风险应当考虑，引起这些环境风险的主要因素有哪些等问题。由于引起环境风险的因素多种多样，所产生后果的严重程度也差异较大，且环境中各因素间错综复杂，相互影响，因此，在环境风险识别时应综合考虑。面面俱到地考虑每个因素也不太现实，但如果忽略了某些重要因素则是很危险的，不利于科学决策。

2. 环境风险估计 环境风险估计又称为环境风险度量，是对环境风险的大小以及事件的后果（包括事件涉及的时空范围、强度等）进行预测和度量。在环境风险识别中已回答了可能遇到的风险有哪些及引发的因素是什么，而在环境风险估计时则应回答这个风险有多大，给出事件发生的概率及其后果的性质，它常采用定量化的方式估计不利事件发生的概率以及造成后果的严重程度。如用单位时间内不希望出现的后果或某种损失超过正常值或背景值的增量来表示，在进行环境风险估计时。应先确定风险事件危害的范围，分析风险危害的途径。在确定风险事件的危害范围时，应从空间和时间两方面进行考虑。由于不同环境风险的危害或影响范围不同，因此，在环境风险评价时所考虑的空间范围的边界就有差异。对于影响范围小的有毒物质，在环境风险评价过程中所考虑的空间范围就可小些，相反则应适当放大空间范围。

3. 环境风险对策与管理 环境风险对策与管理是指根据风险分析、预计的结果、结合风险事件承受者的承受能力，确定风险是否可以接受，并提出减小风险的措施、建议与对策。

第二节 环境风险预测与评价

一、环境风险影响预测

（一）环境风险识别

环境风险识别就是根据因果分析的原则，把环境系统中的能给人类社会、生态系统带来风险的因素识别出来的过程，并在工程分析的基础上进一步辨别风险影响因素，风险影响识别包括两个层次：项目筛选和风险因子识别。

1. 项目筛选

（1）**核查表筛选法** 有些国家或国际金融组织将一些必须开展环境风险评价的建设项目（例如，使用杀虫剂的农业开发和病虫害的防治，石油化工生产，有机化学合成，危险废物的处理等）列出清单，以供筛选时核查用。

（2）**应用概率风险评价方法** 如经验判断法、德尔斐法等，对一些新的、复杂的、蕴含风险因素的项目进行筛选。

2. 风险因子识别

（1）**风险物质的识别方法** 物质风险识别包括主要原材料及辅助材料、燃料、中间产品、最终产品以及生产过程排放的"三废"污染物等的识别。对物质性质的分析是风险识别的首要任务，没有风险物质存在，进行风险评价就没有实质意义。因此，物质风险主要是对物质的毒理性质、物化性质进行分析，目的在于确定物质的风险类型，如有毒、易燃、易爆、腐蚀性、致畸性等。

① 有毒、易燃、易爆物质风险性质分析：对于有毒、易燃、易爆物质，分析出物质风险类型后，对照《建设项目环境风险评价技术导则》附录 A 中物质危险性标准（表 12 - 2），可以判断项目的危险程度。

表 12 - 2 物质危险性标准

		LD_{50}（大鼠经口）/ (mg/kg)	LD_{50}（大鼠经皮）/ (mg/kg)	LC_{50}（小鼠吸入，4 h）/ (mg/L)
有毒物质	1	<5	<1	<0.01
	2	$5<LD_{50}<25$	$10<LD_{50}<50$	$0.1<LC_{50}<0.5$
	3	$25<LD_{50}<200$	$50<LD_{50}<400$	$0.5<LC_{50}<2$
易燃物质	1	可燃气体：在常压下以气态存在并与空气混合形成可燃混合物，其沸点（常压下）是 20 ℃ 或 20 ℃ 以下的物质		
	2	易燃液体：闪点低于 21 ℃，沸点高于 20 ℃ 的物质		
	3	可燃液体：闪点低于 55 ℃，常压下保持液态，在实际操作条件下（如高温高压）可以引起重大事故的物质		
爆炸性物质		在火焰影响下可以爆炸，或者对冲击、摩擦比硝基苯更为敏感的物质		

② 有害、腐蚀性和致畸性物质风险性质分析：对于有害、腐蚀性和致畸性物质，可采用健康危害系数 R 来判断危险程度。健康危害系数是由美国国家环境保护局（EPA）提出的一种自暴露剂量与人体产生的有害效应的一个关系式计算得出的，即：

$$R=D\times 10^{-6}/RfD$$

式中，R 为有毒、有害物质健康危害终生危险系数；D 为单位体重日均暴露剂量 [mg/(kg·d)]；RfD 为该毒物有害的参考剂量 [mg/(kg·d)]。

其中参考剂量是指人群中发生有害效应的阈值，参考剂量水平相应的健康危害的危险为 10^{-6}。其数值可查阅美国环境保护局补救响应司（ORR）出版的《优先投资项目公众健康评价手册》提供的 RfD 值。

通过对物质风险识别，可了解物质的危险程度，就能够识别出项目的主要风险物质。

(2) 生产设施风险识别方法 生产设施风险识别包括主要生产装置、储运系统、公用工程系统、工程环保设施及辅助生产设施等。生产设施风险的危害途径如下：

有毒化学物质危害：储量 → 释放 → 浓度 → 照射 → 剂量 → 效应。

易燃易爆物危害：储量 → 着火 → 压力、热量、有毒产物 → 照射 → 剂量 → 效应。

（二）风险影响预测

1. 风险事故概率分析 在风险评价中的事故预测，通常是通过对国内外同类装置或建设项目的事故统计资料的分析，来确定可能发生事故的类型和事故源强，并从导致这些事故的原因统计中找到预防事故发生的措施，从而减小建设项目可能发生的风险。

历史数据分析是环境风险评价工作中的首要内容，这是因为风险评价和事故预测都是以对已建同类装置的事故统计分析为基础的。事故源项的确定非常复杂，从理论上讲可以应用故障树法和事件树法等方法来分析和确定一个事件的发生概率，但是那些基本原因事件的发生概率也很难估算。因此在实际评价中往往是通过对历史事故的调查，最好是全世界或国内同类工厂运行史的事故调查来确定事故可能发生的概率。

2. 风险预测 事故的风险损失应有三类,一是因事故造成物质损失;二是因事故造成人员伤亡;三是因事故造成环境污染损失。

事故损失可以核算成经济损失,它的风险标准比较好定。如中国石化总公司1997年安全工作的奋斗目标明确规定,事故直接经济损失小于工业总产值的0.1%。人员伤亡的事故风险与普通人受自然灾害的危害或从事某种职业造成伤亡的概率是客观存在的,是一般人能接受的。因此可以将要评价的风险与公众日常生活中遇到事件的风险进行比较。但是对于具有风险性的环境影响的危害的可接受水平,尚缺乏系统资料。

事故风险的最终结果可以以个人风险与社会风险两种形式表示。

(1) 个人风险 个人风险是指在某一特定位置上长期生活的未采取任何防护措施的人员遭受特定危害的频率,通常此特定危害指死亡。个人风险可用事故死亡率作为风险表征值,即每接触 10^8 工作小时死亡的人数。

(2) 社会风险 社会风险是描述事故发生概率与事故造成的人员受伤或致死数间的相互关系。因此,与个人风险不同,描述社会风险需要人口分布资料。在事故后果评价中,计算有毒、有害物质释放造成的后果通常用社会风险值来表示。但是事故造成的环境污染损失难以定量计算,一是由于缺乏统计资料,二是单个项目的分析需要大量的人力资源和经费支持,只靠环境评价经费很难完成。因此要想完善该项工作需有关科研部门的参与和协助。

二、环境风险评价的方法与标准

(一) 环境风险评价的方法

环境风险评价方法按量化的程度通常可分为定性评价法、半定量评价法和定量评价法。定性评价法主要是根据经验和判断对环境系统的各个因素进行定性风险描述。

定性评价法主要包括安全检查表法、预先危险性分析、危险可操作性研究、事件树分析法、事故树分析法、人的可靠性分析等。

定量评价法是基于大量的实验和事故资料统计分析获得的数据或数学规律的基础上,按照一定的规则对评价过程中的各个因素及相互作用的关系进行赋值,从而获得一个确定评价结果的方法,评价结果是定量的数值,包括事故发生的概率、事故的伤害或破坏范围、定量的危险性、事故致因因素的事故关联度或重要度等。

此外,还有一些风险评价方法既可以做定性评价,又可以做定量评价,就叫做半定量评价法。半定量评价法主要建立在实际经验的基础上,又结合一些风险分析理论,进行风险评价。安全检查表法、作业条件危险性评价方法都是有代表性的半定量评价法。

在实际工作中,采用何种评价方法需根据具体情况而定。定性方法容易理解,而且过程简单,但是带有局限性,评价结果缺乏可比性,可以进行一些要求不高的低风险评价。定量方法是运用数学模型对一些定量指标进行计算,得出评价结果,能够为环境管理决策者提供准确的信息,是环境风险评价发展的方向。

(二) 环境风险评价的标准

1. 环境风险评价标准的制定 环境风险评价标准是为评价系统的风险性而制定的准则,是为管理决策服务的。风险评价标准应遵循科学、实用、可操作性强、技术上可行、公众可接受等原则。

标准的制定应考虑社会准则和公众的道德标准,应参考公众的意见并发起公众对于风险可接受性的讨论。可以使用公众意见调查、民意测试、公开讨论咨询会、公众咨询以及公民陪审团等方法获得必要的公众信息。这些都要求随机选择参与者，或选择代表成员。他们允许获得专家意见和权威信息，在向决策者明确叙述代表性观点时可以全面地讨论问题。

(1) 地震、火山爆发、风暴等自然灾害突发性事件 这些事件虽然发生概率小，但一旦发生后果将非常严重。对于自然灾害的风险评价，以灾害对当地人和财产损失的可接受水平为评价标准。若灾害后果严重则需采取防范措施用来降低风险，比较用于降低风险的费用与带来的效益，确定是否可接受。主要根据历史资料以及灾害可能发生地区的自然以及社会经济条件，预测可能造成的后果，最后确定个人和社会可接受的风险值。

(2) 工业领域 许多行业都有各自相应的可接受风险值，对不同类别的行业进行比较并制定同一行业风险评价标准。制定各行业环境风险评价标准即各行业最大可接受水平，需要对各种行业事故发生的概率及损害程度进行统计和分析，如统计和分析各行业职业灾害、事故致死率以及财产损失。将预期风险的严重性与历史同类事件或日常事件的风险进行比较，用来说明与管理决策相关风险的大小。判断风险是否能被接受，必须比较用于降低风险的费用与带来的效益，而且把该风险同已存在的同类风险的费用效益分析进行比较，综合决策。随着风险减缓措施费用的增加，年事故发生率会下降，但达到某点时，增加费用从减少事故损失得到的补偿甚微，此时的风险度可作为评价的标准，即常用的补偿极限标准。

2. 环境风险评价数值标准 每个数值标准应充分考虑相关内容的性质，被测参数的统计变化范围以及测量检验的需要进行详细说明。因此，应优先考虑统计上可检验的理想标准，该标准可以与暴露（如，暴露浓度）和影响（如，生殖损伤）的测量有关。标准必须识别测量方法中的自然变化和不确定性，可变性和不确定性反过来要求为数据和方法的质量建立一个独立且充分的标准。各国有关机构均有推荐的最大可接受风险水平和可忽略风险水平。

第三节 环境健康风险评价

一、环境健康风险评价的定义

健康风险评价是以风险度作为评价指标，把环境污染与人体健康联系起来，定量描述污染对人体健康产生危害的风险的一种方法，它不仅可以对污染给人体造成损害的可能性及其程度大小做出科学的估计，而且可以为污染场地的管理和修复提供可靠的依据。

二、环境健康风险评价概述

1. 环境健康指标的设定 环境健康指标是环境健康决策者的常用工具之一，在环境保护和管理方面具有十分重要的作用。环境健康指标即是一个环境指标或一个健康指标加上已知的环境暴露与健康效应的关系。依照环境健康指标的系统结构，指标是相互联系的。

评价指标的选取：欧洲国家环境健康指标的核心设定包括空气、噪声、居住环境、交通事故、水、卫生实施和健康、化学物质突发事件以及辐射7个方面。李日邦等人关于中国环境-健康区域综合评价-文中按照人-地关系的主线，遵循分层原则，建立评价指标体系所选择的42项评价指标按其性质分为7类：人寿状况、疾病状况、文化教育、自然环境、环境污染、经济水平和卫生资源，这7类指标又归纳为两项综合评价指标，其中人寿状况、疾病状况和文化教育归纳为健康，表征人的身体素质和文化素质；自然环境、环境污染、经济水平和卫生资源归并为环境，表征人生存空间的质量。根据评价指标的层次关系，建立环境-健康评价的指标体系。

2. 环境健康风险评价研究方法 根据环境风险评价的结果，结合人群的居住分布情况确定评价范围。列出评价范围内对人体健康可能产生严重危害的物质（例如致癌物质、具有较强遗传、生殖或者神经毒性的环境危险因素），作为候选危险因素；通过健康影响识别活动对上述候选环境危险因素进行筛查，最终确定1～3个需要进行评价的环境危险因素，即对健康危害严重或者效应严重，例如致癌、致畸变、生殖毒性和致突变作用等，或者是影响人口众多的主要化学品。对肯定和可能是人类致癌物的均需要进行致癌危险性的评价。

对于环境风险评价中属于剧毒的物质应进行急性健康影响的评价。根据国际癌症研究机构（IARC）通过全面评价化学有毒物质致癌性的可靠程度而编制的分类系统，属于1组和2A组的化学物质为化学致癌物，其他为非致癌化学有毒物质；前者和放射性污染物属于基因毒物质，后者为躯体毒物质。在国外已实行的环境健康风险评价标准中，主要根据上述标准对污染物质进行划分，然后评价。基因毒物质、躯体毒物质又可表述为有阈化学物质及无阈化学物质，有阈化学物质是指非致癌物与非遗传毒性的化合物，即已知或假设在一定暴露的条件下，对动物或人不发生有害作用的化合物。无阈化学物质通常指致癌化合物，是已知或假设其作用是无阈的，即大于零的所有剂量都可以诱导出致癌反应的化合物。

根据污染物质对人体产生的危害效应，以及大量的研究结果，可建立起各种不同性质的危害风险数学模型。

3. 环境健康风险评价步骤 目前被广泛认可的基本框架是美国科学院提出的"危害识别与剂量→响应分析→暴露评估→风险表征"四步法。在"四步法"的基础上，可以将环境风险评价总结为源项分析、危害判定、剂量-反应评价、暴露评价和风险表征等五个步骤：

(1) 源项分析 综合不同国家和组织机构提出的环境风险评价的程序和步骤，风险评价的第一步都是源项分析，即找出风险的来源，确定事故的类型和发生的原因、事故发生的频率等。这阶段以定性分析和经验判断为主，估算事故发生的频率，以定量分析为主，同时确定评价的等级、范围、时间和评价对象等。

(2) 危害判定 在确定了事故风险源之后，就进入到人体健康风险评价和生态风险评价阶段。"事故"的含义比较广泛，既指那些突发性污染事故（如爆炸、毒物泄漏等），也指常规水体和大气污染事件，以及土壤侵蚀、气候变化等长期事件。目前对健康风险评价和生态风险评价而言，研究最多的还是有毒、有害化学物质的风险影响所谓的危害判定，主要是判定某种污染物对人体健康或生态系统产生的危害，并确定危害的后果。通常采用的评估方法是：确定其理化性质和接触途径与接触方式，结构活性关系，代谢与药代动力学实验，短期动物实验，长期动物实验，人类流行病学研究等。

(3) 剂量-反应评价 剂量-反应评价是对有害因子暴露水平与暴露人群或生态系统中的种群、群落等出现不良效应的发生率间的关系进行定量估算的过程。它主要研究毒效应与剂量之间的定量关系，是进行风险评价的定量依据。在毒理学研究中常将剂量-反应关系分为两类：①指暴露某一化学物的剂量与个体呈现某种生物反应强度之间的关系，又称为剂量效应关系；②指某一化学物的剂量与群体中出现某种反应的个体在群体中所占的比例，可以用百分比或比值表示，如死亡率、肿瘤发生率等。剂量-反应关系一般呈 S 形函数关系。

(4) **暴露评价** 暴露评价重点研究人体（或其他生物）暴露于某种化学物质或物理因子条件下，对暴露量、暴露频度、暴露的持续时间和暴露途径等进行测量、估算或预测的过程，是进行风险评价的定量依据。暴露评价中应对接触人群（或生物）的数量、分布、活动状况、接触方式以及所有能估计到的不确定因素进行描述。对于污染物的暴露水平，可以直接测定，但通常是根据污染物的排放量、排放浓度以及污染物的迁移转化规律等参数，利用一定的数学模型进行估算。暴露评价还应考虑过去、当前和将来的暴露情况，对每一时期采用不同的评估方法，最后，根据环境介质中污染物的浓度和分布、人群活动参数、生物检测数据等，利用适当的模型，就可以估算不同人群不同时期的总暴露量。在致癌风险评估中通常计算人的终生暴露量。

(5) **风险表征** 风险表征是风险评价的最后一个环节，它必须把前面的资料和分析结果加以综合，以确定有害结果发生的概率、可接受的风险水平及评价结果的不确定性等。同时，风险表征也是连接风险评价和风险管理的桥梁。此阶段，评价者要为风险管理者提供详细而准确的风险评价结果，为风险决策和采取必要的防范及减缓风险发生的措施提供科学依据。

中国原环境保护部制定的《环境影响评价技术导则 人体健康（征求意见稿）》(2008 年 4 月) 中确定的评价路线是危害鉴定→暴露评价→反应关系评价→危险度特征分析，和以上的"四步法"基本类似。根据风险物质的不同，分为有阈化学物质健康危险度评价和无阈化学物质健康危险度评价两类。

两类物质评价的不同主要体现在危害判定、剂量-反应评价、风险表征三个步骤上。

① 有阈化学物质危害鉴定是重点确定某种环境因素（化合物）的暴露是否能够产生人群的有害效应以及其效应的强度是否具有公共卫生学意义。无阈化学物质危害鉴定是对致癌物的危害进行定性评价，回答某环境因素对个体或群体是否有致癌的不良后果。

② 有阈化学物质暴露与人群健康效应之间的定量关系用该物质的参考剂量（RfD 或 RfC）表示。参考剂量即当预期人群一生中出现有害效应的概率极低或实际上不可检出时，个体或人群的终生暴露水平，以 mg/(kg·d) 表示，相当于每日可接受摄入量（ADI）。化学致癌物的剂量与致癌反应率之间的定量关系以斜率系数（或称危险系数）来表示。

③ 有阈化学物质危险度特征分析包括人群终生超额危险度 $R(D)$、人群年超额危险度 $R(py)$、人群年超额病例数（EC）、可接受浓度以及不确定性分析等。无阈化学物质危险度特征分析包括：人群终生患癌超额危险度、人均年超额危险度、人群超额病例数、研究结果合理性分析、研究结果不确定性分析。

无论是有阈化学物质或无阈（致癌）化学物质，在经过危险度特征分析推导出人群终生或年超额危险度及年超额病例（死亡）数后，即可依此数据估算环境污染造成健康影响的社会效益损失和经济效益损失，也可将此数据作为健康损害卫生行政和医学临床处理时的参考依据。

三、我国健康风险评价现状及发展趋势

中国开展环境风险评价的研究工作起步较晚，始于 20 世纪 80 年代后期。1990 年，原

国家环境保护局颁布了《要求对重大环境污染事故隐患进行环境风险评价》的057号文件，此后中国重大项目的环境影响评价报告中也包含了环境风险评价的内容。2004年，原国家环境保护局颁布了《建设项目环境风险评价技术导则》（HJ/T 169—2004），为中国开展环境风险评价工作建立了基本的准则。随着相关评价技术和标准的完善，国内环境风险评价研究得到了很好的发展。

就目前的研究现状而言，我国的健康风险评价研究具有以下特点及趋势。

1. 从研究热点来看 已由人体健康风险评价转移到生态风险评价，且生态风险评价不仅只考虑生物个体和群体，还考虑到群落甚至整个生态系统。

2. 从污染物数量和种类来看 已由单一污染物的作用进一步考虑到多种污染物的复合作用。

3. 从环境风险类型来看 不但考虑了化学污染物，特别是有毒有害化学物，而且还考虑到非化学因子对环境的不利影响。

4. 从评价的范围来看 由局部环境风险发展到区域性环境风险，乃至全球环境风险。

5. 从技术方法来看 已由定性向半定量、定量方向发展。

四、我国健康风险评价存在的问题

我国的健康风险评价研究虽然取得了一定的成果，对维护人类健康以及保护生态环境也起到了一定的积极作用，但其研究还不尽完善，具体表现在以下几个方面。

1. 评价过程欠完整 有些评价仅是套用相关评价模型对一个或若干个监测点的一次或几次的监测数据进行计算，缺少对污染地区的调查和对污染源的分析过程，且对计算结果的表述也过于简单，仅列出了风险值，而缺少对风险构成的详尽分析。

2. 研究范围过于集中 对某些有毒物质如水环境中的PCBs、重金属致癌作用的研究过于集中，而对水质受污染或严重污染的风险性研究较少；对水质中某些有毒物质对人体健康程度的影响研究较多，而对突发性环境影响风险评价的研究较少；对一些引起环境污染问题的研究还没有纳入环境风险评价的领域，如环境噪声以及固体废物的处理与处置，特别是垃圾渗滤液污染地下水问题等的研究。

3. 评价内容不够丰富 目前的评价对污染物通过某一种携带介质或某一种途径进入人体，对人体产生健康危害的评价较多，如针对饮用水中重金属对人体的健康风险评价、室内空气污染对人体的健康风险评价等，而对污染物进入环境后通过多种携带介质、多种途径对人体产生危害的评价较少；对地下水和土壤污染的评价较多，而对地下水和土壤污染的评价极少；评价因子基本都为无机污染物，针对有机及微生物污染的评价很少。

4. 评价的计算过程太过粗略 现有的评价基本上均认为当前的污染状况长期不发生改变，因而其计算过程没有考虑污染物的迁移转化过程，这样计算出来的结果将无法代表未来一个时期的实际情况。

5. 评价与实际情况结合不紧密 现有的评价几乎全采用简单套用国外的评价模型的方式，而很少根据实际情况对这些模型进行改进，且对模型参数的研究也与西方国家有较大的差距。

第四节　环境风险管理方法与措施

一、环境风险管理的概念、目的与内容

1. 概念　环境风险管理是指根据环境风险评价的结果按照恰当的法规条例，选用有效的控制技术进行削减风险的费用和效益的分析；确定可接受的风险度和可接受的损害水平；进行政策分析及考虑社会经济和政治因素；决定适当的管理措施并付诸实施，用来降低或消除事故风险度，保护人群健康与生态系统的安全。

2. 目的　环境风险管理的目的是于环境风险的基础上，在行动方案效益与其实际或潜在的风险以及降低的代价之间谋求平衡，以选择较佳的管理方案。通常，环境风险管理者在需要对人体健康或生态风险做出管理决策时，可有多种可能的选择。

3. 内容
（1）制定污染物的环境管理条例和标准。
（2）加强对风险源的控制。
（3）风险的应急管理及其恢复技术。

二、环境风险管理方法

1. 政府的职责　只有政府才能担当加强环境风险管理的重任。首先，环境风险是一个公共安全问题，保护环境是政府必须向社会公众提供的一项公共服务产品。防范环境风险要从决策的源头开始，要从执政理念、发展规划、产业政策、项目布局等方面把牢关口；同时，防范环境风险还需要投入人力、物力、财力，制定政策制度等保障措施，只有政府有能力承担这些责任。其次，加强环境风险管理需要各有关部门的协作配合，需要社会公众广泛参与，只有政府才能统筹协调各方力量，调配政府以及社会资源，形成强大力量。最后，加强环境风险管理需要加大对企业的环境执法监督力度，建立激励约束机制，促使企业认真落实各项环保措施，消除环境隐患。

2. 建设单位的职责　建设单位在政府环保和有关职能部门的监督指导下，拟定风险管理计划和方法，并具体落实防范措施。

3. 企业的职责　每个工厂、企业都努力不出现环境污染，从而制止地球环境的恶化，并进一步改善地球的环境。每一工厂、企业应建立和运用环境管理系统，从而达到保护环境性能的最终目标。为了建立高水准的环境管理系统，降低或避免环境风险，有必要引入防范风险的方法，包括企业领导的保证、企业和利害关系者之间的协调、企业环境风险的管理等。

三、环境风险管理措施

依据风险的特性，环境风险管理可采取以下措施。
1. 抑制风险　抑制风险是指在事故发生时或发生后为减少损失而采取的各项措施。
2. 转移风险　转移风险是指改变风险发生的时间、地点及承受风险的客体的一种处理方法。

3. 减轻风险 减轻风险就是在风险损失发生前,为了消除或减少可能引起损失的各种因素而采取具体的措施,以减少风险造成的损失。

4. 避免风险 避免风险也是一种最简单的风险处理方法。它是指考虑到风险损失的存在或可能发生而主动放弃或拒绝实施某项可能引起风险损失的方案。最根本的措施是将风险管理与全局管理相结合,实现"整体安全"。

复习思考题

1. 何谓环境风险?环境风险有何特点?
2. 何谓环境风险评价?环境风险评价的程序有哪些?
3. 环境风险评价的主要标准是什么?
4. 什么是风险度?如何用它来度量风险的大小?

第十三章 环境评价文件的编制

第一节 环境评价文件的编制概述

一、环境评价文件的概念及类型

环境评价文件是反映环境评价成果的综合性文件,是环境保护行政主管部门进行环境监督管理的主要依据。

环境评价文件一般分为环境质量报告书和环境影响评价文件两类。

(一) 环境质量报告书

环境质量报告书一般分为年度环境质量报告书、五年环境质量报告书。还可按行政区划分为全国环境质量报告书、省级环境质量报告书、市级环境质量报告书和县级环境质量报告书。

1. 年度环境质量报告书 年度环境质量报告书是指各级人民政府环境保护行政主管部门向同级人民政府及上级人民政府环境保护行政主管部门定期提交的年度环境质量状况报告。

2. 五年环境质量报告书 五年环境质量报告书是指各级人民政府环境保护行政主管部门向同级人民政府及上级人民政府环境保护行政主管部门定期提交的对应国家规划时间段的五年环境质量状况报告。

(二) 环境影响评价文件

广义的环境影响评价文件应是针对所有人类拟议活动进行的环境影响评价工作成果的概括和总结。《中华人民共和国环境影响评价法》(以下简称《环评法》)对规划和建设项目的环境影响评价做出了法律规定。

《环评法》规定了"国务院有关部门、设区的市级以上地方人民政府及其有关部门,对其组织编制的土地利用的有关规划,区域、流域、海域的建设、开发利用规划,应当在规划编制过程中组织进行环境影响评价,编写该规划有关环境影响的篇章或者说明。""环境影响的篇章或者说明应当对规划实施后可能造成的环境影响做出分析、预测和评估,提出预防或者减轻不良环境影响的对策和措施。""国务院有关部门、设区的市级以上地方人民政府及其有关部门,对其组织编制的专项规划应当组织进行环境影响评价,并向审批专项规划的机关提交环境影响报告书。"专项规划的环境影响报告书应当包括:实施该规划对环境可能造成影响的分析、预测和评估;预防或者减轻不良环境影响的对策和措施;环境影响评价的结论。《规划环境影响评价条例》对规划环境影响评价做出了专门规定,但《环评法》《规划环境影响评价条例》均未对规划环境影响评价中环境保护行政主管部门的职责以及环境影响评价机构的资质做出明确的规定。

我国《环评法》《建设项目环境影响评价分类管理名录》规定了"国家根据建设项目对环境的影响程度,对建设项目的环境影响评价实行分类管理"。将环境影响评价文件分为三类:环境影响报告书、环境影响报告表、环境影响登记表。《环境影响评价技术导则　总纲》(HJ 2.1—2011)对建设项目环境影响报告书和建设项目环境影响报告表的编制做出了规范要求。

1. 环境影响报告书　可能造成重大环境影响的建设项目应当编制环境影响报告书,对产生的环境影响进行全面评价。环境影响报告书就是在对建设项目进行全面、详细的环境影响评价的基础上形成的书面文件。环境影响报告书需要由具有建设项目环境影响评价资质的机构编制,并由环境保护行政主管部门审批。

2. 环境影响报告表　可能造成轻度环境影响的建设项目应当编制环境影响报告表,对产生的环境影响进行分析或者专项评价。环境影响报告表是环境影响评价结果的表格表现形式。环境影响报告表需要由具有建设项目环境影响评价资质的机构编制,并由环境保护行政主管部门审批。

3. 环境影响登记表　对环境影响很小的建设项目应当填报环境影响登记表。填报环境影响登记表无需具有环境影响评价资质,但仍需环境保护行政主管部门审批。

二、环境评价文件的地位与作用

环境质量报告书是各级人民政府环境保护行政主管部门向同级人民政府及上级环境保护行政主管部门定期提交的环境质量状况报告,是全面、系统地反映本地区环境质量状况的重要文件。环境质量报告书是环境监测和环境质量评价的重要成果,是在例行监测工作所获得数据的基础上,经现状评价、综合分析得出的,是对当前环境质量现状进行评价的结果的概括。环境质量报告书可作为行政决策与环境监督管理的依据,是制订环境保护规划和各类环境管理制度、政策及信息发布的重要依据,也是公众了解环境质量的重要途径。

环境影响评价是环境管理工作的重要组成部分,是我国环境法的基本法律制度,也是我国最为重要的环境管理制度之一。它具有不可代替的预测功能、导向作用和调控作用。对开发项目而言,它可以保证建设项目的选址和布局的合理性,同时也可以提出各种减免措施和评价各种减免措施的技术经济可行性,从而为污染治理提供依据。区域环境影响评价和规划环境影响评价,可以在更高层次上保证区域开发和规划对环境的负面影响降低到最小或人们可以接受的程度。

环境评价文件一经审批就成为具有法律效力的重要文件,是项目建设的依据,为建设单位提供环境保护措施和方案,同时也是环境保护行政主管部门对项目进行环境监督管理的有效依据。

第二节　环境质量报告书的编制

1980年建立环境质量报告书制度,1991年国家环境保护局总结各地的编报经验,颁布了《全国环境监测报告制度(试行)》及配套的《环境质量报告书编写大纲》《环境质量报告书编写技术规定》,规范和统一了全国的环境质量报告书的编写工作,并于1991年组织了第一次环境质量报告书评比。《全国环境监测报告制度》于1996进行了修订并正式颁布，目前环境质量报告书编制的主要依据是《环境质量报告书编写大纲》和《环境质量报告书编写技术规范》（HJ 641—2012）。

一、环境质量报告书的编制要求

（一）环境质量报告书编制的总体要求

1. 环境质量报告书的编制原则

① 应着眼于环境整体，采用科学的方法，全面分析环境质量状况，说明环境系统所处的状态。

② 环境监测数据与环境统计数据相结合，引用数据的来源要翔实可靠。

③ 环境质量现状评价与环境质量预测相结合，既要客观分析、评价环境质量现状及其变化规律，又要对环境质量的发展趋势做出预测，尤其五年环境质量报告书更要体现其为环境规划服务的特点。

④ 分析环境质量变化的原因时，要综合考虑影响环境质量的各种因素，既要考虑自然环境因素，又要考虑社会环境因素；既要考虑环境污染因素，又要考虑生态破坏因素。

⑤ 文字描述与图表形象表达相结合，内容丰富、文字精练、可读性强。

2. 环境质量报告书的总体要求　以定量评价为主，兼顾定性评估；全面客观地分析和描述环境质量状况，剖析环境质量变化趋势。表征结果应具有科学性、完整性、逻辑性、准确性、可读性、可比性和及时性。报告书内容要求层次清晰，文字精练，结论严谨，术语表述规范、统一。

《环境质量报告书编写技术规范》（HJ 641—2012）对环境质量报告书的封面、标题、正文、表格、图形文字、数字等均做出了相应要求。

3. 环境质量报告书的构成要素　环境质量报告书的构成要素见表13-1，表中对地市级以上各级环境质量报告书的构成要素做出了规定，非必备内容可根据具体情况增减。县级环境质量报告书参照执行。

表13-1　环境质量报告书的构成要素

要素类型	要素	是否必备（全国环境质量报告）	是否必备（省级环境质量报告）	是否必备（市级环境质量报告）
结构要素	封面	是	是	是
	内封	是	是	是
	目录	是	是	是
	前言	是	是	是
概况	自然环境状况	否	是	是
	社会环境状况	否	是	是
	环境保护工作概况	否	是	是
污染排放	环境空气污染排放	是	是	是
	水污染排放	是	是	是
	固体废物排放	是	是	是

(续)

要素类型	要素	是否必备 (全国环境质量报告)	是否必备 (省级环境质量报告)	是否必备 (市级环境质量报告)
环境质量状况	环境空气	是	是	是
	酸沉降	是	是	是
	沙尘暴	是	是※	是※
	地表水	是	是	是
	饮用水源地	是	是	是
	地下水	否	是※※	是※※
	近岸海域海水	是	是※	是※
	声环境	是	是	是
	生态环境	是	是	是
	农村环境	是	是	是
	土壤环境	是	是	是
	辐射环境	是	是	是
	区域特异环境问题	否	否	是
总结	环境质量结论	是	是	是
	主要环境问题	是	是	是
	对策及建议	是	是	是
专题	特色工作或新领域	是	是	是

注：
※：沙尘暴和近岸海域为沙尘暴和近岸海域监测网成员单位的必备要素，非成员单位可根据辖区的实际情况参考执行。
※※：年度环境质量报告书可作为非必备要素，五年环境质量报告书为必备要素。

(二) 环境质量报告书的编制组织与编制程序

1. 环境质量报告书的编制组织 环境质量报告书的组织机构为各级人民政府环境保护行政主管部门，编写机构由各级人民政府环境保护行政主管部门、环境监测中心（站）及相关部门构成。

2. 环境质量报告书的编制程序 环境质量报告书的编制程序如图 13-1 所示。

(三) 编制环境质量报告书的注意事项

① 环境质量报告书应全面分析监测项目的统计结果，从时间和空间角度分析监测项目的分布和变化规律，充分运用图、表与文字相结合的形式，形象表征分析结果，提出存在的主要问题。针对存在的环境问题，提出可操作性强的改善环境质量的对策与建议。

② 环境质量报告书的数据和资料的来源，除环境监测部门的监测数据和资料外，还需要收集调研其他权威部门的相关自然环境要素和社会经济的监测数据和资料。环境质量状况采用环境监测部门的数据，污染源采用环境监测部门的监督性监测数据和环境统计数据，社会、自然、经济数据采用住房与建设、水利、农业、统计、林业、气象等主管部门发布的数据。对获得的监测数据和资料必须进行甄别分析和处理，保证其可靠性。

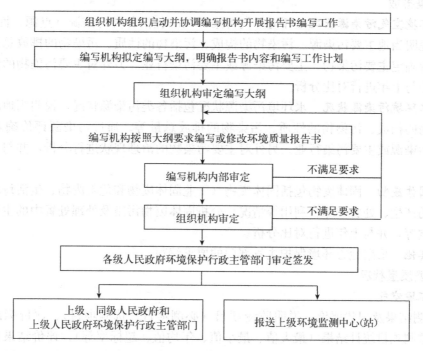

图 13-1 环境质量报告书编制程序

③ 编写环境质量报告书的过程中涉及的环境监测数据处理、评价标准及方法、规律和趋势分析、报告项目及图表运用等方法均要符合相关技术规范的要求。

二、环境质量报告书的编制要点

(一) 年度环境质量报告书编写提纲

1. 封面　内容为《××环境质量报告书》，报告书的时间段，报告发布单位的名称；扉页应有批准部门、主编单位、编报时间、编写人员、审核人员、审定人员、参加编写单位和提供资料的单位等。

2. 前言、目录　前言中要简单说明年度环境质量报告书的编写情况。目录中应列出年度环境质量报告书的主要章节的标题。

3. 概况

（1）**自然环境概况**　简要介绍地理、地形、地貌、地质、水文、水文地质、气象、生态、植被、土壤等。

（2）**社会环境概况**　简要介绍行政区划、社会经济结构、发展概况、人口构成特征等。

（3）**环境保护工作概况**　说明本年度内为改善环境质量和解决环境问题开展的环境建设工作及所采取的各项环境保护措施及成效。

（4）**环境监测工作概况**

① 监测工作概况：说明年度内环境监测工作的开展情况和取得的成绩。

② 监测点位布设情况：说明各环境要素监测布点的情况。要给出监测布点一览表及布点图。

③ 采样及实验室分析工作情况：说明各环境要素的采样方法及频率、分析方法、实验室质量控制具体措施等。一般可用表格形式给出。

4. 污染排放

(1) 环境空气污染源状况 环境空气污染源状况包括各类污染源（点源、面源、线源）的状况，说明当地主要污染源、污染物的构成、污染物的性质、污染物的排放总量等。通过污染源评价确定主要污染物、主要污染源或主要污染行业。另外对主要污染物的治理现状进行分析，并与上年进行对比分析。

(2) 水环境污染源状况 水环境污染源状况包括各类污染源状况，说明当地的主要污染源、污染物的构成、污染物的性质、污染物的排放总量等。通过污染源评价确定主要污染物、主要污染源或主要污染行业。另外对主要污染物的治理现状进行分析，并与上年进行对比分析。

(3) 固体废物 固体废物包括固体废物（工业固体废物和危险废物、生活垃圾、农业废弃物等）的产生、处置和综合利用等情况，分析固体废物污染及处理处置中的主要问题及对环境的影响等，并与上年进行对比分析。

(4) 其他 根据地方环境保护主管部门的要求编写。

5. 环境质量状况

(1) 环境空气

① 监测结果及现状评价：说明监测项目（必测项目、选测项目）、评价标准、评价方法。列出监测项目统计结果（最大值、最小值、年均值、超标率等），评价结果包括监测项目达标（达标范围、达标天数等）和超标状况（超标范围、超标程度等），以图表与文字相结合的形式，形象表征现状评价结果。分析环境空气质量和主要污染物的时空变化分布规律（给出相应图表），进行污染特征分析，阐明区域污染特点。对比分析本年度和上年环境空气质量的变化状况。

② 结论及原因分析：结论及原因分析应包括污染特征、评价结果、时空变化特征、存在的主要问题等内容。结合具体的环保措施、发生的环境事件等分析环境空气质量变化情况和变化原因。

(2) 酸沉降

① 监测结果及现状评价：说明监测项目、评价标准、评价方法、评价因子，全面分析酸沉降状况，分析时空变化分布规律，进行污染特征分析，阐明区域污染特点。全面对比分析本年度和上年酸沉降的变化状况。

② 结论及原因分析：结论及原因应包括污染特征、评价结果、时空变化特征、存在的主要问题等内容。分析酸沉降的变化情况和变化原因。

(3) 沙尘暴 对比分析本年度和上年沙尘暴的变化状况及对环境空气质量产生的影响，沙尘暴变化情况和变化原因。

(4) 地表水

① 监测结果及现状评价：说明监测项目、评价标准、统计结果、评价方法，评述污染物超标状况和水体超标状况，全面系统地描述污染特征。按月或水期对水质现状评价结果进行分析，分析本年度时空变化分布规律，分析本年度和上年地表水环境质量的变化状况。

② 结论及原因分析：结论及原因分析应包括污染特征、评价结果、时空变化特征、存在的主要问题。分析地表水环境质量的变化情况和变化原因。

(5) **地下水** 说明监测项目、评价标准、统计结果、评价方法，评述污染物的超标状况、水质状况等。对比分析本年度和上年地下水水质的变化状况，说明地下水水质状况、变化情况和变化原因。

(6) **饮用水源地** 说明监测项目、评价标准、统计结果、评价方法，评述污染物的超标状况、水质状况等。对比分析本年度和上年地下水水质的变化状况，说明地下水水质状况、变化情况和变化原因。

(7) **近岸海域** 说明监测项目、评价方法、评价因子、评价标准、统计结果，评述污染物的超标状况和水质状况，分析本年度近岸海域环境质量状况和主要污染物的时空变化分布规律，对比分析本年度和上年近岸海域环境质量的变化状况，全面总结近岸海域的污染特征、评价结果、时空变化特征、存在的主要问题。说清近岸海域环境的质量状况、变化情况和变化原因。

(8) **声环境** 说明监测项目、评价标准、统计结果、评价方法，说清达标和超标状况，分析城市声环境质量和噪声源的时空变化规律，对比分析本年度和上年城市声环境质量的变化状况。给出城市噪声环境污染特征、评价结果、时空变化特征、存在的主要问题等。分析声环境质量的变化情况和变化原因。

(9) **生态环境** 说明评价方法、评价因子、评价标准、统计结果，对比分析本年度和上年区域生态环境质量的变化状况，给出评价结果（约束标准评价）、时空变化特征（年际）、存在的主要问题。结合具体的环保措施、发生的环境事件等分析生态环境质量的变化情况和变化原因。

(10) **农村环境** 说明监测项目、评价标准，列出监测项目统计结果，对比分析本年度和上年农村环境质量的变化状况，简述农药、化肥和农膜、养殖业废弃物、生活污水和垃圾、饮用水水质的变化状况，说清农村环境质量的变化情况和变化原因。

(11) **土壤环境** 说明监测项目、评价标准、监测项目统计结果、评价方法，评述污染物超标状况等，分析本年度土壤环境质量的空间分布规律，说清土壤环境质量状况、变化情况和变化原因。

(12) **辐射环境** 说明评价方法、评价因子、评价标准。分析电离辐射和电磁辐射的统计结果，全面对比分析本年度和上年辐射环境质量的变化状况，给出评价结论，说清辐射环境质量的变化情况和变化原因。

(13) **区域特异环境质量问题** 简述某些区域存在其他区域所不具备的区域特异性的环境质量问题。如灰霾、室内空气、电磁波、持久性有机污染物等污染变化状况。

6. 结论及对策

① 环境质量评价结论。

② 主要环境问题。

③ 对策。

7. 专题 说明辖区内围绕改善环境质量开展工作的情况，如特色环境保护工作、预测预警工作和环境监测新领域的拓展等，并对监测数据进行分析。

（二）五年环境质量报告书的编制要点

五年环境质量报告书编制内容与年度环境质量报告书基本相同，有些内容需要丰富充实，主要体现在以下几个方面。

1. "概况"部分需补充的内容

(1) **自然环境概况** 自然环境概况包括地理位置、地质地貌、水文、气象、土地面积及构成，森林、草原、水力、矿藏等自然资源及其开发利用情况，重大自然灾害情况。

(2) **社会经济概况** 社会经济概况包括行政区划，人口、经济结构，国民经济和社会发展的综合，工业和农业，交通和建筑，城市发展及基础设施建设，能源构成等，分别说明与环境质量相关的各项自然环境和社会经济指标五年的变化情况。

(3) **环境保护工作概况** 环境保护工作概况包括五年期间为改善环境质量和解决环境问题的目标、任务、重点工作和政策措施，"五年环境保护规划"主要指标的完成情况。

(4) **环境监测工作概况** 环境监测工作概况包括五年期间各环境要素监测点位布设、采样方法、监测频率、分析方法、实验室质量控制措施的变化情况等；新增监测领域技术路线、监测项目和监测点位布设情况。

2. "污染排放"和"环境质量状况"部分 要进行五年变化趋势分析及与上个五年的进行对比分析。要求说清环境质量的变化情况、典型事件对环境质量的影响情况、污染物的排放情况等。

3. "总结"部分 增加"五年环境质量变化原因分析"和"环境质量预测"两节内容。

第三节 环境影响评价文件的编制

一、环境影响评价工作程序

环境影响评价工作一般分为前期准备、调研和工作方案阶段，分析论证和预测评价阶段，环境影响评价文件编制阶段。

(一) 前期准备、调研和工作方案阶段

接受环境影响评价委托后，首先是研究国家和地方有关环境保护的法律、法规、政策、标准及相关规划等文件，确定环境影响评价文件的类型。在进行初步的工程分析、环境现状调查及公众意见调查的基础上，进行环境影响识别，筛选环境影响评价因子，明确评价重点和环境保护目标，确定评价范围、评价工作等级和评价标准，最后制订工作方案。

(二) 分析论证和预测评价阶段

进行详细的工程分析，进行充分的环境现状调查、环境现状监测并开展环境质量现状评价，进行环境影响预测，评价建设项目的环境影响，并开展公众参与调查。若建设项目涉及多个厂址的比选，则需要对各个厂址分别进行预测和评价，并从环境保护角度推荐最佳的厂址方案。如果对原选厂址得出了否定的结论，则需要对新选厂址重新进行环境影响评价。

(三) 环境影响评价文件编制阶段

汇总、分析第二阶段工作所得的各种资料、数据，根据建设项目的环境影响、法律、法规和标准等的要求以及公众意见，提出减少环境污染和生态影响的环境管理措施和工程措施。从环境保护的角度确定项目建设的可行性，给出评价结论和提出进一步减缓环境影响的

建议,并最终完成环境影响报告书或报告表的编制。

具体流程如图 13-2 所示。

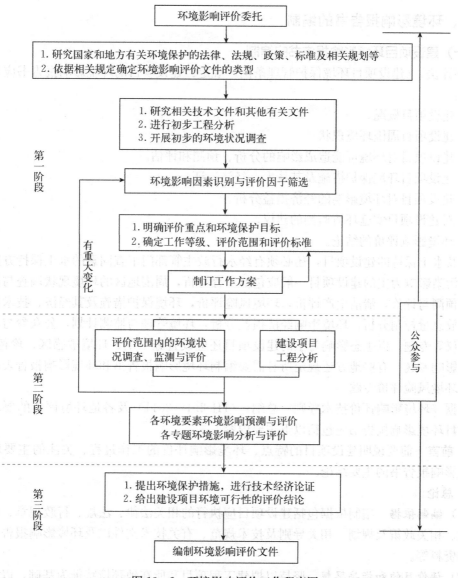

图 13-2 环境影响评价工作程序图

二、环境影响评价文件编制的总体要求

环境影响评价文件应概括地反映环境影响评价的全部工作,环境现状调查应全面、深入,主要环境问题应阐述清楚,重点应突出,论点应明确,环境保护措施应可行、有效、可操作性强,评价结论应明确。文字应简洁、准确,文本应规范,计量单位应标准化,数据应可靠,资料应翔实,并尽量采用能反映需求信息的图表和照片。资料表述应清楚,利于阅读和审查,相关数据、应用模式需编入附录,并说明引用来源;所参考的主要文献应注意时效

性，并列出目录。跨行业建设项目的环境影响评价，或评价内容较多时，其环境影响报告书中各专项评价根据需要可繁可简，必要时，其重点专项评价应另编专项评价分报告，特殊技术问题另编专题技术报告。

三、环境影响报告书的编制

（一）建设项目环境影响报告书的编制

《环评法》《建设项目环境保护管理条例》规定：建设项目的环境影响报告书应当包括下列内容：

① 建设项目概况。
② 建设项目周围环境现状。
③ 建设项目对环境可能造成影响的分析、预测和评估。
④ 建设项目环境保护措施及其技术、经济论证。
⑤ 建设项目对环境影响的经济损益分析。
⑥ 对建设项目实施环境监测的建议。
⑦ 环境影响评价的结论。

涉及水土保持的建设项目，还必须有经水行政主管部门审查同意的水土保持方案。

以污染影响为主的建设项目一般应包括工程分析，周围地区的环境现状调查与评价，环境影响预测与评价，清洁生产评价，环境风险评价，环境保护措施及其经济、技术论证，污染物排放总量控制分析，环境影响经济损益分析，环境管理与监测计划，公众参与，评价结论和建议等专题。以生态影响为主的建设项目还应设置施工期、环境敏感区、珍稀动植物、社会等影响专题。有些地方还规定所有需要编制环境影响报告书和环境影响报告表的项目必须设置环境风险评价专题。

根据《环境影响评价技术导则　总纲》（HJ 2.1—2011）及各地环境评价的要求，一般建设项目环境影响报告书应包括以下主要内容。

1. 前言　简要说明建设项目的特点、环境影响评价的工作过程、关注的主要环境问题及环境影响报告书的主要结论。

2. 总论

（1）**编制依据**　编制依据包括建设项目应执行的相关法律、法规、行政规章、地方法规与规章、相关政策及规划、相关导则及技术规范、有关技术文件以及环境影响报告书编制中引用的资料等。

（2）**评价目的和指导思想**　坚持以拟建工程项目和所在地环境特征为基础，以环保法规为依据，以有关方针、政策及城市发展规划等为指导，以发展经济与环境保护相协调为宗旨的环境影响评价指导思想。

（3）**评价等级**　根据《环境影响评价技术导则》推荐的方法，按环境要素分别划分评价等级，给出评价等级表。一般可划分为三级。一级评价对环境影响进行全面、详细、深入评价，二级评价对环境影响进行较为详细、深入评价，三级评价可只进行环境影响分析。一般确定评价等级主要依据以下三个方面：

① 建设项目的工程特点：工程性质，工程规模，能源、水及其他资源的使用量及类型，污染物排放特点如污染物种类、性质、排放量、排放方式、排放去向、排放浓度等，工程建

设的范围和时段，生态影响的性质和程度等。

② 建设项目所在地区的环境特征：自然环境条件和特点、环境敏感程度、环境质量现状、生态系统功能与特点、自然资源及社会经济环境状况，以及建设项目实施后可能引起现有环境特征发生变化的范围和程度等。

③ 国家和地方相关法律、法规、标准及规划的有关要求：环境和资源保护法规及其法定的保护对象、环境标准、环境规划、生态规划、环境功能区划和保护区规划等。

某一环境要素评价的工作等级可根据建设项目所处区域环境的敏感程度、工程污染或生态影响特征及其他特殊要求进行适当调整，但调整的幅度不超过一级，并应说明调整的具体理由。如在生态敏感区域建设可能影响生态环境的建设项目，其生态环境的环境影响评价等级应进行提级；废水排入下游污水处理厂的建设项目，其地面水环境影响评价等级可以降级。

(4) 评价重点、范围和保护目标 根据拟建工程特点及周围的环境特点，结合有关环境保护管理部门的要求，确定评价的重点，对建设项目的实施形成制约的关键环境因素或条件，应作为环境影响评价的重点内容。一般以表、图的形式给出环境影响评价的范围及重点保护目标，当评价范围外有环境敏感区的，应适当外延扩大评价范围。一般分施工期和运营期予以说明，有些项目还需要考虑服务期满后的情况。

(5) 环境影响因素识别和评价因子筛选 影响因素识别应明确建设项目在施工过程、生产运行、服务期满后等不同阶段的各种行为与可能受影响的环境要素间的作用效应关系、影响性质、影响范围、影响程度等，定性分析建设项目对各环境要素可能产生的污染影响与生态影响，包括有利与不利影响、长期与短期影响、可逆与不可逆影响、直接与间接影响、累积与非累积影响等。

依据环境影响因素识别的结果，并结合区域环境功能的要求或所确定的环境保护目标，筛选评价因子，评价因子需能够反映环境影响的主要特征、区域环境的基本状况及建设项目的特点和排污特征。

(6) 环境影响评价标准的确定 根据评价范围内各环境要素的环境功能区划，确定各评价因子所采用的环境质量标准及相应的污染物排放标准，并以表格的形式列出。有地方污染物排放标准的，应优先选择地方标准；国家污染物排放标准中没有限定的污染物，可采用国际通用标准；生产或服务过程的清洁生产分析采用国家发布的清洁生产规范性文件。环境影响评价标准需要由环境保护行政主管部门出具相应的批复文件。

3. 环境概况

(1) 自然环境概况 自然环境概况包括地理位置、地质、地形地貌、气候与气象、水文、水文地质、土壤、水土流失、生态、水环境、大气环境、声环境等调查内容。根据专项评价的设置情况选择相应内容进行详细调查。

(2) 社会环境概况 社会环境概况包括人口（少数民族）、工业、农业、能源、土地利用、交通运输等现状及相关发展规划、环境保护规划的调查。当建设项目拟排放的污染物毒性较大时，应进行人群健康调查，并根据环境中现有的污染物及建设项目拟排放污染物的特性选定调查指标。

(3) 环境质量概况 根据评价范围内例行监测、现状监测的结果或背景值的调查资料，分析存在的环境问题，并提出解决问题的方法或途径。

(4) 主要的环境敏感目标 从环境空气、水环境、声环境、电磁辐射、声环境等方面以图、表的形式给出项目周围主要的环境敏感目标。

(5) 项目周围主要污染源情况 根据当地环境状况及建设项目的特点，决定是否进行项目周围主要污染源情况的调查。分析污染源名称、方位、与项目距离、污染工序、污染因素和规模等，必要时给出污染源分布图和分布表。

一般在本专题中要给出地理位置图、水系图、水文地质图、环境敏感目标分布图、项目周围污染源分布图等。

4. 工程分析

(1) 项目建设背景 说明建设项目的概况并简要进行拟建项目规划区的现状分析。

(2) 项目建设的政策符合性分析

① 国家产业政策的符合性：分析项目是否在《产业结构调整指导目录（2013年修正本）》鼓励、限制、淘汰类之列。是否属于国家允许发展的产业，是否符合国家产业政策要求。

② 行业政策符合性：结合行业特点，根据特定行业的政策要求，分析项目政策符合性。

③ 地方政策符合性：根据地方相关文件的规定，建设项目必须具备一定条件，环境保护部门才能予以审批。

(3) 拟建工程分析 拟建工程分析包括建设项目规模、主要生产设备和公用及储运装置、平面布置、主要原辅材料及其他物料的理化性质、毒理特征及其消耗量、能源消耗数量、来源及其储运方式、原料及燃料的类别、构成与成分、产品及中间体的性质、数量、物料平衡、燃料平衡、水平衡、特征污染物平衡、工程占地类型及数量、土石方量、取弃土量、建设周期、运行参数及总投资等。

根据"清污分流、一水多用、节约用水"的原则做好水平衡，给出总用水量、新鲜用水量、废水产生量、循环使用量、处理量、回用量和最终外排量等，明确具体的回用部位；分析废水回用的可行性，提出进一步节水的有效措施。改、扩建及异地搬迁建设项目需说明现有工程的基本情况、污染排放及达标情况、存在的环境保护问题及拟采取的整改措施等内容。

(4) 污染影响因素分析 绘制包含产污环节的生产工艺流程图，分析各种污染物产生、排放情况，列表给出污染物的种类、性质、产生量、产生浓度、削减量、排放量、排放浓度、排放方式、排放去向及达标情况；分析建设项目存在的具有致癌、致畸、致突变的物质及具有持久性影响的污染物的来源、转移途径和流向；给出噪声、振动、热、光、放射性及电磁辐射等污染的来源、特性及强度等；给出各种治理、回收、利用、减缓措施等。

(5) 非正常工况分析 对建设项目生产运行阶段的开车、停车、检修等非正常排放时的污染物进行分析，找出非正常排放的来源，给出非正常排放污染物的种类、成分、数量与强度，产生的环节、原因，发生频率及控制措施等。

(6) 污染物排放统计汇总 对建设项目有组织与无组织、正常工况与非正常工况排放的各种污染物浓度、排放量、排放方式、排放条件与去向等进行统计汇总。

对改、扩建项目的污染物排放总量进行统计，应分别按现有、在建、改建、扩建项目实施后汇总污染物产生量、排放量及其变化量，给出改、扩建项目建成后最终的污染物排放总量。

（7）**总图布置分析** 分析项目总平面布置的合理性。

（8）**工程分析小结** 给出结论建议，并说明工程方案应采取的环境保护措施和设施等。

一般在本专题中至少要给出总平面布置图、生产工艺及产污环节示意图、水平衡图、物料平衡图等。

5. 施工期环境影响评价

（1）**项目建设期的施工内容** 说明建设项目总工期、是否分期建设、建设方式等。以及基础施工、结构施工主体工程结构施工、装修施工以及扫尾工程等建设内容。若涉及拆迁的应说明拆迁对周围环境的影响。

（2）**施工期建设对周围环境的影响分析** 重点介绍施工扬尘、噪声、施工期固体废物、废水以及水土流失和交通等影响。必要时应进行预测。

（3）**项目建设过程环境影响的缓解措施** 从交通影响的缓解措施和施工场地污染的减缓措施等方面提出控制措施和防护措施。

（4）施工期环境管理及监理。

（5）**施工期环境影响结论** 根据项目施工期产生的主要污染，与周围保护目标的关系，给出施工期间必须采取的污染防治措施。分析在采取污染物防治措施后，项目施工期产生的污染对项目周围敏感目标的影响程度等。

6. 环境空气、地表水、地下水、土壤、噪声、固体废物环境影响评价

（1）**环境质量现状调查与评价**

① 对项目周围水、空气、噪声、土壤等环境进行现状调查。

② 环境质量现状监测与评价：确定监测、评价范围，制定监测方案，并给出图示，列出监测项目与分析方法、监测时间等信息，分析监测结果，结合评价因子和评价标准、方法，得出评价结果。

根据评价结果分析各因子是否超标，若超标给出超标原因。

（2）**环境影响预测与评价** 确定合适的预测模式，预测项目产生的污染因素对周围环境的影响，并结合工程分析判断项目对外环境的影响是否可接受。

（3）**结论** 给出环境质量现状评价结果和环境影响评价结果。

7. 生态环境影响评价 明确生态影响作用因子，结合建设项目所在区域的具体环境特征和工程内容，识别、分析建设项目实施过程中的影响性质、作用方式和影响后果，分析生态影响的范围、性质、特点和程度。应特别关注特殊工程点段分析，如环境敏感区、长大隧道与桥梁、淹没区等，并关注间接性影响、区域性影响、累积性影响以及长期影响等特有影响因素的分析。

8. 环境风险评价

（1）**环境风险识别** 通过环境风险识别确定环境风险类型。环境风险识别主要包括：资料收集和准备、物质风险识别、生产设施风险识别。

（2）**源项分析** 源项分析包括确定最大可信事故发生概率和估算危险化学品的泄漏量。

（3）**环境风险后果计算** 在风险识别和源项分析的基础上，针对最大可信事故对环境

（或健康）造成的危害和影响进行预测分析，确定影响范围和程度。

（4）风险计算和评价 综合分析、确定最大可信事故造成的受害点距源项（释放点）的最大距离以及危害程度，包括造成厂外环境的损坏程度、人员死亡和损伤及经济损失。判断建设项目风险水平是否可接受。

（5）风险管理
① 选址、总图布置和建筑安全防范措施。
② 危险化学品储运安全防范措施。
③ 工艺技术设计安全防范措施。
④ 自动控制设计安全防范措施。
⑤ 电气、电信安全防范措施。
⑥ 消防及火灾报警系统。
⑦ 紧急救援站或有毒气体防护站设计。

（6）应急预案 应确定不同事故的应急响应级别，根据不同级别制订应急预案。

9. 环境保护措施及其经济、技术论证

① 明确拟采取的具体的环境保护措施；分析论证拟采取措施的技术可行性、经济合理性、长期稳定运行和达标排放的可靠性，满足环境质量与污染物排放总量控制要求的可行性，如不能满足要求应提出必要的补充环境保护措施要求；生态保护措施需落实到具体时段和具体位置上，并特别注意施工期的环境保护措施。

② 结合国家对不同区域的相关要求，从保护、恢复、补偿、建设等方面提出和论证实施生态保护措施的基本框架；按工程实施的不同时段，分别列出相应的环境保护工程内容，并分析合理性。

③ 给出各项环境保护措施及投资估算一览表和环境保护设施分阶段验收一览表。

10. 清洁生产评价和循环经济

量化分析建设项目清洁生产水平，提高资源利用率、优化废物处置途径，提出节能、降耗、提高清洁生产水平的改进措施与建议。

① 国家已发布行业清洁生产规范性文件和相关技术指南的建设项目，应按所发布的规定内容和指标进行清洁生产水平分析，必要时提出进一步改进的措施与建议。

② 国家未发布行业清洁生产规范性文件和相关技术指南的建设项目，结合行业及工程特点，从资源能源利用、生产工艺与设备、生产过程、污染物产生、废物处理与综合利用、环境管理要求等方面确定清洁生产指标和开展评价。

③ 从企业、区域或行业等不同层次，进行循环经济分析，提高资源利用率和优化废物处置的途径。

11. 污染物排放总量控制分析

① 在建设项目正常运行、满足环境质量要求、污染物达标排放及清洁生产的前提下，按照节能减排的原则给出主要污染物排放量。

② 根据国家实施的主要污染物排放总量控制的有关要求和地方污染物排放总量控制计划，分析建设项目污染物的排放是否满足污染物排放总量控制指标的要求，并提出建设项目污染物排放总量控制指标建议。

必要时提出具体可行的区域平衡方案或削减措施，确保区域环境质量满足功能区和目标

管理的要求。

12. 环境影响经济损益分析　估算建设项目所引起环境影响的经济价值，对量化的环境影响进行货币化，并将其纳入建设项目的费用效益分析中，作为判断建设项目环境可行性的依据之一。

(1) **建设项目经济效益**　主要分析项目总投资、投资构成（包括环境保护投资数额、占总投资的比例等）、投资回收期、利税、利润等。

(2) **建设项目的环境效益**　主要分析项目建设可能带来的直接与间接效益、环境保护投资可能带来的环境改善的效益等。

(3) **社会效益**　主要分析项目建设对当地社会经济发展的促进作用、增加就业机会等方面的效益。

13. 环境管理与环境监测　根据建设项目环境影响的情况，提出施工期、运营期的环境管理及监测计划要求，包括环境管理制度、机构、人员、监测点位、监测时间、监测频次、监测因子等。

① 按建设项目建设和运营的不同阶段，有针对性地提出具有可操作性的环境管理措施、监测计划及建设项目不同阶段的竣工环境保护验收目标。

② 结合建设项目影响特征，制定相应的环境质量、污染源、生态以及社会环境影响等方面的跟踪监测计划。

③ 对于非正常排放和事故排放，特别是事故排放时可能出现的环境风险问题，应提出预防与应急处理预案；施工周期长、影响范围广的建设项目还应提出施工期环境监理的具体要求。

14. 公众参与　根据国家环境保护总局《环境影响评价公众参与暂行办法》及当地环境保护行政主管部门的要求开展公众参与调查。给出采取的调查方式、调查对象、建设项目的环境影响信息、拟采取的环境保护措施、公众对环境保护的主要意见、公众意见的采纳情况等。本专题中应给出被调查人员的相关信息、环境影响评价公示信息、现场调查信息等有关支持性文件。

① 全过程参与，即公众参与应贯穿于环境影响评价工作的全过程中。

② 充分注意参与公众的广泛性和代表性，参与对象应包括可能受到建设项目直接影响和间接影响的有关企事业单位、社会团体、非政府组织、居民、专家和公众等。

③ 可采取包括问卷调查、座谈会、论证会、听证会及其他形式在内的一种或者多种形式，征求有关团体、专家和公众的意见。

④ 应告知公众建设项目的有关信息，包括建设项目概况、主要的环境影响、影响范围和程度、预计的环境风险和后果，以及拟采取的主要对策措施和效果等。

⑤ 按"有关团体、专家、公众"对所有的反馈意见进行归类与统计分析，并在归类分析的基础上进行综合评述。对每一类意见，均应进行认真分析、回答采纳或不采纳并说明理由。

15. 方案比选　建设项目的选址、选线和规模，应从是否与规划相协调、是否符合法规要求、是否满足环境功能区要求、是否影响环境敏感区或造成重大资源经济和社会文化损失等方面进行环境合理性论证。如要进行多个厂址或选线方案的优选时，应对各选址或选线方案的环境影响进行全面比较，从环境保护角度，提出选址、选线意见。方案比选应符合下列要求：

① 对于同一建设项目的多个建设方案从环境保护角度进行比选。

② 重点进行选址或选线、工艺、规模、环境影响、环境承载能力和环境制约因素等方面的比选。

③ 对于不同比选方案，必要时应根据建设项目进展阶段进行同等深度的评价。

④ 给出推荐方案，并结合比选结果提出优化调整建议。

16. 社会环境影响评价　根据建设项目特点决定是否进行社会环境影响评价。

① 包括征地拆迁、移民安置、人文景观、人群健康、文物古迹、基础设施（如交通、水利、通信）等方面的影响评价。

② 收集反映社会环境影响的基础数据和资料，筛选出社会环境影响评价因子，定量预测或定性描述评价因子的变化。

③ 分析正面和负面的社会环境影响，并对负面影响提出相应的对策与措施。

17. 环境影响评价结论　环境影响评价结论是全部评价工作的结论，在概括全部评价工作的基础上，总结建设项目实施过程各阶段的生产和生活活动与当地环境的关系，明确一般情况下和特定情况下的环境影响，规定采取的环境保护措施，客观公正地从环境保护角度进行分析，得出建设项目是否可行的结论。

环境影响评价的结论一般应包括建设项目的建设概况、环境现状与主要环境问题、环境影响预测与评价结论、建设项目建设的环境可行性、结论与建议等内容，可有针对性地选择其中的全部或部分内容进行编写。环境可行性的结论应从与法规政策及相关规划一致性、清洁生产和污染物排放水平、环境保护措施的可靠性和合理性、达标排放稳定性、公众参与接受性等方面分析得出。

18. 附录和附件　将建设项目依据文件、评价标准和污染物排放总量批复文件、相关支持性文件（供水、供电、供热、供气、排污、垃圾处置、危险废物处置等）、引用文献资料、原燃料品质等必要的有关文件和资料附在环境影响报告书后。

建设项目环境影响报告书必须由具有环评资质的单位编制，报告书中要附环境影响评价资质证书、环境影响评价工程师登记证书及评价人员情况。

（二）区域开发环境影响报告书的编制要点

区域开发与单个建设项目有较大差别，其影响更为复杂。为规范区域开发环境影响评价，2003 年颁布了《开发区区域环境影响评价技术导则》（HJ/T 131—2003），该导则对区域开发环境影响报告书的编制做出相应规定。下面以开发区为例说明区域环境影响报告书的编制要点。

1. 总论

（1）开发区立项背景。

（2）**编制依据**　编制依据包括现行的环保法律法规、政策、开发区规划等。

（3）**环境保护目标与保护重点**　以图示、列表方式给出可能涉及的环境敏感区域和敏感目标。

（4）评价因子、评价重点、评价范围。

（5）**区域环境功能区划**　给出区域环境功能区划图。

（6）**环境评价执行标准**　需要由有关环境保护行政主管部门批复。

2. 开发区总体规划和开发现状

(1) 开发区总体规划概述

① 开发区性质。

② 目标和指标：不同规划阶段的目标和指标，包括开发区规划的人口规模、用地规模、产值规模以及其他社会经济发展指标。

③ 规划方案概述：包括开发区总体规划方案及专项规划方案，说明开发区内的功能分区，给出总体规划图、土地利用规划图等。

④ 环保规划：包括开发区环境保护目标、功能分区、主要环保措施，给出环境功能区划图。

⑤ 优先发展项目清单和主要污染物特征。

⑥ 在规划文本中已研究的主要环境保护措施或替代方案。

(2) 现状回顾 对已有的实质性开发的开发区，应增加该部分内容，包括：①开发过程回顾。②现有产业结构、重点项目。③能源、水资源及其他主要物料的消耗，主要污染物的排放状况，基础设施建设情况。④环境质量变化情况及现存的主要环境问题。

3. 环境现状调查与评价

(1) 区域环境概况 包括地理位置、自然环境概况、社会经济发展概况等。

(2) 区域环境现状调查与评价

① 环境空气、地表水（包括供需状况）、地下水（包括开采情况）、噪声等环境要素现状的达标与超标情况。

② 固体废物的产生量，处理、处置以及回收和综合利用现状。

③ 土地利用类型、面积和分布情况，土壤环境质量现状。

④ 环境敏感区分布和保护现状。

(3) 区域社会经济 开发区所在区域的社会经济发展现状、发展规划目标。

(4) 环境保护目标与主要环境问题 概述区域环境保护规划和主要环境保护目标和指标，分析存在的主要环境问题，列出可能对区域发展目标、开发区规划目标形成制约的关键环境因素或条件。

4. 规划方案分析

(1) 开发区总体布局及区内功能分区的合理性分析 分析开发区规划确定的区内各功能组团（如工业区、商住区、绿化景观区等）的性质及其与相邻功能组团的边界和联系。分析开发区内各功能组团的发展目标和各组团间的优势与限制因子，分析各组团间的功能配合以及现有的基础设施及周边组团设施对该组团功能的支持情况。

可采用列表的方式说明开发区规划发展目标和各功能组团间的相容性。

(2) 开发区规划与所在区域发展规划的协调性分析 分析开发区规划是否与所在区域的总体规划具有相容性。

(3) 开发区土地利用的生态适宜度分析 选择对所确定的土地利用目标影响最大的一组因素作为生态适宜度的评价指标。

(4) 环境功能区划的合理性分析 对开发区规划中不合理的环境功能分区提出改进建议。

(5) 减缓措施 根据综合论证的结果，提出减缓环境影响的调整方案和污染控制措施与对策。

5. 污染源分析 根据规划的发展目标、规模、规划阶段、产业结构、行业构成等，分析预测开发区污染物来源、种类和数量。分析确定近、中、远期区域的主要污染源。污染源分析预测可以近期为主。可采用类比分析法、调查核实法、排污系数法、物料衡算法、实测法等方法进行污染源污染物排放量的估算。

6. 环境影响预测与评价

(1) 环境空气影响预测与评价

① 开发区能源结构及其环境空气影响分析。

② 已确定集中供热（气）厂对环境质量的影响。

③ 工艺尾气的环境影响。

④ 区内污染物排放对区内外环境敏感目标的环境影响。

⑤ 区外污染源对区内的环境影响。

(2) 地表水环境影响预测与评价 地表水环境影响预测与评价包括水资源开发利用、污水收集与集中处理、尾水回用以及尾水排放对受纳水体的影响。

(3) 地下水环境影响预测与评价

① 根据当地水文、地质调查资料，识别地下水的径流、补给、排泄条件以及地下水和地表水之间的水力联通，评价包气带的防护特性。

② 核查开发规划内容是否符合有关规定，分析建设活动影响地下水水质的途径，提出限制性（防护）措施。

(4) 固体废物处理、处置方式影响预测与评价

① 固体废物的类型、处理方式。

② 现有固体废物处理、处置设施的接纳能力、服务年限，并确认其选址是否符合环境保护要求。

③ 对规划中拟采取的固体废物处理、处置方案选址的合理性及方案的可行性。

(5) 噪声影响预测与评价 拟定开发区声环境功能区划方案。可能影响区域噪声功能达标的，应考虑调整规划布局、设置噪声隔离带等措施。

7. 开发区环境容量与污染物总量控制

(1) 大气环境容量与污染物总量控制

① 选择总量控制指标因子。

② 进行大气环境功能区划，确定各功能区环境空气质量目标。

③ 分析不同功能区环境质量达标情况。

④ 结合当地地形和气象条件，确定开发区大气环境容量。

⑤ 结合开发区规划分析和污染控制措施，提出区域环境容量利用方案和近期（一般5年）污染物排放总量控制指标。

(2) 水环境容量与废水排放总量控制

① 选择总量控制指标因子。

② 对于拟接纳开发区污水的水体，分析确定水环境容量。如预测总量大于环境容量，则需调整规划，降低污染物总量。

(3) 固体废物管理与处置

① 分析固体废物类型和发生量，分析固体废物减量化、资源化、无害化处理处置措施及方案。分类确定开发区可能产生的固体废物总量。

② 按固体废物分类处置的原则，测算需采取不同处置方式的最终处置总量，并确定可供利用的不同处置设施及能力。

8. 开发区生态环境保护与生态建设

(1) 生态现状调查 调查生态环境现状和历史演变过程、生态保护区或生态敏感区的情况，包括生物量及生物多样性、特殊生境及特有物种、自然保护区、湿地、自然生态退化状况（包括植被破坏、土壤污染与土地退化）等。

(2) 生态影响分析

① 分析由于土地利用类型改变导致的对自然植被、特殊生境及特有物种栖息地、自然保护区、水域生态与湿地、开阔地、园林绿化等的影响。

② 分析由于自然资源、旅游资源、水资源及其他资源开发利用变化而导致的对自然生态和景观方面的影响。

③ 分析评价区域内各种污染物排放量的增加、污染源空间结构等变化对自然生态与景观方面产生的影响。

④ 对策与措施：对于预计的可能产生的显著不利影响，要求从保护、恢复、补偿、建设等方面提出和论证实施生态环境保护措施的基本框架。

⑤ 生态影响分析的重点：区域开发对生态结构与功能的影响、生态影响的性质与程度、生态功能补偿的可能性与预期的可恢复程度、对保护目标的影响程度及保护的可行途径等。

9. 公众参与

(1) 参与对象 公众参与的对象主要是可能受到开发区建设影响、关注开发区建设的群体和个人。

(2) 参与内容 应向公众告知开发区规划、开发活动涉及的环境问题、环境影响评价初步分析结论、拟采取的减少环境影响的措施及效果等公众关心的问题。

(3) 参与方式 可采用媒体公布、社会调查、问卷、听证会、专家咨询等方式。

10. 开发区总体规划的综合论证与环境保护措施

(1) 规划论证内容

① 开发区总体发展目标的合理性。

② 开发区总体布局的合理性。

③ 开发区环境功能区划的合理性和环境保护目标的可达性。

④ 开发区土地利用的生态适宜度分析。

(2) 环境保护措施 对主要不利环境影响，逐项列出环境保护对策和环境减缓措施。

① 主要环境保护对策：包括对开发区规划目标、规划布局、总体发展规模、产业结构以及环保基础设施建设的调整方案。

② 主要环境影响减缓措施：大气环境影响减缓措施应从改变能源系统及能源转换技术方面进行分析。重点是煤的集中转换以及煤的集中转换技术的多方案比较。

水环境影响减缓措施应重点考虑污水集中处理、深度处理与回用系统，以及废水排放的优化布局和排放方式的选择。

对典型工业行业,可根据清洁生产、循环经济原理进行分析,提出替代方案与减缓措施。

固体废物影响的减缓措施重点是固体废物的集中收集、减量化、资源化和无害化处理、处置措施。

③ 提出限制入区的工业项目类型清单。

11. 开发区环境管理与环境监测计划

① 提出开发区环境管理与能力建设方案,包括建立开发区动态环境管理系统的计划安排。

② 拟定开发区环境质量监测计划。

③ 提出对开发区不同规划阶段的跟踪环境影响评价与监测的安排,包括对不同阶段进行环境影响评估(阶段验收)的主要内容和要求。

④ 提出简化入区建设项目环境影响评价的建议。

12. 结论 结论要简要、明确、客观地阐述评价工作的主要结论。

13. 附件、附图 与该项评价直接有关的重要的附件材料和图件。

(三)专项规划环境影响报告书的编制要点

《规划环境影响评技术导则 总纲》(HJ 130—2014)对规划环境影响报告书及环境影响篇章(或说明)的主要内容做出规定。

1. 总则

① 概述任务由来。

② 评价依据、评价目的与原则、评价范围、评价重点。

③ 附图、列表说明主体功能区规划、生态功能区划、环境功能区划及其执行的环境标准对评价区域的具体要求,说明评价区域内的主要环境保护目标和环境敏感区的分布情况及其保护要求等。

2. 规划分析

① 概述规划编制的背景,明确规划的层级和属性,解析并说明规划的发展目标、定位、规模、布局、结构、时序等规划内容。

② 规划与上、下层位规划(或建设项目)的关系和一致性分析。

③ 规划目标与其他规划目标、环保规划目标的关系和协调性分析。

④ 进行规划的不确定性分析,给出规划环境影响预测的不同情景。

3. 环境现状调查与评价

① 概述环境现状调查情况。

② 阐明评价区自然环境概况、社会环境概况、资源贮存与利用状况、环境质量和生态状况等,评价区域资源利用和保护中存在的问题。

③ 分析规划布局与主体功能区规划、生态功能区划、环境功能区划和环境敏感区、重点生态功能区之间的关系,评价区域环境质量状况,分析区域生态系统的组成、结构与功能状况、变化趋势和存在的主要问题,评价区域环境风险防范和人群健康状况,分析评价区主要行业经济和污染贡献率。

④ 对已开发区域进行环境影响回顾性评价，明确现有开发状况与区域主要环境问题间的关系。明确提出规划实施的资源与环境制约因素。

4. 环境影响预测与评价

① 按环境主题（如生物多样性、人口、健康、动植物、土壤、水、空气、气候因子、矿产资源、文化遗产、自然景观）描述所识别、预测的主要环境影响。说明资源、环境影响预测的方法，包括预测模式和参数选取等。

② 对不同规划方案或设置的不同情境，分别描述所识别、预测的主要的直接影响、间接影响、累积影响。估算不同发展情景对关键性资源的需求量和污染物的排放量，给出生态影响范围和持续时间，主要生态因子的变化量。

③ 评价不同地域尺度（当地、区域、全球）和不同时间尺度（短期、长期）的影响。

④ 根据不同类型规划及其环境影响特点，开展人群健康影响状况评价、环境风险和生态风险评价、清洁生产水平和循环经济分析。

⑤ 对不同规划方案可能导致的环境影响进行比较，包括环境目标、环境质量、可持续性的比较。评价区域资源与环境承载能力对规划实施的支撑状况。

5. 规划方案论证与环境影响减缓措施

① 综合各种资源与环境要素的影响预测和分析、评价结果，分别论述规划的目标、规模、布局、结构等规划要素的环境合理性，以及环境目标的可达性和规划对区域可持续发展的影响。

② 明确规划方案的优化调整建议，并给出评价推荐的规划方案。

③ 详细给出针对不良环境影响的预防、最小化及修复补救的对策和措施，论述对策和措施的实施效果。

④ 给出重大建设项目环境影响评价的重点内容和基本要求、环境准入条件和管理要求等。

6. 环境影响跟踪评价

详细说明拟定的跟踪评价方案，论述跟踪评价的具体内容和要求。

7. 公众参与

① 公众参与概况。

② 概述与环境质量评价有关的专家咨询意见及收集的公众意见和建议。

③ 专家咨询意见、公众意见与建议的落实情况，重点说明不采纳的理由。

8. 评价结论

概述评价工作成果，明确规划方案的合理性和可行性。

9. 附件

附必要的表征规划发展目标、规模、布局、结构、建设时序以及表征规划涉及的资源与环境的图、表和文件，给出环境现状调查范围、监测点位分布等图件。

（四）规划环境影响篇章及说明的编制要点

1. 环境影响分析依据

① 与规划相关的法律法规、环境经济与技术政策、产业政策和环境标准。

② 评价范围、环境目标和评价指标。

2. 环境现状评价

① 明确主体功能区规划、生态功能区划、环境功能区划对评价区域的要求，说明环境敏感区和重点生态功能区等环境保护目标的分布情况及其保护要求。

② 概述规划涉及的区域或行业领域存在的主要资源与环境问题及其历史演变。

③ 明确提出规划实施的资源与环境制约因素。

3. 环境影响分析、预测与评价

① 简要说明该规划与上、下位规划（或建设项目）的关系，以及与其他规划目标、环保规划目标的协调性。

② 对应于不同规划方案或设置的不同情境，分别描述所识别、预测的主要的直接影响、间接影响和累积影响。

③ 对不同规划方案可能导致的环境影响进行比较，包括环境目标、环境质量和（或）可持续性的比较。

④ 评价区域资源与环境承载能力对规划实施的支撑状况，以及环境目标的可达性。给出规划方案的环境合理性和可持续发展综合论证结果。

4. 环境影响的减缓措施

① 详细说明针对不良环境影响的预防、减缓（最小化）及修复补救的对策和措施。

② 给出重大建设项目环境影响评价要求、环境准入条件和环境管理要求等。

③ 给出跟踪评价方案，明确跟踪评价的具体内容和要求。

5. 附件

根据需要附必要的图、表等附件。

四、环境影响报告表的编制

1999年8月国家环境保护局发布了"环发〔1999〕178号"文件规定了环境影响报告表和登记表的内容和格式。建设项目环境影响报告表必须由具有环境影响评价资质的单位填写，附环境影响评价资质证书、环境影响评价工程师登记证书及评价人员情况。

（一）建设项目环境影响报告表的编制说明

1. 项目名称 项目名称指项目立项批复时的名称，应不超过30个字（两个英文字段看作一个汉字）。

2. 建设地点 建设地点指项目所在地的详细地址，公路、铁路应填写起止地点。

3. 行业类别 行业类别按国标填写。

4. 总投资 总投资指项目投资总额。

5. 主要环境保护目标 主要环境保护目标指项目区周围一定范围内集中居民住宅区、学校、医院、保护文物、风景名胜区、水源地和生态敏感点等，应尽可能给出保护目标、性质、规模和距厂界距离等。

6. 结论与建议 结论与建议应给出本项目清洁生产、达标排放和总量控制的分析结论，确定污染防治措施的有效性，说明本项目对环境造成的影响，给出建设项目环境可行性的明确结论。同时提出减少环境影响的其他建议。

7. 预审意见 预审意见由行业主管部门填写答复意见，无主管部门的项目，可不填。

8. 审批意见 审批意见由负责审批该项目的环境保护行政主管部门批复。

（二）环境影响报告表的格式

建设项目基本情况

项目名称				
建设单位				
法人代表		联系人		
通信地址				
联系电话		传真	邮政编码	
建设地点				
立项审批部门		批准文号		
建设性质	新建□　改、扩建□　技改□	行业类别及代码		
占地面积（m^2）		绿化面积（m^2）		
总投资（万元）		其中环保投资（万元）	环保投资占总投资比（％）	
评价经费（万元）		预计投产日期		

工程内容及规模：
一、项目背景
二、编制依据
1. 法律法规依据。
2. 建设项目依据。
三、项目概况
1. 建设地点。
2. 建设内容及规模。
3. 投资规模。
4. 劳动定员及工作制度。
5. 公用工程。

备注：（1）根据项目实际情况在满足环境评价要求的情况下也可灵活变动，如建设单位简介、项目建设的意义、工程规模及技术指标、项目产业政策符合性分析、项目选址合理性分析、主要原辅材料消耗、工程总平面布置、建筑节能节水措施、公用工程、工程投资与资金来源、劳动定员及工作制度、主要生产设备等。

（2）非生产性项目应说明工程规模和工程内容（包括主体工程及公建、辅助及环保设施）。

（3）生产性项目应包括：①生产规模，包括产品/产量；②建设内容，包括土建内容、设备清单、原辅材料清单、公用设施情况（能源种类、水、电、锅炉种类/台数、冷冻系统等）、环保治理设施等。

与本项目有关的原有污染情况及主要环境问题：

备注：此部分一般改、扩建项目与技改项目涉及较多，需要交代原有污染情况，达标和总量控制情况，有无"以新带老"问题，以及存在的环境问题。对新建项目可能涉及原有场地是否存在问题、是否满足拟建项目要求、是否需要进行修复等问题。

建设项目所在地自然环境社会环境情况

自然环境简况：
1. 地理位置。
2. 地质、地形、地貌。
3. 水文地质。
4. 气候、气象特征。
5. 植被、生物多样性。
6. 地震。

社会环境简况（社会经济结构、教育、文化、文物保护等）：
1. 社会环境概况。
2. 社会经济情况。

环境质量状况

建设项目所在地区域环境质量现状及主要环境问题：
1. 项目区域环境空气质量现状。
2. 地表水环境质量现状。
3. 地下水环境质量现状。
4. 声环境质量现状。
5. 主要环境问题。

备注：应说明以下几点。

(1) 规划相容性和环境质量现状：①本项目建设、选址与城市规划的相容性；②环境质量现状。要求，a. 应尽量利用现有资料；b. 若需现场监测，应与环保主管人员沟通后进行。

(2) 周边污染源情况及主要环境问题：①非生产性项目，应说明周边污染源情况及其带来的环境问题，如工厂、城市交通道路。②生产性项目，应说明周边污染源情况，尤其是对特殊行业（食品、医用、电子、精密仪器等对环境质量要求较高的行业）带来的环境问题。

主要环境保护目标（列出名单及保护级别）：

备注：应对项目区周围一定范围内居民住宅区、学校、医院、保护文物、风景名胜区、水源地和生态敏感点等列出名单，应尽可能给出保护目标、性质、规模和距厂界距离等，并在地形图或平面图中表示。

评价适用标准

环境质量标准	
污染物排放标准	
总量控制指标	

建设项目工程分析

工艺流程简述（图示）： 一、施工期工艺流程 二、营运期工艺流程 备注：一般要给出工程流程图及工艺说明（非生产性项目可略）。
主要污染工序： 备注：以产污环节图表示，加以简单说明（非生产性项目应说明各污染源）；是否需要做物料平衡和水量平衡视具体项目而定。

项目主要污染物产生及预计排放情况

类型 \ 内容	排放源（编号）	污染物名称	处理前浓度及产生量（单位）	排放浓度及排放量（单位）
大气污染物	备注：与工艺流程图及排污流程图相对应。			
水污染物	备注："水污染物"应说明去向。			
固体废物				
噪声	备注：列出主要噪声源、振动源，并在总平面布置图中标出位置（编号），说明噪声、振动源强。			
其他	备注：可包括电磁辐射、电离辐射等其他污染源。			

主要生态影响（不够时可附另页）：
备注：（1）一般占地不大、建设期短的工业类建设项目或不新征地的项目对生态影响不明显，可适当从简。
（2）凡涉及水利工程、围海造地、或涉及环节敏感区的开发项目，应详细描述生态影响。

环境影响分析

施工期环境影响简要分析：

营运期环境影响分析：

一般可根据项目特点选择以下全部或部分内容加以分析：

1. 地表水环境影响分析。
2. 空气环境影响分析。
3. 噪声环境影响分析。
4. 固体废物环境影响分析。
5. 环境风险分析。
6. 清洁生产分析。
7. 环保治理措施及投资估算。
8. 项目产业政策及选址符合性简要分析。
9. 总量控制分析。
10. 减少环境影响的其他建议。

建设项目拟采取的防治措施及预期治理效果

类型 \ 内容	排放源（编号）	污染物名称	防治措施	预期治理效果
大气污染物				
水污染物				
固体废物				
噪声				
其他				

生态保护措施及预期效果：

结论与建议

结论：
一般包括以下几方面内容：
1. 项目选址合理性（说明与规划的符合性）及产业政策符合性。
2. 环境质量现状评价结果。
3. 施工期、运营期环境影响分析结论。
4. 环境保护措施合理性分析。
5. 清洁生产分析。
6. 总量控制。

措施：

建议：

最后要给出综合结论：通过分析项目建设的国家产业政策符合性、城市总体规划符合性、选址的合理性，分析项目在施工期和运营期产生废水、废气、噪声及固体废物的情况等，提出的各项环境保护措施后项目对周围环境的影响是否可以控制在允许的范围以内，同时结合履行"三同时"制度，加强员工的环境保护意识，切实落实污染防治措施及对策建议等，从环境保护的角度说明项目建设是否可行。

预审意见：

经办人：　　　　　　　　　　　　　　　　　　　　　　公　章
　　　　　　　　　　　　　　　　　　　　　　　　　　年　月　日

下一级环境保护行政主管部门审查意见：

经办人：　　　　　　　　　　　　　　　　　　　　　　公　章
　　　　　　　　　　　　　　　　　　　　　　　　　　年　月　日

审批意见：

经办人：　　　　　　　　　　　　　　　　　　　　　　公　章
　　　　　　　　　　　　　　　　　　　　　　　　　　年　月　日

注 释

一、本报告表应附以下附件、附图：

附件1　立项批准文件

附件2　其他与环评有关的行政管理文件

附图1　项目地理位置图（应反映行政区划、水系、标明纳污口位置和地形地貌等）

附图2　项目平面布置图（废气排放口位置、噪声污染源位置）

二、如果本报告表不能说明项目产生的污染及对环境造成的影响，应进行专项评价。根据建设项目的特点和当地环境特征，应选下列1～2项进行专项评价。

1. 大气环境影响专项评价。
2. 水环境影响专项评价（包括地表水和地下水）。
3. 生态影响专项评价。
4. 声影响专项评价。
5. 土壤影响专项评价。
6. 固体废弃物影响专项评价。

以上专项评价未包括的可另列专项，专项评价按照《环境影响评价技术导则》中的要求进行。

五、建设项目环境保护审批登记表的编制

2012年8月环境保护部环境工程评估中心发布《关于进一步统一规范建设项目环境保护审批登记表和工程竣工环境保护"三同时"验收登记表的通知》，对《建设项目环境保护审批登记表》的填报进一步做出规范要求。

（一）建设项目环境保护审批登记表的格式

建设项目环境保护审批登记表的格式如下所示。

建设项目环境保护审批登记表

填表单位(盖章):				填表人(签字):		项目经办人(签字):		
建设项目	项目名称			建设地点				
	建设规模及内容			建设性质				
	行业类别			环境影响评价管理类别				
	总投资(万元)			环保投资(万元)		所占比例(%)		
建设单位	单位名称		联系电话	单位名称		联系电话		
	通讯地址		邮政编码	通讯地址		邮政编码		
	法人代表		联系人	证书编号		评价经费		
建设项目所处区域环境敏感特征	环境质量等级	环境空气	地表水	地下水	海水	土壤	环境噪声	其他
		□自然保护区 □饮用水水源保护区 □基本农田保护区 □风景名胜区 □世界自然文化遗产 □重要湿地 □基本草原				□沙化地封禁保护区 □珍稀动植物栖息地 □水土流失重点防治区 □文物保护单位 □重点湖泊 □重点流域		□森林公园 □地质公园 □两栖区
污染物排放达标与总量控制项目(工业建设项目只填与本项目有关的其他排污染物)		现有工程(已建+在建)				本工程(拟建或调整变更)			总体工程(已建+在建+拟建或调整变更)		
		实际排放浓度(1)	允许排放浓度(2)	实际排放总量(3)	核定排放总量(4)	预测排放浓度(5)	允许排放浓度(6)	产生量(7)	自身削减量(8)	预测排放总量(9)	核定排放总量(10)	"以新带老"削减量(11)	区域平衡替代本工程削减量(12)	预测排放总量(13)	核定排放总量(14)	排放增减量(15)
	废水															
	化学需氧量															
	氨氮															
	石油类															
	废气															
	二氧化硫															
	烟尘															
	工业粉尘															
	氮氧化物															
	工业固体废物															

注: 1. 排放增减量:(+)表示增加,(−)表示减少; 2. (12):指该项目所在区域通过"区域平衡"专为本工程替代"削减的量"; 3. (9)=(7)−(8),(15)=(9)−(11)−(12),(13)=(3)−(11)+(9); 4. 计量单位: 废水排放量为万 t/年;废气排放量为万标立方米/年;工业固体废物排放量为万 t/年;大气污染物排放浓度为 mg/m³;水污染物排放量为 t/年;大气污染物排放量为 t/年。

主要生态破坏控制指标

影响及主要措施\生态保护目标	名称	级别或种类数量	影响程度（严重、一般、小）	影响方式（占用、切割、阻断或二者均有）	避让、减免影响的数量或采取保护措施的种类数量	工程避让投资（万元）	另建及功能区划调整投资（万元）	迁地增殖保护投资（万元）	工程防护治理投资（万元）	其他
自然保护区										
水源保护区		—						—		
重要湿地								—		
风景名胜区		—						—		
世界自然、人文遗产地										
珍稀特有动物										
珍稀特有植物										

类别及形式			占用土地（hm²）面积		其他
基本农田	临时占用	永久占用			
林地	临时占用	永久占用			
草地	临时占用	永久占用			
环评后减缓和恢复的面积					

移民及拆迁人口数量	工程占地拆迁人口	环境影响迁移人口	易地安置	后靠安置	其它

噪声治理费用	工程避让（万元）	隔声屏障（万元）	隔声窗（万元）	绿化降噪（万元）	低噪设备及工艺（万元）	其他

治理水土流失面积	工程治理（km²）	生物治理（km²）	减少水土流失量（t）	水土流失治理率（%）

(二) 建设项目环境保护审批登记表填表注意事项

1. 表头 填表单位（盖章）：单位名称及盖章应与《建设项目环境影响评价资质证书》中机构名称一致。

2. 建设项目

(1) 建设内容及规模 工业类建设项目，填写产品的名称及产量。非工业建设项目，则根据项目具体情况填写，如建筑面积、占地面积、人数、床位数等。

(2) 行业类别 参考《国民经济行业分类》（GB/T 4754—2011）填写。

(3) 环保投资 拟建工程用于防治废水、废气、噪声、固体废物等污染以及绿化等生态建设的全部建设投资。对于单独的环境治理项目，如污水处理厂，其总投资均可视为环保投资。

3. 建设单位 法人代表要填写《法人单位代码证书》中的法定代表人的姓名。

4. 评价单位 单位名称应和环评机构《建设项目环境影响评价资质证书》中的机构名称一致。

5. 建设项目所处区域环境现状 填写各环境要素的环境质量现状的等级要与环评报告中所写一致。

6. 污染物排放达标与总量控制（工业建设项目详填） 第1行到第10行为废水、废气、工业固体废物产生、排放情况；第11行为与项目有关的其他特征污染，如VOC、重金属等。

第1列到第4列主要填写改扩建和技术改造项目中现有工程相关内容；第5列到第10列拟建工程需填写；第11列到第15列主要针对总体工程（包括现有工程和拟建工程）。

7. 主要生态破坏控制指标（主要用于生态影响为主的项目）

(1) 生态保护目标 填表时识别项目建设期或运行期涉及生态保护目标中的哪些项。

(2) 影响及主要措施

① 避让、减免影响的数量或采取保护措施的种类数量：对工程建设项目进行改线、调整，以避开、减免对保护对象的影响或采取了保护措施后减缓了对保护对象种类的影响数。

② 工程避让投资：对工程建设项目进行改线、调整所需的费用。

③ 迁地增殖保护投资：对保护对象进行搬迁所需的费用。

(3) 占用土地类别及形式

① 占用土地：占用土地包括基本农田、林地、草地三种类型，三种类型之外的为其他；占地方式分临时占地和永久占地，一般施工期占地为临时占地，生产运营期占地为永久占地。

② 环评后减缓和恢复的面积：采取了环评提出的措施后，所减缓和恢复的占地面积。

六、环境影响登记表的编制

(一) 环境影响登记表的编制要求

1999年8月国家环境保护总局发布了"环发〔1999〕178号"文件规定了环境影响登记表的内容和格式。

环境影响登记表由建设单位填报即可，对环评资质无要求。

(二) 建设项目环境影响登记表的格式

建设项目环境影响登记表的格式如下所示。

编号：_____

建设项目环境影响登记表

(试行)

项目名称：_____

建设单位（盖章）：_____

编制日期：　　年　月　日

国家环境保护总局制

第十三章 环境评价文件的编制

项目名称					
建设单位					
法人代表			联系人		
通信地址					
联系电话		传真		邮政编码	
建设地点					
建设性质	新建□改、扩建□技改□		行业类别及代码		
占地面积（平方米）			使用面积（平方米）		
总投资（万元）		环保投资（万元）		投资比例	
预期投产日期	年 月 日		预计年工作日		天

一、项目内容及规模：

二、原辅材料（包括名称、用量）及主要设施规格、数量（包括锅炉、发电机等）：

三、水及能源消耗量：

名称	消耗量	名称	消耗量
水（吨/年）		燃油（吨/年）	重油　轻油
电（千瓦/年）		燃气（标立方米/年）	
燃煤（吨/年）		其他	

四、废水（工业废水□、生活废水□）排水量及排放去向：

(续)

五、周围环境简况（可附图说明）：
六、生产工艺流程简述（如有废水、废气、废渣、噪声产生，须明确标出产生环节，并用方案说明）：
七、拟采取的防治污染措施（包括建设期、营运期）：
八、审批意见：   经办人（签字）：　　　　　　　　　　　　　　　　　　　　　　　（公章） 　　　　　　　　　　　　　　　　　　　　　　　　　　　　　　　年　月　日

备注：除审批意见，此表由建设单位填写。

第四节　环境质量评价图的编制

环境质量评价图件是环境质量评价中必不可少的内容，是反映环境评价信息及评价成果的基本表达方式和手段，具有直观、形象的特点，具有文字所不能替代的效果，所以在环境质量评价工作中越来越重要。

一、环境质量评价图的类型

（一）环境质量评价图的分类

1. 按环境要素分　可分为大气环境质量评价图、水环境（地表水、地下水、湖泊、水库）质量评价图、土壤环境质量图、土地利用现状图、植被图、土壤侵蚀图等。

2. 按区域类型分　可分为城市环境质量评价图、流域水系分布与质量评价图、海域环境质量评价图、区域动植物资源分布图、自然灾害分布图、风景游览区环境质量评价图、区域环境质量评价图。

3. 按性质分　可分为普通图、环境质量评价图。

（二）环境质量评价地图

以地理地图为底图的环境质量评价图统称为环境质量评价地图。它是环境质量评价所独有的图，常见的有如下几种类型。

1. 环境条件地图　环境条件地图包括自然环境条件和社会环境条件两个方面。

2. 环境污染现状地图　环境污染现状地图包括污染源分布图、污染物分布（或浓度分布）图、污染源评价图等。

3. 环境质量评价图　环境质量评价图包括污染指数图、单项环境质量评价图、环境质量综合评价图、生物生境质量评价图、植被图等。

4. 环境质量影响地图　环境质量影响地图包括土地利用现状图、土壤侵蚀图、自然灾害分布图等。

5. 环境规划地图　环境规划地图包括环境功能区划图、资源分布图、产业布局图等。

二、环境评价制图的方法

（一）环境评价制图的一般要求和方法

环境评价制图的主要任务是研究环境要素、环境质量、环境动态发展以及环境规划和对策的图形表示法。可以汇集各部门、各学科的研究成果，进行单要素、单因子的分析制图，在此基础上再进行多要素多因子的综合制图，最终建立客观环境空间模型。借助于环境空间模型，可以获得环境空间与时间、宏观与微观、自然与社会的相互联系以及动态变化的具体概念。通过图像分析环境诸要素和现象的空间、时间变化规律，预测环境发展趋势。

环境地图的地理底图也有它自身的特点。例如，反映水系污染现状的底图，水系要素的表示尤为重要。不仅要考虑河流的长度、水量以及与其他地理要素的关系，同时必须考虑到它与污染源的关系。如有些小河与污染源有直接联系，已影响到自身和下方水质的变化，在图件中就必须反映出来。

地貌与水系关系密切，地貌条件是影响降水量、土壤和植被分布以及水土流失的重要因素,也是水环境中污染物迁移的动力因素,它决定着污染物的迁移方向和速度。地貌条件对大气中污染物的迁移和扩散也有较大影响。因此,在环境地图的底图上表示出地貌形态是必要的。可根据地图的比例尺、用途和区域特点,采用等高线等方法表示。

对于反映不同环境内容的环境地图必须制作不同的地理底图,以满足不同专题内容的需要。

1. 符号法 用一定形状或颜色的符号表示环境信息的不同性质、特征等。如果不用符号的大小表示某种特征的数量关系,应保持符号大小一致;如要反映数量值大小的区别,其符号大小或等级差别应做到既明显又不过分悬殊,使整幅图美观、大方、匀称。中、小比例尺图的符号定位,应做到相对准确。大比例图应做到准确定位。

用几何图形(○、□、□、△、◆、⬠、⬡、★等)定位时,以图形的中心作为实地中心位置。用底宽符号(如烟囱)定位时,以底线中心位置表明实地位置。用线状符号(如铁路、公路)定位时,以符号中心线表示实际位置。

用其他不规则符号定位时,以中心点为实地位置。

2. 定位图表法 定位图表法是在确定的地点或各地区中心用图表表示该地点或该地区某些环境的信息。如污染物浓度值或污染指数值图、风向频率玫瑰图等。

3. 类型图法 该方法对具有相同指标的区域用同一种晕线或颜色表示,对具有不同指标的区域,用不同晕线或颜色表示。如土地利用现状图,河流水质图、环境区划图等。

4. 等值线法 等值线法常用来表示某种属性在空间内的连续分布和渐变的环境信息。可利用一定的观测资料或调查资料,内插出等值线,也可通过预测软件直接绘出。如温度等值线图、污染物的等浓度线图、噪声等值线图等。

5. 网格法 网格法又称微分面积叠加法。网格图具有分区明显、计数方便、制图方便、能提高制图精度、并可自动化制图等特点,在环境质量评价中广泛采用。

(二)环境评价制图的常用工具

制图学的发展有赖于相关学科或技术的发展,近几年来,以大地测量、遥感、GIS 为技术核心,致力于获取、处理、管理和分发地球空间的各种自然、社会和人文地理空间信息。常用的环境制图软件有 MAPGIS、Visio、Photoshop、CAD、CorelDraw、ARCGIS 等。MAPGIS 常用于涉及区域开发、生态影响评价。例如在绘制环境地理位置图时,MAPGIS 提供了两种图形输入方法:一种是数字化输入,即采用数字化仪人工手扶游标跟踪,将原图资料转化为图形数据;另一种是扫描矢量化,通过扫描仪扫描原图,以栅格形式存储于图像文件中,并经过矢量转换为矢量数据。以上功能可用 MAPGIS 的输入编辑子系统来完成。数据输入计算机后,就要进入图形编辑数据校正、图形的整饰、误差的消除、坐标的变换等工作,由 MAPGIS 图形编辑子系统、误差校正、图形裁剪属性库管理等系统来完成上述各项功能。颜色直接影响测绘地图的表现力和图面效果,MAPGIS 对测绘地图做了颜色的要求,在分析了测绘地图印刷特点的基础上,设计了一套灵活、方便、精确的颜色定义和色标系统。图形输出是 MAPGIS 地质制图的最后一道工序,通常是把显示出的图形数据,经过以上步骤,在基本符合要求后,由 MAPGIS 的输出系统将编辑好的图形显示到屏幕或指定的设备上。

CAD 在环境科学研究中应用越来越广,它的任务是以地图的形式反映环境生态和环境污染的迁移、转化和积累的规律,分析和评价环境质量的现状和发展趋势。Visio 广泛应用于绘制工艺流程图、物料平衡图等。

另外，图形修改、美化等常用到 Photoshop。

(三) 环境影响评价的常用附图及要求

1. 地理位置图 图示评价区范围、厂址、交通干线、主要河流、湖泊、水库、湿地、城镇、厂矿企业、自然人文景观等主要环境敏感目标，附风频玫瑰图、图例和比例尺（常用 1∶50 000～1∶100 000）。

2. 水系图 图示主要河流、湖泊、水库、流向（主、次）、水工设施、厂址、污水排口位置（含污水处理厂）、饮用水源保护区范围、取水口、水产养殖区等敏感目标。附比例尺（1∶50 000～1∶100 000）和风频玫瑰图（或指 N 向）。

3. 规划图 规划图如开发区规划图、工业集中区发展规划图、城镇总体规划图，图示土地利用规划（需要时应增加现状图）、项目位置、热电厂、污水处理厂、管网等。附图例、比例尺（1∶50 000～1∶100 000）。

4. 厂区总平面布置图 图示主要生产装置，公用工程、储罐区、危险化学品库等及污染源位置（排气筒、排污口、噪声源、固体废物储存场地等）。改建、扩建、技改项目标明现有、在建和拟建项目区。附图例、风频玫瑰图（或指 N 向）及比例尺（1∶3 000～1∶5 000）。

5. 厂界周围状况图 图示厂界外不少于 500 m 的土地利用现状和主要环境敏感保护目标。附比例尺（1∶5 000～1∶10 000）。

6. 生态图 详见生态制图部分。

7. 常用的环境影响评价图件示例

(1) 水系图

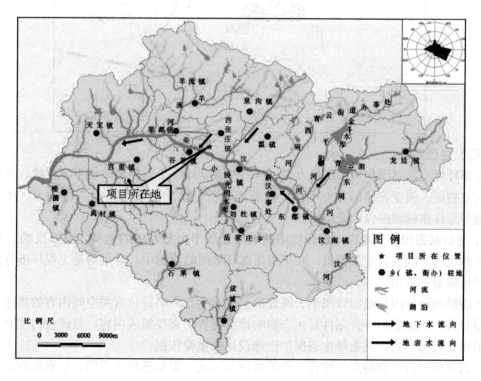

(2) 噪声监测布点图

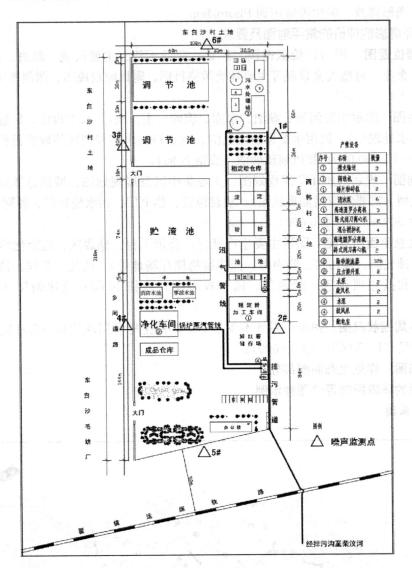

(四) 生态制图

生态环境专题制图作为了解地方性、区域性或全球性生态环境的历史、现状、变化、动态、时空特征、演变规律的重要手段，随着地球信息科学的发展，也正在资源、环境、生态、地理等许多领域得以广泛应用。

1. 生态制图图件 工程生态环境图的编制是属于生态制图的范畴，主要反映工程活动对生态环境的影响及其定量评价。在工程生态环境图的编制中，常用的是工程环境背景图与生态环境质量评价图。

生态影响评价图件是指以图形、图像的形式对生态影响评价有关空间内容的描述、表达或定量分析。生态影响评价图件是生态影响评价报告的必要组成内容，是评价的主要依据和成果的重要表示形式，是指导生态保护措施设计的重要依据。

根据评价项目自身特点、评价工作等级以及区域生态敏感性的不同，生态影响评价图件由基本图件和推荐图件构成。

基本图件是指根据生态影响评价工作等级的不同,各级生态影响评价工作需提供的必要图件。当评价项目涉及特殊生态敏感区域和重要生态敏感区时必须提供能反映生态敏感特征的专题图,如保护物种空间分布图;当开展生态监测工作时必须提供相应的生态监测点位图。

推荐图件是在现有技术条件下以图形、图像形式表达的、有助于阐明生态影响评价结果的选作图件。

一级评价生态影响评价图件构成如表13-2所示。

表13-2 一级评价生态影响评价图件构成要求

评价工作等级	基 本 图 件	推 荐 图 件
一级	(1) 项目区域地理位置图 (2) 工程平面图 (3) 土地利用现状图 (4) 地表水系图 (5) 植被类型图 (6) 特殊生态敏感区和重要生态敏感区空间分布图 (7) 主要评价因子的评价成果和预测图 (8) 生态监测布点图 (9) 典型生态保护措施平面布置示意图	(1) 地形地貌图、土壤类型图和土壤侵蚀分布图 (2) 水环境功能区划图、水文地质图等 (3) 海域岸线图、海洋功能区划图、海洋渔业资源分布图、主要经济鱼类产卵场分布图、滩涂分布现状图 (4) 土地利用规划图、生态功能分区图 (5) 地表塌陷等值线图 (6) 动植物资源分布图、珍稀濒危物种分布图、基本农田分布图、绿化布置图、荒漠化土地分布图等

2. 制作生态影响评价图件基础数据的来源 制作生态影响评价图件基础数据来源于已有图件资料、采样、实验、地面勘测和遥感信息等。如通过对现有背景图件的扫描、配准、矢量化或者数据格式的转换获取背景专题数据;从测绘数据中获取DEM(数字高程模型,digital elevation model)、等高线、河流水系等数据;通过采样获取生物量、生物群落等数据;通过生物习性模拟、生物毒理实验等获取受影响生态因子的变化机理数据;通过生态监测获取受保护物种生境、物种迁徙及非生物因子的变化趋势等数据;从统计年鉴中获取人口、经济、环境质量等数据;从遥感解译中获取植被类型、植被覆盖度、土地利用等数据;从水文、地质、土壤等专题数据库中提取区域部分专题数据等。

已有图件资料获取后,应从资料的现势性、完备性、精确性、可靠性等方面,分析其与评价的生态影响是否匹配,确定资料的使用价值和程度。只有当图件资料的精度高于或相当于评价精度的要求时,才能在本项目中直接引用,否则,需经实地调查、监测,对数据重新校正后使用。

遥感技术飞速发展,遥感信息的获取趋向全波段、全天候、全球覆盖和高分辨率,突破了时间和空间的局限,遥感信息已成为生态影响评价的主要数据源之一。在遥感信息源选择中,图像的空间分辨率、波谱分辨率和时间分辨率是主要指标。

图件基础数据来源应满足生态影响评价的时效要求,选择与评价基准时段相匹配的数据源。当图件主题内容无显著变化时,制图数据源的时效要求可在无显著变化期内适当放宽,但必须经过现场勘验校核。

3. 生态影响评价制图的工作精度及成图要求　生态影响评价制图的工作精度应满足生态影响判别和生态保护措施的实施。生态影响评价成图应能准确、清晰地反映评价主题内容，成图比例不应低于表 13-3 中的规范要求（项目区域地理位置图除外）。当成图范围过大时，可采用点、线、面相结合的方式，分幅成图；当涉及敏感生态保护目标时，应分幅单独成图，以提高成图精度。

表 13-3　生态影响评价图件成图比例规范要求

成图范围		成图比例尺		
		一级评价	二级评价	三级评价
面积	≥100 km²	≥1:10 万	≥1:10 万	≥1:25 万
	20~100 km²	≥1:5 万	≥1:5 万	≥1:10 万
	2~≤20 km²	≥1:1 万	≥1:1 万	≥1:2.5 万
	≤2 km²	≥1:5 000	≥1:5 000	≥1:1 万
长度	≥100 km	≥1:25 万	≥1:25 万	≥1:25 万
	50~100 km	≥1:10 万	≥1:10 万	≥1:25 万
	10~≤50 km	≥1:5 万	≥1:10 万	≥1:10 万
	≤10 km	≥1:1 万	≥1:1 万	≥1:5 万

生态影响评价图件应符合专题地图制图的整饰规范要求，成图应包括图名、比例尺、方向标（经纬度）、图例、注记、制图数据源（调查数据、实验数据、遥感信息源或其他）、成图时间等要素。

4. 生态制图方法　局域性工程活动对生态环境的影响，可以通过工程生态环境调查及其以调查结果为基础的生态环境质量的动态变化反应，编制不同时期生态环境质量评价图，对比分析时间序列变化。

生态环境质量评价图的编制一般按以下步骤：①确定制图指导思想和生态环境评价图的基本制图单元；②确定要素评价标准，编制生态环境要素评价图；③建立数据标准化公式，进行要素评价数据归一化及其累加；④进行要素评价图叠加与综合，编制生态环境质量综合评价图；⑤确定综合评价等级。

生态制图的常用方法是图形叠置法，是把两个以上的生态信息叠合到一张图上，构成复合图，用以表示生态变化的方向和程度。本方法的特点是直观、形象、简单明了。图形叠置法主要应用于区域生态质量评价和影响评价；用于具有区域性影响的特大型建设项目评价，如大型水利枢纽工程、新能源基地建设、矿业开发项目等；用于土地利用开发和农业开发。

图形叠置法有两种基本制作手段：指标法和 3S 叠图法。

指标法要先确定评价区域范围，进行生态调查，收集评价范围与周边地区自然的和生态的信息，同时收集社会经济和环境污染及环境质量信息；然后进行影响识别和筛选拟评价因子，其中包括识别和分析主要生态环境问题；研究拟评价生态系统或生态因子的地域分异特点与规律，对拟评价的生态系统、生态因子或生态问题建立表征其特性的指标体系，并通过定性分析或定量方法对指标赋值或分级，再依据指标值进行区域划分；将上述区划信息绘制在生态图上。

3S 叠图法要先选用地形图，或正式出版的地理地图，或经过精校正的遥感影像作为工作底图，底图范围应略大于评价工作范围；在底图上描绘主要生态因子信息，如植被覆盖、动物分布、河流水系、土地利用和特别保护目标等；然后进行影响识别与筛选评价因子；运用 3S 技术，分析评价因子的不同影响性质、类型和程度；最后将影响因子图和底图叠加，得到生态影响评价图。

复习思考题

1. 环境评价文件的作用是什么？
2. 简述年度环境质量报告书的要点。
3. 环境影响评价文件有哪些类型？
4. 编制环境影响报告书的基本要求有哪些？
5. 简述建设项目环境影响报告书的主要内容。
6. 专项规划环境影响报告书的主要内容有哪些？
7. 编制环境影响报告表需要注意哪些问题？
8. 什么是环境质量评价地图？主要类型有哪些？

附录一 环境影响评价案例

案例一 区域开发类：北京经济技术开发区环境影响评价

1 项目简介

"北京经济技术开发区"（以下简称开发区）位于大兴县亦庄乡，主要鼓励发展高新技术产业、出口创汇企业和三资企业，重点发展符合道教特点与道教地位相称的高档名牌产品。

1.1 工程概况

1.1.1 地理位置与建设规模

开发区位于大兴县、通县和朝阳区交界处，大部分在大兴县红星区境内。距离天安门 16.5 km，距离右安门 9 km，距离方庄小区 7 km。开发区总体规划面积 30 km²，起步区面积 3 km²，近期开发 15 km²。

开发区地理位置及土地利用现状如附图 1-1 所示。

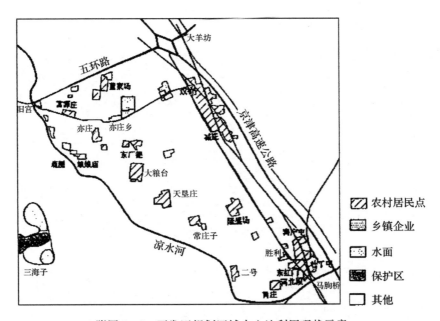

附图 1-1 开发区规划区域内土地利用现状示意

1.1.2 开发区布局

近期开发高速公路西侧,开发区中轴线为贯穿南北的荣华路,宽 65 m,路中有 12 m 的绿化带,两侧有 10.5 m 的机动车道。道路两侧为各种公共建筑,荣华路中段两侧为限高 150 的金融中心、国际贸易中心、科研中心、行政管理中心以及繁华的商业城,形成全区的主中心。荣华路南北两端分别为限高 100 m 的体育文化中心和酒店,形成两个副中心。主中心和副中心间的建筑物限高在 60 m 左右。主中心两侧为别具特色的两个公园,提供两个敞开空间。公共建筑区规划用地 158.8 hm²,建筑容积率平均 3.5 左右。

公共建筑区东侧为工业区,规划总用地约 570 hm²,建筑物控制高度为 30 m,容积率平均为 1.0。公共建筑区的西侧为生活区及学校、医院等配套设施,规划用地约 310 hm²,建筑物控制高度为 50 m,容积率为 1.0~2.0,可安排高档公寓、一般职工宿舍和少量别墅。

近期开发区规划用地平衡表如附表 1-1 所示。

附表 1-1 开发区近期规划用地平衡表

用地性质	工业用地	公建用地	居住用地	市政交通场站	公共绿地	道路用地	合计
面积/hm²	567.2	158.8	310.2	60.4	116.3	272.7	1485.6
百分比/%	38.18	10.56	20.88	4.07	7.83	18.48	100.00

1.1.3 公用工程与环境规划

(1) 供热规划 拟采用集中锅炉房。在冬季用于采暖、生活热水供应、生产和科研供汽;夏季用于空调制冷的供汽、生活热水供应、生产和科研供汽;春、秋过渡季节只用于生活热水供应和生产、科研供汽。

在开发区进步阶段,供热负荷冬季最大为 329.23 t/h,夏季最大为 299.11 t/h,春、秋最大为 44.46 t/h。建设一座锅炉房,最终安装 10 台 35 t/h 的锅炉。近期开发建设时,规划建设 13 座锅炉房(每座有 5 台 35 t/h 锅炉),其位置按开发区平面上基本均匀分布考虑。

对锅炉房产生的烟尘拟采用文丘里麻石水膜除尘器进行处理。对运煤系统产生的煤尘拟采用密封措施的设置布袋除尘器进行捕集。锅炉房产生的灰渣拟利用水力除渣的方法。除灰和冲渣水经沉淀后循环使用。固态灰渣拟用于铺路或煤砖。

(2) 供水规划 开发区规划范围内属于贫水区,地下水主要为第四系浅层水,地下水补给量较少,开发区用水由北京市自来水公司修一条 DN 1 000 mm×10 km 的输水干管供给。

(3) 雨污水排除规划 雨水最终排入凉水河。开发区东部雨水先排放入大羊坊沟再排入凉水河;西、南部雨水直接排入凉水河。开发区拟于西南部紧靠凉水河地段建一座污水处理厂,并独立修建相应的污水管道,处理后的出水再排入凉水河。污水处理厂规模近期为 2.0×10^4 m³/d,远期为 8.0×10^4 m³/d。

(4) 绿化及道路规划 在开发区四周建绿化隔离带。在开发区以北、公路一环以南留出 1 km 以上的绿化隔离带;在高速公路西侧留出 300 m 的绿化隔离带;沿凉水河留出不少于 100 m 宽的绿化隔离带。在道路两旁植树形成林荫大道。在开发区中心、居住区中心分别设置中心公园与居住区公园,在工业区内适当设置分散的小块绿地。工业区和生活区之间设置 40 m 宽的防护林隔离带。

(5) 煤气供给 开发区拟使用天然气为主要燃料,天然气由华北油田引入,于潘家庙设储气站，从储气站引出高压线沿通久路往东到成寿寺路，往南设一座高中压调压站。

1.2 自然环境概况

1.2.1 自然条件概况

开发区位于华北平原北部，永定河冲洪积平原二期洪积扇上。地势略低于市中心区，区内地形平坦，由北向南倾斜，属于冲积平原的地貌类型。区域地貌中位于永定河二级阶地上，小地貌中位于凉水河二级阶地上。

开发区西南边缘的凉水河由西北向东南流过，原是永定河的古河道。开发区东部的大羊坊沟由北向南汇入凉水河。近年来由于受到各类排放污水的污染，两条河流已失去了天然河道的功能，凉水河成为北京市西南郊的主要排污河道，大羊坊沟也担负着沿途的排灌任务。

1.2.2 社会经济条件

拟建开发区内共有 7 个村庄，3 595 人，耕地 351.2 hm^2，果园 58.27 hm^2，鱼塘 38.47 hm^2。其土地利用现状如附图 1-1 所示。

开发区及其周边共有企业 174 个，职工人数 8 232 人，产值 3 855 万元，利润 2 562 万元。

1.3 区域环境现状监测与评价

1.3.1 大气环境质量

该评价对规划开发区及其周围的大气污染源进行了调查，重点对内现有的 21 家单位进行了详细统计，共有锅炉房 11 座，出力一般为 2~4 t/h，烟囱高度一般在 25 m 左右，用煤 24 000 t/年。

进行大气环境质量现状监测时，要综合考虑污染气象条件、平面分布均匀性、未来功能分区等因素，布设 9 个监测点，监测项目为 TSP、SO_2、NO_x、CO、总烃，监测结果表明，本区域除 TSP 污染较重外，SO_2 有一定的污染，其他各项污染均不严重，TSP、SO_2 的污染与北方城市燃煤、气候条件等因素有关，具有一定的普遍性。故总体而言，该区域的大气环境比较好。

1.3.2 地表水环境质量

本区域的地表水体主要为凉水河与大羊坊沟。在评价区内及其邻近河段上共布设 9 个监测断面（大羊坊沟 3 个，凉水河 6 个）。监测结果表明，评价区域内的地表水受到严重污染，所有监测点的 COD、BOD 与石油类均严重超标，其标准指数分别为 5~9.7、3.4~13.4 与 1~7。

1.3.3 地下水环境质量

对地下水的监测共布设 8 个监测点。监测结果表明，评价区域内的地下水水化学类型以 HCO_3、Cl - Mg - Ca 型为主，地下水已受到不同程度的污染，大部分地区的水质超过或接近饮用水质标准，主要超标项目是石油类与硬度，其主要原因是河水和灌渠的渗漏与污灌下渗，以及固体废弃堆积物因雨水淋沥下渗。

2 评价思路

2.1 项目特点

区域开发项目与一般建设项目相比，具有如下比较明显的特点：

(1) 区域面积大 如本项目总体布局占地面积达 30 km^2，近期开发面积达 15 km^2，比一般项目的直接与间接影响范围均要大。

(2) 评价时段长，具体项目具有不确定性 面积较大的区域性开发往往是分阶段实施的，近期、远期时间间隔可能比较长，期间易受多种因素影响而使入住开发区的具体项目不能在环评阶段都确定下来。因此，环评的超前性也较强。

2.2 评价重点

区域开发类项目的环境影响评价应属于区域性的规划评价，针对其特点，评价中应重点考虑规划布局的合理性问题与入住园区项目的准入制（即确定其筛选条件）。对于规划布局的合理性，应根据生态适宜性与生态满意度等指标来评价，其结果应能回答其空间布局及其与周边的联系是否符合环境科学要求，其选址是否合适，解决什么地方该建什么的问题，这是一种定性的宏观评价。对于项目准入制度，评价中应根据区域环境容量对规划单元进行总量控制计算，提出入住项目的污染物排放量限制，解决在不同地方可以排放多少污染物的问题，这是一种定量的微观或中观评价。

3 环境影响分析与评价

3.1 规划布局的合理性评价

3.1.1 环境生态适宜性分析

(1) 开发区规划布局是否合理的三要素 评价一个区域性开发的规划布局是否合理，可从如下三方面进行基本判断：

① 是否适应当地特定的自然气候条件：开发区规划按主导风向与建筑功能布局走向一致，并将工业区与居住区分为东西两大功能群，中间以公共建设区与绿化带贯穿，轻重污染区域的布局与当地的主导风向一致，并由绿化带进行防护隔离，适应了本地区的自然气候条件。

② 是否为人类生活、工作环境创造了足够的空间：人是本区域改造后的城市生态系统的主体，为方便就业、生活与娱乐，区域内应有工厂、商店服务、金融、居住小区等设施。该开发区在规划土地使用功能时已充分考虑上述各因素，且分配比例较为合理。

③ 空间分布中人类群落是否占据优越位置：居住区因位于主导风向的上风向，接受污染较少。因合理的布局而使人们上班、购物较为方便，并且防护绿化带可为人们提供充足的绿色空间与游憩条件。

(2) 开发区建设前后的生态变化 本区开发前是以农田、菜地、果园、鱼塘等为主的农业生态系统（附图1-1），其系统的生态过程处于自给自足的动态平衡状态。开发后将建成为城市生态系统，原来的土地利用方式发生改变，自然生态过程与功能也改变为燃料供能的生态系统的类型。对外界的依赖度增加，大量的物质与能源需从外界输入，大量的废物排入外界环境之中。

(3) 开发区城市生态适宜性指标体系 生态适宜性遵循生态优先排序规律，主要考虑各个不同使用功能土地的排序位置是否合理。其基本方法是：首先将开发规划土地进行生态位势分类并划分为不同级别，以符号表示。如将居住公共设施功能的地块设定为重点地段与非重点地段两级，从劳动保护与产生污染的方面考虑将工业活动地块设为保护地段、过渡地段与产生污染地段三级等。其次，从环境保护至污染控制，即按本区域特有的生态位势的排序关系，划分为五个生态位排序类别，分别如下所示。

Ⅰ类：适宜人群生活、办公、交往与娱乐。

Ⅱ类：适宜人群劳动维持一般生活。

Ⅲ类：适宜人群有劳动保护条件下的工作。

Ⅳ类：产生一定污染、可以进行控防。

Ⅴ类：可以隔离，保护环境。

(4) 编制开发区生态适宜性本底条件图 根据上述的指标体系与开发区的土地使用规划方案，即可编制开发区土地使用的生态适宜性分区图，作为进一步分析的基础。因开发区建成后为城市生态系统，其对外界的依赖度较大，故应同时分析开发区与其邻近外界区域的相关关系，并标示于本底图中。

(5) 开发区土地使用规划的生态适宜性分析 根据开发区的规划布局及其周边环境，可编制开发区的生态分区位势图，分析其生态适宜性。位势图可遵循生态位势依次递增或递减的方式编制，对照本底条件图与开发区的总体规划布局，阐述其总体规划是否符合城市生态学原理，是否与生态位势排序一致，各类土地使用相对位置的安排是否合理。

3.1.2 环境生态满意度分析

环境生态满意度分析主要解决各类土地使用及相应建筑量的比例分配，以及环境生态对人们生活、工作需要的满足程度。

(1) 生态满意度指标体系 生态满意度指标体系应具有良好的代表性与综合性，其核心是阐明环境保护与发展经济之间相互协调的关系。本评价为保证不丢失一些重要指标，采用了 Delphi 方法确定评价指标（包含了主要的经济环境、社会环境与自然环境 3 大类中的 10 个指标），其预测值由规划方案与建设用地平衡表得出，权重系数的确定采用专家咨询法。

(2) 生态满意度的计算方法与各项指标的选取 依据专家打分的方法与有关统计资料确定上述 10 个指标的完全满意与完全不满意的两种标准；根据开发区的预测值用分段函数的方法计算出开发区建成后每个指标的满意度。为从总体上把握开发区的生态满意度并与现状进行对比，将分指标结果依确定的指标权重进行计算得其综合得分，并对现状的生态满意度进行计算，以阐明开发区建设后生态满意度的变化情况，以及区域开发建设的合理水平。

3.2 入区工业项目排放大气污染物限制量预测

因开发区的入区工业、企业具有不确定性，本评价采用反推方法，根据开发区附近地区目前的大气环境污染水平，按一定分担率，对入区工业大气污染物的排放量提出限制条件，使开发区建成后入区工业对大气环境的影响可以被接受。

3.2.1 预测计算的条件设定

(1) 根据工业区规划方案，将近期开发的 15 km^2 的区域划分为 26 个小区域，同时假设每个区域的源强相等。

(2) 由于污染源具有不确定性，假设污染源均为在厂房上竖一排气筒，高度选为 25 m。

(3) 对某一预测点的一次最大污染浓度值近似地认为是由位于轴线上的各小区域所造成

的污染浓度之和，其他偏离轴线小区域的影响忽略不计。

（4）共选取 9 个背景监测点为预测点，预测项目选取现状监测中的 TSP、SO_2、NO_x、CO 与总烃，共 4 项。

（5）污染气象条件按该地区年平均风速为 2.6 m/s，D 类稳定度进行计算，可以代表最常见情况下的一次污染水平。

3.2.2 预测计算

预测点的环境容量依下式计算确定：

$$C_r = R(C_b - C_j - C_z)$$

式中：C_r——某预测点的环境容量；

C_b——大气质量标准任何一次浓度值，mg/m³；

C_j——现状监测值，取每日一次最大值的平均值，mg/m³；

C_z——锅炉房或热电站所造成的一次浓度值，mg/m³；

R——分配系数，TSP、SO_2、NO_x 取 0.75，总烃取 0.7。

预测公式选用高期烟流模式中下风向轴线浓度计算公式。

由此可计算出各种污染物的控制总量，根据各污染物的容量情况设定入区工业的限制条件。评价中的结果是 SO_2 基本上没有容量。因此评价认为，燃料燃烧型粉尘大的工业不适宜入区，如冶金、建材工业中的水泥、铸造工业等。

4 评价小结

原案例分析认为开发区建设规划阶段的环境影响评价应把握的基本要点是：
① 引入环境适宜性评价理论，用环境区位理论指导规划布局。
② 根据入区项目大气污染排放限量预测结果，严格控制入区项目。
③ 环境影响评价报告书中提出相应的环境监控体系应予以落实。

案例二　生态影响类：公路建设项目环境影响评价

1 项目简介

1.1 工程概况

1.1.1 线路走向与主要控制点

赣粤高速公路（昌傅至泰和段）从北至南贯穿江西省中部腹地，地理位置为北纬 26°40′～28°00′、东经 114°40′～115°42′，是江西省交通规划"大十字"主骨架的重要组成部分。本项目推荐方案的路线起点设在樟树市昌傅西北约 1.5 km（即北接上海至瑞丽公路胡家坊至昌傅段终点），终点设在泰和县马市镇与 105 国道相交处附近（即南接拟建的泰和至赣州段的起点）。路线控制点主要有百丈峰、莲花形垭口、袁河特大桥及 7 座互通立交与路线起终点。

1.1.2 建设规模、主要技术经济指标和工程数量

本项目为全封闭的高速公路，推荐方案线路全长为148.348 km，设计行车速度100 km/h，路基宽度26.0 m，沥青混凝土路面；特大桥1座长732 m，大桥4座计1 245 m，小桥25座计646.4 m，涵洞586道计20 833.69 m，7处互通式立交，58处分离式立交，连接线总长43.761 km。共征（租）用土地（含服务区、养护区、管理所）936.1 hm²（其中租用74.2 hm²），路基土石方数量1 858.969 7×10⁴ m³，总投资估算27.27亿元，资金筹措由国内银行贷款，交通部安排补助和本省自筹相结合的办法解决。项目拟于2 000年开工建设，2003年建成，建设期3.5年。

1.2 自然环境概况

1.2.1 自然条件概况

拟建公路全段主线位于赣江西岸，整个地形南高北低。项目所处区域位于华南褶皱系，受赣江大断裂的控制和影响，区域内以北东向构造为主，同时发育有东西向构造。沿线地区地震烈度均小于Ⅵ度。项目沿线水域主要为赣江水系，还跨越袁河、同江河、泸水河、禾水河等河流。沿线地下水类型按其赋存条件分为基岩裂隙水、岩溶水、红层盆地孔隙裂隙水和第四系孔隙水四种类型。

工程路线所处区域属中亚热带湿润季风气候，降水量受季风影响，丰而不均，一般4～7月为雨季。沿线区域年平均气温为17.6～18.3 ℃。夏季多受副热带高压控制，地面多为偏南风，春、秋、冬三季多受大陆高压影响，多偏北风。

1.2.2 社会经济条件

主要受直接影响的市（地）社会经济发展基本概况如下：

(1) 樟树市 樟树市工业以制药业与酒业为支柱，1998年全市工业总产值为17.67亿元，社会消费品销售总额为8.53亿元。樟树市境内有公路86条，其中省养公路7条，地养公路79条。铁路营运线路有3条，分别为浙赣线、京九线、张上线。水运河流主要是赣江。

(2) 新余市 新余市已基本形成以钢铁工业为主体，化工、机械、电力、纺织、食品、建材等门类较齐全的工业体系。1998年全市工业总产值达到78.55亿元，全年社会消费品零售总额达22.23亿元，外贸商品出口总额1675万美元。新余市公路140条，其中跨省线路14条、跨区线路40条、跨县（区）线路5条、县（区）内线路81条。铁路运输线路有浙赣线、上新线。水运河流主要是袁河。

(3) 吉安地区 吉安地区位于赣中平原，农业生产形势稳定。工业上形成了以电子、医药化工、食品和建材四大支柱产业为主体的基本工业框架。1998年辖区内全部工业总产值为111.43亿元，其中地方工业总产值为103.25亿元。辖区内已基本实现乡乡通路，主要公路干线有105国道、319国道、吉新公路、峡水公路、敦井公路等。铁路运输主要依靠京九线。水路运输依靠赣江及其各支流。

2 评价思路

2.1 项目特点

本项目为新建高速公路，建设规模大，施工周期长，交通类别的工程建设对环境的影响

呈带状分布。在线路穿越的区域及其周边区域可能分布有敏感或需要保护的环境目标,且穿越的不同区域的社会、经济发展状况不同,可能受影响居民的诉求也将不同。因此,现状调查应对此类问题交代清楚,并在影响评价中注意选线方案的比选分析、社会环境影响分析与公众参与等问题。

高速公路建设往往为填方工程,需要较大的取土量,从而可能影响到线路周边的土地利用、农业生态系统与景观。在施工期与营运期,施工机械与交通车辆的噪声对周边环境具有较大影响,特别是有环境保护目标时。因此,在公路建设项目的环境影响评价中,生态环境、噪声一般均作为评价重点。

2.2 评价内容和评价重点

本评价的内容主要包括:社会环境影响评述、生态环境影响评价、环境空气影响评价、地表水环境影响评价、声环境影响评价、水土流失评价。重点为生态环境和声环境的影响评价,其中生态环境以农业生态和水土保持为评价重点。

3 一般问题说明

3.1 评价范围

本次环境影响评价范围的确定如附表2-1所示。

附表2-1 拟建公路环境影响评价范围一览表

环境要素	评 价 范 围
声环境	公路中心线两侧各200 m以内区域及其敏感点,有重要敏感点(城市规划区、学校、医院等)时适当扩大评价范围。
环境空气	公路中心线两侧各200 m以内区域及其敏感点,有重要敏感点(城市规划区、学校、医院等)时适当扩大评价范围。
水环境	公路中心线两侧各200 m以内区域,以及跨河公路大桥桥位上游200 m至下游1 000 m以内水域。
生态环境	公路中心线两侧各300 m以内区域,以及公路取土石场、弃土(渣)场。
社会环境	公路中心线两侧各200 m以内的敏感点(如居民点、学校、医院、文物保护单位等),以及"工可"中的公路直接影响区。

3.2 评价预测时段

评价期限综合考虑设计期、施工期和营运期,选择2004年、2015年和2023年分别代表营运初期、营运中期和营运远期进行预测评价。

3.3 评价标准

(1) 水环境 地表水水质评价执行《地表水环境质量标准》(GHZB 1—1999)Ⅲ类标准[其中SS指标执行《农田灌溉水质标准》(GB 5084—92)Ⅰ类标准]。

服务区污水执行《污水综合排放标准》（GB 8978—1996）一级标准。

(2) 声环境 施工期执行《建筑施工场界环境噪声排放标准》（GB 12523—2011）标准。营运期参考《声环境质量标准》（GB 3096—2008）中 4 类标准执行。对学校的教室室外昼间按 60 分贝要求；对医院病房室外昼间按 60 分贝、夜间按 50 分贝要求。

(3) 环境空气 执行《环境空气质量标准》（GB 3095—2012）二级标准。沥青烟执行《大气污染物综合排放标准》（GB 16297—1996）。

3.4 环境保护目标

根据对路线的现场踏勘调查资料，在沿线评价范围内的环境敏感点共有居民点 66 个、小学 3 所，局部线段比选方案的环境敏感点共有居民点 30 个。

3.5 评价等级

依照《环境影响评价技术导则》（HJ/T 2.1～2.3—93，HJ/T 2.4—1995，HJ/T 19—1997），确定本项目各专题的评价等级如附表 2-2 所示，社会环境评述按《公路建设项目环境影响评价规范（试行）》（JTC B03—2006）要求进行。

附表 2-2 专题评价等级划分

专 题	依 据	评价等级
声环境	项目建设前后噪声级有显著增高（>5 dB）	一
环境空气	地形较简单，等标排放量较小	三
生态环境	影响范围大于 50 km^2，生物量减少小于 50%，对物种多样性影响小。	二
地表水	污水排放量小，水质成分简单	三

4 工程分析

4.1 工程影响因素识别

4.1.1 施工期

噪声源主要来源于施工机械，这些突发性非稳态噪声源将对施工人员和周围居民产生较为严重的不利影响。

大气污染源主要为沥青油烟和扬尘污染。

水环境污染源包括施工机械产生的油污染、施工营地的生活污水、堆放的建筑材料被雨水冲刷对周围水体的污染。

生态环境的影响包括：①路基填挖使沿线的植被遭到破坏，农田被侵占，地表裸露，从而使沿线地区的局部生态结构发生一定的变化。裸露的地面被雨水冲刷后将造成水土流失，进而降低土壤的肥力，影响局部水文条件和陆生生态系统的稳定性。②工程的需要使一些水利渠道改移，改变原有的水利灌溉设施，对农业生产将产生一定的影响。③工程将减少当地的耕地、林地和植被面积。

4.1.2 营运期

（1）**交通噪声源** 根据《公路交通噪声排放源试验》确定各类车辆在不同速度下的平均辐射声级，并据此进行分析。

（2）**环境空气污染源** 汽车废气污染物主要有碳氢化合物、NO_x 及 CO。

（3）**水环境污染源** 水环境污染源主要来自各服务区排放的生活污水。

（4）**生态环境的影响** 生态环境的影响主要为汽车排放尾气中的铅对周围农作物和表层土壤的污染影响。

4.2 评价因子筛选

根据环境影响要素的识别，本项目主要环境影响因子的筛选结果如附表 2-3 所示。

附表 2-3 拟建公路环境影响评价因子筛选

环境要素	评 价 因 子	建设期	营运期
社会环境	交通运输条件、社会经济发展	○	★
	土地利用开发	☆	☆
	居民生活质量（拆迁安置、交往便利性）	★	○
生态环境	土地占用量	★	○
	农作物及植被损失	★	○
水土保持	取弃土量	★	○
	水土流失量	★	○
水环境	地面水质（pH、COD_{Cr}、石油类、SS、DO）	☆	○
	水系水文	☆	○
声环境	交通噪声 L_{eq}（A）、环境噪声 L_{eq}（A）	☆	★
环境空气	扬尘、TSP、沥青烟	★	○
	汽车尾气中有害物（NO_x）	○	☆

注：★为显著影响；☆为一般影响；○为轻微影响。

5 环境现状监测与评价

5.1 环境空气

拟建公路环境空气现状调查共布设两个监测点，一个设在峡江县新江小学，一个设在泰和县戴家坊。环境空气监测项目为：NO_x、TSP。

采用单因子指数法进行评价，监测统计结果表明环境空气现状质量良好。

5.2 地表水环境

在拟建公路跨越袁河的樟树袁河大桥（K7+070）和跨越泸水河的泸水大桥（K110+990）桥位处各设置一个监测断面。监测项目为 pH、SS、COD_{Cr}、石油类。

采用单因子指数法进行评价，监测统计结果表明水环境现状质量良好。

5.3 声环境

本次评价遵循"以点代线"的原则，选择了具有代表性的声敏感区如学校、村落、集镇等，进行实地调查与监测。

采用单因子指数法进行评价，结果表明沿线声环境质量良好。

5.4 生态环境

5.4.1 沿线地区土壤类型及其分布

拟建公路位于江西省中西部腹地，沿线地区自然土壤以红壤为主。耕作土壤以水稻土为主，且是分布最广的农业土壤，其中以黄泥田、潮泥田居多；旱地土主要有发育于河湖冲积物的潮土，和由红、黄壤耕垦而成的黄泥土两大类。

5.4.2 生物资源

(1) 植物资源　拟建公路沿线区域中的原生地带性植被主要是常绿阔叶林，受人为的影响，已不同程度地遭到破坏，森林植被的组成和结构，已不具有自然的完整性和规律，多为次生乔木、灌木和草木群落及少数人工林。

栽培植被主要有以马尾松、杉木及毛竹为主的用材林，以油茶、油桐、漆树、茶树为主的经济林，以及果树、水稻、茶园和药圃等。此外还有分布较广的荒山灌木草丛和山地灌木草丛。

水生植物群落，主要分布于湖滨河流地区、池塘及水田之中，组成种类有莲、野菱、芡实、金鱼藻、苔菜、浮萍等。

农业植被以水稻为主，旱地作物主要有红薯、玉米、花生、油茶等，果树以柑橘为主，也种植有桃、李、板栗、梨、柿、柚等。

(2) 动物　项目沿线地区畜牧业的发展在国民经济中占有一定的比重，同时自然环境的地形地貌及其气候条件，提供了野生动物生存繁衍的良好环境，动物种群门类较多。

据调查，评价区域内没有重要的保护物种，也没有自然保护区等生态敏感点。

5.4.3 农业生态

根据调查，在线路所占用的农田中没有划定的基本农田保护区。

5.5 水土流失

近几十年来拟建公路沿线地区由于森林植被连年遭到破坏，水土流失状况相对比较严重，局部地区山荒岭秃，红土裸露。近年来，各市县实行山、水、田、林、路综合治理的方法，积极运用生物和工程措施及农业耕作措施来改善生态环境，在一定程度上缓解了水土流失。

6　环境影响预测与评价

6.1　环境空气

6.1.1　施工期

(1) 施工期扬尘　施工期评价因子为总悬浮颗粒物。可能产生的扬尘污染包括：①灰土拌和产生的尘污染；②土石方的开挖、回填产生的尘污染；③施工运输车辆产生的尘污染。其中，施工期灰土拌和产生的尘污染与施工运输车辆产生的尘污染不可忽视，应采取相应的措施（如洒水），以减轻污染。

(2) **沥青烟**　施工期沥青熬制、搅拌过程将释放沥青烟和苯并[a]芘，根据国内公路施工现场监测资料，沥青熬制和搅拌站应设置在距敏感目标 600 m 以外区域，从而避免沥青烟和苯并[a]芘对周边目标的污染影响，保护人群身体健康。

6.1.2　营运期

(1) **公路两侧汽车尾气浓度扩散预测**　在 D 类稳定度下，污染物 NO_x 的预测浓度值在 2023 年近路边处日均值有超标外，其余均未超过相应标准。

(2) **全线环境空气影响评价**　在 D 类稳定度下，至公路运营远期路边 30 m 处 NO_x 的日均浓度和吉安县至泰和段、吉水县至吉安市段路边 10 m 处高峰浓度略有超标，其余情况下预测值满足二级标准值要求。

(3) **敏感点影响分析**　在 D 类稳定度下，全线 69 个敏感点在近期和中期未有超标现象，在远期 1 h 的浓度值只有吉水县至吉安市与吉安县至泰和段近距离处（10 m 处）略有超标，日均值也只有近距离处（30 m 左右）有超标现象。总体来说公路营运期车辆所排的 NO_x 污染物对两侧的影响较小。

6.2　水环境

6.2.1　污水排放情况

工程影响较大的是桥梁施工，根据"以点代线"的原则，本评价主要考虑桥梁施工期的影响，重点分析施工期跨袁河特大桥、跨泸水河大桥河段水域的污染影响。拟建公路在 K7+070 跨袁河和在 K110+990 处跨泸水河，桥长分别为 732 m 和 225 m，基础均为钻孔灌注桩，大桥桩基的施工将影响所处河流的水质，主要污染物为 SS。根据类比资料分析，桩基施工处下游 200 m 范围内 SS 的增加超过 50 mg/L，200 m 以外随距离增加对水质的影响逐渐减少，不会产生大的污染，随着施工期的结束，该类污染将不复存在。

6.2.2　施工期水环境影响分析

(1) **桥梁施工对水环境的影响分析**　公路施工对水环境的影响主要表现在桥梁施工期中，袁河特大桥和泸水大桥都处在地表水Ⅲ类水功能区域内。

袁河特大桥和泸水大桥水下基础施工采用围堰筑岛的方式进行，施工中对河底的拨动少，水质影响小，但有可能在搬运钻渣等过程中出现撒落及运输船舶滴漏的油污对局部水体造成轻微污染。大桥桥位下游较长距离内无取水口，因此，大桥水下基础工程施工及钻渣搬运中产生的污染影响较小。

(2) **生活废水对水环境的影响分析**　选用二维模型定量估算施工废水未经处理而排入袁河和泸水时对河流水质的影响。经计算可知，施工期生活废水将不会对水体产生较大影响。

6.2.3　营运期水环境影响评价

降雨期间，路面径流所挟带的污染物成分主要为悬浮物及少量石油类，多发生在一次降雨的初期。公路跨越的水体袁河、泸水有较大的稀释能力，桥位下游无饮用水取水口，大桥路面径流对水体水质影响很小。赣粤公路沿线共设置三个服务区，根据桩号位置，三个服务区均远离河流水域。服务区生活废水在落实污水处理措施后，对周围环境无不利影响。

6.3 声环境

6.3.1 施工期

公路建设期间的噪声主要来自施工机械和运输车辆辐射的噪声。

施工噪声可近似视为点声源处理,根据点声源噪声衰减模式,估算出离声源不同距离处的噪声值。①昼间施工机械噪声在距施工场地 40 m 以外的地方符合标准限值;夜间距施工场地 300 m 处符合标准限值。②施工机械噪声夜间影响严重,施工场地 300 m 范围内有居民区的地方禁止夜间使用高噪声的施工机械。固定地点施工机械操作场地,应设置在 300 m 范围内无学校和较大居民区的地方。

6.3.2 营运期

根据拟建公路推荐线路交通噪声预测结果及比较段交通噪声预测结果,各路段交通噪声按照《声环境质量标准》(GB 3096—2008)中Ⅳ类噪声标准、Ⅱ类噪声标准衡量,得出达标距离(略)。由于交通量较大,2类达标距离远,较多路段达标距离超过 100 m,甚至达到 150 m。预测如考虑敏感点周围的实际情况,如地形、建筑物遮挡、高路堤、低路肩的路段等,则预测值有数分贝的衰减量。

6.3.3 敏感点声环境影响预测与评价

根据预测模式,选择具有代表性的几个敏感目标进行预测计算。

6.4 生态环境

6.4.1 土地利用与农作物

与土地总量相比,除了耕地和林地面积略受影响外,其他类型的土地基本没有什么影响。但公路占地是永久性的,因此,要求在优化设计方案时应尽可能利用低产山坡和荒地,尽量不占用优质高产粮田,以减少对农业生产带来的损失。

6.4.2 生物资源

拟建公路对沿线区域的野生植物无明显影响。但对沿线植被有一定影响,最大变化发生在公路施工过程中,首先是征用土地,破坏绿色植被。其次在施工过程中,公路两侧 20 m 范围内的植被将遭受施工人员和施工机械的破坏。拟建公路建设对野生动物种群、数量基本上不会有影响。

6.5 水土流失

6.5.1 路基施工水土流失

本公路施工期长达 3.5 年,施工要经过几个雨季,水土流失不可避免。为防止因土壤侵蚀、泥沙流失对周围环境的污染,需采取植被防护与工程防护相结合的水土流失防护措施,降低水土流失发生量。

6.5.2 取、弃土对水土流失

拟建公路取土场造成水土流失量共 2 452.85 t/年。为尽量减少取土对环境带来的不利影响,对公路取土场,应做到有计划开采,开采后及时清理、整平、恢复耕地,或植树造林、植草绿化,并浆砌片石排水沟,防止水土流失。

拟建公路弃土方较小,基本不占用农田和耕地,对村民的生活不造成影响。在弃土区外侧设挡土墙，边缘设排水沟，防止水土流失。

6.6 社会环境影响评述

社会环境影响从以下方面进行评述：①促进沿线地区社会经济发展。②生活质量影响分析。③工程拆迁安置与农业经济影响分析。④对社区和沿线基础设施的影响。⑤公路景观环境影响分析。⑥危险品运输风险分析。

7 其他章节简要内容

7.1 方案比选

从工程、拆迁安置、环境因素进行综合比选，根据综合比选结果，袁河比较段、吉安市比较段、禾水比较段，本评价推荐Ⅰ方案，泰和比较段本评价推荐Ⅱ方案，园州上村比较段，从环保、拆迁安置的角度，Ⅱ方案较优；从工程的角度，Ⅰ方案较优。除此之外，无明显可比性，因此，本评价暂不做推荐，建议工程设计阶段做进一步的分析比较，从而筛选出最优化的路线方案。

7.2 公众参与

统计表明，项目建设得到了沿线绝大多数公众的支持，大多数人对本项目建成后将推动沿线地区的经济发展持肯定态度，愿意配合为项目的实施所进行的征地、拆迁工作。沿线大多数受影响居民对公路建设带来的环境问题有一定认识，认为应通过采取各种措施，尽量减少占用耕地，毁坏森林，减轻噪声、尾气等污染。

7.3 防治污染措施和对策

7.3.1 设计阶段环境保护措施

(1) **公路全线总体设计** 应确定环境保护总体设计原则和工程方案。

(2) **路线方案的选择** 勘测设计单位对各项环境影响因素都应充分考虑，并尽可能遵循"靠城不进城，利民不扰民"及优化线形的原则。保护自然资源，保障人民健康，使居民生产、生活等活动受到的影响减少到最低程度。

(3) **配套管理设施的设计** 应充分征询沿线地方政府、交通局等有关部门和村民委员会的意见，考虑适当的通道。

7.3.2 施工期防治措施

(1) **噪声污染防治措施** ①施工单位应注意施工机械保养，维持施工机械低声级水平。②确保施工噪声不影响公路沿线的学校教学环境和居民生活环境。

(2) **水环境保护措施** 施工人员临时居住点的生活垃圾应集中堆放，由施工车辆送至城市垃圾场，防止生活垃圾污染水源。严格管理桥梁施工船舶和施工机械，防止施工中对水体的污染。

(3) **大气污染防治措施** 对灰土拌和设备应进行较好的密封并加装二级除尘装置，从业人员必须注意劳动保护，站址应选在主导风向下方 300 m 内无村庄或敏感单位的地方。配备一定数量的洒水车,必要时对相关路段进行洒水处理,使表面有一定的湿度,减少扬尘。

(4) 固体废弃物 管理站、所、生活服务区应设垃圾桶,定期运往城市的垃圾处理场。

(5) 生态资源保护 ①尽量不选择耕地用作取土区,如工程需要,在挖掘时应将表层土(30 cm)保留,用于土地复垦,以使对农业的影响降低至最小。②承包商应采取措施,缩短临时占地使用时间,施工完毕,立即恢复植被或复垦。③加强对施工人员的环保教育,保护自然资源,不准乱砍伐林木,禁止打猎。④施工车辆应在临时车道上行驶,以免损坏农地和林地。

7.3.3 营运期防治措施

营运期主要是交通噪声,评价建议在进行公路两侧的区域规划时,在距公路 200 m 内不要修建学校、医院等对声环境要求高的建筑,60 m 以内不建居民住宅区。具体措施:①在集中居民区路段设禁鸣标志。②加强交通管理,禁止高噪声旧车上路。③防噪声措施技术经济比较。④根据沿线已有村镇居民居住点分布情况,公路路面高度以及地形特征,分别设声屏障、加高住户围墙和植防护林措施。

7.3.4 水土流失防治方案

(1) 水土流失防治措施 水土流失防治措施可从以下方面着手:①防治目标和防治责任范围。②水土流失防治分区。③水土保持措施总体布局,统筹布局各种水土保持措施,形成完整的水土流失防治体系。④分区水土保持措施布局。⑤水土保持措施设计。

(2) 方案实施保证措施 工程建设单位应在领导、技术力量和资金来源上给以保证。建设单位在编制环境影响评价报告书时,向水行政主管部门报送水土保持方案,在施工过程中应接受水行政主管部门的监督,并做到"三同时"。建设工程中的水土保持设施的竣工验收,应当有水行政主管部门参加并签署意见。

7.4 环境影响经济损益分析

根据所提出的设计、施工及营运阶段应采取的各种环境保护措施,估算该项目环境保护投资为 1.99 亿元,占工程总投资的 6.25%。公路建设将把沿线较贫困地区与经济发达地区紧密联系在一起,对于促进经济交流、提高沿线生活水平起到极大的作用。同时随着工程建设期和营运期环境保护措施的落实,将使短期内受破坏的生态环境得到最大限度的恢复和改善,使其工程的社会效益和经济效益远大于环境损失,因此本工程建设利大于弊,工程是可行的。

7.5 环境管理与环境监测计划

本项目的环境管理体系可分为管理机构与监督机构(附图略)。

根据工程环境影响预测、分析,施工期的监测项目为环境空气(TSP)、施工噪声和水环境(pH、COD_{Cr}、SS、石油类);营运期的监测项目为环境空气(NO_x)、交通噪声和水环境(pH、COD_{Cr}、SS、石油类)。

评价结论略。

8 评价小结

① 本评价在编制工作正式开展前做了大量的前期准备工作,包括线路方案的熟悉、现

场踏勘、资料收集等，为整个项目的顺利开展奠定了基础，为高质量地完成整个报告书的编制提供了帮助。

② 评价中运用了大量的图表与照片对工程建设造成的环境影响、采取的防治措施及经济技术论证、达到的预期效果以及环保投资等做了详细分析，为环境保护工程设计及当地环境保护部门进行环境管理和环境规划提供可行的科学依据。

③ 生态环境保护与污染防治措施结合当地发展规划进行，评价中结合当地生态环境建设规划、公路沿线等绿色通道建设、水体功能区划有针对性地提供取、弃土场的恢复治理措施、噪声污染防治措施和污水治理措施。

④ 建议加强建设项目的环境影响后评估，以验证评价结论的可靠性，判断提供的环保措施的有效性，对评价中未认识到论证不够充分的问题做分析研究，改善环评技术方法和水平。

⑤ 建议加强水土流失预测、噪声预测模式修正、污染源类型调查统计的基础科研工作，以提高预测结果的准确度。

案例三　工业污染类：表面活性剂生产线建设项目环境影响报告书

1　总论

1.1　评价项目由来（略）
1.2　编制依据（略）
1.3　评价目的（略）
1.4　评价因子确定

1.4.1　施工期环境影响识别（略）
1.4.2　运营期环境影响识别（略）
1.4.3　评价因子筛选

1.5　相关规划和环境功能区划（略）
1.6　评价标准

本项目的评价标准如下：①大气环境质量标准及排放标准（略）。②地表水环境质量标准及排放标准（略）。③声环境质量标准及排放标准（略）。④固体废物标准（略）。

1.7　评价工作等级及评价范围

1.7.1　环境空气

（1）**评价工作等级**　本评价确认环境空气工作等级为三级评价。

（2）**评价范围**　本项目环境空气评价的范围是以建设项目场址为中心，面积约为25 km² 的区域。

1.7.2 地表水环境

地表水环境评价等级定为三级。调查评价范围是排口上游 3 km 至下游 3 km，长约 6 km 的河段。

1.7.3 声环境

噪声环境影响评价确定为三级。范围是本项目红线边界外 200 m 范围内区域。

1.7.4 生态环境

本项目确定生态环境评价为定性分析。范围是拟选厂址以及周围 2 km 区域。

1.7.5 地下水环境

本项目确定地下水评价等级为三级。地下水环境影响评价范围是方圆 20 km^2 区域。

1.7.6 环境风险

本项目风险评价工作级别为二级，可进行风险识别、源项分析和对事故影响进行简要分析，提出防范、减缓和应急措施。环境风险评价范围是以源点为中心，3 km 为半径的圆形区域。

1.8 评价重点

本评价的重点为：建设项目概况与工程分析、环境影响预测与评价、环境风险分析、环境保护措施及其经济与技术论证以及公众参与。

1.9 环境保护目标

根据工程性质和周围环境特征，确定评价范围内的居民为主要大气环境保护目标；湖为地表水环境保护目标；项目评价范围内居民为声环境保护目标。

2 建设项目周围环境概况

2.1 自然环境（略）
2.2 社会经济环境（略）

3 建设项目概况与工程分析

3.1 项目概况

3.1.1 工程性质

项目名称：×××万 t/年表面活性剂生产线建设。项目建设单位：（略）。建设地点：（略）。占地面积：5.27 hm^2。项目性质：新建；投资总额：项目总投资×××万元，环保投资×××元，占总投资的 1.95%。

3.1.2 项目位置（略）

3.1.3 工程内容

（1）**产品方案** 新建三条磺化生产线，总生产能力为年产++万 t 表面活性剂，其中 AES 生产能力为 10 万 t/年、AESA1.5 万 t/年、K121.5 万 t/年、MES2.0 万 t/年。

(2) 建设内容 项目总征地面积为×××m²。总建筑面积为×××m²，建筑物占地面积为×××m²，道路及装卸地坪为×××m²，绿化面积为×××m²。

(3) 公用工程 ①给排水：给水（略）；排水，项目所在地属于区污水处理厂集水范围，项目废水经厂区污水处理站预处理达到区污水处理厂的接管标准后，纳入污水处理厂进行统一处理和排放。②供电（略）。③供热（略）。④消防系统，本工程火灾危险类别为丙类，罐区为丙类可燃液体罐区主要技术经济指标。

3.2 工程分析

3.2.1 拟建项目生产工艺流程

3.2.1.1 生产原理简述

本项目产品为阴离子表面活性剂脂肪醇聚氧乙烯醚硫酸钠（AES）、脂肪醇聚氧乙烯醚硫酸铵（AESA）、十二烷基硫酸铵（K12）、脂肪酸甲酯磺酸钠（MES），各类产品的主体生产工艺基本一致，均采用目前国际上先进的气相SO_3膜式磺化生产原料经磺化、老化和再酯化、中和、闪蒸、刮膜干燥、轧片、流化床干燥、研磨后可得粉料产品。

3.2.1.2 生产工艺流程及产污环节分析

本项目共设置3个磺化生产车间，每个车间布置一套磺化生产线，其中一车间、二车间主要生产AES，三车间主要生产AESA、K12和MES。前三者的生产原料经磺化、中和、调整、脱气即可得液剂产品。

3.2.2 项目相关平衡

3.2.2.1 项目物料平衡

① AES物料平衡（略）。

② AESA物料平衡（略）。

③ K12物料平衡（略）。

④ MES物料平衡（略）。

⑤ 项目总物料平衡（略）。

3.2.2.2 项目S平衡

① AES生产工艺S平衡的流向情况图（略）。

② AESA生产工艺S平衡的流向情况图（略）。

③ K12生产工艺S平衡的流向情况图（略）。

④ MES生产工艺S平衡的流向情况图（略）。

3.2.3 污染源分析

3.2.3.1 大气污染物产生及排放情况

（1）有组织废气 ①本项目磺化尾气中氮氧化物排放参数和磺化尾气其他污染源排放参数的核定采取以同类工程数据为类比资料，结合项目科研以及建设方提供的资料综合核算确定。能满足《大气污染物排放限值》（DB 44/27—2001）第二时段二级标准限值要求。②MES生产过程中闪蒸工序有废气产生，主要成分为甲醇，该排气筒甲醇排放浓度为75.6 mg/m³，排放速率为0.378 kg/h，满足《大气污染物排放限值》（DB 44/27—2001）第二时段二级标准限值要求。③MES研磨废气，根据物料平衡计算可知，粉尘产生浓度为7 692 mg/m³。布袋除尘器除尘效率为99%，则外排的粉尘量为2.769 t/年（0.385 kg/h），排放浓度为 77 mg/m³，满足《大气污染物排放限值》（DB 44/27—2001）第二时段二级标准限值要求。④项目燃气锅炉废气拟通过高 15 m，内径为 0.5 m 的烟囱（6#）排放，可以满足《锅炉大气污染物排放标准》（GB 13271—2001）中燃气锅炉控制要求。

（2）无组织废气　①产品脱气工序产生的废气（略）。②储罐区储罐大小呼吸废气（略）。

3.2.3.2　水污染物产生及排放情况

① 纯水制备废水（略）。

② 设备清洗废水（略）。

③ 本项目 MES 刮膜干燥、流化床干燥废气中含有大量水蒸气和少量的甲醇，经冷凝系统冷凝后，获得的冷凝液约为 7 538.737 t/年（含甲醇 0.10 t/年），全部回用于项目中和用离子膜碱的配制。

④ 本项目磺化尾气净化用水量为 5 315.826 t/年，磺化尾气净化过程中将产生 5 050.036 t/年废水，其主要成分为硫酸盐，拟收集后作为洗衣粉生产原料外售综合利用。

3.2.3.3　固体废物产生及排放情况

根据物料平衡计算可知，本项目固体废物 S1 产生量为 154.067 t/年，属于 HW34 废酸类危险废物，收集后定期交给危险废物处理有限公司进行处理；固体废物 S2 产生量为 0.153 t/年，为失效的 V_2O_5。不属于危险废物，收集后交给有资质的原料供应商回收利用；固体废物 S3 产生量为 274.134 t/年，主要为 MES 粉尘，收集后回用于下批 MES 生产的研磨工序；固体废物 S4 产生量为 60 t/年，属于一般固体废物，其中包装桶（40 t/年）在厂区清洗后回收利用，包装袋（20 t/年）交给原料供应商回收利用；固体废物 S5 产生量为 12.6 t/年，经查属于 HW49。

3.2.3.4　噪声产生及治理情况

本项目噪声主要来自于风机、冷冻机组、研磨机、各类泵等运行时产生的设备噪声，其源强在 75~90dB（A）。这些主要的噪声设备大部分布置于生产车间及专用设备房内，拟通过优先选用低噪声设备，对噪声源进行减震和隔声处理，合理布局等措施，使厂界达到《工业企业厂界环境噪声排放标准》（GB 12348—2008）中 3 类标准限值要求。

4　环境质量现状调查与评价

4.1　环境空气质量现状调查与评价

监测单位、监测因子、监测方案、监测结果和评价标准（略）。本项目所设各监测点处 SO_2、NO_2、PM_{10} 的浓度均可满足《环境空气质量标准》（GB 3095—2012）中二级标准要求；各监测点处甲醇浓度可满足《工业企业设计卫生标准》（GBZ 1—2010）居住区大气中有害物质的最高容许浓度一次限值的要求；厂址处所测硫酸雾浓度可以满足《工业企业设计卫生标准》（GBZ 1—2010）居住区大气中有害物质的最高容许浓度一次限值的要求；项目所在地处氨气可以满足《工业企业设计卫生标准》（GBZ 1—2010）居住区大气中有害物质的最高容许浓度一次限值的要求。综上所述，评价认为本项目所在区域目前空气环境质量状况较好。

4.2 地表水环境质量现状调查与评价

监测单位、监测因子、监测方案、监测结果和评价标准(略)。监测结果表明：断面监测中各监测因子无超标现象，水质均可满足《地表水环境质量标准》(GB 3838—2002)Ⅳ类水质标准要求；所监测各项因子仍可满足相因环境功能的要求。

4.3 地下水环境质量现状监测与评价

监测单位、监测因子、监测方案、监测结果和评价标准(略)。监测结果表明：项目所监测点位地下水各项因子均可以满足《地下水质量标准》(GB/T 14848—93)中Ⅴ类标准要求，区域地下水环境质量较好。

4.4 声环境质量现状与评价

监测单位、监测因子、监测方案、监测结果和评价标准(略)。所有监测点均符合相应标准要求，项目所在地声环境质量良好。

5 环境影响预测与评价

5.1 施工期环境影响及防治措施

施工期噪声环境影响分析；施工期大气环境影响分析；粉尘和扬尘；施工期废污水环境影响分析；施工期固体废物环境影响分析；施工期生态环境影响分析(略)。

5.2 营运期环境影响预测与分析

5.2.1 大气环境影响预测与评价

① 本项目将选取 SO_2、硫酸雾、甲醇、NO_2 和粉尘作为影响因子，分析其对项目周围环境空气的影响。

② 预测范围，与现状监测范围一致，预测评价点为环境空气质量现状监测点以及评价范围内的环境空气敏感点。

③ 预测内容，本项目评价等级为三级。预测内容为 SO_2、硫酸雾、甲醇、NO_2 和粉尘正常排放、事故排放的最大落地浓度和距离，以及各环境敏感点的浓度贡献值。

④ 预测模式选择(略)。

⑤ 大气污染源强，根据本报告工程的分析结果，本项目预测因子的污染源强和排放参数见表(略)。

⑥ 预测结果，本项目正常排放时各污染物浓度分布等情况见表(略)。从预测结果可以看出：本项目正常排放时，项目废气中的 SO_2、硫酸雾、甲醇、粉尘以及 NO_2 的最大落地浓度占标率均小于10%。因此本项目正常工况下排放的废气对项目周围环境空气质量的影响较小，对各环境敏感点的大气质量也影响很小，各环境因子均可满足相应标准的要求。

⑦ 厂界无组织达标排放可行性分析(略)。

⑧ 大气环境防护距离（略）。
⑨ 卫生防护距离（略）。

5.2.2 地表水环境影响预测与评价
① 预测结果（略）。
② 预测结果分析（略）。

本项目厂区污水处理站正常排放及事故排放情况下对受水体的水质影响均比较小，不会对水环境造成明显的不利影响。

5.2.3 声环境影响预测与评价
由于主要噪声设备都将做减噪处理，各厂界昼间和夜间均能达到相应标准的要求，不会对周围的声环境产生不良影响。

5.2.4 固体废物影响分析
本项目固体废物主要为静电除雾器净化磺化尾气时捕获的黑酸（S1）、废催化剂（S2）、布袋除尘器收集的 MES 粉尘（S3）、原料包装料（S4）、污水处理站污泥（S5）、员工办公生活垃圾（S6）。本项目营运过程中所产生的固体废物经以上的处理方式处理（略）后，所产生的固体废物不会对周围环境产生明显的不利影响。

5.2.5 地下水影响分析
各监测项目全部满足地下水水质目标保护的要求，说明目前区域地下水环境质量相对较好。

5.2.6 生态环境影响分析
在厂区污水处理站正常排放及事故排放情况下对受水体水质影响均比较小，不会对水环境造成明显的不利影响，不会造成水体富营养化，因而不会对纳污水体的水生生态环境带来明显的不利影响。

6 社会经济影响分析

项目建成后，将给区域带来明显的经济效益，并带动相关产业共同的繁荣发展。其带来的基础设施等的完善，以及不断增加的人流、物流等，使得本区域社会更加繁荣。

7 环境风险分析

7.1 风险识别

本项目所涉及的原材料、生产工艺中的中间产物以及项目最终产品除 SO_2、SO_3 外，均不属于危险化学品。本项目厂区内的罐区及其他物料仓库等存放有脂肪醇、脂肪醇聚氧乙烯醚、脂肪醇甲酯、甲醇、硫黄等可燃易燃物质，存在火灾风险；储罐区储存有氨水，存在氨水泄漏风险。生产设施风险识别（略）；重大危险源识别（略）；综上所述，本项目风险评价工作级别为二级，环境风险评价范围是以源点为中心，3 km 为半径的圆形区域。

7.2 最大可信事故及类型

项目最大火灾可信事故及类型设定为液硫相关操作引发火灾。项目化学品泄漏引起大气环境污染的最大可信事故及类型设定为燃硫炉、SO_3 转化炉输送管道破损，引起含 SO_2、SO_3 的气体泄漏以及储罐区氨水的泄漏。本项目运营过程中拟参照执行先进的生产管理技术，可认为本项目在装置寿命内不会发生重大事故，一般事故发生概率拟取值为 0.05 次/年，其中以管道、燃硫炉、SO_3 转化炉接口处破损泄漏出现的概率最大。

7.3 事故源强假定与后果分析

从上述分析可知，氨水在短时间内泄露在 11 m 范围内对敏感目标将产生一定的不利影响。火灾事故影响分析：本项目储罐区储存的脂肪酸甲酯亦可能发生火灾。本项目磺化生产正常运行，如果在磺化尾气处理系统以及 MES 闪蒸废气处理系统、干燥废气处理系统不能正常运行直排的情况下，SO_2、硫酸雾、甲醇以及粉尘的最大落地浓度占标率均超过 10%，并且 SO_2、硫酸雾和粉尘的最大落地浓度值已经超过了环境质量标准限值，对大气环境的影响较大。本项目在厂区污水处理站事故排放情况下对受水体的水质影响比较小，不会对水环境造成明显的不利影响。

7.4 事故风险防范措施分析

本项目的设计、施工和运营需进行科学规划、合理布置，并且严格执行国家有关化工企业安全设计规范，保证施工质量，严格遵守安全生产制度，严格管理，提高操作人员的素质和水平，以杜绝事故的发生。

① 事故风险防范工程设计措施（略）。
② 储运系统事故风险防范措施（略）。
③ 工艺风险防范措施（略）。

7.5 污染事故应急反应对策

① 生产厂区、罐区应急预案（略）。
② 事故应急反应计划（略）。
③ 分级响应：本预案为四级应急响应，即四级应急响应由管委会组织实施。
④ 应急处置措施（略）。

7.6 环境风险评价结论

针对项目存在的主要环境风险污染事故如泄漏、爆炸、火灾以及事故排放风险等，建设单位必须根据安全、消防和劳动安全主管部门的要求另行编制风险防范和事故应急工作预案。在加强管理的前提下，项目的环境风险是可以接受的。

8 环境保护措施及其经济、技术论证

8.1 大气污染防治措施

8.1.1 磺化尾气污染防治措施

本项目磺化尾气采取"静电除雾器＋碱液喷淋"方法处理后，证明本项目磺化尾气处理

工艺是可行的。

8.1.2 MES 闪蒸废气、干燥废气污染防治措施

MES 闪蒸废气和干燥废气经上述措施处理后，满足《大气污染物排放限值》（DB 44/27—2001）第二时段二级标准限值要求（甲醇排放浓度分别为 190 mg/m³，排放速率分别为 4.3 kg/h）。因此本项目 MES 研磨废气处理工艺可行。

8.1.3 MES 研磨废气污染防治措施

采取该工艺处理 MES 研磨废气后，满足《大气污染物排放限值》（DB 44/27—2001）第二时段二级标准限值要求（粉尘排放浓度为 120 mg/m³，排放速率为 4.8 kg/h）。本项目 MES 研磨废气处理工艺可行。

8.1.4 无组织废气污染防治措施

通过采取以上措施和加强管理，可大大减少企业营运期产生的无组织废气量，经影响预测届时无组织排放废气中的非甲烷总烃及甲醇可满足广东省《大气污染物排放限值》（DB 44/27—2001）中无组织排放监控浓度限值要求；无组织排放的氨气可满足《恶臭污染物排放标准》（GB 14554—93）中恶臭污染物厂界标准值要求。

8.2 水污染防治措施

（1）厂区自建污水处理站处理可行性（略）。
（2）厂区污水处理厂集中处理可行性（略）。
（3）水污染防治措施经济技术可行性分析（略）。

8.3 噪声污染防治措施

经过以上的隔音降噪处理（略）后，项目生产过程中所产生的噪声值一般可降低 15~25 dB（A），经预测，厂界噪声能达到《工业企业厂界环境噪声排放标准》（GB 12348—2008）3 类标准的要求。因此，经采取上述措施后，本项目对周围声环境影响较小。

8.4 固体废物处置措施

本项目产生的固体废物经查《查国家危险废物名录》，属于 HW34 废酸类危险废物，收集后应定期交给市危险废物处理站有限公司进行处理。

8.5 地下水污染防治措施（略）

8.6 施工期污染防治措施（略）

9 项目可行性分析

9.1 存在的环境制约因素

本项目建设无明显环境制约因素。

9.2 项目可行性分析

9.2.1 产业政策符合性（略）

9.2.2 与区域规划符合性（略）

9.2.3 平面布局合理性（略）

9.2.4 环境承载力分析

(1) **水环境** 本项目纳污水体，目前水质能达到其相应水域的功能要求［《地表水环境质量标准》（GB 3838—2002）］Ⅳ类水。项目运行过程中产生的废水在采取有力措施确保厂总排水达标情况下，对周围水环境和水质不会产生明显影响，不会改变地表水体的使用功能。

(2) **空气环境** 拟建项目经过处理后达标排放的各类污染物，对环境空气的贡献值均低于相应的评价标准，经过预测项目正常运行对周边环境空气质量无明显影响。

(3) **声环境** 拟建项目厂址声环境质量较好，采取有效措施后，周围声环境基本可以满足《声环境质量标准》（GB 3096—2008）3 类标准的要求。

9.2.5 选址合理性分析（略）

9.2.6 项目可行性总体结论

本项目拟选厂址与地区规划不冲突，区域环境现状保持较好，交通运输方便，在落实各项污染防治措施后，项目外排污染物对区域环境质量影响不大，项目影响区域公众团体与个人支持率均为 100%，无人表示反对。因此，本评价综合衡量上述因素，认为本项目选址合理，项目建设可行。

10 清洁生产分析和循环经济

10.1 清洁生产水平

(1) **工艺水平** 本项目的生产工艺采用意大利 Ballestra 膜式磺化生产技术，技术成熟，在国内已广泛应用。其工艺的主要技术、设备优势（略）。

(2) **能源及资源利用水平** 本项目选择的原料均具有较高的规格，有效成分含量高，尽量避免原料中杂质引起的产品质量问题以及由此带来"三废"的排放。本项目采取了多项节能措施（略）。

(3) **污染物排放指标先进性分析** 本项目还采取了有效的末端治理措施来有效降低污染物的产生。

10.2 清洁生产评价

本项目拟采用的工艺先进，资源与能源的利用效率较高，污染物排放指标均可达到较高的权重值，经过权重分析项目评分为 106 分，项目的清洁生产水平可以达到阴离子表面活性剂行业清洁生产评价指标体系中清洁生产先进企业的要求。

10.3 进一步提高清洁生产水平的要求（略）
10.4 循环经济

本项目产生的废弃物部分在企业内实现了循环利用，另外有部分废弃物在区域内实现了循环利用；项目生产过程中产生的余热得到了充分的利用，通过余热锅炉供给生产供热，实现了企业内能源的回收利用；项目产生的废水部分得到了回收利用，实现了废水企业内的循环利用；项目产生的磺化尾气净化废水外售，实现了区域内废水的循环利用。

11 达标排放及总量控制

11.1 达标排放

工程各污染源在充分落实环保措施、保证各污染防治设施运行良好的的基础上，可做到达标排放。

11.2 总量控制

本项目建成后主要污染物排放总量指标建议以达标排放为依据。本评价建议总量控制指标为 COD_{Cr}：1.6 t/年，氨氮：0.101 t/年，SO_2：1.454 t/年，氮氧化物：1.962 t/年，VOC（甲醇）：2.72 t/年，石油类：0.132 t/年。

12 环境经济损益分析

12.1 环境经济损益分析

本项目总投资（略），正常年不含税销售（略），年税前利润（略），增值税（略），税前投资回收期（含建设期）5.23 年，税后投资回收期（含建设期）5.89 年，优于行业基准指标，有较强的盈利能力。

12.2 环境经济损益综合分析

本项目环保投资＋＋＋万元，占建设总投资的比例为 1.95%。本项目对所产生的污染均采取有效的治理措施，对环境不会造成明显影响，也不会对所在区域的生态造成明显影响。

综上所述，本项目是一个具有良好社会效益、经济效益、环境效益的项目，实现了社会效益、经济效益、环境效益的协调发展。

13 公众参与

13.1 公众参与目的（略）
13.2 调查方式与内容（略）
13.3 调查结果（略）
13.4 公众参与调查结论

本次公众参与调查表回收率和有效率较高，说明调查结果可以反映评价区域内公众对本项目的意见和观点。团体100%赞成本项目的建设，100%的公众支持本项目的建设。据调查表明，对本项目的建设，公众关注最多的就是环境保护方面问题。环境影响评价报告书中对项目应采取的环境保护措施在相关章节已进行了详细论述。由此可见，建设单位在严格落实好评价提出的各项污染防治措施，并在环境管理部门严格执法监督的前提下，被调查公众认为本项目的建设是可行的。

14 环境管理与监测计划

14.1 环境管理（略）
14.2 监测计划

本项目应根据技术的发展和国家的有关要求，规范排污口的设计，设置监测机构，并设立废水监测自动流量计。监测结果按次、月、季、年编制报表，并由安全环境保护部门管理并存档。

15 结论与建议

15.1 结论

15.1.1 项目概况

投资×××万元进行阴离子表面活性剂生产的项目。项目占地 5.27 hm^2，新建三条磺化生产线，总生产能力年产×××万吨表面活性剂产品。

15.1.2 环境质量现状及影响分析（略）
15.1.3 工程分析及达标排放

(1) 废气 项目有组织排放的废气为磺化生产线 SO_3 磺化时产生的磺化尾气 G1，MES 生产过程中产生的闪蒸废气 G2，刮膜干燥、流化床干燥产生的干燥废气 G3、研磨时产生的废气 G4 以及燃气锅炉废气 G5。

本项目无组织排放的废气主要为磺化生产线产品脱气工序产生的废气 G6 以及储罐区储罐大小呼吸排放的废气 G7。

废气中主要污染物包括 SO_2、硫酸雾、甲醇、粉尘、NO_2、氨气，分为集中排放和无组织排放。对于集中排放的 SO_2、硫酸雾，建设单位拟通过"静电除雾器＋碱洗塔"处理后通过高度为 20 m 的排气筒外排；对于集中排放的甲醇，建设单位拟通过"冷凝＋有机废气催化氧化"系统处理后通过高度为 15 m 的排气筒外排；对于集中排放的粉尘，建设单位拟通过布袋除尘器处理后通过高 20 m 的排气筒外排。集中排放的 SO_2、硫酸雾、甲醇及粉尘浓度均低于《大气污染物排放限值》（DB 44/27—2001）第二时段二级标准限值要求，可实现达标排放；集中排放的锅炉烟气中 SO_2、烟尘、NO_2 排放浓度均可满足《锅炉大气污染物排放标准》（GB 13271—2014）中燃气锅炉控制要求。本项目产生的无组织排放的废气可以实现厂界达标排放。

(2) 废水 本项目纯化水生产线产生的浓盐水、设备清洗废水、磺化尾气净化废水、MES 干燥废气冷凝水收集后回用于工艺配水不外排，磺化尾气净化废水收集后外售，外排废水主要为初期雨水、地面清洁废水、包装桶清洗废水以及员工办公生活废水，外排废水中主要污染因子为COD_{Cr}、BOD_5、SS、氨氮、LAS、石油类。本项目自建废水处理站，废水预处理后达到区污水处理厂的接管标准后纳入区污水处理厂进行统一处理和排放。废水经上述措施处理后对当地水环境影响不大。

(3) 噪声 本项目噪声主要来自于风机、冷冻机组、研磨机、各类泵等运行时产生的设备噪声，其源强为75～90 dB（A）。经过隔音降噪处理后，厂界噪声能达到《工业企业厂界环境噪声排放标准》（GB 12348—2008）Ⅲ类标准的要求。

(4) 固体废物 本项目固体废物主要为静电除雾器净化磺化尾气时捕获的黑酸、废催化剂、布袋除尘器收集的MES粉尘、原料包装料、污水处理站污泥、员工办公生活垃圾。危险废物委托危险废物处理站有限公司处理后对当地环境不造成影响，废催化剂、粉尘、原料包装料回收利用，生活垃圾由环卫部门定期清运处理，对环境影响不大。

15.1.4 项目建设的环境可行性

本项目拟选厂址与地区规划不冲突，区域环境现状保持较好，交通运输方便，在落实各项污染防治措施后，项目外排污染物对区域的环境质量影响不大，项目影响区域公众团体与个人支持率均为100%，无人表示反对。因此，本评价综合衡量上述因素，认为本项目建设合理可行。

15.1.5 项目制约因素及解决办法

本项目建设无明显环境制约因素。

15.1.6 综合结论

本项目的拟建地建设与区域总体规划无冲突，拟建工程区大气、声环境质量现状较好，可满足需求的环境容量空间。环境影响预测结果表明，拟建工程建成投产后，污染物能够实现达标排放，对区域环境影响不大，区域环境仍可保持现有的功能水平。建设单位在严格落实好环评提出的各项污染防治措施，并在环境管理部门严格执法监督的前提下，被调查公众认为本项目的建设是可行的。故从环保角度考虑，本项目在拟建地的建设是可行的。

15.2 建议

① 为减少无组织废气的排放，工艺设计中应在主生产装置中考虑以管道和引风机组成的中央吸风系统，在装置内易产生无组织排放废气的部位，安装吸风罩和吸风软管，用于捕集在生产及检修过程中产生的无组织废气。

② 对项目生产使用的部分易燃原料，企业目前已应按安全部门的要求做好安全影响预评价。厂方应严格制定风险预案并明确应急组织机构及其相应人员，组建厂内急救指挥小组，和当地有关化学事故应急救援部门建立正常的定期联系，一旦出现事故性排放，立即采取相应的应急措施。

③ 由于本项目使用冷凝法回收甲醇，一旦冷凝系统出现故障或失效，甲醇会大量排放，对环境空气产生严重污染，因此，评价要求项目设计时应考虑其冷凝系统故障的应急措施，配备备用电源和应急设备，以备事故发生时，减小有机溶剂排放对空气环境的污染。

④ 建议下一步设计中应进一步明确落实本工程的环境风险应急污染措施，在平面布局中留有足够的空间位置，确保本项目的风险影响处理在厂内完成。

⑤ 如生产线产品方案、工艺、设备、原辅材料消耗等生产情况有大的变动，需向有关部门及时申报。

案例四　农业生产类：某原种猪场环境影响评价

1　项目简介

1.1　工程概况

(1) 建设项目名称　应用分子育种技术选育优质猪配套系及产业化项目。
(2) 建设性质　扩建项目。
(3) 投资构成　本项目总投资×××万元。
(4) 主要产品及建设规模　本项目产品主要为高产仔猪、种猪。项目建成后，形成年产7 000头祖代公猪，8 000头配套系祖代母猪，1.7万头配套系父母代母猪，3万头商品猪。
(5) 主要工程内容　本项目为扩建项目，总占地面积27 hm^2，总建筑面积为83 456 m^3。主要工程有：①建立总规模为1 200头基础母猪的优质猪配套系核心育种场。建设两条年出栏1万头猪的原种猪生产线。②建立总规模为2 500头基础母猪的父母代母猪的扩繁基地。建设4条年出栏1万头的父母代猪生产线。③建设猪人工授精站。④建设标记辅助选择分子遗传实验室及肉质测定实验室。⑤建设辅助设施及公用工程。
(6) 主要原料和能源消耗（略）。
(7) 公用工程　供水，打深井水源，日用水量约为500 m^3/d。排水，排水系统采用雨、污分流，生产、生活废水均排入厂区污水处理场。供电，主要为照明和仔猪床电热板加热用电。用电设备安装容量为500 kw。供热，年燃煤量为72 t。锅炉需安装除尘、脱硫设施。污水处理站，拟新建一座设计规模为800 t/d的污水处理站。

1.2　扩建前该原种猪场概况

(1) 猪场现状　原种猪场包括四个种猪生产繁育场、两个辅助生产厂和一个人工受精站，每个育种场均由配种舍、产仔舍、保育舍和生长肥育舍组成。两个辅助生产厂为饲料厂和有机肥厂，饲料厂设计生产能力为3万t，有机肥厂设计年处理猪粪能力为$1.8×10^4$ t。人工授精站饲养公猪10头。原种猪场占地101.33 hm^2，建筑面积7万m^2，四周建有环形防疫沟。根据畜牧养殖的特点和要求，场区划分为生产区和生活办公区两部分。生活办公区占地面积1.27 hm^2，生产区占地面积32.33 hm^2。
(2) 原种猪场公用工程（略）
(3) 扩建前后公用工程及辅助生产厂生产变化情况（略）

1.3　自然环境概况

1.3.1　地理位置（略）
1.3.2　自然环境概况
该项目所在区域内地貌类型属冲积平原，地形平坦开阔，标高1.0~2.5 m。基岩下部为古生界石灰岩，上部为新生代沉积。该地区存在着地震背景，建筑按8度设防。

1.3.3 社会经济条件（略）

2 评价思路

2.1 项目特点（略）
2.2 评价目的（略）
2.3 编制依据（略）
2.4 环境问题筛选与识别

根据本工程的特征及所在地区的环境特征，对本工程实施后可能产生的环境问题进行了筛选识别（略）。

2.5 评价内容及评价重点

(1) 评价内容 评价内容包括：①拟建项目所在地区环境质量现状调查与评价，包括环境空气质量、噪声环境质量和水环境质量。②施工期环境空气质量影响评价。③运营期工程分析及工程污染源调查，确定主要污染源及污染物的排放参数，论证环保治理措施的可行性。④环境影响预测。

(2) 评价重点 本评价以项目运行期猪粪的处理工艺和处理效果以及病死猪的处置途径、废水污染物达标排放论证、大气污染物达标排放论证为重点，兼评价噪声环境影响。

2.6 评价工作等级

(1) 环境空气影响评价 按《环境影响评价技术导则》（HJ/T 2.2—93）的有关规定，确定为小于三级。

(2) 水环境影响评价等级 根据《环境影响评价技术导则》（HJ/T 2.3—93）的有关规定，综合考虑本项目的水质、水量及处理措施。

2.7 评价范围

废气：锅炉污染物达标排放，恶臭确定卫生防护距离。废水：评至污水处理厂总排放口。噪声：评至厂界外1m。固体废物：猪粪达到综合利用、合理处置；病死猪达到无害化处置。

2.8 环境保护目标

本项目以环形沟为厂界，地处空旷的农田区域内，周围1km范围内无村镇、学校、居住区、公共场所、工厂及主要交通干线等设施。

2.9 环境控制目标

（1）锅炉烟气污染物排放达到《锅炉大气污染物排放标准》（GB 13271—2014），符合总量控制要求；臭气浓度满足《畜禽养殖业污染物排放标准》（GB 18596—2001）的要求，对环境不产生明显影响。

（2）废水水质满足《畜禽养殖业污染物排放标准》（GB 18956—2001）要求，达标排放，COD_{Cr}、氨氮符合总量控制要求。

（3）厂界噪声满足《工业企业厂界环境噪声排放标准》（GB 12348—2008）（Ⅱ类）的要求。

（4）对固体废物猪粪，进行处理工艺和措施的可行性论证；对病死猪处置方案，进行环境可行性论证。

2.10 评价因子

(1) 环境大气影响因子 ①常规因子：烟尘、SO_2、TSP、NO_2。②特征因子：臭气浓度。

(2) 水环境影响因子 水环境影响因子包括 pH、COD、SS、BOD、氨氮、大肠杆菌数。

(3) 声环境影响因子 声环境影响因子包括等效 A 声级。

2.11 评价标准（略）

3 一般问题说明

3.1 原有污染源及污染物分析

3.1.1 大气污染源

(1) 锅炉烟气 现有一台 0.5 t 燃煤锅炉，无脱硫除尘设施，烟囱高度为 18 m，年燃煤 40 t。锅炉烟气中的主要污染物为烟尘和 SO_2，根据监测结果，烟尘排放浓度为 21 mg/m^3，SO_2 排放浓度为 801 mg/m^3，烟尘和 SO_2 的排放量分别为 1.12 t/年和 0.32 t/年。

(2) 食堂烟气 食堂有两个燃煤灶，两个 8 m 高的烟囱，年燃煤量为 20 t。根据调查，烟尘排放浓度为 19 503 mg/m^3，SO_2 排放浓度为 850 mg/m^3，烟尘和 SO_2 的排放量分别为 0.6 t/年和 0.16 t/年。

(3) 保育猪舍热风炉烟气 种猪场共有 4 个燃煤热风炉，供保育猪舍内断奶仔猪的冬季保温。热风炉烟囱高 8 m，年燃煤量根据同规模热风炉类比调查，烟尘排放浓度为 1 550 mg/m^3，SO_2 排放浓度为 450 mg/m^3。烟尘和 SO_2 的排放量分别为 1.08 t/年和 0.31 t/年。

(4) 恶臭 种猪场猪舍和有机肥厂生产车间会产生一定量的恶臭气体，主要成分为 NH_3 和 H_2S，根据当地环保站的监测结果，猪舍内和生产车间臭气浓度分别为 50 和 35。

(5) 粉尘 有机肥厂粉碎车间会产生一定量的粉尘，粉尘为无组织排放。

3.1.2 废水

种猪场 2002 年用水量为 146 000 t；废水排放量为 111690 t。猪舍冲洗水和猪尿液经过化粪池直接进入场区环形沟。

3.1.3 固体废物

（1）**猪粪**（略）

（2）**炉渣**（略）

（3）**病死猪**（略）

3.2 该原种猪场饲料厂生产状况（略）
3.3 企业现有的环境问题

企业现有的环境问题包括：① 燃煤锅炉无脱硫除尘设施，烟尘和 SO_2 超标排放，烟囱高度不达标。② 职工食堂灶烟尘和 SO_2 浓度排放超标，需改用燃烧清洁能源。③ 保育猪舍热风炉烟尘和 SO_2 浓度排放超标，需安装脱硫除尘设施或改燃料，烟囱高度不达标，应提高到 15 m。④ 猪场生产废水超标排放，需处理后排放。⑤ 猪舍和有机肥场生产车间内产生恶臭，主要成分为 NH_3 和 H_2S，为无组织排放源；有机肥厂生产车间粉碎工序产生少量粉尘，为无组织排放源。

4 扩建项目工程分析

根据项目建设内容，需要引进 3 700 头基础母猪群进行繁育，并建设生产繁育基地及相应的配套设施。种猪生产繁育基地配套设施需要新建一座职工食堂、污水处理站和环场道路。职工食堂就餐人数为 170 人，燃料为液化气。污水处理站设计能力为 800 t/d，具备处理本项目污水和原有污水的能力。环场道路建设总面积为 4 000 m^2，铺设沥青路面。

4.1 污染源及污染物分析

4.1.1 大气污染源

大气污染源包括：① 本项目不新建锅炉房，现有燃煤锅炉，燃煤量由 40 t/年增加至 72 t/年，燃煤过程中产生烟尘、SO_2 等污染物。为了避免锅炉烟气对大气环境的污染，本项目燃用优质低硫煤，含硫量不超过 0.5%，煤的灰分小于 10%，安装高效除尘脱硫装置进行双重治理，除尘、脱硫效率分别为 95%、75%；烟气黑度执行林格曼黑度Ⅰ级。烟尘污染物排放量计算，烟尘排放浓度为 78.87 mg/m^3，SO_2 排放浓度为 225.35 mg/m^3，烟尘和二氧化硫的年排放量分别为 100.8 kg 和 144 kg。② 保育猪舍热风炉烟气：烟尘每小时排烟量为：0.005 8 m^3 × 1.2 kg/m^3 = 0.069 kg；烟尘排放浓度为：0.006 9 kg/（2 360 × 0.1 m^3）= 29.23 mg/m^3；二氧化硫小时排烟量为：0.005 8 m^3 × 18.68 × 0.1 kg/m^3 = 0.01 kg；二氧化硫排放浓度为：0.01 kg/（2 360 × 0.1 m^3）= 42.37 mg/m^3。③ 食堂烟气：（略）。

4.1.2 废水污染源

本项目生产废水包括猪舍冲洗水和猪尿液，生活污水包括卫生间冲洗水、淋浴废水和食堂污水。扩建后日用水总量为 516 t，废水日排放总量为 414.4 t。

4.1.3 固体废物

本项目产生的固体废物主要是鲜猪粪、病死猪、实验废料、炉渣和污泥。① 鲜猪粪：本项目采用干清粪工艺，日产生量为 30.9 t，年产量为 11 300 t。全部猪粪运至有机肥厂，作为有机肥生产原料。猪粪、尿液及冲洗水排放量计算（略）。② 病死猪（略）。③ 实验废料（略）。④ 污泥（略）。⑤ 炉渣（略）。

4.1.4 噪声污染源

主要噪声源是锅炉引风机产生的噪声，源强为 90 dB（A）。

4.2 工程环保治理措施

4.2.1 废气治理措施

废气治理措施包括：①锅炉烟气：锅炉安装脱硫除尘装置，除尘效率应不低于95%，脱硫效率75%，燃用低硫煤（含硫量<0.5%，含灰分<10%），将烟囱加高到20 m以上。锅炉烟尘和SO_2的排放浓度应该符合《锅炉大气污染物排放标准》（GB 13271—2014）（Ⅰ时段，B类）的要求。②保育猪舍热风炉烟气（略）。③食堂灶烟气（略）。

4.2.2 废水治理措施

生活污水中卫生间冲洗水经化粪池处理，食堂排水经隔油池处理、实验废水经酸碱中和及消毒处理后直接排入格栅井，上清液进入污水处理站，与生产废水一并进行集中处理。生活污水及生产废水排水量为414.4 t/d，除pH外，水质中其余污染物浓度指标均超过《畜禽养殖业污染物排放标准》（GB 18956—2001），本项目拟采用"沉淀十生物厌氧十好氧接触氧化"处理工艺。

4.2.3 固体废物处理措施

固体废物处理措施包括：①猪粪处理措施（略）。②病死猪（略）。③实验废料（略）。④污泥（略）。⑤炉渣（略）。

4.2.4 噪声治理措施（略）。

4.3 本项目及扩建前后种猪场污染物排放情况（略）

① 本项目污染物源强变化情况（略）。

② 种猪场扩建前后污染物源强变化情况，采取措施后，种猪场扩建前后污染物源强变化情况（略）。

5 环境现状监测与评价

5.1 环境空气质量监测与评价

(1) 环境空气常规因子现状调查及评价 根据资料调查，大气中的SO_2、NO_2、TSP年均值低于国家二级标准，大气环境质量良好。

(2) 原种猪场大气环境质量现状调查与评价（略）

(3) 原种猪场恶臭污染物现状监测（略）

5.2 原种猪场排放污水水质现状监测与评价

该原种猪场污水排放水质均超过《畜禽养殖业污染物排放标准》（GB 18596—2001）要求，必须经本场污水处理厂达标处理后才能排入场区环形河。

5.3 污水受纳水体现状调查与评价

从调查监测数据可以看出，受纳水体中主要污染物指标除氨氮符合Ⅴ类水质标准外，BOD_5和COD_{Cr}值均超过Ⅴ类水质标准，说明受纳水体受到一定程度的污染。

5.4 环境噪声现状调查与评价

本项目厂界噪声现状监测结果均低于《声环境质量标准》(GB 3096—2008)(Ⅱ类)的标准限值。

6 环境影响预测与评价

6.1 施工期环境影响预测与评价

6.1.1 施工机械尾气和扬尘对大气环境质量的影响分析（略）
6.1.2 施工扬尘污染防治措施（略）
6.1.3 施工噪声影响分析（略）
6.1.4 施工期固体废物影响分析（略）
6.1.5 施工期污水对水环境的影响（略）

6.2 环境空气影响评价

6.2.1 锅炉房污染源排放参数论证

根据工程分析可知，烟尘排放浓度和 SO_2 排放浓度．满足《锅炉大气污染物排放标准》(GB 13271—2014)(B类，Ⅰ时段)的要求。采取措施后，锅炉废气污染物可达标排放，不会对环境造成显著的不利影响。

6.2.2 热风炉污染源排放参数论证

根据工程分析可知，热风炉烟尘排放浓度和 SO_2 排放浓度均满足《锅炉大气污染物排放标准》(GB 13271—2014)(B类，Ⅰ时段)的要求。需加强对锅炉的日常运行的管理，同时坚持以轻质柴油为批料，控制燃油质量。

6.2.3 食堂灶污染源排放参数分析

原有食堂改燃后烟尘和 SO_2 的年排放量分别减少了 1.1989 t 和 0.397 t。

6.2.4 恶臭污染源排放参数分析

恶臭污染源排放参数确定：根据工程分析可知，种猪场猪舍内臭气浓度可以满足《畜禽养殖业污染物排放标准》(GB 18596—2001)臭气浓度要求。

6.2.5 该原种猪场有机肥厂粉尘排放环境影响分析

有机肥生产过程中，粉碎车间会产生一定量的粉尘。

6.3 废水达标排放的可行性论证

6.3.1 废水来源、水质、水量

本项目各类废水日排放总量为 414.4 t/d；原种猪场原有废水 306 t，扩、建后废水排放量总计 720.4 t/d。生产废水日排放量大、有机物浓度高、可生化性强且含有较高含量的病原菌数，水质比较复杂。生产废水各项污染物指标均超过《畜禽养殖业污染物排放标准》(GB 18956—2001)要求，必须经本场污水处理厂生化处理后才能达标排放。生活污水

（略）。实验废水，本项目实验废水水质比较简单（略）。

6.3.2 废水进水指标分析

本项目拟建一座日处理能力为 800 t 的污水处理站。预计本项目废水混合后处理站进水指标（略）。

6.3.3 出水达标可行性分析

选择"沉淀＋UASB 池＋好氧接触氧化"组合处理工艺。经过资料调研，所给出的去除效率基本合理，只要设计合理的水力停留时间和曝气时间，COD_{Cr}、BOD_5、氨氮和粪大肠菌群数总去除效率分别为 97.76%、98.88%、94% 和 72%，该方案出水中 COD_{Cr}、BOD_5、SS、氨氮和粪大肠菌群数完全达到《畜禽养殖业污染物排放标准》（GB 18956—2001）要求。场区处理水农田利用方案分析（略）。

6.4 噪声环境影响评价（略）

6.5 固体废物环境影响分析

6.5.1 鲜猪粪的环境影响分析

采用干清粪工艺，扩建后鲜猪粪日产生量总计为 45.9 t。全部鲜猪粪运至该原种猪场有机肥厂，作为有机肥的生产原料。鲜猪粪生产有机肥的技术工艺可行性分析（略）。有机肥厂处理能力分析（略）。

6.5.2 病死猪的环境影响分析

扩建后病死猪总计为 2 040 头/年，按《畜禽病害肉尸及其产品无害化处理规程》（GB 16548—1996）规定处理。采取上述措施后，本项目病死猪不会对环境产生不良影响。

6.5.3 实验废料的环境影响分析（略）

6.5.4 污泥的环境影响分析（略）

6.6 污染物总量控制分析

6.6.1 污染物排放总量

本项目建成投产后，SO_2、烟尘和 COD_{Cr} 的排放总量与扩建前相比均大幅降低。

6.6.2 总量控制对策建议

为确保各项污染物达标排放并使排放总量进一步削减，提出如下建议（略）。

7 公众参与

7.1 公众参与的目的和作用（略）
7.2 公众参与的内容和方式（略）
7.3 公众参与调查对象（略）
7.4 公众参与调查结果分析

被调查人员普遍认为本项目的建设对发展经济、增加收入以及振兴地方经济方面会产生有利影响，大多数人认为本项目对周围居民的生活、工作、学习无影响。83%的人最关心的环境问题为固体废物对环境的影响，33%的人关心大气环境，27%的人关心水环境问题，10%的人认为对环境无影响。综上所述，根据调查结果和公众的反馈意见，该原种猪场在确保采取如下环保措施后，绝大部分公众对本项目的建设是赞成和支持的。建设单位向公众承诺采取的污染治理措施如下（略）。

8 环境经济损益分析

8.1 项目经济效益分析

本项目总投资++++万元，投资回收期为5.1年。本项目投资利润率较高，投资回收期较短，具有较好的经济效益。

8.2 项目的社会效益分析

本项目为畜牧养殖项目，符合我国目前发展农村畜牧养殖业的产业政策。本项目的实施将提供近二百人的就业机会，因此本项目的社会效益和经济效益显著。

8.3 项目环境效益分析

本项目的主要环保措施包括：安装锅炉房除尘脱硫设施并提升烟囱高度，建设污水处理站、食堂燃煤灶、猪场热风炉改造、锅炉机采取隔声减噪措施及绿化等。环保投资179.5万元，占项目总投资的3.18%。本项目经上述投入后，确保了各项污染物的达标排放。烟尘排放量削减了3.548 t/年，SO_2排放量削减了0.821 t/年，COD_{Cr}削减量为1 561.34 t/年，环保投资收到显著的环境效益。

9 环境管理与环境监测

9.1 目的（略）
9.2 环保机构组成

环保机构分为环境管理机构和环境监测机构两部分。

9.3 环保机构定员（略）
9.4 环保机构职责（略）
9.5 厂内环境管理（略）
9.6 环境监测计划（略）
9.7 排放口规范化

在废水排放口增设在线自动监测装置，使排放口达到规范要求。

10　评价结论与对策建议

10.1　项目概况（略）
10.2　建设地区环境质量现状（略）
10.3　污染物排放情况及对环境的影响范围和程度

10.3.1　废气

(1) 锅炉废气　本项目取暖燃煤锅炉，由于烟尘的排放浓度接近于《锅炉大气污染物排放标准》（GB 13271—2014）（B 类，Ⅰ时段）的要求，因此建设方必须加强对锅炉的日常运行的监测、维护与管理，必须确保锅炉除尘脱硫效率在 95% 和 75% 以上。采取上述措施后，锅炉废气污染物可达标排放，不会对环境造成显著的不利影响。

(2) 热风炉废气　本项目保育猪舍燃油热风炉以及该原种猪场原有的改燃热风炉，烟尘排放浓度为 29.23 mg/m³，热风炉排放的废气污染物均满足《锅炉大气污染物排放标准》（GB 13271—2014）（B 类，新、改、扩锅炉）的规定，不会对环境造成显著的不利影响。

(3) 食堂灶废气　本项目新建职工食堂及通过改燃后烟尘和 SO_2 的年排放量分别减少了 1.198 9 t 和 0.397 t，大大改善了该地区的空气环境质量。

(4) 猪舍内恶臭　种猪场厂界处臭气浓度排放浓度为 10（无量纲），低于《畜禽养殖业污染物排放标准》（GB 18596—2001）臭气浓度要求。因此，本项目恶臭污染物对周围空气环境没有明显的不利影响。

(5) 卫生防护距离　本项目卫生防护距离确定为 1 000 m，在确定的卫生防护距离范围内不得建设任何形式的工厂、学校和居住区等场所。

(6) 该种猪场 1 km 范围内无村庄等环境保护敏感目标，周围空旷，有利于逸出的少量粉尘的扩散。因此，原种猪场有机肥厂粉尘不会对周围环境产生明显的不利影响。

10.3.2　废水

本项目废水主要为生产废水和生活污水，日排放总量为 414.4 t。经过新建污水处理厂处理，出水水质 COD_{Cr}、BOD_5、氨氮和粪大肠菌群数完全达到《畜禽养殖业污染物排放标准》（GB 18956—2001）要求。

10.3.3　噪声

本项目主要噪声源是锅炉房引风机产生的噪声，源强为 90dB（A）。噪声源经采用隔声降噪措施后厂界噪声满足《工业企业厂界环境噪声排放标准》（GB 12348—2008）（Ⅱ类）要求。

10.3.4　固体废物

(1) 猪粪　扩建后鲜猪粪日产生量总计为 45.9 t，全部猪粪采用生物发酵技术生产有机肥。因此，扩建后鲜猪粪经有机肥厂处理后不会对环境产生影响。

(2) 病死猪　扩建后病死猪总计为 2 040 头/年。猪场病死猪按《畜禽病害肉尸及其产品无害化处理规程》（GB 16548—1996）规定处理，不会对周围环境产生影响。

(3) 实验废料　实验废料按《畜禽病害肉尸及其产品无害化处理规程》（GB 16548—1996）规定处理，不会对周围环境产生影响。

(4) 污泥　污泥定期清理，运至有机肥厂，作为有机肥的生产原料，不会对周围环境产生影响。

10.4 环保治理措施

本项目必须采取的污染防治措施如附表 4-1 所示。

附表 4-1　本项目必须采取的污染防治措施

污染物	污染防治措施
锅炉烟气	除尘、脱硫双重治理，烟气通过高 20 m 的烟筒排放，燃用低硫煤，脱硫效率 75%、除尘效率为 95%
热风炉烟气	由燃煤改为燃油，烟筒高度为 15 m
食堂灶烟气	由燃煤改为燃液化气
废水	建设污水处理站，拟采用"沉淀＋厌氧＋接触氧化"的方法进行处理；生活污水、实验废水经预处理后与生产废水合并进行生化处理，废水达标排放
噪声	对锅炉风机采取安装隔声降噪等措施
固体废物	猪粪全部采用生物发酵技术进行处理，生产有机肥；病死猪投入 4 m 深、直径 2 m 宽的深埋井内，并用生石灰消毒处理，特殊病因死亡的猪运至项目所在地畜牧局指定的地点焚烧处理；实验废料投入深埋井，并用生石灰消毒处理；污泥定期清理，运至有机肥厂，作为有机肥的生产原料，在场内封闭式储存厂集中存放，定期由专人运走，作为筑路或建筑材料综合利用

10.5 清洁生产与污染物排放总控制

(1) 清洁生产　建设单位首选国内外先进设备，生产过程中尽量减少污染物产生，并对可能产生的污染物有针对性地采取治理措施，从根本上解决生产过程中的跑、冒、滴、漏问题。废水、废气和其他污染物的排放量与扩建前相比均大幅降低，符合清洁生产原则。

(2) 总量控制　本项目扩建后总量控制污染物年允许排放量为：SO_2 0.364 t，烟尘 0.412 t，COD_{Cr} 39.44 t，氨氮 21.04 t。可作为环保行政主管部门下达近期总量控制指标的参考依据。综上所述，在采取污染防治措施后并确保各项环保措施正常工作的条件下，本项目具备环境可行性。

10.6 环境保护对策建议（略）

11　评价小结（略）

案例五　区域规划类：专项规划环境影响评价

1　项目简介

在全面谋划各行业发展的同时，注重规划好环境保护部门严格管理的污染环节，将行业发展与环境保护结合起来，在促进行业发展的同时又实现污染物排放的有效控制，广州市政府将一般固体废物综合利用和处置和危险废物两个行业的专项规划及相应的环境影响报告书列入重点行业专项规划编制内容。

据此,广州市有关部门编制完成了《广州市一般固体废物综合利用和处置专项规划》(简称专项规划),以加快推进广州市固体废物污染防治和管理工作的开展。

1.1 工程概况

《广州市一般固体废物综合利用和处置专项规划》涉及的一般工业固体废物包括广州市所有企事业单位产生的一般工业固体废物,规划地域范围包括广州市辖越秀、海珠、荔湾、天河、白云、黄埔、花都、番禺、南沙、萝岗十区和从化、增城两个县级市,总面积7 434.4 km²。本次评价中重点评价区域以规划发展区域为核心、并适当扩大到周边5~10 km区域。各评价要素的评价范围如附表5-1所示。

附表5-1 规划环境影响评价范围

评价范围		评价范围概述
基本评价范围		广州市行政区划范围,总面积为7 434.4 km²
关键要素评价范围	水环境	重点建设项目排水的主要受纳水体
	大气环境	重点项目建设区范围,并适当扩大到周边5~10 km区域;
	噪声	重点项目建设区范围
	生态	重点项目建设区范围内的植被、土地使用功能的改变、产业变化等

1.2 规划时限

专项规划数据基准年为2005年,规划时限为2006年至2010年。

1.3 规划目标

到2010年,在全市范围内建立起一般工业固体废物信息化管理系统,实现对工业固体废物的全过程进行监控管理的信息化目标,纳入监管企业的覆盖率达到80%。引入生产者责任延伸制度,并得到全面贯彻,从源头减少做最终弃置的废物量。通过大力发展再生资源利用行业,拓展一般工业固体废物的资源化途径,使得工业固体废物处置利用率达到97%。采纳先进技术和措施以处理需要最终弃置的废物,全市工业固体废物综合管理和安全处置居于全国领先水平,广州市各地区工业固体废物综合管理和安全处置系统达到与其现代化城市要求相一致的水平。

2 评价思路

2.1 评价时段(略)

2.2 评价技术路线

根据《规划环境影响评价技术导则(试行)》(HJ/T 130—2003)及相关技术规范的要求,确定评价技术路线,具体详见附图5-1。

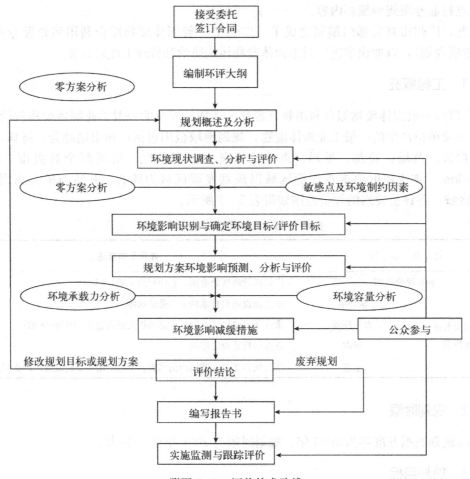

附图 5-1　评价技术路线

2.3　评价重点

① 规划实施的环境影响分析与评价。
② 规划方案环境合理性综合论证。
③ 规划调整分析。
④ 规划实施的环境影响减缓措施。

3　一般问题说明

3.1　规划方案实施环境污染因素分析

3.1.1　主要大气污染物

本规划产生的主要大气污染物为：

① 冶炼废渣、粉煤灰作为水泥的混合材，与熟料共同粉磨掺和在水泥的生产过程中排放粉尘。一般都采取各类收尘器进行降尘处理，因此水泥窑及水泥粉磨站参与处置一般固体废物对其粉尘排放量的影响甚微。

② 利用废弃采石场处置一般工业固体废物，填埋设备在填埋场工作面上的活动产生扬尘、推土机和装载运输机废气以及填埋场废气。

3.1.2 主要水污染物

① 水泥企业排放的废水主要为生活污水及辅助生产废水。废水主要污染物包括 COD、BOD_5、SS、氨氮等。水泥企业本身废水产生量不大，且多数企业可将污水经处理后回用做其他用途，因此水污染物的排放量很小，甚至可以做到零排放。

② 利用废弃采石场处置一般工业固体废物的填埋场渗滤液、清洗废水和办公污水等。

3.1.3 噪声污染

① 水泥企业一般的生产是连续的，设备运转也是连续的，因此其噪声昼夜变化较小。水泥行业高噪声设备主要包括各种打磨机、破碎机、空压机、风机、传送设备等，其声级一般为 80～105 dB（A）。

② 填埋场填埋作业机械噪声。主要噪声源为推土机［78～90 dB（A）］、装载机［80～85 dB（A）］，还有鼓风机和引风机［90～95 dB（A）］、空压机［80～90 dB（A）］、各类泵［75～80 dB（A）］等。

3.1.4 固体废物

① 水泥企业生产过程中产生的固体废物主要是各种收尘设备收集的各类粉尘，均可直接回收用做原料，因此一般无工业固体废物外排。

② 填埋场主要固体废物为生活垃圾。

3.2 环境影响评价指标体系

本次规划环境影响评价指标筛选的工作流程如附图 5-2 所示。

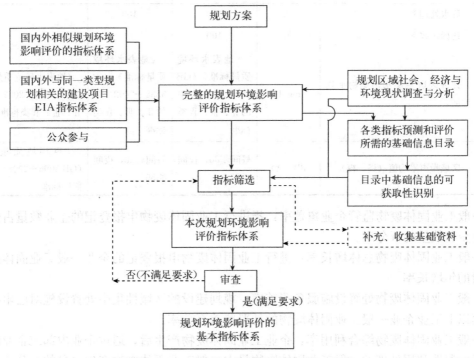

附图 5-2　环境影响评价指标体系筛选流程

确定的环境保护指标体系如附表 5-2 所示。

附表 5-2　环境保护指标体系

主题	评价指标	单位	到 2010 年目标值	到 2020 年目标值	目标值来源
一般工业固体废物	每百万元工业生产总值一般工业固体废物产生系数	t/百万元	5.5	4.5	该专项规划
	综合利用率	%	97	98	该专项规划
	总体增长率	%	4		广东省固体废物污染防治规划（2001—2010）
	达标处置率	%	3	2	广州市固体废物污染防治规划（2005—2015）
	监管企业覆盖率	%	80	95	该专项规划
	处置设施服务覆盖率	%	85	95	该专项规划
	污水处理厂污泥稳定化处置率	%	70	90	广州市固体废物污染防治规划（2005—2015）
	供水厂污泥处置率	%	80	95	广州市固体废物污染防治规划（2005—2015）
大气环境	废气达标排放率	%	100	100	
	评价区域主要空气污染物平均浓度	mg/m³	达到（GB 3095—2012）及修改单的二级标准	达到（GB 3095—2012）及修改单的二级标准	《环境空气质量标准》（GB 3095—2012）及修改单的二级标准
水环境	废水处理率	%	100	100	
	达标排放率	%	100	100	
	评价区域主要水污染物平均浓度	mg/L	《地表水环境质量标准》（GB 3838—2002）中的Ⅱ、Ⅲ、Ⅳ类标准	《地表水环境质量标准》（GB 3838—2002）中的Ⅱ、Ⅲ、Ⅳ类标准	《地表水环境质量标准》（GB 3838—2002）中的Ⅱ、Ⅲ、Ⅳ类标准
噪声	区域噪声平均值（昼、夜）	dB（A）	昼间≤60，夜间≤50	昼间≤60，夜间≤50	《声环境质量标准》（GB 3096—2008）Ⅲ类功能区标准

一般工业固体废物监管企业覆盖率：指进行工业固体废物申报登记的企业数量占规模以上工业企业数量的百分率。

一般工业固体废物总体增长率：进行工业固体废物申报登记的企业一般工业固体废物产生总量的年增长率。

一般工业固体废物处置设施服务覆盖率：规划建设的区域性集中处置设施对已申报登记的规模以上工业企业一般工业固体废物的处置覆盖百分率。

一般工业固体废物综合利用率：企业工业固体废物产生后，通过企业内部或企业间对废物进行资源性利用处理的一般工业固体废物量占一般工业固体废物产生总量的百分率。

4 工程分析

4.1 规划目标合理性分析

本规划的实施将有利于完善广州市一般工业固体废物的管理，有利于为广州市迎接亚运会创造良好的环境，因此规划目标的实施具有持续性和行业发展的可行性。同时，规划从总体上符合国家和省的一般工业固体废物综合利用和处置规划，与相关的环境保护规划与产业政策基本相容，因此，从整体上看本规划是合理合法的。但是本规划提出利用水泥建材系统处理一般工业固体废物，然而由于历史的原因，广州市的许多水泥厂位于饮用水源保护区内，因此，建立水泥建材系统处置一般工业固体废物必须注意满足《广东省饮用水源水质保护条例》等水源保护规定的要求。同时，专项规划提出的在广州钢铁厂和远期在南沙区设立定点汽车拆解处置系统也必须在国家、省、市经济贸易管理部门关于报废汽车回收行业统一规划出台后，才能得到确认。

4.2 清洁生产可达性分析

根据广州市水泥行业发展状况以及水泥企业所在的环境特点，建议广州市水泥企业的清洁生产水平实施目标为：

对于现有的水泥企业：应达到国内清洁生产一般水平或达到国内清洁生产先进水平，即成为清洁生产企业或清洁生产先进企业。

对于由现有企业改、扩建的大中型粉磨站，以及花都水泥熟料生产基地内改、扩建企业：应达到国内清洁生产先进水平，即成为国内清洁生产先进企业。

雄狮固体废物填埋处置中心应在一般工业固体废物的收集、运输、预处理、填埋及后期封场的全过程，采用国内外先进的一般工业固体废物填埋处理工艺，采取先进的污染控制和环境保护措施，确保有效地降低污染物的产生和排放对环境的影响和危害，最终实现清洁生产和循环经济的目标。

4.3 水资源承能力分析

从整个广州市各区域允许纳污量的计算结果来看，中心区、番禺区、南沙区和增城市的允许纳污量较大，这主要与地区河流的流量、污染程度以及水体功能目标有关。广州市北部地区河流由于处于饮用水源保护区，因此河流允许纳污量相对较小。而南部河网由于感潮网地区过境水及潮流较为丰富，且对水质要求不高，所以部分河段如西航道、前航道、后航道、黄埔航道、三枝香水道、虎门水道、莲花山水道、洪奇沥等河段的允许纳污量相对较大。

4.4 水泥建材综合处置系统

利用水泥建材系统处理一般工业固体废物既可实现资源综合利用，又可减少二次污染，从技术的角度是可行的。除冶炼废渣、粉煤灰和炉渣外，同时可考虑利用工业、城市可燃废弃物，作为水泥工业的燃料。

但是，由于历史的原因，广州市的许多水泥厂位于饮用水源保护区内，因此，建立水泥建材系统处置一般工业固体废物时必须注意满足《广东省饮用水源水质保护条例》等水源保护规定的要求。

建议参与处置一般固体废物的企业布局要与《广州市水泥行业2006—2010年专项规划》相衔接，优化和确定参与固体废物处置的水泥企业。

4.5 汽车拆解处置系统

利用广钢环保搬迁契机在南沙组建区域集中的定点汽车拆解处置系统，必须在国家、省、市经济贸易管理部门关于报废汽车回收行业统一规划出台后，才能得到确认。

目前，应该更多关注、明晰报废汽车拆解下来的废物流向问题。

4.6 采石场处置系统

利用广州市众多的废弃采石场处理第Ⅰ类一般工业固体废物从技术上是可行的，但其场址选址还必须符合城市建设总体规划、区域环境保护规划，同时还要充分考虑采石场区域与社会各方关系的协调与利益的分配问题。

5 环境现状监测与评价

5.1 环境空气质量

2007年广州市全市环境空气质量属于二级水平，但是SO_2和NO_2在广州市11个监测点中均有个别监测点的环境空气质量超过了二级标准，其中SO_2在万顷沙中学监测点超标，NO_2在市监测中心站超标，而PM_{10}在广州市11个监测点全部达标。

雄狮采石场评价区域内环境空气SO_2、NO_2、TSP、PM_{10}四项监测指标均符合《环境空气质量标准》(GB 3095—2012)二级标准限值要求。总体而言，雄狮采石场所在区域的环境空气质量现状良好。

5.2 水环境质量

广州市一般工业固体废物综合利用和处置规划区域附近的河流珠江西航道、沙湾水道、东江北干流、流溪河（从化段）的水质情况属于轻度污染，有少数水质指标未能达到相应功能区的标准，具体为：

珠江西航道水质类别为Ⅳ类，主要污染指标为氨氮和粪大肠菌群，全河段为有机物轻度污染。

沙湾水道水质类别为Ⅳ类，受粪大肠菌群轻度污染，全河段粪大肠菌群超过功能用水要求。

东江北干流水质为Ⅲ类，除溶解氧和粪大肠菌群的平均浓度符合Ⅲ类标准外，其余各项水质指标平均浓度符合Ⅱ类标准，全河段水质良好。

流溪河（从化段）水质为Ⅲ类，除粪大肠菌群平均浓度符合Ⅲ类标准外，其余各项水质指标平均浓度符合Ⅱ类标准，全河段水质良好。

5.3 声环境质量

2007年广州市城市区域环境噪声等效声级平均值为55.2 dB（A），属轻度污染。城市区域环境噪声平均等效声级值为46~70 dB（A）。城区约一半面积的声环境质量达到Ⅰ类区，约一半人口生活在Ⅰ类区，城区约90%面积声环境质量达到Ⅰ类区和Ⅱ类区，约90%人口生活在Ⅰ类区和Ⅱ类区。

典型水泥企业（广州市珠江水泥有限公司、越堡水泥有限公司）噪声现状监测表明，各企业厂界、皮带廊沿线以及矿山边界所有测点的声级值均符合评价标准Ⅱ类区的限值要求，水泥企业周边区域声环境质量较好。

雄狮采石场包括场址中部、进场道路、进场道路入口和场址西面树林，所有监测点符合Ⅱ类区标准。

5.4 生态环境质量

规划处置固体废物的各企业的生态环境可分为工业区环境，农业环境，城郊工业、居住混合区环境，丘陵环境等类型。位于工业区环境、城郊工业、居住混合区环境的企业表现为人工园林绿化植物生态特征，位于农业环境的企业周边为农田、鱼塘、果园等环境特征，丘陵环境表现为丘陵山地的马尾松群落人工林木和人工复绿的美叶桉群落的人工生态环境特征。大部分规划企业厂区及填埋场周边的生态环境良好，少部分企业内的园林绿化生态环境一般，有待改善。

规划涉及企业的厂区、场址范围内及其周边，均不涉及自然保护区、风景名胜区。

6 环境影响预测与评价

6.1 大气环境影响评价

环境空气影响分析评价表明，本规划实施后，一般工业固体废物水泥建材综合处置系统中主要水泥企业生产线排放的污染物与规划前无明显变化，不会对周围环境空气质量造成不良影响。采石场处置系统产生的大气污染物较小也不会对周围环境空气质量造成不良影响。

6.2 水环境影响评价

通过污水的回用，水泥行业产生的污水基本可以做到零排放，不会对周围水环境产生不良影响。

根据广州市中绿环保有限公司《利用废弃采石场处置一般工业固体废物环境影响分析报告》中对水环境影响的预测与分析，项目外排污水对分水河的影响不明显；但若项目废水不能达标排放，则会对分水河产生一定的影响。

6.3 声环境影响评价

本规划项目，所增噪声源不多，建设项目可通过隔声、减振、消声等降噪措施对大噪声设备进行治理，同时噪声设备需在厂区内合理布置，如此可将设备噪声的影响范围控制在厂界附近，不会对周围环境产生不良影响。

6.4 生态环境影响评价

本规划构建水泥建材处置系统是依托广州市水泥建材企业进行一般工业固体废物的综合利用和处置，水泥建材企业不新增用地，不会破坏周围的动、植物及生态系统。而利用废弃的雄鹰采石场建设一般工业固体废物填埋处置中心仅占用该废弃采石场的废弃采石场场区，场区土地约 6 万 m^2，场区用地性质仍为工业用地，即由采石场的矿区工业用地变为填埋处置中心的工业用地。该处置中心的建设仅涉及美叶桉、马尾松等人工林木及芒草、茅草、芒萁等草丛植物受损，但对当地植物物种和植物群落不会产生明显影响。总体上规划的实施不会对区域生态环境造成不良影响。

6.5 固体废物影响评价

水泥企业生产过程中产生的固体废物均可直接回收用做原料，因此一般无工业固体废物外排。生产过程中产生的少量生活垃圾交当地环卫部门统一处理，不会对环境产生不良影响。

6.6 水环境容量分析

本规划实施后，由于利用水泥建材系统、汽车拆解系统、采石场处置系统处置一般工业固体废物时基本无废水排放，因此，环境容量不会成为本规划实施的制约因素。

6.7 大气污染物总量控制

本规划实施后，由于利用水泥建材系统、汽车拆解系统、采石场处置系统处置一般工业固体废物时基本无 SO_2 排放，因此，环境容量不会成为本规划实施的制约因素。同时，对《广州市一般工业固体废物综合利用和处置专项规划》所规划建设的综合利用项目或处置设施所在地而言，这些项目的建设将使得污染物的排放量可能在局部区域有所增加。但由于规划建设的工程本身属环保项目，其建设将明显改善广州市的一般工业固体废物的处理现状和环境形象，可以使广州市一般工业固体废物的管理和处置状况转变得更加有序、规范并能合理地进行综合利用和处置。从广州市整个大环境考虑，本规划建成后，通过实施统一规划、统一管理，可以有效减少广州市一般工业固体废物综合利用和处置所二次产生的水、气、声、渣污染。

7 规划实施的环境影响减缓措施

7.1 隔离防护措施

根据《一般工业固体废物贮存、处置场污染控制标准》（GB 18599—2001），一般工业固体废物贮存、处置场应选在工业区和居民集中区主导风向的下风侧，厂界距居民集中区 500 m 以外。

7.2 大气污染减缓措施

① 参与固体废物处置的水泥企业在工艺设计上尽量减少生产过程中的扬尘环节，选择扬尘少的设备。粉状物料的输送采用螺旋输送机等密闭式输送设备，主要卸料点均设置集尘

罩，利用尾气净化风机抽取含尘空气进入袋收尘器，进行净化处理后的废气经窑磨废气排气筒排放。粉状物料的储存采用密闭圆库，散料堆场应设置三面封闭的棚架，必要时设置密闭的堆放仓库，最大限度地减少粉尘的无组织排放。

② 填埋场的扬尘主要来自填埋作业时产生的垃圾扬尘和垃圾运输车辆行驶时产生的扬尘。比较有效和可行的控制方法是在卸运的垃圾和场内道路（干土路面）上喷洒少量的水。

③ 贮存、处置场的大气污染物排放应满足《大气污染物综合排放标准》（GB 16297—1996）和广东省地方标准《大气污染物排放限值》（DB 44/27—2001）无组织排放要求。

7.3 水污染减缓措施

① 总体上要求水泥企业污、废水进行二级生化处理后掺入设备冷却、地面清洁、洒水降尘、绿化灌溉用水全部回用，不外排。

② 部分企业建成后若附近城市污水处理厂已可收集其污水，可考虑在取得市政部门排水许可的条件下将污水排入城市污水处理厂。

③ 为减少填埋场渗滤液的产生量，在填埋场四周设置排水沟，在填埋场土堤外修建水坑，将雨水引出填埋场外，尽可能减少雨水进入填埋场内。

④ 填埋场在作业过程中对废弃物进行临时防雨覆盖，对作业面采用搭建简易防雨棚的方式进行防雨，而废物的填埋在雨季不作业，且降雨时有雨帽、防水帆布和支撑的遮棚等措施防止雨水进入到废物中。

⑤ 贮存、处置场的渗滤液处理达到广东省地方标准《水污染物排放限值》（DB44 26—2001）第二时段一级标准后方可排放。

7.4 噪声污染减缓措施

选用低噪声设备；设备基础下设置减振设施；部分设备加装消声器；强噪声源车间均采用封闭式厂房；无法布置在厂房内的设置独立的隔声设施。

7.5 固体废物污染减缓措施

一般工业固体废物经营企业生产过程中也会产生粉尘、炉渣、滤渣等固体废物，其中属于危险废物的一般都委托给有资质的单位处理或者送到广州市废弃物安全处置中心安全填埋。而一般工业固体废物应尽可能进行回收，回收不了的再送填埋场进行填埋处置。

7.6 厂区园林绿化建设

厂区园林绿化在现有基础上进行。建议厂区园林绿化结合厂区的改、扩建工程进行合理配套建设，主要的绿化措施建议如下。

① 在堆场、主要生产区、污水处理站等生产设施处建设绿化植物防护带，起防风滞尘作用。

② 绿化植物适宜选择本地物种，以适宜广州的气候变化。

③ 绿化植物选择枝繁叶茂、高大的阔叶树种，可增加滞尘表面积，增加污染防护能力。

7.7 填埋场生态保护

① 关闭或封场时，表面坡度一般不超过33%，标高每升高3～5 m，需建造一个台阶，

台阶应有不小于1 m的宽度、2‰~3‰的坡度和能经受暴雨冲刷的强度。

② 关闭或封场后，仍需继续维护管理，直到稳定为止，以防止覆土层下沉开裂，致使渗滤液量增加，防止一般工业固体废物堆体失稳而造成滑坡等事故。为利于恢复植被，填埋场关闭时表面一般应覆一层天然土壤，其厚度视固体废物的颗粒度大小和拟种植物的种类确定。

8 结论与建议

8.1 结论

《广州市一般固体废物综合利用和处置专项规划》经过适当调整后可符合有关法律、法规的要求，与有关规划一致；规划实施后广州一般工业固体废物对环境的影响范围和影响程度均会降低；规划带来的环境风险在可接受范围内。在采取有效的减缓措施后，本规划的实施环境可接受。

8.2 建议

(1) **设施整改、整合或取消建议**　对已经具有一定规模，并有较稳定的一般工业固体废物来源的，也已经取得了经济效益、环境效益和社会效益，但处置设施不够先进、环境污染防治设施不能稳定达标的处置设施进行整改；对区域雷同设施分布不均的处置设施进行整合。

对规模不大，难以有较稳定的一般工业固体废物来源的，经济效益、环境效益和社会效益不显著，处置设施不够先进，环境污染防治设施不能达标，不符合当地城乡建设总体规划要求，不符合《一般工业固体废物贮存、处置场污染控制标准》（GB 18599—2001）要求的设施加以取消。

(2) **一般工业固体废物处置系统调整建议**　专项规划对原《广州市固体废物污染防治规划（2005—2015）》工业固体废物集中处置系统进行调整，分成水泥建材处置系统、汽车拆解系统、采石场处置三部分进行论述。

① 水泥建材综合处置系统：利用区域性的大、中型转窑水泥厂、轻质墙体材料厂等企业，消纳利用冶炼废渣、粉煤灰和炉渣，及一般污水、污泥。形成工业固体废物综合处置系统的主体。在环境保护部门协调、指引下统筹进行相关工作。

② 汽车拆解处置系统：利用区域性大型黑色金属冶炼企业——广州钢铁厂，组建区域集中的定点汽车拆解处置系统。形成区域集中性、规范化、市场化运作的废旧汽车定点拆解处置中心。在政府环境保护部门协调、指引下统筹进行相关工作。远期考虑在南沙区等汽车行业集中的区域增加定点汽车拆解处置系统。

③ 采石场处置系统：利用广州市众多的废弃采石场处理一般工业固体废物。对《广州市固体废物处理中心项目定点规划》进行科学论证，并进行试点建设。通过环境监测、环境验收等手段，确认符合《一般工业固体废物贮存、处置场污染控制标准》（GB 18599—2001）后，逐步推广。

(3) **一般工业固体废物处置企业布局方案**　专项规划对原《广州市固体废物污染防治规划（2005—2015）》提出以市场运作为主导，通过制定相关的标准规范，选取具有一定实力与资质的企业承担一般工业固体废物综合利用与处置的任务，没有提出调整建议。专项规划的一般工业固体废物处置系统分布详见附图5-3。

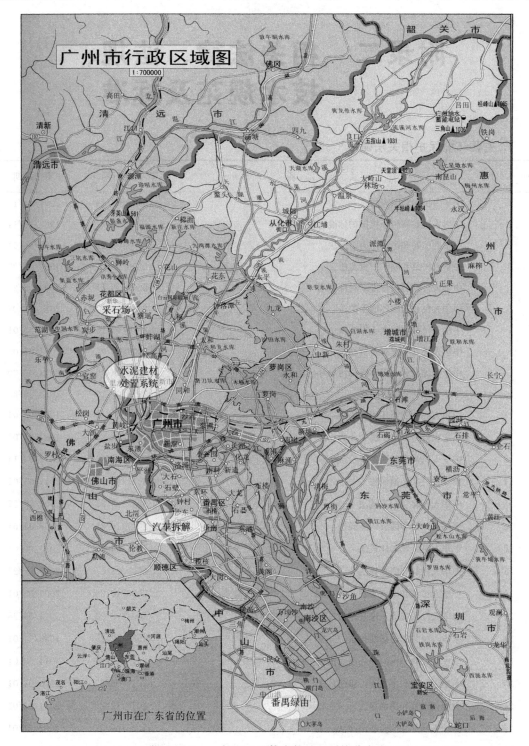

附图5-3 一般工业固体废物处置系统分布图

(4) 建议第Ⅱ类一般工业固体废物的集中处置场地按照《广东省固体废物污染防治规划(2005—2015)》在广州市太和镇兴丰选点建设广州组团处置场。

附录二　相关法律、法规、技术规范及标准

1. 主要环境保护相关法律

序号	法律名称	发布日期	实施日期
1	中华人民共和国宪法	2004/03/14	2004/03/14
2	中华人民共和国环境保护标准管理办法	1983/10/11	1983/10/11
3	中华人民共和国水污染防治法	2008/02/28	2008/06/01
4	中华人民共和国矿产资源法	1996/08/29	1996/08/29
5	中华人民共和国野生动物保护法	2009/08/27	2009/08/27
6	中华人民共和国环境保护法	2014/04/24	2015/01/01
7	中华人民共和国水土保持法	2010/12/25	2011/03/01
8	中华人民共和国对外贸易法	2004/04/06	2004/07/01
9	中华人民共和国固体废物污染环境防治法	2013/06/29	2013/06/29
10	中华人民共和国煤炭法	2013/06/29	2013/06/29
11	中华人民共和国环境噪声污染防治法	1996/10/29	1997/03/01
12	中华人民共和国乡镇企业法	1996/10/29	1997/01/01
13	中华人民共和国刑事诉讼法	2012/03/14	2012/03/14
14	中华人民共和国刑法	2011/02/25	2011/05/01
15	中华人民共和国防洪法	2009/08/27	2009/08/27
16	中华人民共和国节约能源法	2007/10/28	2008/04/01
17	中华人民共和国建筑法	2011/04/22	2011/07/01
18	中华人民共和国森林法	2009/08/27	2009/08/27
19	中华人民共和国消防法	2008/10/28	2009/05/01
20	中华人民共和国土地管理法	2004/08/28	2004/08/28
21	中华人民共和国标准化法	1988/12/29	1989/04/01
22	中华人民共和国海洋环境保护法	2013/12/28	2014/03/01
23	中华人民共和国大气污染防治法	2015/08/29	2016/01/01
24	中华人民共和国渔业法	2013/12/28	2014/03/01
25	中华人民共和国防沙治沙法	2001/08/31	2002/01/01
26	中华人民共和国海域使用管理法	2001/10/27	2002/01/01
27	关于投放毒害性、放射性、传染病病原体等物质危害公共安全犯罪的刑法修正案——中华人民共和国刑法修正案（三）	2001/12/29	2001/12/29

(续)

序号	法律名称	发布日期	实施日期
28	关于非法占用耕地、林地的刑法修正案——中华人民共和国刑法修正案（二）	2001/08/31	2001/08/31
29	关于投放放射性等危险物质犯罪的刑法修正案——中华人民共和国刑法修正案（三）	2001/12/29	2001/12/29
30	中华人民共和国水法	2002/08/29	2002/10/01
31	中华人民共和国安全生产法	2014/08/31	2014/12/01
32	中华人民共和国清洁生产促进法	2012/02/29	2012/07/01
33	中华人民共和国草原法	2013/06/29	2013/06/29
34	中华人民共和国农业法	2012/12/28	2013/01/01
35	中华人民共和国环境影响评价法	2002/10/28	2003/09/01
36	中华人民共和国农村土地承包法	2002/08/29	2003/03/01
37	中华人民共和国中小企业促进法	2002/06/29	2003/01/01
38	中华人民共和国进出口商品检验法（修正）	2002/04/28	2002/10/01
39	中华人民共和国文物保护法	2013/06/29	2013/06/29
40	关于走私固体废物等犯罪的刑法修正案——中华人民共和国刑法修正案（四）	2002/12/28	2002/12/28
41	中华人民共和国放射性污染防治法	2003/06/28	2003/10/01
42	中华人民共和国公司法	2013/12/28	2014/03/01
43	中华人民共和国海域使用管理法	2001/10/27	2002/01/01
44	中华人民共和国公路法	2004/08/28	2004/08/28
45	中华人民共和国矿产资源法	2009/08/27	2009/08/27
46	中华人民共和国全民所有制工业企业法	2009/08/27	2009/08/27
48	中华人民共和国城乡规划法	2007/10/28	2008/01/01
49	中华人民共和国循环经济促进法	2008/08/29	2009/01/01
50	中华人民共和国可再生能源法	2009/12/26	2010/04/01

2. 主要环境保护行政法规

序号	法律名称	发布日期	实施日期
1	排污费征收使用管理条例	2003/01/02	2003/07/01
2	中华人民共和国海洋石油勘探开发环境保护管理条例	1983/12/29	1983/12/29
3	中华人民共和国防止船舶污染海域管理条例	1983/12/29	1983/12/29
4	中华人民共和国海洋倾废管理条例	1985/03/06	1985/04/01
5	森林和野生动物类型自然保护区管理办法	1985/07/06	1985/07/06
6	对外经济开发区环境管理暂行规定	1986/03/15	1986/03/15
7	中华人民共和国民用核设施安全监督管理条例	1986/10/29	1986/10/29
8	城市放射性废物管理办法	1987/07/16	1987/07/16
9	中华人民共和国防止拆船污染环境管理条例	1988/05/18	1988/06/01

(续)

序号	法律名称	发布日期	实施日期
10	土地复垦条例	2011/02/02	2011/02/02
11	饮用水水源保护区污染防治管理规定	2010/12/22	2010/12/22
12	放射性同位素与射线装置放射防护条例	1989/10/24	1989/10/24
13	放射环境管理办法	1990/05/28	1990/05/28
14	中华人民共和国防治陆源污染物污染损害海洋环境管理条例	1990/08/01	1990/08/01
15	中华人民共和国防治海岸工程建设项目污染损害海洋环境管理条例	2007/09/25	2008/01/01
16	中国人民解放军环境保护条例	1990/07/10	1990/07/10
17	防治尾矿污染环境管理规定	1992/08/17	1992/10/01
18	地震监测设施和地震观测环境保护条例	1994/01/10	1994/01/10
19	中华人民共和国自然保护区条例	2011/01/08	2011/01/08
20	淮河流域水污染防治暂行条例	2011/01/08	2011/01/08
21	废物进口环境保护管理暂行规定	1996/03/01	1996/04/01
22	进口废物装运前检验管理办法	1996/09/12	1996/09/12
23	国家危险废物名录	2008/06/06	2008/08/01
24	建设项目环境保护管理条例	1998/11/18	1998/11/29
25	近岸海域环境功能区管理办法	1999/11/10	1999/12/10
26	中华人民共和国水污染防治法实施细则	2 000/03/20	2 000/03/20
27	报废汽车回收管理办法	2001/06/13	2001/06/13
28	危险化学品安全管理条例	2011/02/16	2011/12/01
29	排污费征收使用管理条例	2003/01/02	2003/07/01
30	建设项目环境保护分类管理名录	2015/03/19	2015/06/01
31	退耕还林条例	2002/12/14	2003/01/20
32	医疗废物管理条例	2011/01/08	2011/01/08
33	新化学物质环境管理办法	2010/01/19	2010/10/15
34	国家突发环境事件应急预案	2014/12/29	2014/12/29
35	有机食品认证管理办法	2013/04/23	2014/04/01
36	畜禽养殖污染防治管理办法	2001/03/20	2001/05/08

3. 主要环境影响评价技术规范

序号	规章名称	发布日期	实施日期
1	环境影响评价技术导则 总纲	2012/01/01	2012/01/01
2	环境影响评价技术导则 大气环境	2008/12/31	2009/04/01
3	环境影响评价技术导则 地面水环境	1993/09/18	1994/04/01
4	山岳型风景资源开发环境影响评价指体系	1994/04/21	1994/10/01
5	辐射环境保护管理导则 核技术应用项目环境影响报告书（表）的内容和格式	1995/09/04	1996/03/01

附录二　相关法律、法规、技术规范及标准

(续)

序号	规章名称	发布日期	实施日期
6	环境影响评价技术导则 声环境	2009/12/23	2010/04/01
7	火电厂建设项目环境影响报告书编制规范	1996/04/02	1996/06/01
8	公路建设项目环境影响评价规范（试行）	1996/07/08	1997/01/01
9	港口建设项目环境影响评价规范	2011/07/15	2011/09/01
10	500KV超高压送变电工程电磁辐射环境影响评价技术规范	1998/11/19	1999/02/01
11	工业企业土壤环境质量风险评价基准	1999/06/09	1999/08/01
12	小城镇环境规划编制导则（试行）	2002/05/17	2002/05/17
13	环境影响评价技术导则 石油化工建设项目	2003/01/06	2003/04/01
14	环境影响评价技术导则 水利水电工程	2003/03/28	2003/07/01
15	自然保护区管护基础设施建设技术规范	2003/08/13	2003/10/01
16	地下水环境监测技术规范	2004/12/07	2004/12/07
17	酸沉降监测技术规范	2004/12/09	2004/12/09
18	土壤环境监测技术规范	2004/12/09	2004/12/09
19	室内环境空气质量监测技术规范	2004/12/09	2004/12/09
20	环境监测分析方法标准制订技术导则	2010/02/25	2010/05/01
21	建设项目环境风险评价技术导则	2004/12/11	2004/12/11
22	环境影响评价技术导则 民用机场建设工程	2002/08/07	2002/10/01
23	规划环境影响评价技术导则（试行）	2003/08/11	2003/09/01
24	开发区区域环境影响评价技术导则	2003/08/11	2003/09/01
25	环境影响评价技术导则 陆地石油天然气开发建设项目	2007/04/13	2007/08/01
26	环境影响评价技术导则 城市轨道交通	2008/12/25	2009/04/01
27	规划环境影响评价技术导则 煤炭工业矿区总体规划	2009/03/14	2009/07/01
28	环境影响评价技术导则 农药建设项目	2010/09/06	2011/01/01
29	环境影响评价技术导则 地下水环境	2011/02/11	2011/06/01
30	环境影响评价技术导则 制药建设项目	2011/02/11	2011/06/01
31	环境影响评价技术导则 生态影响	2011/04/08	2011/09/01
32	建设项目环境影响技术评估导则	2011/04/08	2011/09/01
33	环境影响评价技术导则 煤炭采选工程	2011/09/01	2012/01/01
34	地下水质量标准	1993/12/30	1994/10/01
35	供水水文地质勘查规范	2001/07/04	2001/10/01
36	饮用水水源保护区划分技术规范	2007/01/09	2007/02/01
37	矿区水文地质工程地质勘探规范	1991/02/04	1991/10/01
38	建筑边坡工程技术规范	2013/11/01	2014/06/01
39	岩土工程勘察规范	2012/01/21	2012/08/01
40	滑坡防治工程勘察规范	2006/06/05	2006/09/01
41	泥石流灾害防治工程勘查规范	2006/06/05	2006/09/01

(续)

序号	规章名称	发布日期	实施日期
42	地下水动态监测规程	1994	1994
43	地下水监测规范	2004/12/09	2004/12/09
44	城市区域环境噪声适用区划分技术规范	1994/08/29	1994/10/01
45	声屏障声学设计和测量规范	2004/07/12	2004/10/01
46	环境空气质量手工监测技术规范	2005/11/09	2006/01/01
47	环境空气质量监测规范（试行）	2007/01/19	2007/01/19
48	地下水环境监测技术规范	2004/12/09	2004/12/09
49	规划环境影响评价技术导则 总纲		2014/09/01

4. 主要环境保护标准

序号	编号	标准名称	发布日期	实施日期
1	GB 1495—2002	汽车加速行驶外噪声限值及测量方法	2002/01/04	2002/10/01
2	GB 3552—83	船舶污染物排放标准	1983/04/09	1983/10/01
3	GB 4286—84	船舶工业污染物排放标准	1984/05/18	1985/03/01
4	GB 4284—84	农用污泥中污染物控制标准	1984/05/18	1985/03/01
5	GB 4914—85	海洋石油开发工业含油污水排放标准	1985/01/18	1985/08/01
6	GB 5749—2006	生活饮用水卫生标准	2006/12/29	2007/07/01
7	GB 6249—2011	核动力厂环境辐射防护规定	2011/02/18	2011/09/01
8	GB 6763—86	建筑材料用工业废渣放射性物质限制标准	1986/09/04	1987/03/01
9	GB 8172—87	城镇垃圾农用控制标准	1987/10/05	1988/02/01
10	GB 8173—87	农用粉煤灰中污染物控制标准	1987/10/05	1988/02/01
11	GB 9137—88	保护农作物的大气污染物最高允许浓度	1988/04/30	1988/10/01
12	GB 8702—88	电磁辐射防护规定	1988/03/11	1988/06/01
13	GB 8703—88	辐射防护规定	1988/03/11	1988/06/01
14	GB 4285—89	农药安全使用标准	1989/09/06	1990/02/01
15	GB 12348—2008	工业企业厂界环境噪声排放标准	2008/08/19	2008/10/01
16	GB 12523—2011	建筑施工场界环境噪声排放标准	2011/12/05	2012/07/01
17	GB 12525—90	铁路边界噪声限值及其测量方法	2008/07/30	2008/10/01
18	GB 12502—90	含氰废物污染控制标准	1990/10/16	1991/07/01
19	GB 13015—91	含多氯联苯废物污染控制标准	1991/06/27	1992/03/01
20	GB 13457—92	肉类加工工业水污染物排放标准	1992/05/18	1992/07/01
21	GB 6249—2012	钢铁工业水污染物排放标准	2012/06/27	2012/10/01
22	GB 14554—93	恶臭污染物排放标准	1993/08/06	1994/01/15
23	GB 14586—93	铀矿冶设施退役环境管理技术规定	1993/08/14	1994/04/01
24	GB 14588—93	反应堆退役环境管理技术规定	1993/08/14	1994/04/01

(续)

序号	编 号	标 准 名 称	发布日期	实施日期
25	GB 14621—2011	摩托车和轻便摩托车排气污染物排放限值及测量方法（双怠速法）	2011/05/12	2011/10/01
26	GB 3096—2008	声环境质量标准	2008/08/19	2008/10/01
27	GB 14761.2—93	车用汽油机排气污染物排放标准	1993/11/08	1994/05/01
28	GB 14761.3—93	汽油车燃油蒸发污染物排放标准	1993/11/08	1994/05/01
29	GB 14761.4—93	汽车曲轴箱污染物排放标准	1993/11/08	1994/05/01
30	GB 14761.5—93	汽油车怠速污染物排放标准	1993/11/08	1994/05/01
31	GB 14761.6—93	柴油车自由加速烟度排放标准	1993/11/08	1994/05/01
32	GB 14761.7—93	汽车柴油机全负荷烟度排放标准	1993/11/08	1994/05/01
33	GB 14761.1—93	轻型汽车排气污染物排放标准	1993/11/08	1994/05/01
34	GB/T 14848—93	地下水质量标准	1993/12/30	1994/10/01
35	GB 3097—1997	海水水质标准	1997/12/03	1998/07/01
36	GB 15580—2011	磷肥工业水污染物排放标准	2011/04/02	2011/10/01
37	GB 15618—1995	土壤环境质量标准	1995/07/13	1996/03/01
38	GB 15581—95	烧碱、聚氯乙烯工业水污染物排放标准	1995/06/12	1996/07/01
39	GB 3095—2012	环境空气质量标准	2012/02/29	2016/01/01
40	GB 9078—1996	工业炉窑大气污染物排放标准	1996/03/07	1997/01/01
41	GB 13223—2011	火电厂大气污染物排放标准	2011/07/29	2012/01/01
42	GB 4915—2013	水泥工业大气污染物排放标准	2013/12/27	2014/03/01
43	GB 16170—1996	汽车定置噪声限值	1996/03/07	1997/01/01
44	GB 16169—2005	摩托车和轻便摩托车加速行驶噪声限值及测量方法	2005/04/15	2005/07/01
45	GB 16297—1996	大气污染物综合排放标准	1996/04/12	1997/01/01
46	GB 5085.1—2007	危险废物鉴别标准 腐蚀性鉴别	2007/04/25	2007/10/01
47	GB 5085.2—2007	危险废物鉴别标准 急性毒性初筛	2007/04/25	2007/10/01
48	GB 5085.3—2007	危险废物鉴别标准 浸出毒性鉴别	2007/04/25	2007/10/01
49	GB 8978—1996	污水综合排放标准	1996/10/04	1998/01/01
50	GB 16889—2008	生活垃圾填埋场污染物控制标准	2008/04/02	2008/07/01
51	GB 1576—2008	工业锅炉水质	2008/09/26	2009/03/01
52	GB 18352.3—2005	轻型汽车污染物排放限值及测量方法（中国Ⅲ、Ⅳ阶段）	2005/04/15	2007/07/01
53	GB 3544—2008	制浆造纸工业水污染物排放标准	2008/06/25	2008/08/01
54	GB 13458—2013	合成氨工业水污染物排放标准	2013/03/14	2013/07/01
55	GB 18484—2001	危险废物焚烧污染控制标准	2001/11/12	2002/01/01
56	GB 18596—2001	畜禽养殖业污染物排放标准	2001/12/28	2003/01/01
57	GB 18466—2005	医疗机构水污染物排放标准	2005/07/27	2006/01/01
58	GB 17691—2005	车用压燃式、气体燃料点燃式发动机与汽车排气污染物排放限值及测量方法（中国Ⅲ、Ⅳ、Ⅴ阶段）	2005/05/30	2007/01/01

(续)

序号	编号	标准名称	发布日期	实施日期
59	GB 18485—2014	生活垃圾焚烧污染控制标准	2014/05/16	2014/07/01
60	GB 18486—2001	污水海洋处置工程污染控制标准	2001/11/12	2002/01/01
61	GB 18597—2001	危险废物贮存污染控制标准（修订）	2013/06/08	2013/06/08
62	GB 18598—2001	危险废物填埋污染控制标准（修订）	2013/06/08	2013/06/08
63	GB 18483—2001	饮食业油烟排放标准（试行）	2001/11/12	2002/01/01
64	GB 13271—2014	锅炉大气污染物排放标准	2014/05/16	2014/07/01
65	GB/T 18883—2002	室内空气质量标准	2002/11/19	2003/03/01
66	GB 18668—2002	海洋沉积物质量	2002/03/01	2002/10/01
67	GB/T 18697—2002	汽车车内噪声测量方法	2002/03/26	2002/12/01
68	GB 3838—2002	地表水环境质量标准	2002/04/28	2002/06/01
69	GB 18918—2002	城镇污水处理厂污染物排放标准（修订）	2006/05/08	2006/05/08
70	GB 18599—2001	一般工业固体废物贮存/处置场污染控制标准（修订）	2013/06/08	2013/06/08
71	GB 21901—2008	羽绒工业水污染物排放标准	2008/06/25	2008/08/01
72	GB 21902—2008	合成革与人造革工业污染物排放标准	2008/06/25	2008/08/01
73	GB 21903—2008	发酵类制药工业水污染物排放标准	2008/06/25	2008/08/01
74	GB 21909—2008	制糖工业水污染物排放标准	2008/06/25	2008/08/01
75	GB 21523—2008	杂环类农药工业水污染物排放标准	2008/04/02	2008/07/01
76	GB 21904—2008	化学合成类制药工业水污染物排放标准	2008/06/25	2008/08/01
77	GB 21907—2008	生物工程类制药工业水污染物排放标准	2008/06/25	2008/08//01
78	GB 21900—2008	电镀污染物排放标准	2008/06/25	2008/08/01
79	GB 21906—2008	中药类制药工业水污染物排放标准	2008/06/25	2008/08/01
80	GB 21905—2008	提取类制药工业水污染物排放标准	2008/06/25	2008/08/01
81	GB 19430—2013	柠檬酸工业水污染物排放标准	2013/03/14	2013/07/01
82	GB 19431—2004	味精工业污染物排放标准	2004/01/18	2004/04/01
83	GB 19821—2005	啤酒工业污染物排放标准	2005/07/18	2006/01/01
84	GB 18466—2005	医疗机构水污染物排放标准	2005/07/27	2006/01/01
85	GB 20425—2006	皂素工业水污染物排放标准	2006/09/01	2007/01/01
86	GB 20426—2006	煤炭工业污染物排放标准	2006/09/01	2006/10/01
87	GB 21908—2008	混装制剂类制药工业水污染物排放标准	2008/06/25	2008/08/01
88	GB 3544—2008	制浆造纸工业水污染物排放标准	2008/06/25	2008/08/01
89	GB 21522—2008	煤层气（煤矿瓦斯）排放标准（暂行）	2008/04/02	2008/07/01
90	GB 20952—2007	加油站大气污染物排放标准	2007/06/22	2007/08/01
91	GB 20951—2007	汽油运输大气污染物排放标准	2007/06/22	2007/08/01
92	GB 20950—2007	储油库大气污染物排放标准	2007/06/22	2007/08/01
93	GB 4915—2011	水泥工业大气污染物排放标准	2013/12/27	2014/03/01

(续)

序号	编号	标准名称	发布日期	实施日期
94	GB 13223—2011	火电厂大气污染物排放标准	2011/7/29	2012/01/01
95	GB 16889—2008	生活垃圾填埋场污染控制标准	2008/04/02	2008/07/01
96	GB 16487.9—2005	进口可用作原料的固体废物环境保护控制标准—废电线电缆	2005/12/14	2006/02/01
97	GB 16487.8—2005	进口可用作原料的固体废物环境保护控制标准—废电机	2005/12/14	2006/02/01
98	GB 16487.7—2005	进口可用作原料的固体废物环境保护控制标准—废有色金属	2005/12/14	2006/02/01
99	GB 16487.6—2005	进口可用作原料的固体废物环境保护控制标准—废钢铁	2005/12/14	2006/02/01
100	GB 16487.5—2005	进口可用作原料的固体废物环境保护控制标准—废纤维	2005/12/14	2006/02/01
101	GB 16487.4—2005	进口可用作原料的固体废物环境保护控制标准—废纸或纸板	2005/12/14	2006/02/01
102	GB 16487.3—2005	进口可用作原料的固体废物环境保护控制标准—木，木制品废料	2005/12/14	2006/02/01
103	GB 16487.2—2005	进口可用作原料的固体废物环境保护控制标准—冶炼渣	2005/12/14	2006/02/01
104	GB 16487.13—2005	进口可用作原料的固体废物环境保护控制标准—废汽车压件	2005/12/14	2006/02/01
105	GB 19218—2003	医疗废物焚烧炉技术要求（试行）	2003/06/30	2003/06/30
106	GB 19217—2003	医疗废物转运车技术要求（试行）	2003/06/30	2003/06/30

附录三　环境质量评价常用术语中英文对照

空气质量指数	air pollution index，API
生态环境影响评价	biological environmental impact assessment
投标博弈法	bidding game approach
生物学污染指数	biology pollution index
费用-效益分析	cost-benefit analysis，CBA
环境影响评价证书	certificate of environmental impact assessment
清洁生产	cleaner production
核查表法	checklist
列表清单或描述法	descriptive technique
环境设计	design for environment，DfE
环境影响报告书	environmental impact statement
环境数学模型	environmental mathematical model
环境质量评价	environmental quality assessment，EQA
环境影响评价	environmental impact assessment，EIA
环境影响后评估	environmental impact evaluation follow-up
生态环境评价	ecological environmental assessment
环境容量	environmental capacity
环境承载力	environment supporting capacity
环境风险评价	environment risk assessment
环境质量报告书	environment quality report
事件树分析法	event tree analysis，ETA
故障树分析法	fault tree analysis，FTA
地理信息系统	geography information systems，GIS
影响识别或影响分析	impact identification
投入产出分析	input-output analysis
景观生态学方法	landscape ecology technique
管理绩效指标	management performance index，MPI
矩阵法	matrix
叠图法	map overlays
噪声污染级	noise pollution level
操作绩效指标	operation performance index，OPI
图形叠图法	overlap technique
公众参与	public participation，citizen participation or public involvement

附录三　环境质量评价常用术语中英文对照

人口承载力	population supporting capacity
规划环境影响评价	program environmental impact assessment
质量指数	quality index，QI
区域开发环境影响评价	region development environmental impact assessment
区域环境承载力	region environment supporting capacity
社会经济环境影响评价	social economic evaluation of environmental impact
战略环境影响评价	strategical environmental assessment，SEA
情景分析法	scenario analysis
斑块形状指数	shape coefficient
比较博弈法	trade-off game
交通噪声指数	traffic noise index，TNI
水质质量指数	water quality index，WQI

主要参考文献

白志鹏,王珺,游燕.2009.环境风险评价[M].北京:高等教育出版社.
包健.2003.印染行业实行清洁生产的途径[J].污染防治技术,16(2):57-58,67.
北京市环境保护科学研究院.2002.环境影响评价典型案例.北京:化学工业出版社.
柴腾虎,李义贤.1998.山西环境行政执法手册[M].太原:山西经济出版社.
常玉海.2003.农业规划环境影响评价的指标体系[J].农业环境与发展,20(增).
陈峰,李本军.2007.MAPGIS软件在地质绘图上的应用[J].科技咨询导报,10:52-53
陈晓宏,江涛,陈俊合.2001.水环境评价与规划[M].广州:中山大学出版社.
陈一飞,俞幼娟,陈群伟,等.2002.印染企业实现清洁生产的技术措施[J].现代纺织技术,10(4):45-47.
陈英旭.2001.环境学[M].北京:中国环境科学出版社.
程波.2003.论我国农业规划环境影响评价方法[J].农业环境与发展,20(增).
程胜高,张聪辰.1999.环境影响评价与环境规划[M].北京:中国环境科学出版社.
程水源.2003.建设项目与区域环境影响评价[M].北京:中国环境科学出版.
邓义祥,田从华.1999.我国固体废物的处理现状与对策[J].资源开发与市场,15(2):108-109
丁桑岚.2001.环境评价概论[M].北京:化学工业出版社.
董鸣.1996.陆地生物群落调查观测与分析[M].北京:中国标准出版社.
董庆士,党国锋.2003.固体废物资源化研究与探讨[J].城市开发(6):25-28.
董小林.2008.公路建设项目全程环境管理[M].北京:人民交通出版社.
杜艳,常江,徐笠.2010.土壤环境质量评价方法研究进展[J].土壤通报,41(3):749-756.
付必谦.2006.生态学实验原理与方法[M].北京:科学出版社.
高天、邱玲、陈存根.2010.生态单元制图在国外自然保护和城乡规划中的发展与应用[J].自然资源学报,25(6):978-985.
郭怀成等.2002.环境规划学[M].北京:高等教育出版社.
郭廷忠.2007.环境影响评价学[M].北京:科学出版社.
郭笑笑,刘丛强,朱兆洲,等.2011.土壤重金属污染评价方法[J].生态学杂志,30(5):889-896.
国家环保总局监督管理司.2000.中国环境影响评价培训教材[B].北京:化学工业出版社.
国家环境保护部环境工程评估中心.2009.环境影响评价案例分析[M].北京:中国环境科学出版社.
国家环境保护部环境工程评估中心.2012.环境影响评价技术方法[M].北京:中国环境科学出版社.
国家环境保护总局监督管理司.2000.中国环境影响评价[M].北京:化学工业出版社.
韩德培.2007.环境保护法教程[M].北京:法律出版社.
何德文,柴立元.2002.清洁生产思维下的环境影响评价程序[J].工业安全与环保,28(11):34-36.
何德文,李钜,柴立元.2008.环境影响评价[M].北京:科学出版社.
化勇鹏,程胜高.2009.环境影响评价中的清洁生产分析[J].安全与环境工程,3(16):6-8.
环境保护部环境工程评估中心.2012.环境影响评价技术方法[M].北京中国环境科学出版社.
环境保护部环境工程评估中心.2012.建设项目环境影响评价培训教材[M].北京:中国环境科学出版社.
姜汉侨,段昌群,杨树华,等 2004.植物生态学[M].北京:高等教育出版社.
金瑞林.2001.环境与资源保护学[M].北京:高等教育出版社.

主要参考文献

孔繁翔.2010.环境生物学[M].2版.北京：高等教育出版社.
劳爱乐（美），耿勇.2003.工业生态学和生态工业园[M].北京：化学工业出版社.
李爱贞，周兆驹，林国栋，等.2008.环境影响评价实用技术指南[M].北京：机械工业出版社.
李建国.2002.环境影响评价与规划、设计、建设项目实施手册[M].北京：中国环境科学出版社.
李淑芹，孟宪林.2011.环境影响评价[M].北京：化学工业出版社
李天杰.1995.土壤环境学[M].北京：高等教育出版社.
梁世夫.2003.农产品清洁生产分析[J].经济师（4）：71-72.
林大仪，谢英荷.2010.土壤学[M].2版.北京：中国林业出版社.
林大仪，谢英荷.2010.土壤学[M].4版.北京：中国林业出版社
刘绮.2004.环境质量评价[M].广州：华南理工大学出版社.
刘茂松，张明娟.2004.景观生态学：原理与方法[M].北京：化学工业出版社.
刘天齐等.2001.区域环境规划方法指南[M].北京：化学工业出版社.
刘晓冰.2010.环境影响评价[M].北京：中国环境科学出版社.
刘阳，肇子聿.2001.固废管理中的问题与建议[J].环境保护科学（7）：26-27.
陆书玉.2001.环境影响评价[M].北京：高等教育出版社.
陆雍森.1999.环境评价[M].2版.上海：同济大学出版社.
马太玲，张江山.2009.环境影响评价[M].武汉：华中科技大学出版社.
马太玲，张江山.2012.环境影响评价[M].武汉：华中科技大学出版社.
马骧聪，守秋蔡.1990.中国环境法制通论[M].北京：学苑出版社.
马中.2010.环境与自然资源经济学概论[M].北京：高等教育出版社.
毛文永.2003.生态环境影响评价概论[M].修订版.北京：中国环境科学出版社.
牛翠娟，娄安如，孙儒泳，等.2007.基础生态学[M].2版.北京：高等教育出版社.
牛丽，伍彧黎.2009.环境保护法百问[M].长春：吉林人民出版社.
钱易，唐孝炎.2000.环境保护与可持续发展[B].北京：高等教育出版社.
钱瑜.2009.环境影响评价[M].南京：南京大学出版社.
全国人大环境与资源保护委员会法案室.2003.中华人民共和国环境影响评价法释义[M].北京：中国法制出版社.
全国人民代表大会常务委员会，法制工作委员会经济法室.2002.环境影响评价法释解[M].北京：中国环境科学出版社.
汝伶俊.2003.电镀工业实施清洁生产途径分析[J].太原科技（2）：63-64.
尚玉昌.2002.普通生态学[M].2版.北京：北京大学出版社.
石晓翠，钱翌，熊建新.2006.模糊数学模型在土壤重金属污染评价中的应用[J].土壤通报，37（2）：334-336.
史宝忠.1999.建设项目环境影响评价[M].北京：中国环境科学出版社.
孙东升.2001.论清洁生产与我国畜牧业发展[J].中国农村经济（2）：43-46.
田米玛，程红杰.2006.GIS在地质图件编绘中的应用[J].工程地球物理学报，3（1）：75-79.
田子贵，顾玲.2004.环境影响评价[M].北京：化学工业出版社.
汪劲.2001.环境法学[M].北京：中国环境科学出版社.
王国贞，刘贵明，何亚利.2002.固体废物资源化处理与人类发展的关系[J].中国资源综合利用（5）：35-37.
王焕校.2002.污染生态学[M].2版.北京：高等教育出版社，2002.
王建国，杨林章，单艳红，等.2001.模糊数学在土壤质量评价中的应用研究[J].土壤学报38（2）：176-183.

王金生.1991.灰色聚类法在土壤污染综合评价中的应用 [J].农业环境保护,10 (4):169-172.
王罗春.2012.环境影响评价 [M].北京:冶金工业出版社.
王守兰,武少华,万融,等.2002.清洁生产理论与实务 [M].北京:机械工业出版社.
王小兵,韩文.2012.生态类建设项目环境影响报告书所需图件思考与案例 [J].环境与可持续发展,5:110-111.
王岩,陈宜良.2003.环境科学概论 [M].北京:化学工业出版社.
文化.2003.农业清洁生产 [J].农业新技术,5 (2):1-3.
吴国旭.2002.环境评价 [M].北京:化学工业出版社.
吴启堂.2011.环境土壤学 [M].北京:中国农业出版社.
夏增禄.1992.中国土壤环境容量 [M].北京:工业出版社.
熊文强,郭孝菊,洪卫编.2002.绿色环保与清洁生产概论 [M].北京:化学工业出版社.
徐鹤等 2012.规划环境影响评价技术方法研究 [M].北京:科学出版社.
徐颂.2010.环境影响评价技术方法基础过关800题 [M].北京:中国环境科学出版社.
徐新阳.2010.环境评价教程 [M].2版.北京:化学工业出版社.
薛桂芝.2012.关于推进我国农业清洁生产的研究 [J].安徽农业科学40 (1):302-303.
闫廷娟.2000.人·环境与可持续发展 [M].北京:北京航空航天大学出版社.
杨仁斌.2006.环境质量评价 [M].北京:中国农业出版社.
叶文虎,栾胜基.1994.环境质量评价学 [M].北京:高等教育出版社.
张从.2002.环境评价教程 [M].北京:中国环境科学出版社.
张邦俊.2001.环境噪声学 [M].杭州:浙江大学出版社.
张恒庆,张文辉.2009.保护生物学 [M].2版.北京:科学出版社.
张慧芝,马伟华.2002.干旱区生态环境制图的理论与方法——以土地荒漠化图为例 [J].干旱区研究 19 (4):51-54
张璐鑫,于宏兵,蔡梅,等.2012.中国清洁生产 [J].生态经济,8 (256):46-48.
张征.2004.环境评价学 [M].北京:高等教育出版社.
张梓太,吴卫星.2003.环境保护法概论 [M].北京:中国环境科学出版社.
赵毅.1997.环境质量评价 [M].北京:中国电力出版社.
赵振纪,杨仁斌.1993.农业环境质量评价 [M].北京:中国农业科技出版社.
郑铭.2003.环境影响评价导论 [M].北京:化学工业出版社.
中国国家标准化管理委员会.2006.GB/T 20465—2006水土保持术语 [S].北京:中国标准出版社.
中国生态系统研究网络科学委员会.2007.陆地生态系统生物观测规范 [M].北京:中国环境科学出版社.
中国生态系统研究网络科学委员会.2007.水域生态系统观测规范 [M].北京:中国环境科学出版社.
中华人民共和国环保总局监督管理司.2000.中国环境影响评价培训教材 [M].北京:化学工业出版社.
朱青,周生路,孙兆金,等.2004.两种模糊数学模型在土壤重金属综合污染评价中的应用与比较 [M].环境保护科学,30 (123):53-57.